Holtschulte

Praxisleitfaden IoT und Industrie 4.0

Andreas Holtschulte

Praxisleitfaden IoT und Industrie 4.0

Methoden, Tools und Use Cases für Logistik und Produktion

Der Autor:
Andreas Holtschulte, Ilvesheim

Bibliografische Information der Deutschen Nationalbibliothek:
Die Deutsche Nationalbibliothek verzeichnet diese Publikation in der Deutschen Nationalbibliografie; detaillierte bibliografische Daten sind im Internet über http://dnb.d-nb.de abrufbar.

Lektorat: Julia Stepp
Herstellung: Björn Gallinge
Coverkonzept: Marc Müller-Bremer, www.rebranding.de, München
Titelmotiv: © stock.adobe.com/spainter_vfx
Coverrealisation: Max Kostopoulos
Satz: Eberl & Kœsel Studio GmbH, Krugzell
Druck und Bindung: CPI books GmbH, Leck
Printed in Germany

Print-ISBN: 978-3-446-46683-8
E-Book-ISBN: 978-3-446-46895-5
ePub-ISBN: 978-3-446-47015-6

Inhalt

Vorwort

Sind Sie bereit für die digitale Revolution der Logistik, Produktion und Supply Chain in Ihrem Unternehmen? Dieser Praxisleitfaden liefert Ihnen eine konkrete Anleitung, wie Sie mithilfe des Internets der Dinge (Internet of Things, IoT) zum Unternehmen 4.0 gelangen. Möglicherweise denken Sie jetzt: Der nimmt den Mund ja ganz schön voll. Das mag sein, doch ich bin davon überzeugt, dass IoT der zentrale Treiber der digitalen Transformation ist. Keine andere Technologie steht in ihrer Gesamtheit für Industrie 4.0 wie das industrielle Internet der Dinge. Im Zusammenspiel mit Technologien wie Analytics oder Machine Learning ist IoT in der Lage,

- Abläufe in Unternehmen zu digitalisieren,
- Abteilungen und Unternehmen miteinander zu verbinden,
- Geschäftsabläufe zu automatisieren,
- neue Geschäftsmodelle umzusetzen und
- Unternehmensprozesse intelligenter zu machen.

Durch die Interaktion von IoT mit anderen Innovationstechnologien und durch die Integration von IoT-Systemen in die klassische Unternehmenssoftware zur Planung, Steuerung und Überwachung lassen sich Prozessinnovationen und Zusammenarbeitsmodelle über die komplexen Wertschöpfungsketten der Supply Chain abbilden und umsetzen.

Industrie 4.0 und das Industrial Internet of Things (IIoT) verändern die Supply Chain bereits heute substanziell - und wir stehen gerade erst am Anfang. Insbesondere Deutschland als Logistikweltmeister und als Heimatland des Maschinen-, Anlagen- und Automobilbaus kann von den Innovationen im Bereich IIoT profitieren. Im industriellen Internet der Dinge können Maschinen, Anlagen und Bauteile über einen digitalen Zwilling abgebildet werden. Die Informationen in Echtzeit zu Position, Geschwindigkeit und Zustand von Objekten eröffnen Chancen für neuartige Dienstleistungen und Geschäftsmodelle.

Durch die über die komplette Supply Chain erfassten und gesammelten Maschinen-, Bestands- und Transportdaten werden die Prozesse in der Kette transparenter, schneller, flexibler und sicherer. Produkte können individualisierter und zu günstigeren Stückkosten hergestellt werden. Ganze Produktionsanlagen werden dadurch autonom. Supply Chain-Netzwerke werden vorhersagbar und transparent für alle Parteien, die in der Logistik- und Produktionskette partizipieren.

Konnte ich mit meinen Aussagen Ihr Interesse wecken? Wollen Sie Ihre internen und nach außen gerichteten Prozesse mithilfe von IoT optimieren und verschlanken? Wollen Sie erfahren, wie Sie – basierend auf Ihrem derzeitigen Geschäftsmodell – mit IoT neue Chancen und Bereiche, zum Beispiel in Form eines digitalen Service, erschließen? Wollen Sie lernen, wie Sie ein IoT-Projekt durchführen, welches sich in seiner Komplexität von typischen IT- und Innovationsprojekten unterscheidet? Wollen Sie herausfinden, wie vergleichbare Projekte von anderen umgesetzt wurden und was deren Erfolgsfaktoren waren? Dann ist dieses Buch wie für Sie gemacht, denn es wird Sie dabei unterstützen, Ihr Unternehmen im Bereich Logistik, Produktion und Supply Chain mit Hilfe von IoT auf die nächste Entwicklungsstufe zu heben.

In Kapitel 1 erläutere ich, was unter dem Internet der Dinge zu verstehen ist und welches Potenzial in der Technologie steckt. Alles begann mit einer Kaffeemaschine, deren Video im Intranet veröffentlicht wurde. Sie werden lernen, dass das Internet der Dinge zwar auch im privaten Bereich an Bedeutung gewinnt, dass IoT aber vor allem in der Industrie, insbesondere im Bereich Produktion und Logistik, enorme Chancen eröffnet – und das speziell für den Wirtschaftsstandort Deutschland mit seinen tiefen Kenntnissen im Bereich Maschinen- und Anlagenbau.

In Kapitel 2 gebe ich Ihnen die technische Basis an die Hand, die notwendig ist, um IoT-Systeme zu planen, zu bauen und zu betreiben. Wir werfen einen Blick auf den internationalen Standard zur IoT-Referenzarchitektur (ISO/IEC 30141:2018) und beleuchten weitere Grundlagen, die für die IoT-Welt von Bedeutung sind.

Was ist ein IoT-System ohne Cloud-Plattform? Wahrscheinlich würde ohne sie das Internet im Internet der Dinge fehlen. Daher werfen wir in Kapitel 3 einen detaillierten Blick auf die am Markt verfügbaren Cloud-Plattformen und ich zeige Ihnen, worauf Sie bei der Auswahl achten sollten.

Im Kontext von Industrie 4.0 ist nicht nur die IoT-Applikation, das IoT-System oder die Cloud-Plattform entscheidend, sondern auch das digitale Rückgrat des Unternehmens, in welches die Informationen aus dem IoT-System eingebunden werden sollen. Deshalb schauen wir uns in Kapitel 4 die für IoT relevanten Unternehmenssoftware-Systeme und die Verarbeitung der IoT-Informationen in diesen Systemen an. Dies ist eine wichtige Grundlage dafür, dass IoT einen Wertbeitrag zu einer ganzheitlich integrierten Supply Chain leisten kann.

IoT ist die Kerntechnologie in der Industrie 4.0. Sie steht aber nicht isoliert da – weder in Bezug auf das digitale Rückgrat der Software eines Unternehmens noch bezogen auf andere Innovationstechnologien unserer digitalen Welt. Aus diesem Grund widme ich mich in Kapitel 5 der Interaktion von IoT mit Technologien wie Big Data, Künstliche Intelligenz, Augmented Reality, Virtual Reality und 3D-Druck.

IoT-Projekte sind komplex. Das liegt unter anderem am Zusammenspiel von Netzwerktechnik, Elektrotechnik, Steuerungs- und Regelungstechnik, Cloud-Technologie, On-Premise-Software, integrierten Informationssystemen sowie Informatik. Zum anderen drängen sich für das Design einer IoT-Lösung moderne Methoden geradezu auf. Insbesondere im Umfeld von Industrie 4.0 ist die Fokussierung auf den User und die Prozesseffizienz durch dessen Einsatz erfolgskritisch. In Kapitel 6 zeige ich Ihnen, wie Sie bereits in der Design-Phase das Maximum aus der Lösung herausholen.

In Kapitel 7 stelle ich konkrete IoT-Anwendungsfälle aus der Industrie vor, die von realen Kunden aus dem Logistik- und Produktionsbereich stammen. Ich erläutere, wie die Kunden zu der Lösung gekommen sind und beschreibe dabei auch die technischen Komponenten.

Vergessen Sie nicht die ganzheitliche Strategie Ihres Unternehmens. Machen Sie sich und Ihr Unternehmen startklar für eine Zeit, die von größeren Umwälzungen und Veränderungen geprägt sein wird als alles, was wir uns heute vorstellen können. Wie Sie darauf reagieren können und wie Sie sich für die Zukunft aufstellen, wie Sie strategische Partnerschaften aufbauen und pflegen, verrate ich Ihnen in Kapitel 8. Hier lernen Sie auch, wie Sie durch den Einsatz und die Festigung agiler Methoden in Ihrem Unternehmen aus einem Projekt eine IoT-Strategie entstehen lassen. IoT ermöglicht es Ihnen, Ihr traditionelles Geschäftsmodell zu erweitern oder komplett zu transformieren.

Ohne eine Danksagung kommt kein gutes Buch aus. Besonderer Dank gilt meiner Frau Gitti und meinen beiden Kindern Marlene und Kurti für ihre Geduld und Unterstützung während des Verfassens dieses Werkes, das in Zeiten von Corona-Pandemie, von Home Schooling sowie der Gründung und des Aufbaus meiner Unternehmen in 2020 entstand. Für die Hilfe meines Freundes und Redakteurs Dirk Nordhoff (*deutschmitdirk.de*), mit dem ich bereits seit Ende der 90er Jahre zusammenarbeite, möchte ich mich ebenfalls bedanken. Wir starteten beide unsere berufliche Laufbahn als Journalisten bei der Westdeutschen Allgemeinen Zeitung in der Funke Mediengruppe. Ohne ihn und die hervorragende Unterstützung und Engelsgeduld meiner Lektorin Julia Stepp wäre dieses Buch nicht in der vorliegenden sprachlichen Qualität entstanden. Ein großer Dank gilt auch den Unternehmen, die mit Use Cases und Interviews zur Entstehung dieses Buches beigetragen haben: Zolitron Technology GmbH, IdentPro GmbH, Huawei, Cisco, IoT Analytics, Fraunhofer-Institut, PAC Deutschland, digit-ANTS GmbH und iIoT.institute.

Ilvesheim, Februar 2021 *Andreas Holtschulte*

1 Vernetzte Dinge: Menschen, Maschinen und Anlagen im Internet der Dinge (IoT)

Wenn wir uns das Wort „Allesnetz" einmal auf der Zunge zergehen lassen, klingt es stark nach Science-Fiction und nicht nach Normalität - für mich jedenfalls, möglicherweise geht es Ihnen da anders. Fakt ist aber: Das „Allesnetz", besser bekannt als Internet der Dinge (Internet of Things, IoT), ist keine Fiktion mehr. Es ist Realität.

Dieses Kapitel zeigt, wie es dazu kam, dass wir uns heute ganz konkret mit dem Internet der Dinge befassen. Es resümiert die historische Entwicklung des Internets der Dinge und geht der Frage nach, warum im Zusammenhang mit den heutigen Möglichkeiten der Industrie 4.0 häufig von einer Revolution gesprochen wird. Warum ist IoT so bedeutsam? Und wie hat das alles angefangen? Außerdem schauen wir uns einige Anwendungsbeispiele aus dem privaten und industriellen Bereich an. An welchen Stellen in unserem Leben begegnet uns das Internet der Dinge? Wie beeinflusst es unser Wohn- und Freizeitverhalten? Welche Rolle spielt es in unseren Fabriken, Lagern und Logistiksystemen? Zum Schluss werfen wir noch einen Blick auf die Potenziale und Entwicklungen, bevor wir dann in Kapitel 2 in die technischen Details einsteigen.

1.1 Dinge in der Wolke: Was ist IoT?

Das Internet der Dinge (Internet of Things, IoT) ist die Kombination von physischen Dingen und deren digitalen Abbildern. Bei dieser Verbindung entsteht ein sogenanntes cyber-physisches System (CPS). Dieses CPS vereint Bestandteile der Informatik und Software mit denen der Elektronik und Mechanik. Damit wir ein cyber-physisches System im Zusammenhang mit dem Internet der Dinge nennen dürfen, muss die Kommunikation des CPS über das Internet laufen. Komplexe cyber-physische Systeme sind beispielsweise innerhalb einer Produktionshalle über kabelgebundene und kabellose Netzwerkverbindungen verknüpft und senden bestimmte Informationen über das Internet in die entsprechende Cloud. Dort werden beispielsweise die Informationen vieler CPS aus anderen Produktionsanlagen zusammengeführt. Durch dieses Geflecht an cyber-physischen Systemen, die sich im Internet verbinden, entsprießen neue Dimensionen globaler Netze von Produktionsanlagen. Diese sind in der Lage, einerseits hochflexibel auf neue Anforderungen aus der Produktion, aber auch auf Einflüsse von außen zu reagieren. Im Bereich der Logistik bedeutet dies, dass hochdynamisch neue Versorgungsketten eröffnet werden, sollte es in der geplanten Weise zu Lieferengpässen oder Problemen im Verlauf des Transports kommen. Durch IoT wird die Vernetzung von Dingen und CPS untereinander über das Internet möglich, und so können die Dinge im Netzwerk weitgehend eigene Entscheidungen treffen.

Wenn Sie sich dieses Buch zugelegt haben, um zu verstehen, was das Internet der Dinge ist, dann können Sie es jetzt zur Seite legen und sich anderen Themen widmen. Sollten Sie jedoch verstehen wollen, wie Sie das Internet der Dinge für den Aufbau neuer Geschäftsmodelle, die weltweite Verfolgung von Waren und Maschinen sowie die vollständige Automatisierung ganzer Fabriken und Lieferketten nutzen können, werden Sie in diesem Buch die Antworten darauf finden. Sie werden auch erfahren, wie andere Unternehmen die Chancen von IoT nutzen.

IoT-Systeme stellen äußerst komplexe Software- und Hardwarearchitekturen dar. Keine andere Technologie vereint so viele Disziplinen. Ein IoT-System ist ein komplexes Zusammenspiel folgender Technologien und Disziplinen:

- Netzwerktechnik
- Elektrotechnik
- Steuerungs- und Regeltechnik
- Cloud-Technologie
- On-Premise-Software
- integrierte Informationssysteme
- Informatik

Daher wird ein breites Spektrum an Fähigkeiten und Kompetenzen benötigt, um ein IoT-System zu planen, aufzubauen und zu betreiben. Glücklicherweise müssen Sie dabei nicht bei null anfangen, denn die international tätigen Gremien der International Organization for Standardization (ISO) und der International Electrotechnical Commission (IEC) haben im Jahr 2017 mit der ISO/IEC 30141 erstmalig eine internationale Norm erarbeitet, welche eine Referenz für IoT-Architekturen, -Konzepte und -Modelle darstellt. Eine IoT-Architektur muss aus unterschiedlichen Perspektiven betrachtet werden, um alle Aspekte zu berücksichtigen und einen nachhaltigen Betrieb zu gewährleisten. Die Norm gibt Hinweise zu den entsprechenden Perspektiven bezüglich Funktionen, System, Netzwerk, Betrieb und Nutzern. In Kapitel 2 werde ich die technischen Komponenten, Merkmale und Anforderungen an ein IoT-System beschreiben.

■ 1.2 Wie alles begann

Aller Anfang ist schwer und sieht insbesondere im Innovationbereich häufig nach Bastelei und Spielerei verschrobener Technikfreaks aus. Doch es sind oft diese sehr speziellen Anwendungen, die einer Technologie oder Technologiekonzepten zum Durchbruch verhelfen, auch wenn zunächst viele fragen: „Wofür soll *das* bitte gut sein?“ Die ersten Anwendungsfälle von IoT haben durchaus diesen Charakter. An unterschiedlichen Orten auf der Welt hatten einige Menschen innovative Ideen, die das Leben etwas leichter machen und Prozesse vereinfachen. Über Funkchips und eine relativ einfache Kameraüberwachung sparten sich technikverliebte Wissenschaftler zum Beispiel den Weg zur Kaffeemaschine, und Getränkeautomaten meldeten automatisch, wann sie wieder gefüllt werden sollten.

Wann hat das mit dem Internet der Dinge eigentlich genau angefangen? Die offensichtliche Antwort darauf lautet: mit dem Internet. Je nachdem, ob man sich auf das frühe Internet als Netz einiger Großrechner oder auf das daraus resultierende Internet als Massenmedium bezieht, könnte man also auf die 1970er Jahre verweisen, in denen beispielsweise Universitäten ihre Computer vernetzten, oder auf die 1990er Jahre, in denen die Vorläufer der heutigen Browser für alle ihren Durchbruch hatten.

Nicht wenige Stimmen bezeichnen das Internet der Dinge als eine Wendepunkt-Technologie, die die Welt flächendeckend und für immer verändern wird. Wenn man IoT und Industrie 4.0 als vierte industrielle Revolution betrachtet, kann man bei den drei vorangegangenen Revolutionen ansetzen, um die heutige Entwicklung einzuordnen. Dann redeten wir nicht nur über 30 bis 50 Jahre unmittelbare Vorgeschichte, sondern würden einen Bogen bis zur Entstehung der ersten Großindustrien im 18. Jahrhundert spannen. Der Begriff IoT ist jedoch deutlich jünger. Die meisten datieren die englische Wortschöpfung auf das Jahr 1999 zurück. Allerdings gab es schon lange, bevor das Internet Realität wurde, Überlegungen zu einer Art Internet der Dinge im Kontext von Maschinenvernetzung, Systemen und Kommunikationsmöglichkeiten, die auf andere, zeitgenössische Worte zurückgriffen.

Wie auch immer Sie zur historischen Entwicklung stehen mögen: An zwei Meilensteinen sollten wir auf jeden Fall kurz innehalten, um die Dynamik der heutigen IoT-Welt zu verstehen. Das ist zum einen die Funktechnik RFID und zum anderen der Moment, als die erste Kaffeemaschine ins Netz ging.

1.2.1 Die erste Kaffeemaschine im Netz

Unabhängig davon, ob Sie ein klassisches Gerät verwenden, das vom Internet abgekoppelt ist, oder eine moderne Version des mit dem Internet verbundenen

Geräts, bleiben die Grundfunktionen und Anwendungsoptionen normalerweise gleich. Selbst wenn die intelligente Kaffeemaschine automatisch Kaffee brüht und Ihre Vorlieben außerhalb des Tages und der Woche berücksichtigt, müssen Sie doch selbst Kaffeepulver kaufen und nachfüllen und den Filter oder andere Teile reinigen. Gut, in Hightech-Regionen wie der südkoreanischen Hauptstadt Seoul könnten Sie sich noch etwas mehr Maschinenunterstützung holen, indem Sie in ein futuristisches Café wie B;eat gehen, um sich von einem 5G-fähigen Roboter-Barista bedienen zu lassen. Wenn Sie das einmal selbst ausprobieren und zusätzlich noch in Marc-Uwe Klings Satire *Quality Land* nachlesen, warum Roboterkellner keinen Kaffee servieren können, ohne zu schlabbern, haben Sie eine Idee davon, dass Kaffee - auch technologisch gesehen - nicht gleich Kaffee ist.

Trojan Room-Kaffeemaschine hieß die Maschine, die das erste dokumentierte Ding im Internet gewesen sein soll. Einige von Ihnen werden diese Kaffeemaschine sicher kennen. Wenn ich mich recht erinnere, hatten meine Eltern in den frühen 1990er Jahren auch so ein Modell. Was aber soll dieser einfache Brühautomat aus den späten 1980ern, der von Krups unter dem Markennamen ProAroma verkauft wurde, mit dem Internet zu tun haben? Er hatte weder einen Netzwerkanschluss noch einen Wireless LAN-Adapter verbaut. Das brauchte die ProAroma aber auch gar nicht.

1991 hatten es die Wissenschaftler des Instituts für Computerwissenschaft der University of Cambridge satt, ständig mehrere Gänge zu durchstreifen, um - im Trojan Room (der Teeküche des Instituts) im ersten Stock des Instituts angekommen - festzustellen, dass der Kaffee noch nicht vollständig durch den Filter in die Kanne gelaufen war. Kaffeedurstig und frustriert waren die Forscher jahrzehntelang wieder den beschwerlichen Weg ins Büro zurückgelaufen, ohne einen Schluck des schwarzen Goldes in der Tasse. Jeder Gang macht schlank, sagt man, aber der Ärger über die Zeitverschwendung war doch zu groß.

So machten sich die IT-Mitarbeiter um Quentin Stafford-Fraser Gedanken, wie sie die unnötigen und frustrierenden Wege zum Trojan Room vermeiden könnten. Sie wollten aus der Ferne Informationen über den Fortschritt im Brühprozess erhalten, um im richtigen Moment den Weg zum warmen Getränk anzutreten. Wie bei vielen anderen großen Erfindungen der Menschheitsgeschichte auch, etwa der Erfindung des Automobils, war der Treiber für eine neue Technologie, die die Welt verändern würde, schlicht Faulheit. Also stellten die Forscher eine Kamera auf, die die Menge der schwarzen Flüssigkeit in der Kanne filmte und die bewegten Bilder in das lokale Netzwerk der Universität übertrug. Gespannt verfolgten die Erfinder an ihren Computermonitoren nun den Fortschritt des Brühprozesses - und das in Echtzeit.

Ungefähr zeitgleich mit der Kaffeemaschinen-Kamera nahm das frühe Internet Gestalt an, das nicht nur lokale Vernetzung, sondern größtmögliche, weltweite Rechnerverbindungen ermöglichen sollte. Ab 1993 war die Trojan Room-Kaffeemaschine der IT-Spezialisten im World Wide Web zu sehen. Die Kamera war die erste Webcam im Internet und die Kaffeemaschine somit das erste Ding im Internet der Dinge.

Die intelligente Kaffeemaschine von heute würde sich nicht schnöde abfilmen lassen, sondern selbstständig durch eingebaute Sensoren den Füllstand messen und uns auf direktem Wege über Fertigstellung des Brühprozesses oder etwaige Wartungsmaßnahmen wie Entkalken und Reinigen informieren - zum Beispiel über Push-Nachrichten auf das Smartphone. Die eigentlichen Komponenten der Maschine müssten dabei nicht einmal verändert werden. Es müssten lediglich einige Sensoren, Aktoren und Netzwerkverbindungen nachgerüstet werden.

Noch ein paar Jahre älter als die Trojan Room-Kaffeemaschine ist übrigens ein Cola-Automat mit einer ganz ähnlichen Geschichte: In einer Uni in Pittsburgh, Pennsylvania, arbeiteten und forschten ebenfalls einige Computerspezialisten, die sich mit Cola statt mit Kaffee wachhielten. Auch hier waren die Wege lang, und oft waren alle gekühlten Dosen vergriffen, wenn man endlich am Automaten ankam. Was die Tüftler sich ausdachten, nennt man heute zum Beispiel bei IBM „the world's first IoT device".[1] Sie installierten in dem Automaten ein Board, das dessen Lichtanzeigen über ein Gateway an den Hauptcomputer weiterleitete. Mit ein bisschen Programmierarbeit führte das zu einer Anwendung, die es allen Computernutzern im lokalen Netz der Uni ermöglichte, aus der Ferne zu überprüfen, welche Dosen gerade im Angebot waren und wie lange sie schon kühlten. Da das genutzte Gateway auch mit dem damaligen Internetvorläufer, dem Arpanet mit seinen maximal 300 Computern, verbunden war, stand diese 1980er-Jahre-App auch außerhalb des Uninetzes zur Verfügung.

1.2.2 Funktechnik als Wegbereiter

Wenn die physische Welt und die Dinge in ihr ein Abbild in der digitalen Welt finden, sprechen wir vom Internet der Dinge. Entstanden ist dieses Bild um das Jahr 2010, denn zu dieser Zeit veränderten Cloud-Plattformen, -Architekturen und -Anwendungen die Welt, in der Digitales mit Realem verschmilzt. Was das genau bedeutet und wie sich das Internet vom Internet der Dinge unterscheidet, darauf gehe ich im Laufe des Buches noch ein. Bleiben wir aber noch einen Moment bei der historischen Entwicklung.

Technologiehistorisch war der Urvater des Internets der Dinge die RFID-Technologie. RFID steht für Radio Frequency Identification. Das bedeutet, dass Objekte, Waren und Ladeeinheiten, die mit Funkwellen aktiviert werden (passive Tags)

---

[1] *Teicher, Jordan:* The little-known story of the world's first IoT device. Blogbeitrag vom 07.02.2018. *https://www.ibm.com/blogs/industries/little-known-story-first-iot-device* (abgerufen am 14.05.2020)

oder von sich aus ein Funksignal senden (aktive Tags), ihre Identität per Funk senden. So werden die Objekte identifiziert, und es kann beispielsweise beim Durchfahren durch ein Tor oder Portal automatisch ein Wareneingang gebucht werden. Der Empfänger weiß also, dass die Ware nun in seinem Lager angekommen ist, ohne dass seine Lagermitarbeiter die Labels scannen oder Wareneingangsscheine in einem Warenwirtschaftssystem verbuchen müssen.

Im Zusammenhang mit dem Begriffspaar IoT und RFID trifft man bei der Recherche immer wieder auf den Namen Kevin Ashton. Er gilt als Erfinder des Begriffs „Internet of Things". Der Brite soll die Formulierung gewählt haben, als er 1999 an einer Präsentation arbeitete. Er war zu dieser Zeit als Experte für RFID-Themen am damaligen Auto-ID Center des Massachusetts Institute of Technology (MIT) tätig. Genau genommen braucht es für die Nutzung von RFID kein Internet, da die Vorteile der berührungslosen und scannerlosen Vereinnahmung (ohne Sichtkontakt) bereits einen enormen Mehrwert bieten, selbst wenn die Technologie direkt an einem Warenwirtschaftssystem angeschlossen ist.

Die RFID Technologie basiert auf dem Konzept, dass Daten wie der Produktcode, die Seriennummer, die Charge etc. auf sogenannten RFID-Tags gespeichert und am Paket, an der Gitterbox oder dem Ladungsträger befestigt werden. Dazu ein Beispiel: Werden auf dem RFID-Tag die Materialnummer, die Chargennummer und das Herstellungsdatum abgespeichert, trägt das Produkt, an dem das Tag angebracht ist, über den kompletten Lebenszyklus diese Informationen auf seinem Chip mit sich. So lässt sich auch später noch feststellen, von wem, wo und wann es hergestellt wurde. Was aber ist der Unterschied zu einem einfachen Barcodelabel, das diese Informationen auch speichern kann, die wiederum durch einen Barcodescanner ausgelesen werden können? An den verschiedenen Stationen eines Trägers dieses Tags können je nach Speicherkapazität zusätzliche Informationen auf dem RFID-Chip gespeichert oder Informationen aktualisiert werden. Über die so entstehende digitale Spur ist es möglich, Güter und Waren über den Globus zu verfolgen, was heute unter dem Begriff Track & Trace oder bei der Chargenverfolgung Global Batch Traceability genannt wird.

Bild 1.1
Aufbau eines RFID-Chips (© Syrma Technology)

Zudem ergibt sich bei diesem Ansatz die Möglichkeit der Automatisierung, und so nutzen viele Unternehmen die Technologie zur Optimierung der Supply Chain. Buchungen in Echtzeit und eine hohe Transparenz führen in der Logistik zu höherer Warenverfügbarkeit, schnelleren Abläufen, Bestandsreduktion und so zu geringeren Prozesskosten sowie weniger Kapitalbindung im Lager.

IoT entstand also durch die Weiterentwicklung der RFID-Technologie und ihrer Kombination mit kabellosen Sensoren, die über ein Netzwerk kommunizieren. In dieser Zwischenetappe waren die Sensoren aber nicht über das Internet verbunden. Daher wäre der Begriff IoT noch etwas unpassend, da die zentrale Zutat - das Internet - noch fehlte.

In den frühen 1990er Jahren nannte man diese Technologie Wireless Sensor Network (WSN). Das Grundkonzept des Internets der Dinge wurde durch WSN bereits verwirklicht - nur eben ohne das Internet. Solche drahtlosen Sensornetzwerke wurden beispielsweise bei der Gesundheitsüberwachung in Krankenhäusern oder der Prozessüberwachung in Fabriken eingesetzt.

Stand zu Beginn noch die Verfolgung und automatische Identifizierung von Vermögenswerten (Assets) in Gebäuden im Mittelpunkt, wurden die Use Cases zunehmend komplexer. So wurden durch die Identifikation von Gegenständen und Objekten betriebswirtschaftliche Buchungsprozesse in Warenwirtschafts-, Lagerverwaltungs- und Produktionssteuerungssystemen ausgelöst. Mehr und mehr trat die Überwachung von Maschinen, Anlagen und ganzer Fabriken in den Mittelpunkt. Das, was wir heute unter dem Buzzword Predictive Maintenance (Vorausschauende Instandhaltung) verstehen, war bereits im WSN möglich. So war es bereits durch Erreichen definierter Sensorwerte bezüglich Temperatur, Vibration, Drehzahl oder Ausdehnung möglich, bevorstehende Reparaturen vorherzusagen oder Wartungsservices anzustoßen.

Mit der Zeit entwickelten sich neben den kabellosen Netzwerken innerhalb der Fabrik- und Lagergebäude auch die Mobilfunknetze massiv weiter. So ist es über 3G, 4G (LTE) bis zur heutigen 5G-Mobilfunktechnik möglich, immer größere Datenpakete in deutlich kürzeren Zeiten zu übertragen. Die 5G-Technologie bildet damit einen Meilenstein in der Weiterentwicklung des Internets der Dinge. Pkws, die sich autonom im öffentlichen Straßenverkehr bewegen, übermitteln x MB pro Sekunde, was sich mit der derzeit maximal verbreiteten Mobilfunktechnologie nicht bewältigen lässt, wollte man die Informationen in Echtzeit in das Internet hochladen und in der Cloud verarbeiten. Inzwischen wurden neue Konzepte entwickelt, um die Datenmenge, die in Echtzeit in der Cloud verarbeitet werden soll, zu begrenzen. Die Konzepte nennen sich Edge Computing (engl. für Rand) und Fog Computing (engl. für Nebel). Daten werden hier sprichwörtlich am Rand oder im Nebel des lokalen Netzwerks verarbeitet, und es werden nur die wirklich notwendigen Daten in die Cloud hochgeladen und dort verarbeitet. Ich gehe auf diese Konzepte der Industrie 4.0 in Kapitel 3 detailliert ein.

1.2.3 Die vier industriellen Revolutionen

Wie vorangehend bereits angesprochen, lässt sich das Internet der Dinge auch in einen größeren Zusammenhang stellen, gerade wenn man sich mit der sozialen und gesellschaftlichen Dimension auseinandersetzen möchte. Haben Sie schon einmal etwas von der vierten industriellen Revolution gehört? Während Industrie 4.0 eine originär deutsche Wortschöpfung ist, hat sich der Begriff „vierte industrielle Revolution" inzwischen auch international als Bezeichnung für eine ganzheitliche Digitalisierung der Produktion und Lieferketten etabliert. Das liegt daran, dass er an eine gängige und gut nachvollziehbare Fortschrittserzählung anknüpft, die die meisten von uns aus dem Schulunterricht kennen. Was aber hat der Begriff Industrie 4.0 und dessen Bedeutung mit dem Internet der Dinge gemeinsam? Warum vierte industrielle Revolution und nicht zehnte oder zweite? Warum widme ich diesem Thema einen kompletten Abschnitt?

Industrie 4.0 ist die industrielle Ausprägung von IoT. Im Gegensatz zu anderen Wirtschaftsbereichen haben wir es in der Industrie mit realen, physischen Dingen zu tun, die produziert, transportiert, gelagert, gewartet und repariert werden. Somit ist die Verbindung dieser physischen Dinge mit dem Internet und die Ausstattung mit Sensoren und Servomotoren der Weg zur Industrie 4.0. Im Bereich Internet der Dinge hat man deshalb eine Erweiterung des Begriffs vorgenommen: Das Industrial Internet of Things (IIoT) ist gleichzusetzen mit Industrie 4.0. Ohne IoT-Technologie wäre das, was wir heute unter Industrie 4.0 verstehen, lediglich eine leere Worthülse. Alle zusätzlichen Technologien wie Big Data, Analytics, Virtual Reality, Augmented Reality sind im Bereich der Industrie wichtige Zusatztechnologien, die immer auf den Dingen und den von ihnen erzeugten Daten aufsetzen.

1.2.3.1 Maschinenzeitalter – Industrie 1.0

Folgen wir nun aber erst einmal dem Lauf der Geschichte über alle industriellen Revolutionen hinweg bis zum heutigen Stand der Technologie. Den Anfang machte die erste und entscheidende industrielle Revolution, die Industrialisierung Ende des 18. Jahrhunderts, angefeuert durch die massive Förderung von Steinkohle und die Erfindung und massenhafte industrielle Nutzung der Dampfmaschinen. Erstmals verrichteten Maschinen, angetrieben durch Wasserkraft oder Dampf, in großem Umfang mechanische Arbeiten und lösten damit den Menschen in diesen Arbeitsbereichen ab. Das Maschinenzeitalter war angebrochen. Maschinen und Geräte werden Ihnen in diesem Buch immer wieder begegnen. Sie sind die wohl wichtigsten „Dinge" im Internet der Dinge.

Die Wirtschaft, das Arbeiten und das Leben der Arbeiter veränderte sich nachhaltig und heftig. Durch Erfindung des mechanischen Webstuhls und anderer Maschinen im Textilsektor verloren die zum Teil hochqualifizierten und gut verdienenden Textilberufsgruppen Tuchscherer, Weber und Strumpfwirker ihren Status und wurden weitgehend durch Maschinen ersetzt.

Ein weiterer entscheidender Faktor, der diese Phase geprägt hat, war die Kooperation zwischen Wissenschaft und Industrie. So kooperierten viele Industrieunternehmen mit Bildungseinrichtungen und Universitäten oder gründeten direkt interne Forschungs- und Entwicklungsabteilungen.

Es war aber auch eine Zeit, in der diejenigen, die durch die Maschinen ihre Jobs gefährdet sahen, massiven Protest und offene Gewalt gegen die neuen Maschinen und Produktionsverfahren anwendeten. Diese Gruppe nannte man „Maschinenstürmer". Nicht nur die Textilbranche war davon betroffen, sondern auch die Landwirtschaft und die metallverarbeitende Industrie.

1.2.3.2 Industrialisierung – Industrie 2.0

Nachdem im Maschinenzeitalter kräftig auf den Einsatz von Maschinen statt menschlicher Kraft gesetzt wurde, wurde es zunehmend erforderlich, Prozesse konsequent zu standardisieren und zu automatisieren. So kam es in Deutschland ab den 1870er Jahren der Industrialisierung vermehrt zum Einsatz von Fließbändern in der Massenfertigung. Ein bedeutender und herausragender Name der Zeit der Massenfertigung, der aufkommenden Fließbandproduktion und der zugrunde liegenden Standardisierung im Automobilsektor war Henry Ford. Mit seinem legendären Model T perfektionierte er die Produktionsprozesse mithilfe des Fließbandes derart, dass sich die Produktionszeit des Fahrzeugs von 12 Stunden auf 93 Minuten verringerte. Durch die massive Steigerung der Produktivität in seinen Fabriken sank der Preis des Autos von 780 US$ im Jahr 1911 auf 490 US$ im Jahr 1914. So wurde das Automobil für weitere Teile der Bevölkerung erschwinglich und das Model T millionenfach in Amerika und später auch im Rest der Welt verkauft. Eine weitere Maßnahme, die die Produktionskosten massiv senkte, war die radikale Standardisierung. Das Model T wurde lediglich in einer einzigen Farbe angeboten. „Sie können jede Farbe haben, solange diese Farbe nur Schwarz ist", sagte er damals zu seiner Kundschaft. Revolutionär ist dies unter dem Gesichtspunkt, dass bis zum Ende des 19. Jahrhunderts noch jedes Fahrzeug komplett in einer Art Werkstattfertigung vollständig zusammengebaut wurde, bevor ein neues Fahrzeug gefertigt werden konnte. Daher waren die frühen Automobile nur für sehr reiche Menschen erschwinglich.

Neben der Automobilindustrie waren insbesondere die Chemie-, Elektro-, Maschinenbau- und die optische Industrie Pioniere dieser Entwicklung.

Was aber verhalf dieser Revolution auf die Sprünge und machte diesen enormen Wandel neben dem starken Optimierungsdrang überhaupt möglich? In dieser Zeit war es die Elektrizität, mit deren Hilfe man Generatoren, Glühlampen und Elektromotoren betreiben konnte – und das dezentral. Die örtliche Verbindung zwischen Dampfmaschine, Schwungrad und Werkzeugmaschine wurde aufgelöst, und man konnte mit vielen kleinen Elektromotoren arbeiten, die ihre Wirkkräfte bei Bedarf am Ort des Verbrauchs erzeugen konnten.

Ab 1880 wurde der Telegraf durch das Telefon abgelöst, das von Alexander Graham Bell zur Marktreife gebracht wurde. Die Kommunikationsindustrie entstand. Zunehmend gewannen in dieser Zeit Forschung und Entwicklung und ihre Verzahnung mit der Wirtschaft an Bedeutung, was sich erstmals in der Geschichte durch firmeneigene Forschungs- und Entwicklungsabteilungen zeigte.

1.2.3.3 Digitales Zeitalter – Industrie 3.0

Machen wir nun einen Sprung von rund 100 Jahren, landen wir im Informationszeitalter, der dritten industriellen Revolution ab den 1970er Jahren. Diese digitale Revolution war geprägt von der Automatisierung der Produktion vor allem durch den Einsatz speicherprogrammierbarer Steuerungen (SPS) und weiterer Elektronik und vom Aufkommen der Informationstechnologie (IT). Sie ermöglichten die Herstellung sowie den Einsatz von Industrierobotern und modernen Werkzeugmaschinen, die durch moderne Steuerungstechnik kontrolliert wurden. Wie war dies möglich? Die Basis für die Errungenschaften im digitalen Zeitalter war die Erfindung der Mikrochips und der integrierten Schaltkreise (Integrated Circuit, IC).

Just in dieser Zeit begann auch die Erfolgsgeschichte des Personal Computers (PCs). Dieser fand seinen Platz zunächst in der Industrie und wurde bald auch zum Standard im privaten Umfeld. Die Verbreitung von Internet und Mobilfunk hatten zusätzlichen Einfluss auf fast alle Entwicklungen, die wir mit dieser Revolution in Verbindung bringen.

Zu den Innovationen[2] in diesem Zeitalter zählen:

- 1967: Taschenrechner
- 1969: Internet
- 1976: Personal Computer
- 1977: Datenbanken
- 1984: analoges C-Mobilfunknetz
- 1992: digitales D-Mobilfunknetz
- 2001: Das erste kleine UMTS-Netz der Welt wird auf der Isle of Man in Betrieb genommen.
- 2006: Die erste LTE-Verbindung wird in Hongkong zur Verfügung gestellt.
- 2010: Die LTE-Mobilfunktechnik startet in Deutschland mit der Versteigerung von Frequenzen.
- 2012: Die LTE-Technik steht über 50 % der deutschen Haushalte zur Verfügung.

---

[2] *https://www.telespiegel.de/wissen/mobilfunk-geschichte* (abgerufen am 15.06.2020)

Bild 1.2
Verlauf der Errungenschaften und technischen Neuerungen, die sich zum heutigen IoT zusammensetzen (Quelle: iIoT.institute)

Die Entwicklung der Mobilfunktechnologie im 21. Jahrhundert hat einen massiven Einfluss auf die Entwicklung im Bereich IoT, da wir über sie Güter, Fahrzeuge und Maschinen auf dem gesamten Erdball verfolgen, deren Zustand überwachen und Maßnahmen einleiten können.

Eine andere wichtige Facette dieser dritten industriellen Revolution sind nachhaltige Energiekonzepte, etwa in Bezug auf erneuerbare Energien.

Auch wenn wir heute stark von den Errungenschaften wie der Erfindung der Mikrochips profitieren, war auch das digitale Zeitalter geprägt von Aufständen und Protesten durch Arbeiter, Angestellte und Gewerkschaften, die durch den Einsatz der neuen Technologien, Maschinen und Verfahren um Arbeitsplätze fürchteten. Die sogenannten modernen Maschinenstürmer protestierten gegen Innovationen in der Druckindustrie und im Maschinenbau (CNC- und NC-Maschinen), denn sie sahen die modernen Maschinen als Konkurrenz zu ihrer eigenen Arbeitskraft und hatten folglich Angst, ihre Arbeitsplätze zu verlieren. Daher gingen sie auf die Straße und forderten sozialverträgliche Lösungen.

Sind Digitalisierung, Automatisierung und der Einsatz von Maschinen moderne Jobzerstörer?

Langfristig gesehen stimmt diese Aussage mit Sicherheit nicht. Kurzfristig kam es in der Geschichte bei Innovationen und der Nutzung neuer Entwicklungen immer mal wieder dazu, dass diese Innovationen Arbeiten von Angestellten und Menschen übernahmen. Jedoch stieg die Qualität, und die Produktivität erhöhte sich, was zu geringeren Einzelkosten führte. Dadurch erhöhte sich auch der gesellschaftliche Wohlstand. Was die Arbeitsplätze betrifft, führte die Einführung von Innovationen und Prozessverbesserungen stets zu sinkender Arbeitszeit und höheren Löhnen. Arbeitsplätze entstanden dann oft an anderer Stelle neu, wobei für die neu geschaffenen Stellen eine etwas höhere Qualifikation erforderlich war. ■

1.2.3.4 Digitale Transformation – Industrie 4.0

Wir beschreiten gerade die Phase der vierten industriellen Revolution. Was aber unterscheidet die vierte von den vorangegangenen industriellen Revolutionen? Die ersten drei Revolutionen kamen durch grundlegende Innovationen zustande. Durch die Erfindung und Implementierung dieser neuen Grundlagentechnologien konnten neue Produkte und Innovationen geschaffen werden. Heute stehen uns gleich mehrere neue transformative Basistechnologien zur Verfügung, die sich gegenseitig befeuern. Dies könnte zu einem massiven Umbruch in der Gesellschaft, dem Arbeitsleben, dem Alltag und der Beschäftigungssituation führen. Roboter könnten bald viele unserer Aufgaben übernehmen und diese deutlich gewissenhafter, schneller und ohne Flüchtigkeitsfehler erledigen.

Die Automatisierung wird durch Algorithmen und Künstliche Intelligenz (KI) angetrieben und ermöglicht. Besonders leicht können Maschinen Aufgaben mit einem sehr hohen Standardisierungsanteil sowie Routineaufgaben übernehmen. Das Institut für Arbeitsmarkt und Berufsforschung (IAB) der Bundesagentur für Arbeit veröffentlichte im August 2019 einen Bericht, der beschreibt, dass der Anteil an Tätigkeiten, die von Maschinen übernommen werden können, durch die Innovation in der Technologie seit 2013 fortlaufend ansteigt. Das bedeutet, dass Jobs, deren Tätigkeitsprofile sehr stark standardisiert und von Wiederholungen geprägt sind, sehr bald von Maschinen übernommen werden. Der Anteil der Mitarbeiter in diesem standardisierbaren Umfeld bildet sich erfahrungsgemäß seltener fort als in Bereichen, die deutlich weniger standardisierbar sind, wie beispielsweise der kreative oder soziale Bereich. Was auf der Ebene des einzelnen Unternehmens als Innovation, Marktanpassung oder „mit der Zeit gehen" betrachtet werden kann, birgt somit gesamtgesellschaftlich einen gewissen Sprengstoff, wenn sich eine Innovation durchsetzt und von allen genutzt wird.

Muss man sich heutzutage genauso vor der Digitalisierung und dem Internet der Dinge fürchten, wie die Weber die Maschinenstürmer fürchteten? Sind sie nicht die Jobkiller von morgen, auch wenn sie immer wieder als Chance, als Zukunft und als unumgänglich beschrieben werden? Dieses Buch ist nicht dazu gedacht, ethische, moralische oder philosophische Fragen dieser Art auszudiskutieren. Wie Sie sehen werden, tangieren wir sie aber im Rahmen von Aspekten wie der Unternehmenskultur und IoT-Projekten zumindest indirekt immer wieder.

Es ist jedoch keine Alternative, Innovationen im Zusammenhang mit der Industrie 4.0 zu ächten und zu stoppen, um Arbeitsplätze und veraltete Verfahren zu schützen, denn:

- Insbesondere in der Kombination digitaler und physischer Welten werden neue Jobs entstehen.
- Deutschland könnte weltweit bezüglich der Digitalisierung noch weiter ins Hintertreffen geraten, was sehr bald deutlich mehr Arbeitsplätze vernichten oder gar nicht erst in Deutschland entstehen lassen würde.

- IoT ist aus deutscher Sicht ein Thema, das Ingenieure mit ihrem tiefen Wissen im Maschinen- und Anlagenbau mit Digitaltechnologie verbinden und exportieren sollten.

1.3 Beispiele für IoT-Anwendungen

Was für frühere Generationen noch undenkbar und für Pioniere nur als entfernte, oft neblige Vision vorstellbar war, ist für uns mittlerweile Alltag: das komplett vernetzte Leben. Jeder von uns trägt sein Smartphone Tag und Nacht mit sich herum, benutzt es knapp 4 Stunden am Tag[3] und entsperrt es mehr als 50-mal täglich. Mit diesem Gerät erzeugen wir stetig IoT-Daten, die wir dann an Google, Apple und Co. senden. Wenn wir es nicht ausgeschaltet haben, senden wir stetig unsere Positionsdaten. Die Cloud-Anbieter, wie Google und andere, konsolidieren die einzelnen Nutzerdaten, die ihnen die vielen Smartphones zusenden, und berechnen damit Stauwahrscheinlichkeiten, Straßenengpässe oder das Besucheraufkommen in Hotels, Geschäften und Restaurants.

Bleiben wir einen Moment bei den Smartphones und ihrer Bedeutung für den Menschen. Machen Sie doch einmal das folgende Experiment: Notieren Sie sich eine Woche lang jede Funktion und App, die Sie mindestens einmal nutzen. In der Regel ist das ja viel mehr als nur zu telefonieren. Wenn die Liste fertig ist, überlegen Sie sich: Was davon könnten Sie auch mit einem nicht internetfähigen Telefon machen? Die Antwort wird lauten: so gut wie nichts.

Mit was vernetzt sich das Telefon für die smarten Funktionalitäten eigentlich genau? Meist handelt es sich um ortsabhängige Dienste, was sie im Sinne von Industrie 4.0 zu einem Asset und das Smartphone zu einem Tag macht. Wenn Sie so wollen, werden Sie durch Ihr Smartphone zu einem cyber-physischen System.

Eine andere spannende Frage ist: Was bedeutet es für die Industrie, dass sich mittlerweile nicht nur Computer und Netzwerke, sondern auch industrielle Geräte, Maschinen, Anlagen vernetzen lassen? Darauf gehe ich in Abschnitt 1.3.2 näher ein.

1.3.1 Use Cases aus dem Consumer-Bereich

Im Folgenden nenne ich Ihnen einige typische Einsatzbeispiele für IoT im Consumer-Bereich. Genauer gesagt schauen wir uns das Phänomen Smart Home an, also das Wohnen in Räumen und Gebäuden, die vernetzte Maschinen und Geräte bein-

[3] *https://www.faz.net/aktuell/wirtschaft/digitec/nutzer-verbringen-im-schnitt-3-7-stunden-am-smartphone-16582432.html*

halten. Es würde mich sehr überraschen, wenn Sie davon selbst überhaupt nichts nutzen.

Vielleicht haben Sie bereits zur Kenntnis genommen, dass es heute quasi unmöglich ist, einen „dummen“ Fernseher zu kaufen, der das leistet, was wir grundsätzlich von ihm erwarten: ein bewegtes Bild anzuzeigen, dazu einen guten Ton abzuspielen und die notwendigen Schnittstellen für den Anschluss von Antenne, Satelliten und externen Geräten bereitzustellen. Wenn Sie sich heutzutage für den Kauf eines TV-Geräts entscheiden, kommen Sie an einem intelligenten, einem smarten Fernseher nicht mehr vorbei. Eingebaute Mikrofone, Kameras und andere Sensoren sowie die Fähigkeit, sich mit dem Internet zu verbinden, machen die Intelligenz dieser Geräte aus. Damit sind diese in der Lage, das Nutzerverhalten, also die konsumierten Sendungen, zu tracken und gegebenenfalls die Gespräche und Signalwörter zu verstehen. Grundsätzlich steht technologisch kein Hindernis im Weg, die gesammelten Daten an Dienste wie Netflix, Amazon Prime, Google, Apple und Co. zu senden und zielgerichtete Werbung über alle Kanäle des Nutzers zu schalten. Allein die Tatsache, dass diese Geräte mit dem Internet verbunden werden können und teilweise müssen, um sie zu nutzen, machen sie zu einem Device im Internet der Dinge.

Ein anderes Beispiel aus dem Bereich Hausautomation ist das smarte Thermostat. Dieses ist in der Lage, Ihren Energieverbrauch signifikant zu senken, wenn Sie das Haus verlassen. Integrieren Sie die Heizungssteuerung noch in Ihren Kalender, den Sie online pflegen, schaltet die Anlage daheim in den Absenkmodus, sobald Sie in Urlaub oder auf Reisen sind. Gewähren Sie der meist mitgelieferten mobilen App auf unserem Smartphone Zugriff auf Ihren Aufenthaltsort und die Entfernung nach Hause, schaltet die Anlage die Heizung frühzeitig wieder ein, sodass Sie beim Heimkommen ein wohlig warmes Wohnzimmer haben.

Auch der intelligente Kühlschrank ist – na, raten Sie mal – mit dem Internet verbunden und registriert über Ihre Geoinformationen, dass Sie gerade im Supermarkt sind. Haben Sie mal wieder vergessen, eine Einkaufsliste zu schreiben? Kein Problem. Die App, die mit dem Kühlschrank über die Cloud verbunden ist, erscheint auf dem Home-Bildschirm und meldet Alarmstufe Rot. Der Vorrat an Sojamilch geht zur Neige. Glück gehabt. Schöne neue Welt.

Ist Ihre Kaffeemaschine noch dumm oder schon intelligent? Der intelligente Brühautomat von heute würde über das vorangehend vorgestellte Trojan Room-Modell nur laut lachen: „Eine Videoübertragung zur Status- und Füllstandsüberwachung? Wie niedlich!“ Die smarte Kaffeemaschine ist natürlich mit dem Internet verbunden und brüht den Kaffee automatisch nach Bedarf. Dabei prüft sie im Onlinekalender oder Wecker des Besitzers, wann dieser aufzustehen gedenkt, und berechnet, wann der Kaffee fertig zu sein hat. Dabei kann sie natürlich die individuellen und auch wechselnden Tagesabläufe des Besitzers mit in die Kalkulation und den Brühvorgang einbeziehen.

Smarte Lichtschalter und Glühbirnen, die mit dem Internet auf der Hersteller-Cloud verbunden sind, lassen sich über eine App auf dem Smartphone steuern und natürlich auch anhand der Kalenderangaben des Besitzers die Helligkeit in der Wohnung regulieren.

Was das intelligente Zuhause angeht, zeigt Bild 1.3, dass die Vor- und Nachteile von den Nutzern sehr differenziert betrachtet werden.

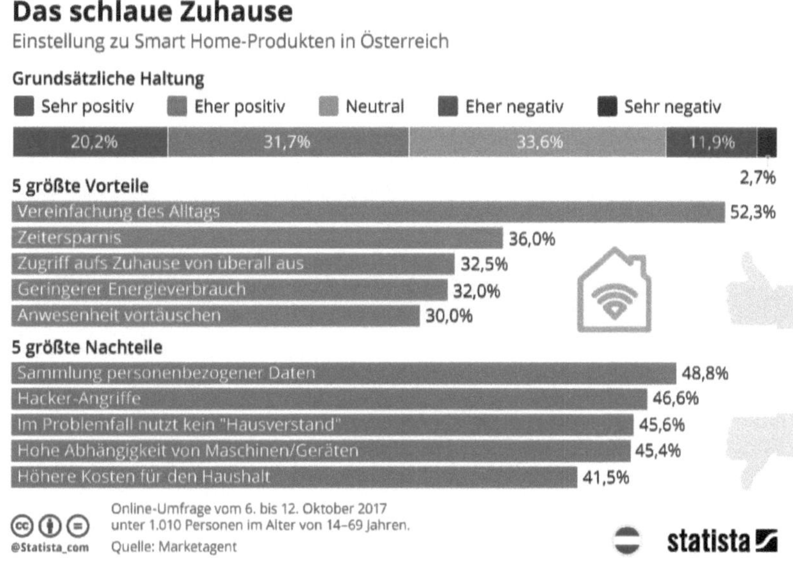

Bild 1.3 Vor- und Nachteile des intelligenten Zuhauses

Im Folgenden möchte ich Ihnen eine kurze Geschichte erzählen, die zeigt, was passieren kann, wenn sich Ihr Smart Home selbstständig macht.

Wenn das Smart Home verrückt zu spielen scheint

An Heiligabend war es kalt in meiner Wohnung. Mein Kaffeevollautomat hatte mir nicht wie üblich um 6:30 Uhr meinen Caffè Crema zubereitet. Er wäre ohnehin kalt geworden, da mich mein Smartphone nicht geweckt hatte. Ich wachte am 24. Dezember 2020 um 9:12 Uhr überrascht von selbst auf, und es schien, als stünde die Welt still. Die Lichter waren aus, die Rollläden waren unten, es war ruhig – und kalt. Das war alles ein bisschen unheimlich. Ich nahm mein Smartphone und schaltete das Licht im Schlafzimmer ein. Okay, der Strom war da. Die Rollläden fuhren nach oben, nachdem ich diese in meiner Smart Home-App manuell ansteuerte.

Ich entschloss mich, eine warme Dusche zu nehmen, um aufzutauen. Doch – oh nein – das Wasser war fürchterlich kalt. Was war hier los? War die Heizung defekt?

Warum hatte mich meine Heizungs-App dann nicht gewarnt? Hatte sich jemand Zugang zu meiner Smart Home-Umgebung verschafft? Es gab bereits viele Fälle, in denen Eindringlinge Passwörter geknackt und sich auf virtuellem Wege Zugang zu Häusern verschafft hatten. Aus sicherer Entfernung hatten Cyber-Kriminelle Alarmanlagen deaktiviert und Wohnungen bzw. Häuser lautlos über intelligente Türschlösser geöffnet. Anschließend hatten sie die Behausungen in aller Ruhe ausgeräumt, während die Hausherren im Urlaub oder bei der Arbeit waren. Ein anderes beunruhigendes Szenario: Hacker hatten sich durch eingebaute Internetkameras Einblick ins Privatleben der Besitzer verschafft oder Babyphones und Baby-Kontrollkameras gekapert. Der häufigste Schwachpunkt dabei waren schlechte oder keine Passwörter zum Schutz der Geräte, die jeweils mit einer IP-Adresse im Internet verbunden sind. Oft wurden die Passwörter, die werksseitig eingestellt waren und in diversen Foren im Internet zu finden sind, nicht geändert. So haben Hacker leichtes Spiel.

Nachdem ich mich langsam wieder aufgewärmt hatte und meine Kaffeemaschine mir meinen Caffè Crema kredenzt hatte, änderte ich umgehend alle Passwörter auf meinen Smart Devices (Lichtschalter, Thermostate, Kaffeemaschine, Glühbirnen, Lautsprecher, Sicherheitssysteme) und meine Drahtlosnetzwerkpasswörter auf meinen Routern daheim. Am Nachmittag erinnerte mich mein Kalender an eine Verabredung zum Abendessen im Restaurante Vegano Bon Lloc, Carrer de Sant Feliu, 7, 07012 Palma, Illes Balears, Spanien mit meinen alten Kumpels Matthias und Dirk. Völlig verwirrt rief ich Dirk an und erzählte ihm von den eigenartigen Geschehnissen an diesem Morgen. Wir erinnerten uns, dass wir im vergangenen Sommer überlegt hatten, über die Weihnachtsfeiertage zusammen nach Spanien zu fahren.

Das gut besuchte Restaurant hatte ich weit im Voraus gebucht und die Reservierung bald wieder vergessen. Die Reise hatten wir aufgrund der COVID-19-Pandemie auf nächstes Jahr verschoben Ein wenig erleichtert schaute ich nach dem Gespräch in meinem Kalender nach. Tatsächlich hatte ich den Weihnachtstrip nach Mallorca im Kalender geblockt. Jetzt wurde mir langsam klar, was geschehen war: Meine „intelligenten“ Hausgeräte gingen aufgrund des Kalendereintrags davon aus, dass ich zu diesem Zeitpunkt gar nicht zu Hause sei. Daher fuhr die Heizung herunter und die Warmwasseraufbereitung schaltete ab. Es gab keinen Kaffee für mich, die Wohnung blieb dunkel und die Rollläden fuhren nicht nach oben. Leider war mein Smart Home nicht schlau genug, zu bemerken, dass ich in Mannheim geblieben war.

Als ich meinen Kalendereintrag gelöscht hatte, fuhr die Heizung automatisch hoch, und am Abend war meine Wohnung wieder warm. Bei all der Verwirrung an diesem Morgen war ich sehr froh, dass ich nicht gehackt worden war. ■

Die Geschichte mag an der einen oder anderen Ecke ein wenig überspitzt klingen, doch dieses Szenario ist heutzutage technisch möglich.

Auch in Bereichen, die mit Mobilität und Verkehr zu tun haben, kommen wir mit dem Internet der Dinge in Berührung. Selbstfahrende Autos befinden sich momentan noch in der Entwicklungsphase. Eine Anwendung ist jedoch schon sehr weit verbreitet. Wer kennt die Situation? Bevor Sie sich halbtot vor Erschöpfung von Ihrem intelligenten Fernseher die Entscheidung über die zu schauende Sendung abnehmen lassen, müssen Sie nach dem anstrengenden Einkaufsmarathon mit der Partnerin oder dem Partner erst noch die letzte Prüfung für diesem Samstagnachmittag bestehen, die da heißt: Autosuche in den Untiefen des Parkhauses. Doch zum Glück sind Sie Besitzer eines Fahrzeugs in der Beta-Phase, das selbstständig ein- und ausparken kann und per Knopfdruck in der mitgelieferten App zu Ihnen kommt.

Doch wirklich durchgesetzt hat sich im Consumer-Bereich bislang nur der Smart-TV. Allein durch die vielen Streaming-Anbieter wie Netflix, Amazon Prime oder Disney+ müssen die Geräte eine Internetverbindung aufbauen können, wenn Sie nicht eine weitere Box zwischen Internet und Ihrem Fernseher anschließen wollen. Bei vielen anderen Use Cases für IoT stellt sich zu Recht die Frage: Braucht man das denn wirklich, und erleichtert das den Alltag? Der Grund dafür, dass sich eine Anwendung durchsetzt, ist der, dass diese einen Zusatznutzen für den Anwender erzeugt. Oftmals scheint es ziemlich modern, die neuesten digitalen Helferlein zu nutzen. Doch verbessert dies tatsächlich unser Leben und sparen wir womöglich Zeit und Geld durch deren Anwendung?

Ein führender global agierender schwäbischer Hersteller für Automatisierungs- und Automobiltechnik wählte zu Beginn des Jahres 2019 eine ziemlich bemerkenswerte Marketingstrategie, um sich im Bereich der Heimautomation und privaten Nutzung von IoT (Consumer-Segment) weltweit als Spitzenhersteller zu positionieren. Rechtzeitig zur Elektronikmesse in Las Vegas stellte dieser seine Kampagne vor, die sich stark an der Internetbewegung „Like A Boss“ orientierte. Hier buhlen mehr oder weniger begabte Talente mit ihren Fertigkeiten, ihren Stunts und ihrer Geschicklichkeit darum, von der Internetgemeinde zum Boss in ihrer Disziplin ernannt zu werden. Der Held der Kampagne, der in diversen Alltagssituationen in Szene gesetzt wurde, wirkte eigentlich gar nicht wie ein Held, sondern eher wie ein IoT-Nerd, der allein durch seine technischen Helferlein zum Helden wird.

Na ja, wenn ich es mir recht überlege, ist der Unterschied zu den Avengers-Superhelden gar nicht so groß. Beispielsweise wird Iron Man erst durch seinen Stahlanzug zum Superhelden. Vielleicht besteht also doch noch eine Chance für uns Normalsterbliche, zum IoT-Superhelden zu werden. Spätestens jetzt habe ich Sie wahrscheinlich überzeugt und Sie wollen wissen, wie Sie mit IoT zum Superhelden mutieren, oder? Kommen wir zurück zu unserem IoT-Nerd: Die Videosequenzen gingen allein durch ihre witzige Aufmachung viral und erzielten durchaus eine sehr große Reichweite. Bricht man das Ganze aber auf die eigentliche Neuerung und Innovation herunter, erscheint die Veränderung nicht als Transformation. Auch der Nutzen, die Zeitersparnis oder die Steigerung der Lebensqualität, die durch den Einsatz von IoT im Alltag entstehen, können einen rationalen Menschen nicht wirklich überzeugen. Er verbucht IoT lediglich unter dem Stichwort „nettes Spielzeug“. Der Alltag und das Verhalten unseres Helden änderte sich durch den Einsatz von IoT nicht. Er wurde weder effizienter noch schneller – eher im Gegenteil: Jeder, der sich im Alltag schon einmal wirklich ernsthaft mit Technik beschäftigt hat, wird feststellen, dass es dadurch oftmals komplizierter wird, vor allem, da wir uns ungern von eingelernten Gewohnheiten verabschieden.

Während sich ein Teil der IoT-Anwendungen sehr eindeutig dem Consumer-Bereich oder dem industriellen Sektor zuordnen lässt, gibt es auch Anwendungen, die beiden Bereichen zuzurechnen sind. Dazu zählt zum Beispiel unser komplettes Stromnetz mit seinen digitalen, am Netz angeschlossenen Stromzählern (Smart Meters), die in regelmäßigen Abständen das Verbrauchsverhalten an die Energieversorger melden. Die Ausstattung aller Haushalte in Deutschland mit diesen intelligenten Stromzählern ermöglicht es den Energieversorgern, die genauen Energiebedarfe je Haushalt zu einem bestimmten Zeitpunkt zu analysieren und für zukünftige Zeiten zu prognostizieren. So ist es ihnen möglich, den Strom bedarfsgerecht zu produzieren und rechtzeitig die Netzkapazitäten heraufzufahren oder Kraftwerke abzuschalten. Zum einen ist dadurch die sehr schwer planbare Energieeinspeisung durch Wasser-, Wind- und Solarkraft deutlich besser mit den Verbrauchern und Kraftwerken zu synchronisieren, zum anderen wird so weitgehend verhindert, dass nicht benötigte Energie, die eben im elektrischen Umfeld nicht gut gespeichert werden kann, in den Netzen ungenutzt verpufft.

Sie haben gesehen, dass der Einsatz von IoT im privaten Umfeld oft einen begrenzten Nutzen aufweist und an der Grenze zur technischen Spielerei kratzt. In der Industrie ist dies anders. Hier lassen sich sehr häufig wertschöpfende und nutzbringende IoT-Anwendungen umsetzen. Industrieunternehmen sind in der Lage, durch die Nutzung des Internets der Dinge ihr Geschäftsmodell zu erweitern und somit in für sie neue Märkte vorzudringen. So haben einige Maschinenbauer erkannt, dass ihre Maschinen durch den Einsatz erweiterter Sensorik selbst Daten erzeugen können. Diese nutzen die Ingenieure für Service, Wartung und neue Abrechnungsmodelle je nach Nutzung der Maschine. In der Industrie gibt es einige Anwendungsfälle und Geschäftsmodelle, die erst durch die generierten Daten ihrer Maschinen bei ihren Kunden denkbar sind. Durch die Kombination mit Technologien wie Analytics, Künstliche Intelligenz und Massendatenauswertung erhalten die Daten im neuen Kontext einen extrem hohen Wert.

1.3.2 Use Cases aus dem industriellen Bereich

Ein Begriff, der das Internet der Dinge insbesondere im industriellen Umfeld sehr gut beschreibt, ist das cyber-physische System (CPS). Man kann aus diesem Begriff sehr gut herauslesen, dass das Merkmal von IoT die Digitalisierung von physischen Dingen und somit das virtuelle, für Computer lesbare Abbild der Realität ist. So ergibt auch der Begriff „digitaler Zwilling“, der auf diesem Gedankenbild aufbaut, einen Sinn. Durch den Einsatz sowie die Verknüpfung von Sensoren, Aktoren, Motoren, Mikrocomputern, Netzwerkkomponenten und Cloud-Services erschaffen wir eine IoT-Architektur, die die physische Welt in die Sprache der Maschinen und die digitale Welt zurück in die Realität übersetzt. Das Ergebnis sind sich selbst regulierende Liefer- und Produktionsketten (Supply Chains), fahrerlose Transportsysteme, autonome Lkws und Maschinen, die sich beim Wartungstechniker melden, sobald Sensoren einen bevorstehenden Ausfall wegen Verschleißes melden.

Die Vernetzung der Dinge im industriellen Kontext bezeichnen wir als Industrial Internet of Things (IIoT). Besonders im Bereich der Fertigung und Produktion und in globalen Lieferketten spielt IIoT eine zentrale Rolle. Auf diese Weise können die physischen Bewegungen, Zustandsveränderungen und Eigenschaften der produzierten und transportierten Dinge nahtlos verfolgt werden. Medienbrüche sind in diesem Umfeld der Untergang für jedes Objekt, das verfolgt werden will. Daher ist die Strategie vieler Unternehmen eine vollständig digitalisierte, vernetzte, intelligente und dezentrale Wertschöpfungskette.

Ein Beispiel für die Zustandsüberwachung einer Sendung ist die durchgängige Kontrolle der Kühlkette. Manche Waren, insbesondere medizinische Produkte oder Lebensmittel, sind nicht mehr zu gebrauchen, sollten sie nur kurz eine bestimmte Temperatur während des Transports überschreiten. So werden die Sendungen, Pakete oder auch Paletten mit digitalen Temperatursensoren ausgestattet, die in kurzen Intervallen die aktuelle Temperatur an eine Cloud übermitteln. So kann der Empfänger schon sehr früh im Transportprozess informiert werden, wenn die Kühlkette abreißt und er sich um eine alternative Beschaffung seiner Waren kümmern muss. Normalerweise ist bei einem solchen System auch gleich eine Übermittlung der Geoinformationen integriert. Dies ermöglicht zusätzlich die Kalkulation der Ankunft der Sendung und bei Ankunft die automatische Vereinnahmung und Wareneingangsbuchung. Auch in Notfällen, beispielsweise bei einer Panne, einem Unfall oder Stau, kann das System automatisch alternative Lieferoptionen berechnen und veranlassen.

Ein Beispiel für vernetzte Maschinen findet sich bei einem Unternehmen im schwäbischen Teil von Baden-Württemberg. Der Hersteller von Reinigungsmaschinen und -lösungen entwickelte eine IIoT-Anwendung für die Überwachung seiner Maschinen bei seinen Kunden. Die Kunden arbeiten im professionellen Reinigungsumfeld. Im Mittelpunkt dieser Softwarelösung steht eine Plattform, die alle Informationen der Reinigungsmaschinen bei den Kunden sammelt und konsolidiert. In der Firmenzentrale des Maschinenherstellers kann man die Aufenthaltsorte, den Wartungszustand, die Flüssigkeitsfüllstände und Batterieladung über eine Softwareapplikation auf dem PC verfolgen. Haben die Kunden ihrerseits mehrere Reinigungsmaschinen, können sie diese über die Software verfolgen und dessen Einsätze in den verschiedenen Einsatzorten planen. Zur Ortung sind die Maschinen mit einem Real-Time Locating System (RTLS) und einem Global Positioning System (GPS) ausgestattet und übertragen ihre Standortinformationen über ein drahtloses Netzwerk oder über Mobilfunkdatenverbindung in die Cloud. Ein RTLS nutzt für die Orientierung und Positionierung die Informationen, die es über Funktechnologie ermittelt. GPS erlangt die Positionsdaten als Koordinaten durch Kommunikation mit Satelliten in der Umlaufbahn der Erde. So weit, so gut, aber was bringt das Wissen um die Position der Maschinen? Wie kann ein Reinigungsunternehmen damit Kosten einsparen oder den Servicelevel für seine Kunden verbessern? Diese Frage sollte immer am Anfang eines jeden IoT-Projekts stehen, denn niemand wird Sie am Ende dafür bewundern, dass Sie die neueste Technologie zu einem hohen Preis einsetzen, ohne einen Business Case für das Projekt zu haben, der alle Sponsoren des Projekts überzeugt.

Im Fall des Reinigungsmaschinenherstellers war die Sache bereits am Anfang klar. Denn die Kunden und der Hersteller hatten nach einer Möglichkeit gesucht, ihre Maschinen deutlich effizienter einzusetzen und besser auszulasten. Eine Umkreissuche, die derzeit freie Maschinen anzeigt, ermöglicht es, diese für anstehende Einsätze einzuplanen und auszulasten. Des Weiteren können die Reinigungsfirmen einige Maschinen einsparen, da sie jederzeit wissen, wann welche Maschine an welchem Ort ist und wie lange der Einsatz voraussichtlich noch dauert. Verzögert sich der tatsächliche Einsatzbeginn an einem bestimmten Ort, kann sofort umgeplant werden. Die automatische Aufzeichnung der Betriebsstunden je Maschine in Kombination mit der Belastung der Maschine geben dem Hersteller einen Hinweis darauf, dass gegebenenfalls ein leistungsstärkeres Modell von einem anderen Standort genutzt werden sollte oder eine Wartung nötig wird, bevor die Anlage ungeplant ausfällt. Sollte ein Defekt vorliegen oder ein geplanter Wartungstermin anstehen, meldet die Maschine diesen Vorfall. Der Techniker wird somit automatisch über den Vorfall informiert, erhält bereits vorab eine ausführliche Fehlerbeschreibung und weiß, welche Teile er mit zum Kunden nehmen muss.

Auf einer Veranstaltung zur Digitalisierung der Supply Chain des größten Softwareherstellers Europas Ende 2019 habe ich den Begriff der „intelligenten Palette“ für die Kombination einer Ortung von Paletten in Echtzeit mit einem IoT-System und einem Lagerverwaltungssystem (LVS) geprägt. Intelligente Paletten sind mit einer Sende- und Empfangseinheit ausgestattet und melden in Echtzeit ihren Aufenthaltsort an ein übergeordnetes IoT-System. Die Palette weiß somit, wo sie sich befindet, und durch die Kombination mit einem Lagerverwaltungssystem auch, wo ihr Ziel ist. Die Palette „merkt“, dass sie bewegt wird, und meldet sich dann bei dem IoT-Gateway. Moderne Funktechnologie, die einen äußerst geringen Energiebedarf hat, hält die Batterien in diesen Funkeinheiten bis zu zehn Jahre am Laufen und somit sogar länger als die durchschnittliche Europalette. Durch die moderne

Funktechnik ist es nicht mehr nur draußen möglich, den Standort über GPS zu bestimmen, sondern auch innerhalb von Gebäuden – mit einer Genauigkeit von wenigen Zentimetern. Die Kosten für diese Technologie liegen inzwischen in einem Bereich, dass sich der Einsatz in Massen lohnt. Interessant ist, dass die intelligente Palette die Schnittstelle zwischen der vollautomatisierten Produktion und der Logistik bildet. Stellen Sie sich vor, dass die Palette innerhalb eines Lagers oder in der Produktionshalle meldet, dass sie aus dem Lagerplatz entnommen wurde. Das IoT-System, das zwischen dem Lagerverwaltungssystem und der intelligenten Palette angesiedelt ist, „weiß", dass es für diese Palette einen Transportauftrag gibt. Dieser enthält die Informationen Quelle, Senke und zu transportierendes Gut oder Lagereinheit. Kommt die Palette am Ziellagerplatz an, quittiert das System dies automatisch. Die neuen Platzinformationen im Lagerverwaltungssystem werden automatisch in Echtzeit aktualisiert.

Stellen Sie sich dieses Szenario nun im Bereich der Produktion vor: Dort wird durch die Bewegung der Palette von Maschine zu Maschine je eine Position im Fertigungsauftrag rückgemeldet und bestätigt. Somit können auch automatisch Nachschübe und Folgeprozesse in Echtzeit ausgelöst werden.

Bei all diesen Anwendungsfällen im Zusammenhang mit intelligenten Paletten und der automatischen Verbuchung im Produktionsplanungssystem oder LVS steht die Automation und die Vermeidung von Scanvorgängen im Vordergrund. Sie werden in Kapitel 7 noch einige Varianten dieses Konzepts kennenlernen, unter anderem eines, in dem dieses Prinzip sogar ohne die Ausstattung der Paletten mit Sensorik und Funktechnik möglich ist.

■ 1.4 Potenziale und Entwicklungen im IoT-Umfeld

Wie sich bereits aus den vorangegangenen Ausführungen ablesen lässt, hat die Industrie die Chancen und Möglichkeiten im industriellen Internet der Dinge weitgehend erkannt und ist in vielen Fällen in der Lage, nutzbringende IoT-Anwendungsfälle zu entwickeln. Interessanterweise verhält sich die Innovationsadaption im Bereich IoT anders als bei anderen Internettechnologien. Meist verhielt es sich eher so, dass zunächst die privaten Nutzer mit den neuen Technologien vertraut waren. Den Einzug in die Unternehmenswelt fanden diese Technologien – im Gegensatz zu IoT – erst deutlich später.

Doch warum hat das Internet der Dinge im Umfeld der Industrie 4.0 erst seit einigen Jahren eine derart hohe Relevanz? Die Grundsteine sind ja durch die Einführung von RFID bereits seit mehr als 30 Jahren gelegt, und das Internet ist seit 1990 verfügbar. Waren die heutigen Anwendungen und daraus resultierenden Geschäftsmodelle in den vergangenen 30 Jahren etwa nicht relevant? Der Grund für die späte Verbreitung liegt meiner Beobachtung nach an Wirtschaftlichkeitsberechnungen. Sensoren, Aktoren und Mikrocomputer kosten heutzutage einen Bruchteil dessen, was sie noch vor zehn Jahren gekostet haben. Somit sind Investitionen in intelligente Anlagen, die mit Sensoren und Mikrocomputern ausgestattet sind, heute in großem Stil möglich, während das Budget früher gerade ausreichte, um einen Prototyp oder einen einzelnen digitalen Show Case zu realisieren. Auch die Kosten für Speichertechnologie (CPU, Arbeitsspeicher) und Datenübertragung (Breitband, Mobilfunk) sind kontinuierlich gesunken.

Daneben gibt es weitere Gründe dafür, dass IoT mittlerweile so relevant ist und Anwendungsfälle verstärkt umgesetzt werden. Der wichtigste ist meines Erachtens mit dem Phänomen der exponentiellen Entwicklung in Technologie, Elektrotechnik, Speicherchips, IT und Software zu erklären, denn digitalisierte Dinge im Internet of Things können wie alles im Informationszeitalter unter anderem durch folgende Einflussfaktoren in ihrer Leistungsfähigkeit und Funktionalität exponentiell wachsen:

- Rechenleistung
- Netzwerktechnologie
- Algorithmen

Vielen von Ihnen wird in diesem Zusammenhang das mooresche Gesetz ein Begriff sein, das das Mindset und die Entwicklung des Informationszeitalters massiv geprägt hat. Gordon Moore, ein Mitbegründer des Halbleiterchip-Herstellers Intel, ging es in seiner Aussage zur exponentiellen Entwicklung von Mikroprozessoren darum, dass sich die Entwicklung in diesem Umfeld nicht wie in anderen Bereichen linear vollzieht, sondern exponentiell. Das mooresche Gesetz besagt, dass sich die Anzahl der aktiven Komponenten eines Chips – und damit seiner Rechenleistung – innerhalb von 18 Monaten verdoppelt. Wenn also zu einem bestimmten Zeitpunkt fehlende Rechenleistung einen Anwendungsfall scheinbar unmöglich macht, können wir hoffen, dass das mooresche Gesetz dazu führt, dass die benötigte Rechenleistung demnächst verfügbar ist. Dies ist in der Vergangenheit immer wieder eingetroffen. Das Besondere an unserer heutigen Zeit ist, dass nicht nur jede Basistechnologie für sich genommen schon geeignet ist, die Industrie und die Geschäftswelt völlig neu zu ordnen. Durch die Möglichkeit, diese Technologien beliebig zu neuen Use Cases zusammenzuführen, können wir uns heute nur schwer vorstellen, welche neuen Geschäftsmodelle und Anwendungen in der nahen Zukunft denkbar sind.

Ein wichtiger Faktor für den Erfolg von IoT in der Industrie ist die Annäherung der Informationstechnologie (IT) an die operationale Technologie (OT). Die IT-Leiter und IT-Verantwortlichen haben inzwischen die Notwendigkeit erkannt, dass Anlagen, Maschinen und die Unternehmens-IT zu weiten Teilen zusammengehören und für IoT-Anwendungen dessen Integration gegeben sein muss.

Für die Nutzung von IoT im Bereich der Produktion wurde nach Konzepten gesucht, nicht alle anfallenden Daten in die Cloud zu schieben und dabei gegebenenfalls unnötigen Daten-Traffic zu erzeugen. Daher wurden Konzepte wie Cloud Computing, Fog Computing und Edge Computing entwickelt, die die Datenverarbeitung sowohl in dezentrale als auch in zentrale Ebenen unterteilen. Wir werden die Begriffe in Kapitel 2 noch näher untersuchen. Durch diese neuen Konzepte sind heute schon insbesondere im Bereich der Produktion neue Anwendungen möglich, und es werden weitere folgen.

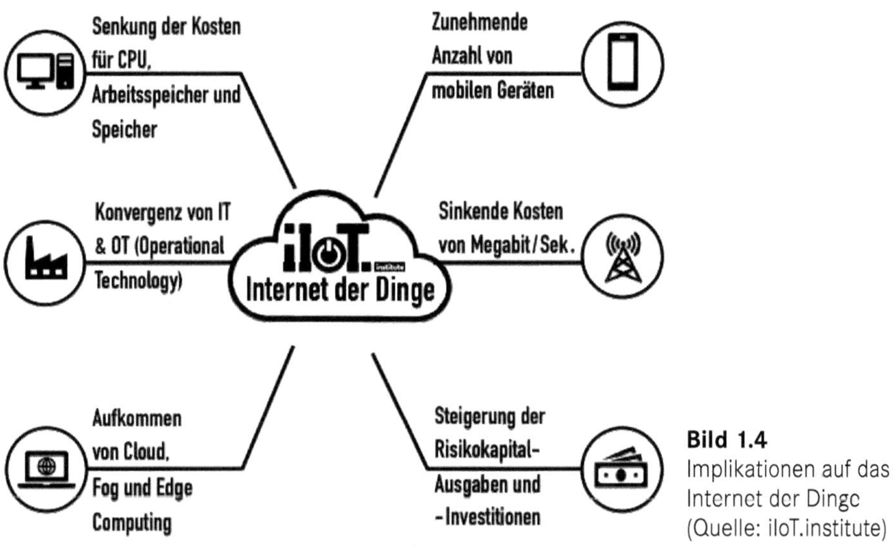

Bild 1.4 Implikationen auf das Internet der Dinge (Quelle: iIoT.institute)

Die Anzahl an internetfähigen Geräten nimmt täglich zu, und allein der Zuwachs der Devices, die ihrerseits wieder Daten und Informationen erzeugen, beflügeln Technologien wie Künstliche Intelligenz und Analytics, da diese Technologien auf viele Daten angewiesen sind. So trägt IoT zum exponentiellen Wachstum auch in anderen Digitaltechnologien bei.

Was hat die Nullzinspolitik der europäischen Zentralbank mit dem zukünftigen Wachstum im Bereich Technologie zu tun? Nun ja, viele Kapitalanleger suchen händeringend nach Möglichkeiten, ihr Geld mit einigen Prozent Verzinsung anzulegen. Auch die Erfahrungen vieler Investoren am Aktienmarkt während der Corona-Krise wird womöglich einige nach alternativen Anlagemöglichkeiten suchen lassen. Während der Krise hat sich gezeigt, dass allein die Technologiepapiere ihre alten Höchststände wieder erreicht haben und zum Teil auch weit drüber lagen, während die Kurse traditioneller Industrieunternehmen stark unter der Krise litten. Das lässt vermuten, dass die zuvor bereits relativ hohen Risikokapitalanlagen und -investitionen weiter steigen werden und somit junge, hungrige, innovative Unternehmen im Bereich IoT, KI, VR und AR schnell wachsen könnten.

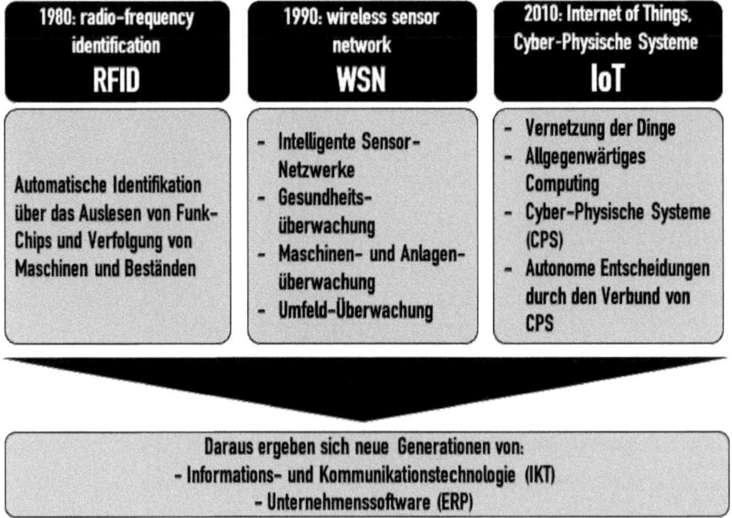

Bild 1.5 IoT-Technologien und deren Einfluss auf die Informations- und Kommunikationstechnologie (Quelle: *Li Da Xu/Wu He/Shancang Li:* Internet of Things in Industries. A Survey. 2014. S. 2234)

Wie vorangehend beschrieben, ist eine Transformation unseres Verhaltens durch IoT im Alltag eher unwahrscheinlich. Gleichzeitig sind wir als Gesellschaft und als Wirtschaft derart mit den neuen technologischen Möglichkeiten und mit Umbrüchen konfrontiert, dass neue Schlagworte wie das der digitalen Transformation immer populärer werden.

1.4.1 Wo steht IoT in Deutschland?

Deutschland ist das Land der Ingenieure und des Maschinenbaus. Ingenieure lieben die Möglichkeit, dass die von ihnen mit hoher Präzision erschaffenen Maschinen nun auch Daten generieren und in der Lage sind, Ihren Zustand selbst zu interpretieren. Gerade für Deutschland bietet IoT eine enorme Chance, da wir durch unser ausgeprägtes Wissen im Maschinenbau nun beides anbieten können: Maschinen mit einer sehr hoher Qualität und die Integration dieser Maschinen in die digitale Welt. Dadurch lassen sich insbesondere in Deutschland neue Geschäftsmodelle aus den Daten ableiten, wenn wir diese in einem neuen Kontext nutzen – sofern wir diese Chance erkennen und wahrnehmen.

Doch wie sieht es mit Erfindungen im Bereich IoT aus? Ist Deutschland auch im Bereich IoT das Land der Erfinder? Wenn man sich die Studie der IPlytics GmbH aus dem März 2019 genauer ansieht, stellt man fest, dass unter den zwölf Unternehmen kein einziges aus Deutschland kommt. Folgende Länder sind hier vertreten:

- Südkorea (Samsung)
- China (Huawei, ZTE, Shenglu IOT Communication Technology)
- Japan (Fuji Xerox)
- Schweden (Ericsson)
- USA (Qualcomm, Intel, IBM, Cisco, Xerox Corporation, Microsoft)

Bild 1.6 zeigt, dass deutsche Unternehmen mit Patenten in diesem Bereich gar nicht auftauchen. Bis März 2019, so fand IPlytics GmbH in einer weiteren Statistik heraus, belief sich die Gesamtanzahl der Patente in Deutschland im IoT-Bereich auf 4195. Zum Vergleich kamen bis zu diesem Zeitpunkt 41.845 Patente aus China und 37.595 Patente aus den Vereinigten Staaten von Amerika (Bild 1.7). Was den Erfindergeist in Bezug auf moderne Informationstechnologie angeht, können wir in Deutschland demnach ruhig noch einen Zahn zulegen.

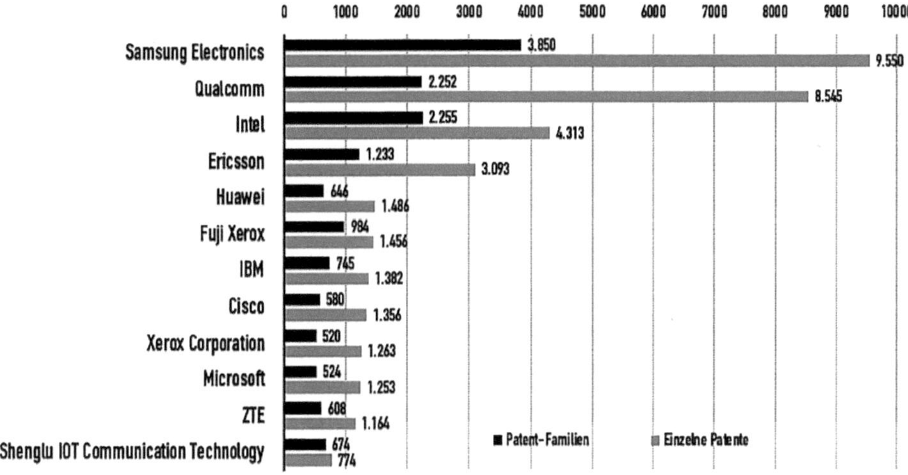

Bild 1.6 Weltweite IoT-Patente führender Unternehmen im Jahr 2019 (Quelle: IPlytics GmbH, März 2019)

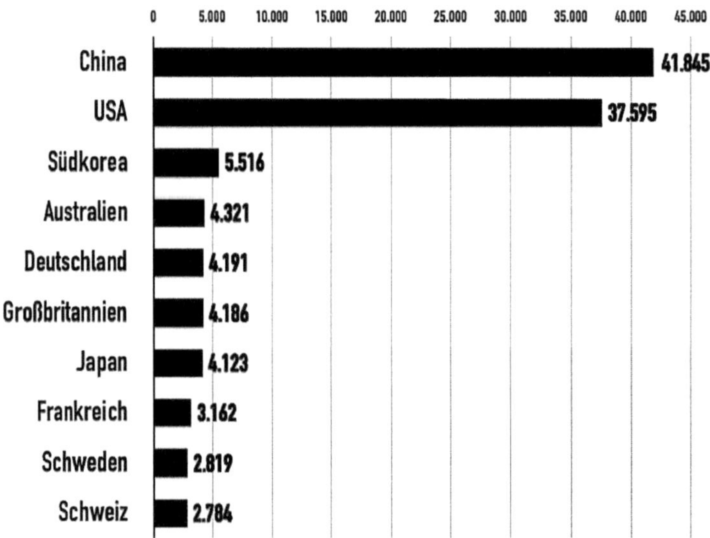

Bild 1.7 Nach Ländern aufgeschlüsselte IoT-Patentanmeldungen (Quelle: *IPlytics GmbH:* Patent litigation trends in the Internet of Things. Bericht. 2019)

1.4.2 Was sagen die Zahlen?

Damit Sie ein Gefühl dafür bekommen, welche Potenziale und Entwicklungen im Bereich IoT zu erwarten sind, sehen wir uns im Folgenden ein paar Zahlen an. Das amerikanische Beratungshaus Gartner hat in einer Studie von 2017 die Anzahl der weltweit vernetzten IoT-Devices bis zum Jahr 2020 prognostiziert (Bild 1.8). Waren es 2016 noch 6,4 Milliarden Geräte, so hat sich diese Anzahl 2018 bereits verdoppelt und bis zum Jahr 2020 noch einmal auf 20 Milliarden Geräte verdoppelt. Laut des Statista Research Departments werden wir in 2025 weltweit 75 Milliarden Geräte mit dem Internet verbunden haben.

Schaut man sich den Faktor des Zuwachses in den Statistiken genauer an, so lässt sich auch hier das mooresche Gesetz wiedererkennen. Das hat einen bestimmten Grund: Das Wachstum wird durch die rasante Weiterentwicklung von Sensoren und Mikrocomputern zusätzlich befeuert. Das führt zu einem Preisverfall, sodass auch kleine Unternehmen neben finanzstarken global agierenden Konzernen den Einstieg in die Technologie wagen. Dies hat zur Folge, dass weitere Unternehmen IoT nutzen werden, um neue Geschäftsmodelle aufzubauen.

Die Wirtschaftsprüfer von PricewaterhouseCoopers (PwC) prognostizieren bis 2022 weltweit 500 Milliarden US$ pro Jahr an Einnahmen. Gleichzeitig soll der Einsatz von IoT 400 Milliarden US$ durch Prozessoptimierung einsparen. Die Investitionen in IoT sollen laut PwC bis 2020 auf bis zu 800 Milliarden US$ anwachsen, meinen die Wirtschaftsprüfer. Ein anderes Beratungshaus (Deloitte) veröffentlichte 2016 eine Studie, in der es die Umsätze in Zusammenhang mit IoT bis 2020 mit 50 Milliarden € im B2B-Umfeld prognostizierte (Bild 1.9). Interessant ist, dass dabei der Bereich Produktion bei Weitem den größten Anteil daran hat.

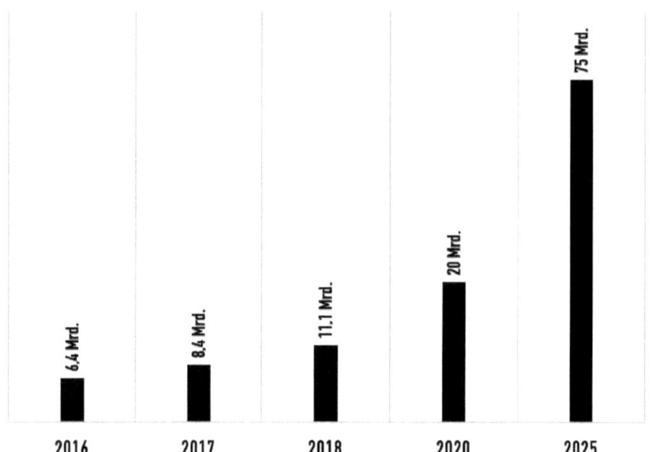

Bild 1.8 Anzahl vernetzter IoT-Devices weltweit von 2016 bis 2025 (in Anlehnung an Zahlen von Statista und anderen)

Diese Zahlen und Prognosen geben Ihnen einen Eindruck davon, welches Potenzial IoT und die Anbindung von Maschinen und Anlagen an das Internet im Bereich der Industrie 4.0 heute hat und in den nächsten Jahren haben wird.

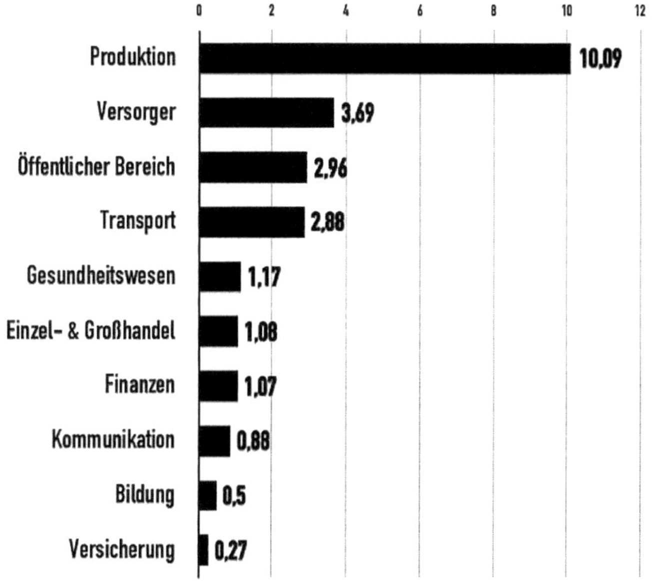

Bild 1.9 Weltweiter Umsatz mit IoT in der Industrie in 2020 (Quelle: Deloitte)

Deutschland als Land der Ingenieure sollte sich bei der Anwendung von IoT nicht allein auf die Herstellung und die Unterstützung des Produktionsprozesses durch IoT beschränken. Vielmehr muss sich die Industrie als Spielfeld für vernetzte Dinge, Services und Prozesse sehen, da in der industriellen Nutzung von IoT ein sehr großes Potenzial liegt – weit größer als im Bereich der privaten Nutzung von IoT.

Jedes Jahr aufs Neue wird Deutschland als der Taktgeber im Bereich Logistik und Supply Chain bestätigt und gewinnt den Titel „Logistik-Weltmeister" im Logistics Performance Index der Weltbank unter mehr als 160 Ländern weltweit. Bewertungskriterien sind unter anderem „Tracking und Tracing von Sendungen" und „Pünktlichkeit von Sendungen". Man stelle sich nur vor, was möglich wäre, wenn Deutschland mit seinen global aufgestellten Unternehmen und den zugehörigen weltweit vernetzten Lieferketten weiter in den Einsatz von IoT investierte, denn IoT ist *die* Schlüsseltechnologie, die solch eine digitale Lieferkette zusammenhält.

Deswegen wäre es auch fatal, Industrie 4.0 in Deutschland zu bremsen oder zu boykottieren, weil zum Beispiel der Verlust von Arbeitsplätzen drohte, wie wir es im Zusammenhang mit den vorangegangenen industriellen Revolutionen schon beobachtet haben. Im Gegenteil: Wir sollten in Deutschland die Entwicklung in der Digitalisierung und im Besonderen im Bereich IoT deutlich stärker fördern und unterstützen, als dies heute der Fall ist. Denn nicht nur für die Logistik, sondern auch im Maschinenbau wird IoT uns helfen, mit unseren Produkten eine neue Wertschöpfungsstufe zu erlangen. Gerade wenn man sich über die Versorgung mit Arbeitsplätzen Gedanken macht, sollte man langfristig denken. Marathonprofis geben ja auch erst in der zweiten Hälfte des Laufs richtig Gas.

Industrielles IoT ist die Ausprägung von Industrie 4.0 im Bereich Logistik, Produktion und Supply Chain. Die Kombination der traditionellen Industrie mit Informationstechnologie schafft neue Jobs, und das vor allem an den Übergängen zwischen Realität und digitaler Welt. Mit den deutschen Fähigkeiten in den Bereichen Maschinenbau und Logistik, mit unserem Erfindergeist, unserem Prozessverständnis und unserer Fähigkeit zu standardisieren, könnte die zusätzliche IoT-Expertise unser neues Exportgut auf dem Weltmarkt werden.

Sollten Deutschland und vielleicht sogar die EU in Sachen IoT und Digitalisierung den Anschluss an die Weltwirtschaft verpassen, dürften dadurch langfristig mehr Arbeitsplätze verloren gehen, als wenn wir weiter auf die traditionellen Wirtschaftszweige, wie zum Beispiel Automobilindustrie setzen. Wenn wir uns die Statistiken ansehen, haben wir uns in Deutschland zu lange auf traditionelle Technologien wie den Automobil- und Maschinenbau konzentriert und die Möglichkeiten der Digitalisierung als Modeerscheinung abgetan. Es ist noch nicht zu spät, aber wir sollten jetzt endlich aufwachen. In Kapitel 7 zeige ich einige sehr gute Beispiele, wie deutsche Unternehmen die Chancen von IoT für sich nutzen und extrem profitable (zum Teil zusätzliche) Geschäftsmodelle aufbauen können.

Der leichte Zugang zu Technologie und Wissen führt aber auch zu einer neuen Ordnung im Kräfteverhältnis der etablierten Player und der kleinen Unternehmen. Die Wettbewerbssituation hat sich scheinbar umgekehrt. Größe und finanzielle Möglichkeiten der traditionellen DAX-Unternehmen scheinen keine Rolle mehr zu spielen. Das war vor ca. 20 Jahren noch völlig anders. Heute preschen motivierte, junge Unternehmer in den Markt, die sich mit alten Antworten nicht mehr zufriedengeben und die aktuelle Marktordnung infrage stellen. Sie verstehen ihre Kunden, nutzen innovative Technologien und schaffen Lösungen, die an den konkreten Bedarf ihrer Kunden angepasst sind. Dabei sind sie extrem schnell und nutzen die Interaktion mit ihren Kunden zum Validieren ihrer Produkte und Lösungen. Das heißt, dass sie nicht versuchen, ihre Produkte im stillen Kämmerlein in ihrem Sinne zu optimieren, sondern ihre Kunden bei der Entwicklung der Produkte massiv einbeziehen. Nehmen wir zum Beispiel Lebensmittel-Lieferdienste oder Getränke-Lieferdienste. Diese unterstützen ihre Kunden, indem sie ihnen Tätigkeiten abnehmen, die für sie nervig zeitraubend und anstrengend sind. Der Nutzen der Kunden liegt auf der Hand: Sie müssen nicht mehr an der Kasse warten, die Einkäufe nicht mehr in ihr Auto packen, daheim wieder auspacken und dann die Treppen hoch zu ihrer Wohnung schleppen.

Doch auch traditionelle Unternehmen können von den technologischen Entwicklungen profitieren. Sie haben nur das Problem, dass es in ihren teilweise festgefahrenen Strukturen und Prozessen schwer ist, Prozesse, Projektmethoden und das Denken der Mitarbeiter und Manager zu verändern. Außerdem haben es diese Unternehmen schwer, ernsthaft neue Angebote zu entwickeln, wenn diese das traditionelle Geschäftsmodell und den daraus resultierenden Cashflow gefährden. Ein Beispiel hierfür ist die Firma Kodak. Einst führte der Konzern den Weltmarkt für Fotofilme für analoge Kameras an. Die Margen auf die Filme lagen bei ca. 80 %, und Kodak hatte einen Marktanteil von 90 %. 1975 baute der Kodak Ingenieur Steve Sasson die erste Digitalkamera, damals mit 10.000 Pixeln, fast 4 kg Gewicht und einer Speicherdauer von 23 Sekunden. Das Bild war schwarzweiß und wurde auf einer Kassette abgespeichert. Das Kodak-Management belächelte die Erfindung zunächst, und sicher war das Interesse gering, ein derart margenstarkes Geschäft wie das Filmgeschäft von interner Seite mit der Einführung der digitalen Kamera anzugreifen. Doch letztlich setzte sich die Digitalkamera durch und Kodak gab das Filmgeschäft 2013 auf.

Es muss nicht gleich eine komplett neue Erfindung sein, doch produzierende Unternehmen sollten ihre Angebote um digitale Services erweitern, die sie ergänzend zu ihren Maschinen und Anlagen entwickeln. Wir nennen diese digitalen Dienstleistungen Smart Services. Unternehmen festigen damit die Bindung ihrer Kunden an das Unternehmen und die Produkte weit über das eigentliche Produktgeschäft hinaus. Ein Smart Service kann die Wertschöpfung steigern und einem Anbieter helfen, sein Geschäftsmodell auszuweiten. Durch die neuen Services und die damit verbundenen Abo-Modelle schafft er neues und regelmäßiges Einkommen. Er gewinnt neue Erkenntnisse durch die gewonnenen Daten und kann seine zukünftigen Angebote für seine Kunden noch passender gestalten.

Nun, da wir am Ende dieses Kapitels angelangt sind, stimmen Sie mir hoffentlich zu, dass wir an IoT nicht vorbeikommen - sei es als Verbraucher, als gesellschaftliche Organisation oder als Industrieunternehmen. In Kapitel 2 werde ich darauf eingehen, wie das Internet der Dinge technisch funktioniert und welche Funktionsweisen sich hinter zentralen Begriffen der IoT-Welt verbergen.

2 Bauplan für IoT-Systeme

Planen Sie die Entwicklung eines IoT-Systems oder einer IoT-Anwendung? Wollen Sie wissen, was notwendig ist, um ein IoT-System zu bauen? Fragen Sie sich, welche Merkmale und Anforderungen ein IoT-System erfüllen sollte? Möchten Sie erfahren, welche Funktionen ein IoT-System abdeckt und wie seine Architektur beschaffen sein sollte? Das vorliegende Kapitel wird Ihnen Antworten auf diese Fragen liefern.

Es führt in alle wichtigen Begriffe, Konzepte und Bausteine eines IoT-Systems sowie deren Zusammenspiel ein. Sie lernen sowohl die grundlegenden Eigenschaften als auch die essenziellen Anforderungen an ein IoT-System kennen. In diesem Zusammenhang wird auch die ISO/IEC-Norm 30141, „Referenzarchitektur zu Internet of Things (IoT RA)", vorgestellt, in der die vorangehend genannten Fragestellungen detailliert betrachtet werden.

Grundsätzlich habe ich mich bemüht, die Zusammenhänge so einfach wie möglich darzustellen, doch weil das Internet der Dinge eine der komplexesten Disziplinen der modernen Informationstechnologie ist, war das nicht immer ein leichtes Unterfangen. Stellen Sie sich also darauf ein, dass dieses Kapitel sehr technisch wird. Falls Sie zunächst keine Informationen in dieser Detailtiefe benötigen, können Sie das Kapitel (insbesondere den Teil, in dem ich die ISO-Norm und die dahinterliegenden Konzepte näher beschreibe) auch überspringen und erst bei der Realisierung Ihrer ersten Use Cases zum Nachschlagen heranziehen.

Die Komplexität eines IoT-Systems lässt sich auf die inhärente Kombination folgender Wissenschaften und Technologien zurückführen, die ihm zugrunde liegen:

- Elektrotechnik
- Speichertechnologie
- Steuerungs- und Regelungstechnik
- Netzwerktechnik
- Mobilfunktechnik
- Cloud-Technologie
- Softwareentwicklung

Nur wer all diese Bereiche in einem IoT-Projekt berücksichtigt, wird eine erfolgreiche IoT-Lösung entwickeln können. ■

Vereinfacht ausgedrückt sprechen wir von einer IoT-Anwendung, sobald folgende Faktoren kombiniert werden:

1. Sensoren und Aktoren
2. Verbindung und Repräsentation eines physischen Dinges mit eben diesen Sensoren und Aktoren
3. Zuteilung einer eindeutigen Adresse aus dem Internet Protocol (IP-Adresse) in einer globalen Netzwerkinfrastruktur zu dem physischen Ding

Im Zusammenhang mit IoT sprechen wir von einer weltweiten, dynamischen Netzwerkinfrastruktur[1] mit folgenden Merkmalen:

- Physische und digitale Dinge sind in einem Netzwerk vereint.
- Dinge haben eine Identität, physische Eigenschaften und eine digitale Individualität.
- Es werden einheitliche und standardisierte Netzwerk- und Kommunikationsprotokolle genutzt.
- Es existieren offene und dynamische Schnittstellen.

Entscheidend für die Verbindung der virtuellen, digitalen Welt mit der physischen Welt ist die Eindeutigkeit und Identifizierbarkeit der Dinge. Da ein physisches Objekt zu einem bestimmten Zeitpunkt an einem bestimmten Ort einmalig und identifizierbar ist, müssen wir diesem Ding für eine funktionierende IoT-Architektur eine einzigartige Kennung oder einen Schlüssel verpassen. Stellen Sie sich vor, die Trojan Room-Kaffeemaschine hätte es 1991 in vielen Räumen und Etagen gegeben. Jede Maschine für sich hätte dann eine eindeutige Kennung benötigt, zum Beispiel mit dem Zusatz Etage und Raumnummer. Denn sonst hätten die Forscher in Cambridge zwar eine Kaffeemaschine auf ihren Computerbildschirmen gesehen, hätten aber nicht gewusst, zu welcher Maschine sie mit ihrer leeren Tasse hätten laufen sollen. So hätten sie die Wartezeit an der Kaffeemaschine nur gegen Suchzeit für den richtigen Brühautomaten eingetauscht.

Technisch stehen uns verschiedene Möglichkeiten zur Verfügung, um für ein Ding eine IP-Adresse zu vergeben und es mit dem Internet zu verbinden:

- LAN-Kabel (Local Area Network): Hier wird die Verbindung über einen lokalen Netzwerkanschluss aufgebaut.
- Wireless Local Area Network (WLAN): Hier wird die Verbindung über eine drahtlose Verbindung mit einem Router aufgebaut, der einen Internetzugang hat.
- SIM-Karte (Subscriber Identity Module) und Mobilfunk

---

[1] *van Kranenburg, Rob:* The Internet of Things. A Critique of Ambient Technology and the All-Seeing Network of RFID. Network Notebooks 02. Institute of Network Cultures, Amsterdam 2007 (ISBN 978-90-78146-06-3)

2.1 IoT-Komponenten und -Begrifflichkeiten

In diesem Abschnitt werden die wichtigsten Komponenten und Begrifflichkeiten eines IoT-Systems vorgestellt.

2.1.1 Sensoren und Aktoren

Sensoren (auch Messfühler genannt) erfassen Zustände von Prozessen und wandeln die erfassten Daten in elektrische Signale um. Es gibt viele verschiedene Typen von Sensoren:

- Temperatursensoren
- Luftfeuchtigkeitssensoren
- Erschütterungssensoren
- CO_2-Sensoren
- Rauchsensoren
- Vibrationssensoren
- Schallsensoren
- u. v. m.

Während Sensoren die reale Welt in digitale Messwerte umwandeln, setzen Aktoren ein elektrisches Signal in eine mechanische Bewegung oder eine andere physikalische Größe um. Beispiele für Aktoren sind

- Relais,
- Heizgeräte,
- Stellglieder und
- Motoren.

2.1.2 Hot, Warm und Cold Storage

Für die verschiedenen Stufen der Datenspeicherung nutzen wir in der Informationstechnologie eine Analogie zur Temperatur. In der Fachsprache begegnet Ihnen dabei der Begriff „Multi-Temperature Data Management“. Die Beschreibung der Temperatur als heiß, warm oder kalt gibt Auskunft darüber, wie wichtig bestimmte Informationen sind und wie schnell diese im Betrieb abgerufen werden müssen, um einen flüssigen Verbuchungs- und Verarbeitungsprozess zu gewährleisten.

Wir unterscheiden zwischen folgenden Speichertemperaturen:

- heiß (engl. hot)
- warm (engl. warm)
- kalt (engl. cold)

Heiße Daten werden in der Regel nah der zentralen Verarbeitungseinheit, der Central Processing Unit (CPU), gespeichert. Nimmt die Priorität oder die Notwendigkeit des schnellen Zugriffs ab, können die Daten weiter vom Prozessorkern entfernt gespeichert werden. So können auch die Speichermedien je nach ihrer möglichen Zugriffszeit auf Daten gemäß der Speichertemperatur wechseln. Kalt könnte dafür stehen, dass die Informationen auf einer Datasette abgespeichert wird. Dieses Speichermedium ist nicht wirklich bekannt für seine schnelle Zugriffszeit. Die Kosten für den Speicher sind auf diesem Medium aber sehr gering. Im Zusammenhang mit Speichertemperaturen sprechen wir häufig auch von Latenz, der Verzögerung bei der Verarbeitung von Daten zwischen Ein- und Ausgabe.

Bild 2.1 gibt Aufschluss über das Verhältnis von Lese- und Schreibgeschwindigkeit, Datenvolumen und Kosten.

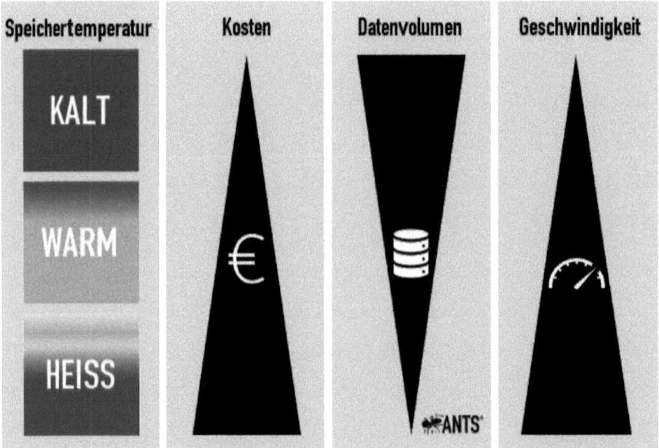

Bild 2.1 Zusammenhang zwischen Kosten, Datenvolumen, Speichergeschwindigkeit und Speichertemperaturen (Quelle: digit-ANTS GmbH)

Im Folgenden nehme ich eine Einordnung im Detail vor.

Hot Storage

Wenn die Lese- oder Schreibvorgänge in einer bestimmten Zeiteinheit besonders häufig sind, dann klassifizieren wir den Speicher als heiß. Die Art und Weise der Speicherung von Daten erfolgt idealerweise im Hauptspeicher (In-Memory). Die Hardware, die Ihnen aus Ihren mobilen Endgeräten geläufig sein dürfte, ist die Solid-State

Disk (SSD), die einen äußerst schnellen Datenzugriff ermöglicht. Bei einem PC würde man das Betriebssystem heute auf einer SSD abspeichern, um einen sehr schnellen Bootvorgang zu gewährleisten. Im Bereich Industrie 4.0 setzt man auf Hot Storage, wenn ein bestimmter Messwert eines Sensors eine unmittelbare Reaktion erfordert. So würde beispielsweise bei der Inspektion von Getränkeflaschen vor der Füllung aufgrund von gemessenen Abweichungen eine unmittelbare Ausschleusung einer defekten oder verunreinigten Flasche erforderlich sein. Kommt das Ergebnis zu spät beim Stellglied oder bei der Steuerung des entsprechenden Elektromotors an, würde die Flasche nicht mehr rechtzeitig aus dem Verkehr gezogen werden. Um also Latenzen zu minimieren, werden für Hot Storage teure Speichermedien genutzt.

Warm Storage

Wenn die Lese- oder Schreibvorgänge in einer bestimmten Zeiteinheit häufig, aber nicht in so hoher Frequenz wie beim heißen Speicher sind, dann klassifizieren wir den Speicher als warm. Für die Speicherung im Warm Storage werden kostengünstigere, robuste Speichermedien genutzt, wie zum Beispiel typische Festplattenlaufwerke. Diese lassen eine sehr hohe Anzahl an Lese- und Schreibvorgängen über eine lange Lebenszeit zu.

Cold Storage

Wenn die Lese- oder Schreibvorgänge in einer bestimmten Zeiteinheit eher selten sind, dann reden wir von kaltem Speicher. Auch hier werden üblicherweise Festplatten oder sogar Bandspeicher eingesetzt. Die Daten im kalten Speicher werden nicht mehr regelmäßig genutzt. Eigentlich werden die Informationen im Regelfall gar nicht oder über Monate, Jahre oder auch Jahrzehnte genutzt. Beispiele für die Daten im Cold Storage sind Jahresabschlüsse, die aufgrund von finanzgesetzlichen Bestimmungen über zehn Jahre aufgehoben werden müssen, aber für das operative Geschäft keinen Nutzen mehr haben. Gemäß Bild 2.1 sind die Datenvolumen in diesem Umfeld oft hoch, die Kosten für Speicherplatz dafür aber sehr gering und die Zugriffszeiten sehr langsam.

2.1.3 Digital Twin

Zu meiner großen Verwunderung können viele meiner Gesprächspartner mit dem Begriff IoT nicht viel anfangen. Was sie jedoch schon häufiger gehört haben, ist der Begriff digitaler Zwilling (Digital Twin). Dieser ist immerhin eine gute Basis, um IoT zu erklären und ein Bewusstsein für das Thema zu schaffen. Als ich den Begriff cyber-physisches System (CPS) in Kapitel 1 eingeführt habe, hätte ich den digitalen Zwilling eigentlich auch gleich vorstellen können. Er passt aber besser in dieses Kapitel, da wir für die Erklärung noch etwas tiefer in die Technologie eintauchen müssen.

Wie das CPS ist der Digital Twin ein digitales Abbild seines realen Pendants (zum Beispiel einer Maschine). Er ist aber mehr als das: Der Digital Twin wird durch Sensorwerte repräsentiert. Die Sensorinformationen bilden die Echtzeitverbindung zwischen dem digitalen und dem realen Zwilling. Das digitale Abbild ist in der Lage, weitere Metadaten, wie technische Zeichnungen, Bilder, Anleitungen und Dokumentationen, zu speichern. Stellen wir uns einen Thermostat in einem Kühlkreislauf in der Prozessindustrie vor. Dessen digitaler Zwilling würde die Isttemperatur, den Sollwert, den Verbauort, die Anlage, in die er eingebaut ist, die eigene Seriennummer und natürlich die IP-Adresse beinhalten. Genau wie die Informationen aus der realen in die virtuelle Welt über Sensor- und Zustandsdaten gelangen, nimmt der digitale Zwilling über Stellmotoren und Aktoren in seinem physischen Zwilling Einfluss auf die physische Realität. Ein komplexer digitaler Zwilling wird virtuell aus mehreren Dingen zusammengesetzt.

Beispiel: Fahrerloses Transportfahrzeug in der Intralogistik

Dies könnte zum Beispiel ein fahrerloses Transportsystem sein, das aus vielen einzelnen fahrerlosen Transportfahrzeugen und deren individueller Sensorik und Steuerungseinheiten besteht. Fahrerlose Transportfahrzeuge steuern die lagerinternen Transport- und Lagerprozesse sowie die Versorgung der Produktion mit Roh-, Hilfs- und Betriebsstoffen. Will man einen digitalen Zwilling modellieren, so müssen diverse einzelne Komponenten und die entsprechenden Sensorwerte hierarchisch dargestellt werden – für Positionierung, Antriebseinheit und Arbeitsbereich. Oft besteht eine IoT-Anwendung, die den digitalen Zwilling abbildet, zusätzlich aus Simulationssoftware und Analysetools, die sich Künstlicher Intelligenz bedienen, um Maschinen, Fabriken oder Prozesse digital durchzuspielen. ■

Beispiel: Simulation eines Automatiklagers vor dem Bau

Oft werden vor dem Bau von automatisierten Hochregallagern die Lagerbewegungen mithilfe eines digitalen Zwillings der kompletten Anlage mit komplexen Algorithmen simuliert, bevor die Anlage überhaupt gebaut wird. Das hilft, Fehler früh zu erkennen und teure Folgeschäden an Bauteilen, Regalen und Fördertechnik bereits vor dem Bau zu korrigieren. Das Lagergebäude mit all seiner Technik, den Gassen, Säulen und Lagerplätzen wird durch den digitalen Zwilling virtuell repräsentiert. ■

In dem in Bild 2.2 dargestellten Beispiel des kleinen Roboters wird der reale physische Zwilling in seinem digitalen Abbild durch entsprechende Schnittstellen, Bilder, technische Zeichnungen, ein 3D-Modell und aktuelle Prozess- und Sensordaten repräsentiert. Im Bereich Algorithmus, Steuerung und User Interface können eine Software oder der User über eine Benutzeroberfläche (Mensch-Maschine-Schnittstelle gemäß ISO 30141) Einfluss auf den physischen Zwilling nehmen.

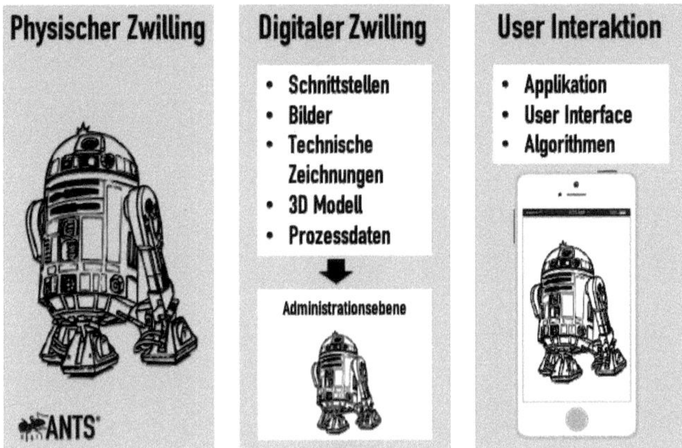

Bild 2.2 Digital Twin: physische Ebene, digitale Verwaltungsebene und User Interface/Applikationsebene in Industrie 4.0-Anwendungen (Quelle: digit-ANTS GmbH)

Wie bei dem Beispiel des Automatiklagers helfen digitale Zwillinge unter anderem bei

- Fertigungsprozessen,
- Instandhaltung sowie
- Zustandsüberwachung von Maschinen und Anlagen.

Die Vorteile liegen auf der Hand. IoT-Geräte, ganze Maschinen, Anlagen und Produktionsverbünde lassen sich ausführlich testen und verbessern, weit bevor überhaupt die Inbetriebnahme geplant ist. Durch die Möglichkeit, Prozessabläufe und Ideen in einem frühen Stadium in einer virtuellen Umgebung zu testen, verringert sich die Fehlerquote oder Störungen später im physischen Prozess. Durch den Einsatz von Digital Twins verkürzt sich in der Regel der Innovationszyklus, Entwicklungsprojekte zu neuen Produkten oder Prozessen lassen sich deutlich beschleunigen, und es kann flexibel eine neuer Weg eingeschlagen werden, wenn dies im Entwicklungsprozess notwendig werden sollte. Das frühe Testen und Validieren steigert die Qualität der Ergebnisse und die Effizienz im Entwicklungsprozess.

2.1.4 DevOps

Das Wort DevOps werden Sie im Duden oder Wörterbuch vergeblich suchen, da es eine künstliche Verbindung der Begriffe Development (Entwicklung) und Operations im Sinne des Betriebs der IT ist. Der Gedanke hinter diesem Kunstwort ist ziemlich einfach wie genial: Es geht um das Zusammenwachsen der Softwareentwicklung, Software- und Systemadministration sowie der Qualitätssicherung. Unter dem Begriff DevOps werden einige Methoden und Tools für die Kooperation der Bereiche zusammengefasst.

Die Ziele dieses integrierten Gedankens bei DevOps sind

- Qualitätssteigerung bei Software und Softwareentwicklung,
- schnellere Softwareentwicklung,
- schnellere Softwareauslieferung sowie
- Optimierung der Zusammenarbeit zwischen den Teams.

Während sich Scrum methodisch um die Entwicklung der Software kümmert, denkt DevOps einige Phasen weiter, denn es berücksichtigt darüber hinaus auch, wie Software in Betrieb genommen und betrieben wird. Dabei werden Manager, Programmierer, Tester, Administratoren und User ganzheitlich in den Entwicklungs-, Roll-out- und Betriebsprozess miteinbezogen.

2.2 Merkmale und Anforderungen nach ISO 30141

Spätestens ab dieser Stelle wird das Kapitel sehr technisch. Ich führe in die technischen Grundlagen von IoT-Systemen ein, die für jedes dieser Systeme gelten. In diesem Zusammenhang stelle ich auch die ISO/IEC-Norm 30141, „Referenzarchitektur zu Internet of Things (IoT RA)“, vor. Sie ist das Gemeinschaftswerk der International Organization for Standardization (ISO) und der International Electrotechnical Commission (IEC). Aus der Zusammensetzung des Gremiums zur IoT-Referenzarchitektur wird abermals deutlich, dass IoT nicht allein durch eine Disziplin vertreten werden kann.

Die ISO-Norm 30141 ist ein generischer Leitfaden, der eine fundamentale Basis für das Grundverständnis bildet, das für das Design, die Entwicklung und die Architektur von IoT-Systemen erforderlich ist. Sie erläutert, wie ein IoT-System aufgebaut ist und in welchem Verhältnis die einzelnen Komponenten zueinander stehen. In Abschnitt 2.2 und Abschnitt 2.3 stelle ich die relevanten Teile der Norm vor und beschreibe diese in leicht verständlicher Weise. Relevant ist vor allem Normkapitel 7, das die Anforderungen, Eigenschaften und grundsätzlichen Funktionen eines IoT-Systems beschreibt.

In diesem Abschnitt werde ich zunächst die Anforderungen an die Zuverlässigkeit, Architektur und Funktionalität von IoT-Systemen beleuchten.

2.2.1 Sicherheit von IoT-Systemen (Normabschnitt 7.2)

Unter dem Abschnitt der Zuverlässigkeit fasst die ISO-Norm 30141 unter anderem folgende Anforderungen an ein IoT-System zusammen:

- Verfügbarkeit
- Vertraulichkeit
- Integrität
- Datenschutz
- Verlässlichkeit
- Belastbarkeit
- Sicherheit von Menschen und Anlagen

Verfügbarkeit (Normabschnitt 7.2.2)

Je nach Use Case müssen Sie einen notwendigen Grad der Verfügbarkeit für Ihr IoT-System vorsehen und gewährleisten. Ein IoT-System, das in der entscheidenden Situation nicht verfügbar ist, ist gegebenenfalls für den entsprechenden Anwendungsfall nutzlos. Stellen Sie sich vor, Sie entwickeln ein IoT-System zur Erkennung und Meldung von Störfällen in einem kritischen Prozess in der Prozessindustrie oder zur Erkennung von Brandentwicklung oder Einbruch in der Produktionshalle. Ist Ihr IoT-System zum Zeitpunkt des Eintretens des Störfalls, des Notfalls oder des Einbruchs nicht bereit, ist es auch nicht in der Lage, Gegenmaßnahmen einzuleiten oder den Alarm an ein übergeordnetes System zu melden. Somit bleibt die kritische Situation unbemerkt, und es kommt zum Großbrand, einer Explosion oder der Einbrecher räumt Ihnen in aller Ruhe die Produktionshalle leer oder sabotiert die Anlage.

Was können Sie tun, um die Verfügbarkeit Ihres IoT-Systems zu erhöhen? Sehen Sie Situationen vor, in denen es zu Systemausfällen in Ihrem System kommt, und implementieren Sie redundante Stromversorgungen oder Geräte, Sensoren, Aktoren, Gateways und gleiche Services in unterschiedlichen Instanzen, damit Ihr IoT-System in Notfallsituationen weiterhin funktionsfähig ist.

Sie erzielen eine hohe Verfügbarkeit, wenn Sie die folgenden drei Ebenen berücksichtigen:

- **Devices:** Die Funktionsfähigkeit der Devices und die einwandfreie Verbindung mit dem Netzwerk muss über den kompletten Lebenszyklus hinweg gewährleistet sein.
- **Daten:** Der Versand und der Empfang der angeforderten Daten müssen stets funktionieren.
- **Services:** Der Service muss in seiner notwendigen Qualität zuvor definiert werden und entsprechend auch dauerhaft zur Verfügung stehen.

Vertraulichkeit (Normabschnitt 7.2.3)

Wenn Informationen nur einem bestimmten Personenkreis zugänglich sein sollten, ist in der Informationstechnologie grundsätzlich die Rede von Vertraulichkeit.

Bestimmte, oft entsprechend gekennzeichnete Informationen und Daten sollen somit nicht an unberechtigte Dritte gelangen. Auch in IoT-Systemen sind entsprechende Maßnahmen zu ergreifen, vertrauliche Daten vor Dritten zu schützen, die keine Kenntnisse entsprechender Daten erlangen dürfen.

Vertraulichkeit wird je nach Unternehmen oder Anwendungsfall durch verschiedene Vertraulichkeitsstufen geregelt. Häufig wird die folgende Metrik genutzt:

- **Öffentlich:** Jeder darf diese Informationen haben, und daher müssen die Informationen auch nicht besonders geschützt werden.
- **Kunden:** Die Informationen sind nur für bestehende Kunden zugänglich.
- **Intern:** Die Informationen sind innerhalb des Unternehmens zugänglich, müssen intern nicht geschützt werden, sollen aber nicht außerhalb des Unternehmens geteilt werden.
- **Vertraulich:** Die Informationen dürfen nur innerhalb einer bestimmten Personengruppe geteilt werden.
- **Streng vertraulich:** Die Informationen dürfen nur bestimmten definierten Personen zugänglich sein. Der Personenkreis ist äußerst klein zu halten.

Integrität/Ursprünglichkeit (Normabschnitt 7.2.4)

In der Informationssicherheit ist sicherzustellen, dass Daten, Informationen und Messwerte nicht unbemerkt durch Dritte manipuliert werden können. Dies würde das Vertrauen in das IoT-System zerstören. Ein Messwert oder eine Information gilt als *wahr*, wenn sie ihren ursprünglichen Inhalt besitzt. Ist diese Information manipuliert, so ist sie *falsch*.

In IoT-Systemen werden durch die übergebenen Messwerte und weitere Informationen automatisierte Entscheidungen getroffen. Sind die eingehenden Daten *falsch*, so kann der Schaden beispielsweise für eine Produktionsanlage verheerend sein. Daher müssen Sie ausschließen, dass Eingangsparameter nicht durch externe Parameter negativ beeinflusst werden. Diese Parameter müssen nicht zwingend böswillige Akteure, Hacker oder Angreifer sein, sondern können auch durch folgende Dinge ausgelöst werden:

- fehlerhafte Devices
- unbefugte Devices
- Umwelteinflüsse

Wie sichern Sie die Integrität in Ihrem IoT-System ab? Sie sollten durch den Einsatz von digitalen Signaturen die Integrität der Informationen validieren und Informationen, die diese Prüfung nicht bestehen, abweisen.

Beispiel: Steuerung der Kühlung im Lager

In einem IoT-System zur Steuerung einer Kühlung in Ihrem Kühllager könnte eine Manipulation durch einen Algorithmus in einem Zwischenknoten vorgenommen worden sein, der die durch den Sensor gemessene Temperatur erhöht bzw. verringert. Das führt dazu, dass das angesteuerte Kühlungssystem früher als nötig die Kühlleistung erhöht oder verringert, wodurch Ihnen die Kühlkette abreißt und Sie die Waren in dem Kühllager verschrotten müssen.

Datenschutz (Normabschnitt 7.2.5)

Am 25.05.2018 ist die Datenschutz-Grundverordnung (DSGVO) in der Europäischen Union in Kraft getreten. Um dieses Gesetz herrschte im Voraus und bis heute viel Unsicherheit. So befürchteten Unternehmer eine massive Beschränkung bei der Kontaktaufnahme mit ihren Kunden und Interessenten. In der Tat gab es die Regelungen bereits zuvor. Nun drohen bei Missachtung nach Inkrafttreten aber hohe Geldstrafen für Unternehmen. Doch was soll dieses Gesetz schützen? Die Privatsphäre, personenbezogene sowie personenbeziehbare Daten. Warum haben die Regulierungen heute eine derart hohe Relevanz?

Die internationale Norm ISO/IEC 27018:2019 (Informationstechnik - Sicherheitsverfahren - Leitfaden zum Schutz personenbezogener Daten [PII] in öffentlichen Cloud-Diensten als Auftragsdatenverarbeitung) greift die Bestimmungen im Gesetz auf und beschreibt, was personenbezogene Daten gemäß DSGVO sind:

> *„Personenbezogene Daten sind alle Informationen, die sich auf eine identifizierte oder identifizierbare natürliche Person (im Folgenden ‚betroffene Person‘) beziehen. Als identifizierbar wird eine natürliche Person angesehen, die direkt oder indirekt, insbesondere mittels Zuordnung zu einer Kennung wie einem Namen, zu einer Kennnummer, zu Standortdaten, zu einer Online-Kennung oder zu einem oder mehreren besonderen Merkmalen identifiziert werden kann, die Ausdruck der physischen, physiologischen, genetischen, psychischen, wirtschaftlichen, kulturellen oder sozialen Identität dieser natürlichen Person sind (...)“*

Inzwischen ist vielen Unternehmen klar geworden, dass sie durch den verantwortungsvollen Umgang mit der Privatsphäre ihrer Kunden Vertrauen aufbauen und ihre Kundschaft an sich binden können. Daher wird der Datenschutz zum Teil auch als Marketinginstrument genutzt. Der Nachweis über den verantwortungsvollen Umgang wird in der Regel über eine Zertifizierung durch eine akkreditierte Zertifizierungsstelle erbracht. So können zum Beispiel Cloud-Anbieter nachweisen, dass sie den aktuellen Vorgaben und Standards genügen, indem sie sich entsprechend der Norm ISO/IEC 27018 (Informationstechnik - Sicherheitsverfahren - Leitfaden zum Schutz personenbezogener Daten [PII] in öffentlichen Cloud-Diensten als Auftragsdatenverarbeitung) zertifizieren lassen. Beispiele für akkreditierte

Zertifizierungsstellen sind beispielsweise der TÜV und die Wirtschaftsprüfer von PricewaterhouseCoopers (PwC).

Eine kleine Begriffsabgrenzung am Rande: Informationssicherheit und Datenschutz werden nachvollziehbarerweise oft in einen Topf geworfen und heftig vermischt. Im Grunde ist das in Ordnung, da beide Themen und dessen zugrunde liegende Maßnahmen eng miteinander verbunden sind. Grundsätzlich ist der Schritt zu einem ordentlichen Umgang mit personenbezogenen Daten nicht mehr groß, wenn das Unternehmen bereits eine Konformität gemäß der Informationssicherheit (ISO/IEC 27001) besitzt und sich entsprechend hat zertifizieren lassen. Nur liegt der Fokus der Informationssicherheit auf der Integrität, Verfügbarkeit und Vertraulichkeit von Informationen, Daten und Systemen, wohingegen der Datenschutz den Mensch und seine Privatsphäre als Schutzobjekt ins Zentrum der Betrachtung stellt. Zur Einhaltung der Informationssicherheit sieht der Gesetzgeber keine Regelungen vor. Es ist ja im Interesse des Unternehmens, keine Informationen nach außen zu geben, die intern, vertraulich oder sogar streng vertraulich sind. Da sieht es bei personenbezogenen Daten schon etwas anders aus, wie wir aus diversen Datenschutzvorfällen in den vergangenen Jahren lernen durften. Hätten der Gesetzgeber und die Datenschutzbehörden keine Strafen für Verstöße verhängt, hätte das verursachende Unternehmen im Gegensatz zu den Betroffenen keinen Schaden erlitten (außer gegebenenfalls einen Reputationsverlust, wenn der Vorfall überhaupt an die Öffentlichkeit gelangt wäre).

Personenbezogene Daten können auch in IoT-Systemen verarbeitet werden. Eine Kameraüberwachung in einer Produktions- oder Lagerhalle nimmt potenziell auch Menschen auf, die sich im Gebäude bewegen. Somit werden hier personenbezogene Daten verarbeitet, welche besonders geschützt werden müssen.

Die Norm ISO/IEC 29100 (Informationstechnik – Sicherheitsverfahren – Rahmenwerk für Datenschutz) benennt die Maßnahmen zum Schutz. Für ein IoT-System würde diese folgendermaßen aussehen:

- **Einwilligung und Wahlfreiheit:** Der Nutzer des IoT-Service muss vor der Verarbeitung seine ausdrückliche Zustimmung erteilen. Dies betrifft neben der Verarbeitung, was schon die Aufzeichnung auf einem Video aus dem vorangegangenen Beispiel sein kann, die Nutzung und die Speicherung seiner personenbezogenen Daten. Der IoT-Benutzer hat zu jedem Zeitpunkt die Wahlfreiheit, dies auch zu untersagen.
- **Legitimation und Zweck:** Nutzung, Speicherung und Verarbeitung personenbezogener Daten in einem IoT-System müssen immer im Zusammenhang mit einem bestimmten Zweck erfolgen und von dem IoT-Nutzer ausdrücklich erlaubt worden sein.
- **Einschränkung der Datenerhebung und Minimierung der Daten:** In einem IoT-System dürfen nur die für die Funktion notwendigen Daten erhoben werden und nur für den vom IoT-Nutzer zugelassenen Zeitraum.

- **Beschränkung der Nutzung, Speicherung und Weitergabe:** Personenbezogene Daten von IoT-Nutzern dürfen nur in einer Weise und so lange gespeichert werden, wie sie für die Zwecke, für die sie verarbeitet werden, benötigt werden.
- **Genauigkeit und Qualität:** Es ist zwingend erforderlich, dass die PPDs des IoT-Nutzers aktuell und sachlich korrekt sind. Daten, die nicht mehr aktuell sind, müssen sofort gelöscht werden.
- **Offenheit, Transparenz und Benachrichtigung:** Der IoT-User muss die Art und Weise der Verarbeitung seiner Daten mit einfachen Mitteln nachvollziehen können.

Diese Vorgaben sind in IoT-Systemen zwingend einzuhalten, wenn sie PPDs verarbeiten. Insbesondere in den folgenden Funktionen und Interaktionen mit anderen IT-Systemen und Applikationen achten Sie bitte darauf, dass auch hier die gesetzlichen Vorgaben zu PPDs eingehalten werden.

Zu den sensiblen Bereichen im Zusammenhang mit gesetzlichen Vorgaben zu personenbezogenen Daten zählen

- das Zusammenspiel mit anderen IoT- und IT-Systemen,
- Identifikation von Personen,
- Datenanalyse sowie
- Aggregation.

Tritt bei Ihnen ein Datenschutzvorfall auf, bei dem PPDs in die Hände von unbefugten Dritten gelangen, ist es notwendig, alle kompromittierten Daten zu identifizieren und betroffene Personen und die entsprechende Landesdatenschutzbehörde zu benachrichtigen.

Verlässlichkeit und Belastbarkeit (Normabschnitte 7.2.6 und 7.2.7)

Störungen, Änderungen und Ausfälle von einzelnen Bauteilen oder Komponenten in Ihrem IoT-System dürfen die Funktionsfähigkeit des IoT-Systems insgesamt nicht beeinflussen. Das System sollte flexibel in einer neuen Situation reagieren und weiterhin die vorherigen Funktionen bei gleicher Leistung bereitstellen. Ist dies gegeben, sprechen wir von Belastbarkeit (Resilienz). So müssen sowohl die Verbindung als auch das Leistungsniveau der IoT-Geräte und der Softwareapplikationen bei Fehlersituationen stabil bleiben und die entsprechenden Messwerte und Ergebnisse verlässlich sein.

Sicherheit von Leib und Leben sowie der Anlagen (Normabschnitt 7.2.8)

Durch Fehlfunktionen von IoT-Systemen können Gefahren für Menschen, Maschinen und Anlagen ausgehen. Dies kann den Tod und die Verletzung von Menschen sowie die Zerstörung von Maschinen und Anlagen zur Folge haben. Da in der Industrie 4.0 IoT-Systeme insbesondere im Umfeld von Industrie, Produktion und Logistik eingesetzt werden, können die Auswirkungen, Schäden, Verluste und Verletzungen verheerend sein. Daher muss gerade das Verhalten des IoT-Systems bei Ausfall oder bewusster Abschaltung bereits in der Designphase bedacht werden. Fehler in der Zusammenarbeit mit Industrierobotern oder Fehler in der Abschaltvorrichtung können schnell mal ein Menschenleben fordern. Auch bei der anschließenden Wiederinbetriebnahme sind bereits in der Designphase Anlagenverhalten und Sicherheitsaspekte einzuhalten. Je nach Einsatzfeld, ob Produktion, Lagerlogistik, Transportwesen, Consumer-Umfeld oder Gebäudeautomation, gelten gegebenenfalls unterschiedliche Anforderungen und gesetzliche Bestimmungen an die Sicherheit, die Sie befolgen müssen.

2.2.2 Architekturanforderungen von IoT-Systemen (Normabschnitt 7.3)

IoT-Systeme haben wie andere IT-Systeme auch bestimmte Anforderungen an die Architektur. Diese werden wir in diesem Abschnitt beleuchten. Bei diesen Architekturmerkmalen handelt es sich um folgende:

- Zusammensetzbarkeit
- Modularität
- Heterogenität
- Dynamik
- Umgang mit bestehenden Komponenten
- Netzwerkkonnektivität
- Skalierbarkeit
- Wiederverwendbarkeit
- eindeutige Identifizierung
- eindeutig definierte Komponenten

In diesem Abschnitt beschreiben wir diese Anforderungen, die für IoT-Systeme gelten, bevor wir uns die funktionalen Anforderungen in Abschnitt 2.2.3 ansehen.

Zusammensetzbarkeit (Normabschnitt 7.3.1) und Modularität (Normabschnitt 7.3.6)

Zusammensetzbarkeit und Modularität lassen sich meiner Ansicht nach hervorragend zu einem einzigen Punkt zusammenfassen. Die ISO-Norm 30141 hat aus diesen beiden Punkten zwei Normabschnitte gemacht. IoT-Systeme wären keine Systeme, wenn Sie nicht aus vielen unterschiedlichen IoT-Komponenten zusammengesetzt wären. Was müssen wir aber tun, damit ein so „zusammengewürfeltes“ System auch funktioniert? Die Geräte müssen nach ihrer Zusammensetzung als ein System funktionieren. Wir müssen die Komponenten kombinieren können. Für eine entsprechende Zusammensetzbarkeit der IoT-Komponenten gemäß ISO/IEC 30141 benötigen die Komponenten standardisierte Schnittstellen und sollten sozusagen per Plug & Play ohne größere Konfigurationsaufwände durch andere Komponenten derselben Art austauschbar sein.

Das klingt sehr logisch, wenn Sie sich vorstellen, mit welcher Geschwindigkeit neue Komponenten auf den Markt kommen, da natürlich auch hier das mooresche Gesetz gnadenlos zuschlägt. Die Entwicklung im Bereich der Mikroprozessoren steht in einem direkten Zusammenhang mit der Steigerung der Leistungsfähigkeit neuer Komponenten in einem IoT-System - und Sie wollen ja sicherlich in den Genuss neuer Leistungsfähigkeiten dieser Komponenten kommen, ohne Ihre komplette Anlage abreißen zu müssen und mit neuer Technik wieder aufzubauen.

Sollten Politiker in Deutschland tatsächlich eines Tages Konsumschutzgesetze in Erwägung ziehen, wie sie im Zukunftsroman *Quality Land* beschrieben werden, gäbe es folgende Situation und wir müssten diesen Abschnitt aus unserem Buch streichen: Es wäre dann unter Strafe verboten, Systeme zu erweitern und zu reparieren, um ein Wirtschaftswachstum durch Konsum von neuen Anlagen und Systemen stets zu gewährleisten. Hoffen wir insbesondere für unsere Natur, Umwelt und den Planeten, dass wir so etwas nicht erleben werden.

Es ist oft nötig, gewisse Komponenten alle paar Jahre aus einem IoT-System gegen moderne Technik auszutauschen. So halten Sie die Anlage technisch auf dem neuesten Stand. Nun sind modernere Komponenten auf den ersten Blick wie die bestehenden aufgebaut. Neuere Komponenten haben deutliche Verbesserungen im Bereich Sicherheit, Schnelligkeit und Skalierbarkeit.

Das mit der Zusammensetzbarkeit leuchtet ein. Kommen wir nun zur Modularität: Es ist insbesondere im Umfeld von Industrie 4.0 und IoT-Systemen notwendig, dass die Anlagenbetreiber eine hohe Flexibilität haben und Komponenten schnell in einem anderen Kontext zusammensetzen können. Die Use Cases in der Industrie 4.0 sind in der Regel wie das Marktumfeld sehr dynamisch und verändern sich stetig. Es besteht folglich die Notwendigkeit, Komponenten aus einem System herauszulösen und durch Komponenten und Module auszutauschen, die gleiche physikalische und logische Schnittstellen haben. Bieten viele oder alle Komponenten in einem IoT-System diese Möglichkeit zum Austausch und das Andocken an bestehende Schnittstellen an, so weist das IoT-System einen hohen Grad an Modularität auf. Sie können sich denken, dass das A und O für Modularität standardisierte Schnittstellen und Funktionen der jeweiligen Komponenten sind, denn wer will schon hohe Aufwände in die Sicherung der Basisfunktionalität und der Kommunikation der Komponenten stecken. Viel entscheidender ist es, dass Sie sich auf die Modularität der Komponenten und des IoT-Systems verlassen können und sich um die Gestaltung und Umsetzung nutzbringender Anwendungsfälle für Sie und Ihre Kundschaft kümmern.

Beispiel: Austausch eines Thermostats an der Rohrleitung

Stellen Sie sich folgendes Szenario vor: In einem IoT-System wird nach einem Defekt das Thermostat des Herstellers A durch eines des Herstellers B ausgetauscht. Die Komponente des Herstellers A ist nicht mehr verfügbar und kann nicht mehr nachbestellt werden. Das Thermostat des Herstellers B arbeitet wie fast alle modernen Thermostate mit einem Mikrocontroller. Das alte Thermostat von Hersteller A nutzt für den Sensor einen integrierten Schaltkreis. Die beiden Komponenten messen zwar auf technologisch völlig unterschiedliche Art und Weise die Temperatur, doch beide Thermostate reagieren auf dieselben Eingaben. So sind sie gleichartig in Bezug auf die Schnittstellen und damit modular auswechselbar.

Trennung von Funktions- und Verwaltungsebene (Normabschnitt 7.3.2)

Natürlich wollen Sie ein sicheres IoT-System betreiben. Dafür ist es wichtig, die Funktions- und die Verwaltungsebene des IoT-Systems unabhängig voneinander zu betreiben und zu trennen. Das erreichen Sie, indem Sie die funktionalen Schnittstellen und Funktionen der IoT-Devices unabhängig von den Verwaltungsschnittstellen halten. Wie ist diese Arbeitsteilung zu erreichen? Dafür müssen Sie die entsprechenden Schnittstellen auf unterschiedlichen Endpunkten vorsehen.

Was gehört zur Verwaltungsebene?

- Informationen, Beschreibung und Zweck der Komponente
- Benutzerrollen und Berechtigungen zur Überwachung und Angleichung der Funktionen
- Einordnung von Datentypen (technisch und systemspezifisch)
- systembezogene Daten

Was gehört zur Funktionsebene?

- Geplante Ausführung und Aktion
- Benutzerrollen und Berechtigungen zur Anwendung, Daten und Informationen
- Klassifizierung von Datentypen (vertraulich, intern, öffentlich)
- Zugang zu personenbezogenen Daten

Das Risiko auf der Funktionsebene ist je nach Funktion unterschiedlich. Dies hat zur Folge, dass Sie auch die Sicherheitskontrollen entsprechend dem Anwendungsfall gestalten müssen. Auf der Verwaltungsebene sollten Sie auch unterschiedliche Sicherheitsstufen einrichten, was sich immer auch auf die Überwachung der entsprechenden Mitarbeiter auswirkt. Ein Administrator hat beispielsweise sehr umfassende Berechtigungen. Sie sollten seine Systemaktivitäten daher genauer verfolgen als die eines normalen Users.

Gerade im privaten Umfeld häufen sich bemerkt oder vom Anwender unbemerkt die Fälle der Cyber-Angriffe durch Hacker. Führt man sich den heterogenen Aufbau eines IoT-Systems vor Augen, so wird deutlich, dass die vielen IoT-Komponenten im Verbund unter Umständen eine Gefahr bedeuten können, denn eine einzige unsichere Komponente in der Kette gefährdet das gesamte IoT-System. Die Wahrscheinlichkeit für einen erfolgreichen Angriff steigt. So können auch Anwendungen und Systeme, die eigentlich gar nichts mit dem IoT-System zu tun haben und in gut geschützten Rechenzentren betrieben werden, durch eine einzige angeschlossene IoT-Komponente einer enormen Bedrohung ausgesetzt werden.

Die Trennung von Verwaltungs- und Funktionsebene hilft Ihnen, viele Gefahren von vornherein auszuschließen. Autorisierung, Authentifizierung und Schutzmechanismen werden dabei getrennt von den eigentlichen Funktionen des IoT-Systems betrieben und helfen Ihnen festzulegen, welche Bauteile und Komponenten im System welche Informationen lesen dürfen.

Heterogenität (Normabschnitt 7.3.3)

Heterogen wird gemeinhin auch verschiedenartig genannt. Diese Verschiedenartigkeit bezieht sich im Kern auf die Funktionen und die Anbindung der Komponenten. Dennoch gilt, dass die Zusammenarbeit der Komponenten – unabhängig von der Andersartigkeit der Komponenten selbst – von entscheidender Bedeutung ist, wenn Sie ein komplexes IoT-System aufbauen wollen, denn je besser die Komponenten eines IoT-Systems interagieren und zusammenwirken, desto komplexer können Aufgaben und Use Cases sein, in denen sie eingesetzt werden. Dies ändert jedoch nichts daran, dass die Komponenten in ihrer Funktion und hinsichtlich ihrer Integration in das IoT-System sehr heterogen sind. Diesen Umstand müssen Sie in einem IoT-System berücksichtigen.

Beispiel: Zustandsüberwachung eines ISO-Containers im Containerumschlag und auf See

Bereits anhand dieses Use Cases lässt sich die Heterogenität in einem IoT-System erklären: Ein intelligenter 40-Fuß-Container übermittelt auf seiner Reise Informationen zu Temperatur, Geodaten, Erschütterung und Luftfeuchtigkeit an ein übergeordnetes IoT-System. Im Frachthafen jedoch wird die Ankunft des Containers in einem bestimmten Terminal über RFID-Technologie gebucht. Dabei übermittelt der Container auch seine Identität an das Gate. Das entsprechende IoT-System muss folglich sowohl RFID- als auch Daten aus einem Sensornetzwerk verarbeiten können. ■

Beispiel: Erweiterung der Produktionsanlagen

Eine Fabrik mit vielen Produktionslinien muss bei steigendem Absatz nach und nach erweitert werden, wodurch die Anzahl der Kommunikationspunkte steigt. Damit nimmt die Heterogenität des IoT-Systems zu. ■

Allein im Bereich der Kommunikationsanbieter, die in einem IoT-System relevant sind, gibt es eine große Anzahl von Anbietern:

- RAPIEnet: Koreas erster internationaler Netzwerkstandard für die Echtzeitdatenübertragung
- EtherCAT: netzwerkbasiertes Datenübertragungssystem zur Übertragung von Maschinendaten (Feldbus); Automatisierungstechnik
- EtherNet/IP: netzwerkbasiertes höheres Protokoll in den USA
- PROFINET: Prozessautomation für Roboter-, Maschinen- und Anlagenbau
- POWERLINK: Übertragung von Prozessdaten in der Automatisierungstechnik
- CC-Link IE: Produktionsbetrieb von der Leitungsebene bis zur Fertigungsebene
- Modbus/TCP: Client-Server-Protokoll für den sicheren Austausch von Prozessdaten
- Fieldbus Foundation: offene Architektur als Basisnetzwerk für Anlagen- und Fabrikautomation (FieldComm Group)
- Profibus (Process Fieldbus): universeller Feldbus; Fertigungs-, Prozess-, und Gebäudeautomatisierung von Siemens und Profibus
- MTConnect: Fertigungstechnik zur Steuerung von Werkzeugmaschinen
- OPC (Open Platform Communications): offene, standardisierte Softwareschnittstelle für den Datenaustausch zwischen unterschiedlichen Herstellern
- OPC-UA: Standard für den Datenaustausch als plattformunabhängige, serviceorientierte Architektur (SOA); kann Maschinendaten transportieren und maschinenlesbar beschreiben
- OMG DDS: Middleware zur datenzentrierten Kommunikation in dynamisch verteilten Systemen

Dynamik (Normabschnitt 7.3.4)

Ein IoT-System ist ein hochdynamisches System. Bedenken Sie die vielen Änderungen, die unentwegt von den Sensoren aufgenommen werden und in den Recheneinheiten verarbeitet werden müssen. Dabei werden auch stetig Änderungen an der physischen Welt durch Stellmotoren, Aktoren und Antriebsmotoren vorgenommen. Stellen Sie sich ein IoT-System vor, das ein ganzes Gebäude, eine Stadt

(Smart City) oder eine globale Lieferkette (Global Supply Chain Tracking) widerspiegelt. Die Devices und ihre Objekte wechseln stetig ihren Ort und ihren Zustand.

Beispiel: Real-Time Track & Trace

Ein Überseecontainer wird mittels Geokoordinaten verfolgt. Der Transport dieses Containers und damit der Güter, die dieser Container in sich trägt, werden über ein Real-Time Locating System (RTLS) verfolgt. Temperatur, Luftfeuchtigkeit, Beschleunigung und Vibrationen werden dabei erfasst. Bei der Über- oder Unterschreitung kritischer Werte muss das System eine Aktion auslösen. Ein Container ist eine physische Entität, von der viele auf dem Erdball verfolgt werden und deren Zustände sich stets verändern. ■

Die Informationsverarbeitung in einem IoT-System kann sowohl dezentral im lokalen Gateway oder im leistungsstarken Sensor oder Aktor selbst geschehen als auch in der zentralen IoT-Cloud. Findet die Verarbeitung im Device, Sensor, Aktor oder Gateway statt, sprechen wir von Edge Computing oder Fog Computing. Ich gehe im Folgenden noch detailliert auf diese Datenverarbeitungsmodelle ein, da sie für die Industrie 4.0 eine entscheidende Rolle spielen.

Ein modernes Fertigungssystem in der Industrie 4.0 zeichnet sich durch verschiedene, über Kontinente verteilte und vernetzte Produktionslinien aus. Vielleicht haben Sie in diesem Zusammenhang schon von horizontaler Integration gehört. Die Montagelinien können sowohl mit eigenen als auch mit fremden Fabriken, lokalen Lieferanten, Logistik-Service-Providern, Vertriebsorganisationen und auch Kunden verbunden sein. Es liegt auf der Hand, dass es in einem derart komplexen Netzwerk unentwegt zu Zustandsveränderungen kommt, auf die das integrierte IoT-System unter Berücksichtigung diverser Einflussfaktoren reagieren muss.

Umgang mit bestehenden Komponenten (Normabschnitt 7.3.5)

Es kann diverse Gründe geben, warum Sie Ihre bestehenden Komponenten (Legacy-Komponenten) in Ihre IoT-Architektur einbinden wollen. Selbst wenn Sie ein IoT-System aufbauen wollen, das den neuesten technischen Anforderungen und Möglichkeiten entspricht, gilt es, aus betriebswirtschaftlichen – etwa wenn die bestehende Anlage schlicht und einfach noch nicht abgeschrieben ist – oder technischen Gründen gewisse Komponenten zu erhalten und zu integrieren.

Bestehende Komponenten sind Dienste, Protokolle, Systeme, Komponenten, Technologien oder Standards, also die Alt- oder Legacy-Komponenten. Wenn Sie diese in ein modernes IoT-System integrieren wollen, ist es wichtig, dass diese bestehenden Komponenten die Architektur des neuen IoT-Systems nicht limitierend beeinflusst. Die Risiken und Schwachstellen in einem IoT-System kommen maßgeblich durch den Einsatz von Legacy-Komponenten. Achten Sie daher darauf, dass dennoch Ihre Standards bezüglich Sicherheit, Leistung und Funktionen eingehalten werden. Bedenken Sie aber auch, dass die supermoderne Technologie von heute bereits morgen Legacy sein wird. Und da Sie nicht alle paar Jahre oder sogar Monate Ihre komplette Anlage auseinandernehmen und stetig neue Komponenten verbauen wollen, sollten Sie bereits heute auch bei einer Neuinbetriebnahme die Anbindung und Verwaltung von Legacy-Komponenten vorsehen. Stellen Sie sich eine komplette Produktionslinie als IoT-System vor. Wenn Sie so von Maschine zu Maschine wandern und genau hinsehen, besteht jedes IoT-System aus diversen Komponenten in den unterschiedlichsten Lebenszyklen. So variieren auch die Zeitpläne für Updates und Patches je nach Komponente.

Beispiel: Umstellung des Internetprotokolls von IPv4 zu IPv6

Dieses Thema ist gerade im Bereich IoT, bei dem jedes einzelne Gerät mit einer eindeutigen IP-Adresse mit dem Internet verbunden ist, zentral. Wie Sie in Kapitel 1 gesehen haben, wird die Anzahl der mit dem Internet verbundenen Geräte in den nächsten Jahren weiter exponentiell steigen. Im Gegensatz zu IPv4 bietet IPv6 als modernes Protokoll deutlich mehr Adressen. Das Problem ist, dass sehr viele der bestehenden Standards, Anwendungen und Geräte immer noch auf dem IPv4-Protokoll basieren. Daher ist die Umstellung durch die vielen unterschiedlichen Geräte und die unendliche Kombination von Anwendungen, Komponenten und Services je Unternehmen äußerst individuell. Es gibt hier kein Standardkochrezept. ■

Netzwerkkonnektivität (Normabschnitt 7.3.7)

Die Sensoren, Aktoren und Netzwerkkomponenten eines IoT-Systems tauschen Informationen über Netzwerkverbindungen aus. Diese können kabelgebunden (LAN) oder drahtlos (WLAN) aufgebaut werden. IoT-Komponenten, die mit mehreren IoT-Geräten verbunden sind, werden Knoten genannt. Nur eine vernetzte IoT-Komponente kann Informationen mit anderen Komponenten austauschen. Es gibt statische und dynamische IoT-Netzwerke. In einem statischen IoT-Netzwerk hat jeder Knoten eine feste Anzahl von Nachbarn. Der Knoten selbst hat hierbei keine Vermittlungsfunktion. In einem dynamischen IoT-Netzwerk kann jede Komponente über einen sogenannten Vermittler in das Netzwerk eingebunden werden. Eine wichtige Kenngröße für die Netzwerkkonnektivität ist die Quality of Service.

Die Kenngröße Quality of Service (QoS) wird bestimmt durch die Latenzzeit, Verlustrate der Datenpakete und den Datendurchsatz. Weitere Faktoren, die QoS maßgeblich beeinflussen, sind

- Ausfallsicherheit,
- Verschlüsselung,
- Authentifizierung sowie
- Autorisierung.

■

Wie Sie wissen, gibt es unterschiedlich komplexe IoT-Systeme. Während manche IoT-Systeme über lokale Netzwerke verbunden sind und eine geringe Anzahl an Komponenten über sehr kurze Distanzen verbinden, gibt es gerade im Bereich der globalen Supply Chain-Netzwerke globale, über das Internet verbundene Netzwerke, die zahllose Komponenten und Services miteinander verbinden.

Skalierbarkeit (Normabschnitt 7.3.8)

Ein IoT-System sollte in seiner Größe in der Lage sein zu wachsen. So könnte es sein, dass Sie nur eine Maschine oder einen Lagerbereich mit Sensoren und Aktoren ausstatten, bevor Sie weitere Maschinen oder den gesamten Lagerkomplex mit der Technik ausrüsten. Dies kann einerseits sinnvoll sein, wenn Sie die Funktionalitäten nur in einem kleinen Bereich gemäß eines Minimum Viable Product (MVP) ausprobieren und implementieren wollen (siehe Kapitel 9). Nachdem sich das System bewährt hat, sollen dann weitere Maschinen, Lager und Standorte mit der Technik ausgestattet werden.

Folgende Kennzahlen sind in der Regel von einer Erweiterung und Ausweitung der Anlage betroffen:

- das Volumen der Sensordaten im System
- die Anzahl der zu verwaltenden Geräte
- die Anzahl von Diensten
- die Anzahl von Anwendungen

Wiederverwertbarkeit (Normabschnitt 7.3.9)

Oft werden die Funktionen und Fähigkeiten der Komponenten an einem bestimmten Ort in einem IoT-System nicht voll ausgeschöpft. Daher sollten Sie prüfen, welche Funktionen welcher Komponenten sich von mehreren Systemen nutzen lassen. Die Systeme können dabei völlig anderen Use Cases dienen als dem primär angedachten. Dies spart am Ende Investitionskosten und führt zu einer deutlich besserer Systemauslastung.

Beispiel: Sensoren zur Lichtsteuerung und zur Meldung von Einbrüchen

So können Sie beispielsweise die Sensoren und Bewegungsmelder eines Lichtsteuersystems in Ihrem Lager zusätzlich für die Einbruchmeldeanlage nutzen und auf die Art Sensoren einsparen. Einen Temperatursensor für Ihre Heizungsanlage in Ihrer Produktionshalle können Sie zusätzlich als Sensor für Ihre Brandmeldeanlage nutzen. Möglicherweise muss dieser Sensor dann höheren Anforderungen gerecht werden, aber dennoch sparen Sie auch hier die Kosten für redundante Technik ein.

So können Sie mit einem ganzheitlichen und cleveren Design Ihres IoT-Systems und der Wiederverwertung von Komponenten die Kosten der Implementierung deutlich verringern.

Eindeutige Identifizierung (Normabschnitt 7.3.10)

Die Komponenten Ihres IoT-Systems brauchen eine eindeutige Identifizierung, um sie voneinander unterscheiden zu können und so das Zusammenwirken der Komponenten über heterogene IoT-Systeme und globale Use Cases hinweg zu sichern. Eine eindeutige Kennung ermöglicht es Ihnen, die Komponenten hinter dem IoT-Gateway zu verstecken, sodass diese von Cyber-Angreifern nicht attackiert werden können.

Folgende Identifizierungstechniken werden im Internet genutzt:

- IPv4-Adresse (Internet Protocol Version 4)
- IPv6-Adresse (Internet Protocol Version 6)
- MAC-Adresse (Media Access Control): die Hardwareadresse des Netzwerkadapters
- URI (Uniform Resource Identifier): wird zur Bezeichnung von Websites, Services, E-Mail-Empfängern genutzt
- FQDN (Fully Qualified Domain Name): der vollständige Name einer Domain

Für die eindeutige Identifizierung eines physischen Objekts kennen wir insbesondere in der Logistik den Standard für Barcodesysteme GS1-128 (bis 2009 als EAN128 bekannt) oder berührungslose Technologien wie Radio Frequency Identification (RFID). Menschen werden über biometrische Informationen wie Fingerabdruck-, Gesichts- oder Iris-Erkennung identifiziert. Sie kennen die Technik sicherlich für das Entsperren Ihres Smartphones oder eines Notebooks.

Eindeutig definierte Komponenten (Normabschnitt 7.3.11)

Eindeutig definierte Komponenten in Ihrem IoT-System sind alle Funktionen und Merkmale der IoT-Einheiten. Diese müssen beschrieben werden. Es gibt noch weitere Definitionen, um die Komponenten eindeutig anzusprechen und abzusichern. Dies sind Konfiguration, Art und Weise, wie sie mit anderen Komponenten kommunizieren, Sicherheitsvorkehrungen und Zuverlässigkeit.

2.2.3 Funktionen von IoT-Systemen (Normabschnitt 7.4)

Genauigkeit (Normabschnitt 7.4.1)

Ein IoT-System ist immer maximal so gut, wie es die reale Welt erfasst und in digitale Informationen umwandelt. Je besser die die Umwandung der physischen Realität in die digitale Welt gelingt, desto besser kann das IoT-System auf die tatsächlich vorhandene Situation reagieren. Genauigkeit im Sinne der ISO/IEC 30141:2018 ist der „Grad der Übereinstimmung zwischen den gemessenen Werten und den tatsächlichen Werten dieser Eigenschaften".

Je nach Anwendungsfall können die Anforderungen an die Genauigkeit des IoT-Systems unterschiedlich sein. So kann man etwa bei der Herstellung von Platinen mit Robotern nur Toleranzen von wenigen Bruchteilen eines Millimeters dulden, bei Kommissionier-Robotern, die Teile aus Kisten greifen und in der Transportbox ablegen ist etwas weniger Genauigkeit erforderlich.

Definition von Genauigkeit

Da ein IoT-System Berechnungen auf Basis der Eingangsinformationen von **Sensoren** durchführt, ist die Genauigkeit dieser Information entscheidend für die Genauigkeit des Ergebnisses. Ein Kennwert für die Genauigkeit eines Sensors ist die prozentuale Abweichung der Messung von den realen physischen Gegebenheiten.

Aktoren nehmen Einfluss auf die physische Umgebung gemäß den digitalen Anweisungen. Ein Kennwert für die Genauigkeit ist das Verhältnis zwischen der angestrebten Aktion und der tatsächlich durchgeführten Aktion. Dieser Kennwert kann als Prozentsatz oder als absoluter Wert der Abweichung vom angestrebten Sollwert angegeben werden. ■

Beispiel: Automatische Bildverarbeitung durch Sensoren

Eine automatische Bildverarbeitung nutzt Sensoren, wie etwa Kameras, um zum Beispiel Nummernschilder von Lkws auf deutschen Autobahnen für die Mautberechnung zu erkennen. Dieses Verfahren wird für die Erhebung der Mautgebühren in Deutschland genutzt. Auch die Gesichtserkennung zur Feststellung der Identität von Menschen in einer Menschenmasse ist ein Anwendungsfall. Dies wurde in den vergangenen Jahren immer mal wieder für den Einsatz an deutschen Bahnhöfen diskutiert. Die Genauigkeit wird hier mit einer prozentualen „Trefferquote" angegeben. Im Beispiel der Personenerkennung bedeutet das: Wie hoch ist die prozentuale Wahrscheinlichkeit, dass die erkannte Identität der Person in der Masse tatsächlich mit der realen Person übereinstimmt? Im Fall der Gesichtserkennung am Hauptbahnhof in Berlin reichen prozentuale Abweichungen von unter 1 %, damit mehrere zehntausend Menschen am Tag fehlerhaft als verdächtig interpretiert werden und die Polizei gerufen werden muss. ■

Beispiel: Genaue Platzierung am Lagerplatz durch Industrieroboter

Ein Roboterarm ist im weitesten Sinne ein Aktor oder eine Summe von Aktoren im Zusammenspiel. Dieser soll etwa einen Gegenstand auf einem definierten Platz im Raum abstellen. Je genauer der Gegenstand auf diesem Platz entsprechend dem digitalen Befehl abgesetzt wird, desto höher ist die Genauigkeit. ■

Autokonfiguration (Normabschnitt 7.4.2)

Der Begriff Plug & Play ist Ihnen sicher durch den Umgang mit technischen Komponenten bekannt. Er bedeutet, dass sich die technischen Komponenten selbstständig in bestehende Strukturen, wie zum Beispiel Netzwerke, einfügen. Wir wissen, dass IoT-Geräte in Logistik und Produktionsanwendungen in einem Netzwerk verwaltet werden. Diese sollten sich ohne manuelles Zutun automatisch in das IoT-System integrieren. Zudem müssen die IoT-Geräte im Netzwerk gefunden werden und dabei ihre jeweilige Funktion und Rolle im System melden. Damit dies alles überhaupt innerhalb eines Netzwerkes möglich ist, müssen IoT-Geräte natürlich netzwerkfähig sein und sollten sich innerhalb eines Netzwerkes verwalten lassen. Die Eigenschaften, die IoT-Geräte in Netzwerken dazu aufweisen müssen, sind in der Norm ISO/IEC 30141 in Normabschnitt 7.4 beschrieben.

Ein IoT-System muss sich automatisch an die äußeren Umstände anpassen. Dafür ist eine automatische Konfiguration notwendig. Stellen Sie sich vor, Sie betreiben ein global vernetztes IoT-System zur Verfolgung Ihrer globalen Logistik- und Transportprozesse. Sie wollen Container auf ihrer Reise verfolgen. Dafür müssen sich die IoT-Komponenten automatisch und dynamisch in Ihr IoT-System einfügen, konfigurieren und auch wieder abmelden können.

Zu den Eigenschaften der automatischen Konfiguration von IoT-Systemen zählen

- automatische Vernetzung,
- automatische Bereitstellung der Services sowie
- Plug & Play, also die direkte Einsetzbarkeit.

Das System erkennt das Hinzufügen und Entfernen von Geräten und Netzwerkumgebungen sowie geänderte Bedingungen und reagiert automatisch darauf. Besonders wichtig ist dabei, dass nur autorisierte Komponenten automatisch konfiguriert werden. Dies wird durch Sicherheits- und Authentifizierungsmechanismen erreicht, die entsprechend den anwendungsfallspezifischen Bedingungen und Anforderungen ausgelegt werden müssen.

Einhaltung der Vorschriften (Normabschnitt 7.4.3)

Auch IoT-Systeme in der Industrie 4.0 müssen gemäß den technischen und rechtlichen Vorschriften ausgelegt sein. Sie kennen dies im Unternehmenskontext unter dem Begriff Compliance. Services, Komponenten und Anwendungen im Zusammenhang mit IoT müssen Regelkonformität und die Einhaltung der Gesetze und Verordnungen, Normen und Richtlinien gewährleisten, was durch die entsprechende Konfiguration, Programmierung und Erweiterung der Geräte und Systeme erreicht wird.

Folgende Vorschriften könnten zum Beispiel für Ihr IoT-System gelten:

- Kompatibilität
- Zusammenarbeit
- Funktionen und Fähigkeiten
- Einschränkungen von Funktionen und Fähigkeiten
- Gleichgewicht zwischen Gemeinwohl und Interessen der Systembetreiber

Je nach Nutzungsumfeld betrifft das andere Vorschriften. Sie sollten entsprechend Ihrem Use Case in Logistik und Produktion stets vor der Realisierung alle Gesetze, Vorschriften, Verordnungen, Normen und Richtlinien auf dem Schirm haben. Eine nachträgliche Anpassung des IoT-Systems gemäß den geltenden Gesetzen etc. geht meist mit Einbußen der Funktionalität, erhöhtem Aufwand oder völligem Einstellen der Lösung einher. Für IoT-Geräte in Flugzeugen gelten nachvollziehbarerweise erhöhte Sicherheitsbestimmungen. Im Haushalt, in der Automobilbranche oder dem medizinischen Bereich sind unterschiedliche Vorschriften relevant. Machen Sie sich bereits zu Beginn sehr detaillierte Vorstellungen von den umzusetzenden Use Cases und in welchen Bereichen diese umgesetzt werden.

Vorschriften und Gesetze regulieren beispielsweise folgende Eigenschaften, die für IoT relevant sind:

- elektromagnetische Strahlung (Frequenzband, Signalstärke, Störsignale bei Funkverbindungen)
- Bauvorschriften (im Zusammenhang mit Smart Home zu berücksichtigen)
- Emissionen (beispielsweise Lärmemissionen)

Inhaltliches Bewusstsein und Beziehungswissen (Normabschnitt 7.4.4)

In IoT-Systemen werden Informationen unterschiedlicher Art erfasst, zusammengeführt und in einen Zusammenhang gesetzt. Wenn diese Informationen zusammengebracht werden, lassen sich zusätzliche Erkenntnisse über den Prozess erschließen. Man spricht in diesem Zusammenhang auch von Beziehungswissen. Use Cases aus der medizinischen Notfallversorgung, dem Katastrophenschutz, Notfalldiensten oder der Warenverfolgung innerhalb einer globalen Supply Chain stellen unterschiedliche Anforderungen an die Aktualität, Sicherheit und den Datenschutz.

Informationen über kontextspezifische Anforderungen geben daher tiefere Einblicke in und Aufschlüsse über die erfassten Daten. Diese Art von Informationen werden oft auch Metadaten genannt. Auf der Basis dieser Metadaten ist es Geräten und Services möglich, Schnittstellen automatisch zu aktualisieren, Anwendungsdaten zu abstrahieren, die Genauigkeit der Informationsabfragen zu erhöhen und Benutzern passende Interaktionsmöglichkeiten bereitzustellen.

Das Beziehungswissen eines IoT-Systems wird durch folgende Faktoren beeinflusst:

- Standort
- Sensibilität der Daten
- Anforderung an die Servicequalität

Die Einbeziehung zusätzlicher Merkmale führt im IoT-System zu folgenden Funktionserweiterungen:

- Anreicherung der Daten
- höhere Geschwindigkeit der Datenbereitstellung, da die Genauigkeit beim Datenabruf deutlich erhöht werden kann
- Sicherheit durch Verschlüsselung

Kontextsensibilisierung (Normabschnitt 7.4.5)

Lassen Sie uns zu Beginn ein Beispiel ansehen: Sie fahren auf der Autobahn A40 auf der Höhe Bochum-Hamme Richtung Dortmund. Ihr Smartphone sendet stetig Standortinformationen an Dienste wie Google oder Apple. Das Smartphone meldet Verkehrsstau aufgrund eines Unfalls zwischen der nächsten Ausfahrt Bochum-Riemke und den folgenden Ausfahrten. Diese Information ist für Sie in dieser konkreten Situation wertvoll, da Sie nun die Möglichkeit haben, den Stau zu umfahren und nach einer alternativen Route suchen können. Weniger wird Sie in dieser Situation interessieren, dass der Verkehr zur selben Zeit auf der A5 Richtung Basel zwischen der Ausfahrt Walldorf und Walldorfer Kreuz stockt.

So haben die Situation oder der Kontext, in dem ein Ereignis auftritt oder ein Messwert bekannt gegeben wird, essenziellen Einfluss auf das herbeizuführende Ergebnis. Aus diesem Grund ist es für Sie bei dem Design Ihres IoT-Systems wichtig, Umgebung und Ereignisse in der relevanten Umgebung zu überwachen und zu interpretieren.

Folgende Aspekte können den Kontext in einem IoT-System beeinflussen:

- Ort
- Ortsveränderung
- Zeitpunkt
- Zeit
- Ereignis
- Abfolge der Ereignisse

Der Kontext kann einzeln oder in Kombination mit anderen Sensordaten und Aktoren variieren.

Beispiel: Gefahrstofflager

Ein Beispiel für das Erkennen und Melden einer Notfallsituation soll Ihnen helfen, den Wert der Kontextsensibilisierung zu erkennen. Stellen Sie sich ein Gefahrstofflager vor. In diesem Lager sind in der Nacht mehrere tausend Liter Chlorbleichlauge ausgelaufen. Die Türschlösser der Lagerzugänge müssen für die Feuerwehr ohne weitere Autorisierung entriegelt werden. Doch durch die giftigen Gase in der Lageranlage dürfen natürlich keine anderen Personen in das Gebäude. Also muss als Bedingung folgende Kombination aus Kontextsituationen gegeben sein:

- Das Lager befindet sich in einer Notfallsituation.
- Die Rettungsdienste sind vor Ort.

Datenmerkmale (Normabschnitt 7.4.6)

In IoT-Systemen werden große Datenmengen erzeugt und verarbeitet. Die Merkmale, die die Daten beschreiben, sind

- Volumen,
- Geschwindigkeit,
- Wahrhaftigkeit,
- Variabilität,
- Vielfalt.

Dabei werden die Informationen im IoT-System mit hoher Geschwindigkeit über Netzwerkverbindungen versendet, empfangen und fließen in übergeordnete Datenströme ein. Da es immer mal wieder zu Störungen und defekten Sensoren in einem komplexen IoT-System kommen kann, sollten die Informationen bereits in der Nähe der Datenquelle überprüft werden. Die defekten Sensoren könnten falsche oder nicht plausible Daten liefern. Tritt innerhalb der Nutzungsdauer eine Veränderung der Geschwindigkeiten und der Merkmale der Daten auf und liegt diese Veränderung oberhalb einer bestimmten Toleranzschwelle, muss das IoT-System dies in den Folgeaktivitäten miteinberechnen. Die vorangegangen genannten Datenmerkmale sind meistens nur in der Kombination aussagekräftig genug für eine aggregierte Weiterverarbeitung.

Beispiel: Aggregierte Datenmerkmale aus der Logistik

Logistikdienstleister Kampmann Logistik nutzt für die Optimierung seiner Routen und Ladevolumen große Datenmengen. Das System sammelt und verarbeitet in Echtzeit Informationen, die der Fahrer, die Fahrzeuge und die Versandsoftware während der Tour erzeugen. Diese Informationen nutzt das IoT-System für die fortlaufende Optimierung.

Auffindbarkeit (Normabschnitt 7.4.7)

IoT-Geräte, Sensoren oder Aktoren werden auffindbar im Netzwerk durch den sogenannten Endpunkt im Netzwerk. Die Architektur, die unter anderem durch Endpunkte bestimmt wird, werden wir in Abschnitt 2.3 noch sehr genau beleuchten. Sie können beispielsweise einen Temperatursensor für die Gebäudeautomation sehr leicht in das IoT-System integrieren, da dieser Sensor im Netzwerk und im lokalen Kontext im Gebäude auffindbar ist.

Endpunkte können IoT-Geräte, Dienste, Anwendungen oder auch ein Benutzer aus Fleisch und Blut sein. Suchdienste melden, was und wo der Endpunkt ist, und ermöglichen den Zugriff je nach spezifischen Kriterien: Ort und Servicetyp.

Protokolle wie Hypercat, AllJoyn, von AllSeen Alliance und Consul werden für die Kommunikation genutzt, die die Suche von Geräten, Services oder Systemen abhängig von folgenden Merkmalen ausführen:

- geografische Lage
- Fähigkeiten
- Schnittstellen
- Zugänglichkeit
- Eigentum
- Sicherheitsrichtlinien
- Betriebskonfiguration

Flexibilität (Normabschnitt 7.4.8)

IoT-Systeme verfügen in der Regel über kontextabhängige Funktionen, können also je nach Service, Gerät und Komponente und abhängig von Umgebungsbedingungen und Kontext eine unterschiedliche Anzahl von Funktionen bereitstellen. Durch das dynamische Verknüpfen von IoT-Services mit dem IoT-System entsteht diese Flexibilität. Ein IoT-Service kann für bestimmte Anwendungsfälle mit diversen und unterschiedlichen IoT-Systemen verbunden sein.

Die Flexibilität von IoT-Systemen beruht auf

- Standards,
- Protokollen,
- Formaten und
- Schnittstellen.

Beispiel: Flexibilität bei der Nutzung eines Thermostats

Das IoT-System „Thermostat" ist je nach Anwendungsfall unterschiedlich bezüglich seiner Flexibilität. Von der Temperaturkontrolle und Temperaturmeldung über die Fernsteuerung durch eine Webapplikation bzw. eine Smartphone-App bis hin zur Vernetzung mit anderen Smart Home-Geräten oder Wetterdiensten sind diverse Ausbaustufen möglich. ■

Verwaltbarkeit (Normabschnitt 7.4.9)

Ein IoT-System arbeitet autonom. Wenn aber einzelne Bauteile defekt, instabil oder falsch kalibriert sind oder wenn keine Netzwerkverbindung besteht, muss das System aus der Ferne zu warten sein. Auch in globalen IoT-Systemen, die geografisch komplexe Strukturen haben, sollte der externe Zugriff jederzeit möglich sein. Somit sind Konformität und Effizienz im Betrieb gewährleistet.

Beispiel: Verwaltung schwer erreichbarer Komponenten aus der Ferne

Rauchmelder werden an schwer zugänglichen Stellen in einem Lager oder in der Produktionshalle installiert. Dadurch sind sie schwer zu warten. Die Fehlfunktion eines Rauchmelders bedeutet Gefahr für Leib und Leben. Das unternehmerische Risiko ist enorm, wenn sie nicht funktionieren. ■

Bereits bei der Definition des Zieldesigns eines IoT-Systems und der Komponenten müssen Sie die Fernverwaltbarkeit für die gesamte Zeit des Lebenszyklus von der Entwicklung bis hin zum Betrieb des IoT-Systems konzipieren.

Außerdem muss die gegenseitige Authentifizierung von IoT-Gerät, Server, Firmware und Betriebssystem sichergestellt sein. Updates sollten zur Authentizität und Integrität beitragen. Diese müssen eine digitale Signatur haben. Updates müssen über eine sichere und verschlüsselte Verbindung erfolgen, damit keine Schadsoftware eingeschleust werden kann.

Beachten Sie folgende Aspekte bei der Verwaltung von IoT-Systemen:

- Gerätemanagement
- Netzwerkmanagement
- Systemverwaltung
- Schnittstellenwartung und -warnungen

Netzwerkkommunikation (Normabschnitt 7.4.10)

Ohne Netzwerkverbindungen geht in einem IoT-System gar nichts. Über diese fließen Informationen zu den Komponenten eines IoT-Systems, wie Sensoren und Aktoren, und von den Komponenten zurück zum IoT-System. Die übertragenen Informationsmengen sind in der Regel gering. Selbst Sprachübertragungen verursachen nur geringe Mengen an Bytes in den Netzwerken. Genauso wichtig wie die Netzwerkkonnektivität ist die Energieversorgung der Komponenten. Gerade für Geräte, die nicht über Kabel an das IoT-System angeschlossen werden, stellt sich die Frage der Stromversorgung. Niemand will alle paar Wochen in der Produktionshalle alle Batterien der Sensoren in dem IoT-System auswechseln.

Arten von Netzwerktypen

Nahbereichsnetze (LAN) mit geringer Reichweite und geringer Leistung werden für die lokale Verbindung von IoT-Geräten genutzt. Sie werden oft als Umgebungsnetzwerke bezeichnet. **Weitverkehrsnetze (WAN)** verbinden die Nahbereichsnetze mit dem Internet. Diese Netze können kabelgebunden oder drahtlos abgebildet werden.

Oft senden und empfangen die Geräte in IoT-Systemen Informationen über unterschiedlich zusammenarbeitende Netzwerktypen, egal, wo sich diese befinden, an Softwareservices. Dabei können sich die Softwareservices lokal oder an einem weit entfernten Standort befinden.

Netzwerkmanagement und -betrieb (Normabschnitt 7.4.11)

Wie Sie in den vorangegangenen Ausführungen gesehen haben, beruht fast alles in einem IoT-System im Umfeld der Produktion und Logistik auf Netzwerkverbindungen. Achten Sie darauf, dass Sie frühzeitig deren Betrieb und Verwaltung sicherstellen. Nahbereichsnetzwerke werden in der Regel exklusiv vom IoT-System genutzt. Daher muss dieses Netzwerk als Teil des IoT-Systems verwaltet werden.

Beispiel: Nahbereichsnetzwerke in der Produktion

Gerade im Bereich der Fabrikautomation im Zusammenhang mit Industrie 4.0 werden Sensoren und Steuerungen innerhalb der Produktionslinie üblicherweise über lokale Netzwerke von dem Betreiber einer Fabrik verwaltet. Typischerweise verwendet man hier Feldbusprotokolle wie Profibus oder Profinet.

Das WAN wird in der Regel zusätzlich von anderen Anwendungen genutzt und als Allzwecknetz häufig auch von anderen, externen Organisationen verwaltet. Das ist beispielsweise bei einem Mobilfunknetz der Fall. Über das WAN nutzt eine Fabrik beispielsweise Cloud-Services, die über eine Remote-Verbindung gehostet werden können. Die Verbindung zu den Cloud-Services kann über eine Kabel- oder Draht-los-Netzwerkverbindung hergestellt werden.

Das IoT-Netzwerkmanagement umfasst in der Regel also beide Arten von Netzwerken und betrachtet diese als eine Komponente im IoT-System. Sofern Sie Netzwerke von Dritten nutzen, sollten Sie sicherstellen, dass der Partner entsprechende Verwaltungs- und Betriebsschnittstellen bereitstellt, die Sie nutzen können.

Echtzeitfähigkeit (Normabschnitt 7.4.12)

Echtzeitfähigkeit bedeutet für ein IoT-System, dass es Aktionen unmittelbar und abhängig von erfassten Messwerten ausführen kann. Informationen der physischen Welt, wie Temperatur, Durchfluss oder Druck und Ereignisse, werden permanent durch Sensoren erfasst. Es ist unter Umständen entscheidend, dass das IoT-System rechtzeitig reagiert und über Aktoren auf die physische Welt einwirkt oder einen entsprechenden Service aufruft. Dafür zieht das IoT-System unter Umständen auch frühere Ereignisdaten, Vergleiche zu früheren Ereignisdaten, statische Daten und externe Daten in die Berechnung mit ein.

Beispiel: Überwachungsmechanismen in der chemischen Industrie

Ein Beispiel hierfür ist die kontinuierliche Überwachung der Verarbeitungsparameter eines Kessels, in dem chemische Produkte unter sensiblen Umweltbedingungen erzeugt werden. Die Temperatur, der Druck und der Zufluss eines Stoffes zum Kessel muss kontinuierlich überwacht werden. Bei Abweichungen von den definierten Sollwerten greift das IoT-System regelnd ein. ▪

Selbstbeschreibung (Normabschnitt 7.4.13)

IoT-Geräte und Systeme müssen Informationen zu ihren eigenen Eigenschaften an das IoT-System senden. Die ist vor allem dann notwendig, wenn nicht nur einzelne Komponenten in einem System zusammenarbeiten sollen. Noch wichtiger wird dies für jede einzelne Komponente, wenn mehrere IoT-Systeme zusammenarbeiten sollen.

Mobile Komponenten, die ein IoT-Netzwerk phasenweise verlassen oder in den Sleep-Modus wechseln, um Strom zu sparen, und sich anschließend wieder im Netzwerk anmelden, müssen sich selbst beschreiben können. Auf diese Weise integrieren sie sich ad hoc in das IoT-System. So funktioniert die Selbstbeschreibung: Komponenten listen ihre Fähigkeiten auf und informieren andere IoT-Komponenten und IoT-Systeme mit dem Ziel, Informationen zur Zusammensetzung, Zusammenarbeit und dynamischen Erkennung bereitzustellen.

Folgende Informationen dienen der Selbstbeschreibung:

- Schnittstellenspezifikation
- Fähigkeiten und Funktionen der IoT-Komponente
- Art und Typ des Geräts im System
- Arten von Geräten, die an das IoT-System angeschlossen werden können
- Services, die von dem IoT-System zur Verfügung gestellt werden
- Zustand des IoT-Systems

Wenn sich ein mobiles IoT-Gerät über Bluetooth oder ein Drahtlosnetzwerk mit dem IoT-System verbindet, stellt es seinen Gerätenamen und die unterstützten Dienste bereit. Das IoT-System auf der anderen Seite sendet seinen Status und die unterstützten Services. Das IoT-Gerät könnte diese Informationen von mehreren Netzwerken und Systemen erhalten und sich entsprechend anhand von Übereinstimmungen entscheiden, mit welchem Netzwerk es sich verbindet.

IoT-Service-Abonnement (Normabschnitt 7.4.14)

Sie haben vielleicht eine Smart Watch oder kennen jemanden, der eine besitzt. Diese IoT-Geräte sind mit Sensoren vollgestopft und messen die Vitalwerte des Trägers (also des IoT-Benutzers) und dessen Fitness und beurteilen, ob der Träger dieser Uhr vielleicht ein bisschen mehr Bewegung gebrauchen könnte. Sie empfehlen, sich auch bei der Arbeit mal hinzustellen oder mal tief durchzuatmen.

Hinter der Funktionalität einer solchen Smart Watch steckt ein IoT-Service, der die gesammelten Informationen analysiert und dem Benutzer Ratschläge zur Verbesserung seiner Fitness gibt. Ob kostenlos oder bezahlt – als IoT-Benutzer abonnieren Sie einen IoT-Service im Rahmen einer Subskription für diese freundlichen Appelle an Ihre Lebensweise. Diese Subskriptionen werden von IoT-Serviceanbietern zur Verfügung gestellt. Der Subskriptionsprozess beinhaltet in der Regel Zahlungen.

Ein IoT-Service kann folgende Schritte umfassen:

- Installation und Konfiguration von Softwarekomponenten
- Installation von IoT-Geräten

Softwarebereitstellung und -spezifikation sollte durch den IoT-Dienstleister erfolgen.

Achten Sie bei der Nutzung von IoT-Services darauf, dass Hersteller von IoT-Systemen und Anbieter von IoT-Services alle Datenschutzanforderungen wie DSGVO und Bundesdatenschutzgesetz (BDSG) beachten. In Ihrem eigenen Interesse sollten Sie für die Erfüllung der Anforderungen sorgen, denn die Verantwortung liegt bei Ihnen als Teilnehmer. Im Beispiel der Smart Watch nutzt der IoT-Service äußerst sensible personenbezogene Daten. Daher sollten die Übertragungswege der Daten sicher und verschlüsselt beim Serviceanbieter abgelegt werden. Betrieb und Wartung und Einhaltung der Vorschriften und Regeln im Betrieb liegen auch bei Ihnen.

Überprüfen Sie, ob es für Ihren IoT-Service gegebenenfalls auch außerhalb Ihrer Firma einen Markt gibt. Bieten Sie Ihren Service zur Subskription an, und werden Sie so selbst zum IoT-Serviceanbieter und profitieren Sie mehrfach. Sie nutzen beispielsweise durch die Vermietung intelligenter Services die bereits vorhandenen Strukturen. Als IoT-Serviceanbieter richten Sie selbst ein Abonnementmodell ein.

Für dessen Nutzung zahlen Ihre Kunden. Damit haben Sie ein digitales Geschäftsmodell entwickelt und umgesetzt und tragen die Verantwortung für den Betrieb und die Wartung des IoT-Service. Als Serviceanbieter ist es für Sie wichtig, Standards und einfache Abläufe für die Implementierung und die Aufrechterhaltung des Abos zu entwickeln.

Faustformel für das Pricing bei IoT-Services

Wie sollte man einen IoT-Service sinnvollerweise bepreisen? Ich empfehle Ihnen hierfür die Anwendung einer recht einfachen Methode: Wenn Sie den digitalen Service im Abo anbieten möchten, dann überlegen Sie sich zunächst einen Preis für den Service. Kalkulieren Sie den Preis bewusst so, als ob Ihr Kunde die Lösung einmalig kauft. Teilen Sie den Kaufpreis des Service nun durch die Anzahl der Monate von 2,2 bis 2,5 Jahren. In diesem Fall also 26,4 bis 30. Der Betrag, der bei dieser Rechnung herauskommt, ist der Monatsbeitrag, den der Service kostet. Sie ahnen es schon. Wenn der Kunde den Service mehr als drei Jahre nutzt, dann verdienen Sie ab dem dritten Jahr richtig gutes Geld. Doch Sie sollten auch vorher schon eine entsprechende Marge aufschlagen, damit das Geschäftsmodell gut funktioniert. Sie können die Subskriptionsgebühren auch anhand Ihrer Kosten aufsetzen und dann eine Marge aufschlagen. Berücksichtigen Sie dabei aber stets auch Wartung, Support und funktionale Weiterentwicklung.

2.3 Architektur von IoT-Systemen nach ISO 30141

In Abschnitt 2.2 habe ich bereits erläutert, welche Anforderungen an ein IoT-System gestellt werden und welche technischen Kriterien IoT-Systeme, -Services und -Komponenten erfüllen müssen. In diesem Abschnitt werde ich beleuchten, wie die jeweiligen Komponenten, Services und User zusammenspielen. Dabei hilft die IoT-Referenzarchitektur. Sie beschreibt und definiert die Merkmale von IoT-Systemen, die damit verbundenen Begriffe und die Anforderungen im gegenseitigen Zusammenspiel. Darüber hinaus benennt sie die Komponenten, aus denen sich ein IoT-System zusammensetzt. Unter einer IoT-Referenzarchitektur versteht man die Definition und Betrachtung eines IoT-Systems aus verschiedenen Perspektiven sowie unterschiedlichen Detail- und Abstraktionsebenen.

Wir nähern uns der Referenzarchitektur in drei Stufen:

1. IoT-konzeptionelles Modell (Conceptional Model)
2. IoT-Referenzmodell
3. IoT-Referenzarchitektur

Das konzeptionelle Modell widmet sich den Konzepten eines IoT-Systems auf generischer Ebene. Das Referenzmodell betrachtet die ganzheitliche Struktur der Elemente im Zusammenspiel. Wir werden dies erst auf Domainebene und anschließend auf der Ebene der Entitäten nachvollziehen. In Abschnitt 2.3.1 führe ich zunächst die Komponenten und Teilnehmer ein, die ein konzeptionelles Modell und letztlich eine Architektur beschreiben.

2.3.1 IoT-konzeptionelles Modell

Welche Bestandteile hat ein IoT-System und wie spielen diese Bestandteile zusammen? Dies beschreibt das konzeptionelle Modell eines IoT-Systems in der Norm ISO/IEC 30141:2018 auf einer generischen und abstrakten Ebene. Es ist für Sie zunächst wichtig zu verstehen, in welchem Verhältnis die einzelnen Bestandteile einer IoT-Architektur zueinander stehen. Das werde ich in diesem Abschnitt erklären.

Folgende Bestandteile gehören zu einer IoT-Architektur (siehe Bild 2.3):

- Entitäten (virtuelle und physische)
- Endpunkte
- IoT-Gateway Services
- Softwareanwendung
- Schnittstellen
- Datenspeicher

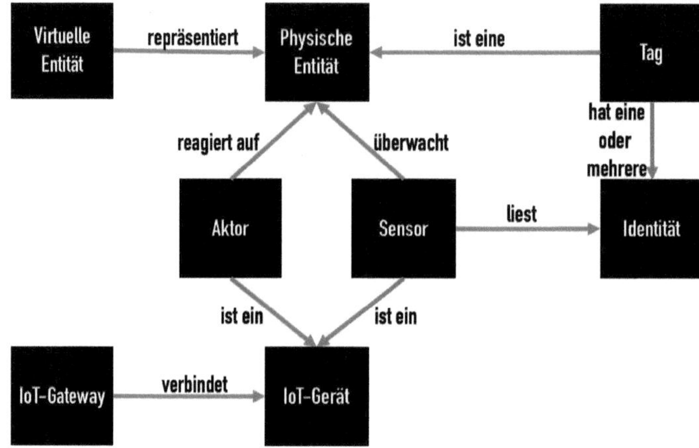

Bild 2.3 Verhältnis der Komponenten eines IoT-Systems in Logistik und Produktion (in Anlehnung an ISO/IEC 30141:2018, S. 39)

Im Folgenden werden die in Bild 2.3 dargestellten Begriffe definiert.

Entitäten

Ob physisch, virtuell oder digital – in einem IoT-System ist jede Komponente eine Entität. Man unterscheidet zwischen vier verschiedenen Arten von Entitäten:

- physische Entitäten („Dinge")
- digitale Entität (das IT-System)
- IoT-Nutzer
- Netzwerk, über das die Komponenten miteinander verbunden sind

Eine Entität hat jeweils eine eindeutige Identität, über die sie innerhalb des IoT-Systems identifizierbar ist.

Physische Entitäten

Physische Objekte oder Umgebungen, Logistikketten, Produktionslinien, Menschen, Tiere und Autos, aber auch Ladengeschäfte, einzelne elektronische Geräte sind physische Entitäten. Eine physische Entität kann andere Entitäten beinhalten. Daher kann eine Produktionslinie einzelne Maschinen als Entitäten enthalten. Physische Entitäten werden von Aktoren angesteuert und von Sensoren überwacht.

Sensoren und Aktoren sind IoT-Geräte. Sie stellen die Verbindung von digitaler und physischer Welt her und stehen dabei in direktem oder indirektem Kontakt mit der realen Welt. Schauen wir uns diese Komponenten hier mal etwas genauer an.

Sensor

Ohne Sensoren wären wir nicht in der Lage, die Welt da draußen zu erfassen. Technisch ausgedrückt und im Sprech der ISO-Norm misst ein Sensor und nimmt die Eigenschaften der physikalischen Entitäten auf. Er verwandelt Messwerte in ein digitales Format, die er an das IoT-System sendet. Ein einziges IoT-Gerät kann mehrere Sensoren enthalten. In einem Smartphone ist eine ganze Batterie von Sensoren verbaut, die Beschleunigung, GPS-Position, Himmelsrichtung, Temperatur, Erschütterung und vieles mehr messen.

Aktor

Aktoren werden im Bereich der Steuerungs- und Regelungstechnik gerne auch Stellantrieb genannt. Er empfängt digitale Informationen und nimmt Einfluss auf die physischen Entitäten und verändert diese.

IoT-Gerät

Für das IoT-Gerät wird nach dem konzeptionellen Modell sowohl eine physische als auch eine digitale Entität definiert. Wenn man bedenkt, dass es die Brücke zwischen digitaler und realer Welt bildet, ist das einleuchtend. Es tastet die reale Welt ab und verwandelt so reale Attribute, wie Beschleunigung, Luftfeuchtigkeit und Geschwindigkeit in digitale Werte. Über Netzwerke kommuniziert es mit anderen Entitäten und besitzt dabei einen oder mehrere Endpunkte. Es kann Rechenoperationen durchführen und auch eigene Datenspeicher bereitstellen und nutzen.

Tags

Physische Entitäten besitzen in der Regel Tags. Ein Tag ist eine physische Entität, die an einer anderen physischen Entität angebracht ist, um sie zum Beispiel zu markieren, zu identifizieren oder zu verfolgen. Barcodes sind passive Tags, da diese von einem Lesegerät optisch erfasst und gelesen werden. Aktive Tags hingegen sind RFID-Tags sowie Tags, die bei Real-Time Locating Systems verwendet werden. Sie senden Informationen zu ihrer Identität selbsttätig. Tags können statt von der physischen Einheit auch von einem Sensor überwacht werden.

Digitale Entitäten

Daten- und Rechenelemente in einem IoT-System werden als digitale Entitäten bezeichnet. Wir nennen diese auch virtuelle Entitäten, also Datenspeicher, IoT-Geräte und IoT-Gateways. Auch digitale Entitäten können andere digitale Entitäten in sich vereinen. Virtuelle Entitäten sind die digitalen Repräsentationen einer physischen Entität und Teil eines Service (siehe folgende Ausführungen).

Benutzer von IoT-Systemen sind Entitäten. Der IoT-Benutzer ist Teil des IoT-Systems, unabhängig davon, ob dieser ein Mensch oder ein digitaler Benutzer ist.

Menschlicher Nutzer

Menschliche Nutzer sind Personen, die das IoT-System nutzen und die mit der Softwareanwendung über die sogenannte Mensch-Maschine-Schnittstelle (Human Machine Interface, HMI) mit dem IoT-System über das Netzwerk interagieren.

Digitaler Nutzer

Digitale Nutzer sind digitale Entitäten, die ein IoT-System nutzen. Sie interagieren über virtuelle Schnittstellen (Application Programming Interfaces, APIs) des Netzwerks mit dem IoT-System und dessen Services.

Netzwerk

Ein Netzwerk ist eine Entität. Gleichzeitig verbindet es die digitalen Entitäten im IoT-System. Es bildet die IoT-Infrastruktur, über die die digitalen Entitäten miteinander kommunizieren. Es verbindet IoT-Geräte und IoT-Gateway. Der Zugriff auf Endpunkte erfolgt über Schnittstellen.

Endpunkte

Endpunkte ermöglichen Verbindungen zwischen Entitäten. Es sind Punkte, an denen andere Entitäten andocken, da hier Schnittstellen bestehen. Diese Schnittstellen sind von anderen Entitäten aus erreichbar und werden von diesen aufgerufen. Endpunkte haben jeweils eine oder mehrere Netzwerkschnittstellen. Über Endpunkte können Aktionen von anderen digitalen Entitäten aufgerufen werden.

IoT-Gateway

IoT-Gateways verbinden verschiedene Netzwerke und Netzwerktypen. Sie bauen aus dem Nachbereichsnetzwerk, in dem die IoT-Geräte angeschlossen sind, die Verbindung zum Wide Area Network (WAN) und somit in das Internet auf. Die Ebene des WAN kann weitere IoT-Geräte verbinden. IoT-Gateways haben oft einen lokalen Speicher. Sie schützen mit implementierten Sicherheitsfunktionen die Endpunkte im Netzwerk vor Angriffen von außen.

Services

Services werden als Software implementiert und stellen unterschiedliche Funktionen über eine definierte Schnittstelle bereit. Ein Service kann weitere Services enthalten. Er benötigt einen oder mehrere Endpunkte, über die er aufgerufen wird. Services arbeiten über unterschiedliche Netzwerke hinweg mit anderen Entitäten zusammen und können – müssen aber nicht – mit IoT-Geräten zusammenarbeiten. Services nutzen bei Bedarf Datenspeicher. Ein Service arbeitet unabhängig und allein oder mit anderen Services zusammen.

Softwareanwendung

Software ist die Schnittstelle zum Beispiel zum Menschen (Human Interface) und hilft dem IoT-Benutzer bei bestimmten (IT-)Aufgaben. Der IoT-Benutzer kann neben einem Menschen aber auch ein digitaler Nutzer sein. Menschen nutzen die Software über die Mensch-Maschine-Schnittstelle, digitale Nutzer über eine API. Software nutzt oft Services.

Beispiel: Identifizierung einer Palette bei Wareneingang (Softwareanwendung)

Ein Beispiel für eine Aufgabe, die mit IoT-Software abgebildet werden kann, ist die Automatisierung eines Wareneingangsprozesses: Meldet ein IoT-Gerät oder ein Tag an der Palette, dass sie in der Wareneingangszone eines Lagers abgestellt wurde, kann dadurch ein Buchungsprozess in der ERP-Software angestoßen werden. So werden beim Eintreffen der Palette in der Wareneingangszone ad hoc die Wareneingangsbuchung angestoßen und Transportaufgaben für die Gabelstapler zur Einlagerung oder zum Cross Docking erzeugt. ■

Softwaresicherheit gewährleisten

Orientieren Sie sich bei der Automatisierung von Geschäftsprozessen an der Norm ISO/IEC 27034 (Informationstechnik - IT-Sicherheitsverfahren - Sicherheit von Anwendungen - Teil 1: Überblick und Konzept). Die Norm bildet ein Rahmenwerk, um die Sicherheit über den gesamten Lebenszyklus der Software und IT-Anwendungen zu gewährleisten.

Schnittstellen

Ohne Schnittstellen geht in einem IoT-System nichts. Über sie werden Aktionen von anderen digitalen Entitäten angefordert und bereitgestellt (siehe Abschnitt „Endpunkte"). Sie beschreiben gleichzeitig das Verhalten, die Fähigkeiten und mögliche Operationen der Entitäten, die durch die Schnittstelle angesprochen werden.

Ein digitaler IoT-Benutzer nutzt eine API, um auf die Services eines IoT-Systems zuzugreifen. Eine API ist eine Schnittstelle oder ein Kommunikationsprotokoll zwischen verschiedenen Teilen eines oder mehrerer Computerprogramme. APIs erleichtern die Implementierung und Wartung von Software. Eine einzige Implementierung kann dank APIs für ein webbasiertes System, ein Betriebssystem, ein Datenbanksystem, eine Computerhardware oder eine Softwarebibliothek gelten.

API-Spezifikationen sind Spezifikationen für Routinen, Datenstrukturen, Objektklassen, Variablen oder Remote-Aufrufe. Dokumentationen einer API erleichtern Implementierungen. APIs werden oft zwischen Projektteilnehmern als Norm oder Vertragsgrundlage zur gemeinsamen Schnittstelle genutzt, auf die sich Implementierungspartner, Lieferant und Kunde einigen. So stellen alle Partner die Funktion sicher. Es wird zum Beispiel in der Dokumentation der API geregelt, dass Anfragen und Antworten in einem bestimmten Format erfolgen müssen. IoT-Plattformen der großen Cloud-Anbieter stellen generische APIs zum Anlegen, Lesen, Ändern und Löschen beliebiger IoT-Gerätetypen innerhalb eines IoT-Netzwerkes bereit.

Datenspeicher

IoT-Geräte und IoT-Gateways können Datenspeicher enthalten. Diese werden auch von den IoT-Geräten bzw. dem IoT-Gateway verwaltet. Datenspeicher speichern Daten, die sich auf das IoT-System beziehen. Die Daten können unmittelbar von den IoT-Geräten erzeugt und abgelegt werden oder aus Services stammen und auf die IoT-Geräte einwirken.

2.3.2 IoT-Referenzmodell

Kommen wir nun zum IoT-Referenzmodell, einem abstrakten Modell, das die Beziehungen zwischen den Entitäten in ihrem Umfeld erklärt (Normabschnitt 9 der

ISO/IEC 30141). Normalerweise werden Referenzmodelle für die Ausbildung von Menschen genutzt, die in der Regel wenig bis keine Spezialkenntnisse haben. Über das Referenzmodell kann ein grundlegendes Verständnis vermittelt werden. Dabei benötigen wir jedoch konkrete Standards, Technologien und Implementierungsdetails. Das IoT-Referenzmodell bezieht sich auf die Entitäten und die verschiedenen Domänen sowie die Beziehungen zwischen Domänen. Diese bilden funktionale Gruppen eines IoT-Systems. Dabei ist eine Entität immer Teil mindestens einer Domäne.

Entitätenbasiertes Modell

Die Definition der Komponenten eines IoT-Systems nach dem konzeptionellen Modell bildet die Basis für ein entitätsbasiertes Modell. Bild 2.4 beschreibt, wie die Entitäten miteinander in Beziehung stehen. Der IoT-Benutzer greift über eine untergeordnete Systemebene zunächst über das IoT-Gateway mit seinen entsprechenden Diensten auf die IoT-Geräte zu. Diese untergeordnete Systemebene ist in erster Linie eine Software oder ein Service. Die physische Entität wird durch das IoT-Gerät überwacht oder beeinflusst. Jede Entität, bis auf die physische Entität, die keinen Netzwerkadapter besitzt, ist über Netzwerke mit anderen Entitäten oder mit anderen umstehenden Systemen verbunden.

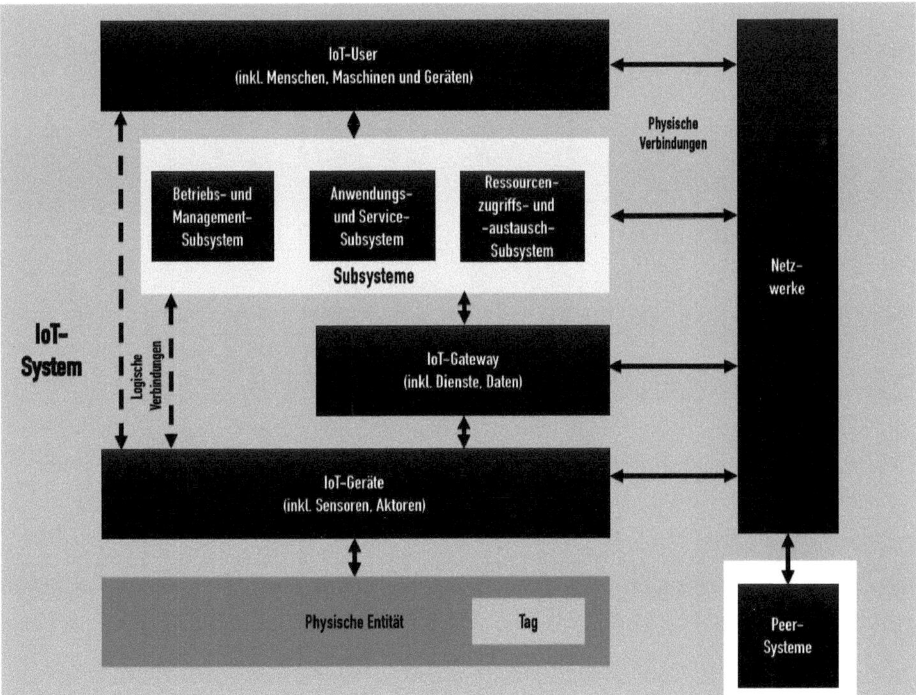

Bild 2.4 Zusammenspiel der Entitäten eines IoT-Systems in der Industrie 4.0 (in Anlehnung an ISO/IEC 30141:2018, S. 42)

Zusätzlich zu den vorangegangen beschriebenen Entitäten besteht ein IoT-System aus verschiedenen Subsystemen, die gemeinsam die Entität der Softwareanwendung darstellen:

- Anwendungs- und Servicesubsysteme
- Betriebs- und Verwaltungssubsystem
- Ressourcenzugriffs- und Ressourcenaustauschsubsystem
- Benutzergeräte wie Smartphones, PCs, Tablet-PCs für menschliche Benutzer oder Service-APIs für digitale Benutzer
- Peer-Systeme (andere IoT- oder Nicht-IoT-Systeme, Services)

Bild 2.5 zeigt, dass eine Domäne im konzeptionellen Modell verschiedene Entitäten besitzt. Domänen werden im domänenbasierten Modell beschrieben.

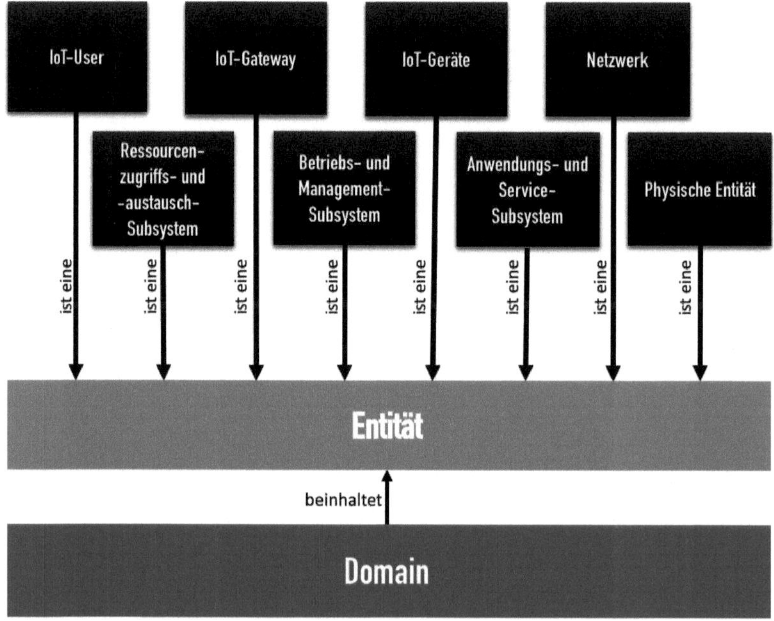

Bild 2.5 Verbindung zwischen Entität und Domäne eines IoT-Systems in Logistik und Produktion (in Anlehnung an ISO/IEC 30141:2018, S. 44)

Domänenbasiertes Modell

Durch die Trennung nach Domänen können IoT-Systemdesigner das IoT-System in verschiedene Bereiche aufteilen. Dadurch können sie jedem Bereich spezifische Aufgaben zuweisen. Domänen unterteilen das IoT-System in logische und zum Teil auch physische Bereiche. Das Sortieren von Verantwortungsbereichen und Funktionen erreichen Sie durch die Trennung nach Domänen.

Domänen in einer IoT-Referenzarchitektur

Es gibt verschiedene Bereiche von Domänen:

- Der *Benutzerdomäne* (Benutzerbereich in der Abbildung) gehören menschliche und digitale Benutzer an. Interaktionen menschlicher Benutzer mit dem System erfolgen über Services, mobile Applikationen oder Desktop-Applikationen. Digitale Nutzer nutzen Schnittstellen mit Services.
- Die *Domäne der physischen Entitäten* enthält die physischen Entitäten. Sie ist der Bereich im IoT-System, in dem Überwachung, Erfassung und Steuerung der physischen Welt vollzogen wird. Auch Menschen können Entitäten der physischen Domäne sein.
- Zur *Mess- und Kontrolldomäne* gehören IoT-Geräte, Sensoren und Aktoren. Werte, Zustände und Eigenschaften, die Sensoren an physischen Entitäten erfassen, sowie das Einwirken der Aktoren auf die physischen Entitäten bilden diese Domäne. Die Domäne der vorangehend beschriebenen physischen Entitäten ist die physische Welt, während die Mess- und Kontrolldomäne die Verbindung zwischen physischer und virtueller Welt ist.
- Auf der *Betriebs- und Verwaltungsdomäne* sind die Funktionen für die Bereitstellung, Verwaltung, Überwachung und Optimierung der Systeme angesiedelt. Hier werden auch die Support-Funktionen für die Geschäftsprozesse und den Betrieb bereitgestellt, die das IoT-System im geschäftlichen und operativen Bereich verwalten.
- Die *Ressourcenzugriffs- und Datenaustauschdomäne* stellt Mechanismen bereit, damit externe Entitäten auf Funktionen des IoT-Systems zugreifen können. Der Zugriff erfolgt hauptsächlich durch Benutzer und Umsysteme. Das IoT-System stellt dabei seine Funktionen über eine oder mehrere Serviceschnittstellen bereit.
- Die *Anwendungs- und Servicedomäne* stellt die Anwendungen und Dienste bereit, die von den Anwendern in der Benutzerdomäne konsumiert werden. Anwendungen und Dienste können auch mit Sensoren und Aktoren zusammenarbeiten, um Messwerte von diesen zu erhalten oder um auf die Domäne der physischen Entitäten einzuwirken. Cloud-Services stellen dabei diese Anwendungen und Dienste bereit.

Wie diese Domänen in einer IoT-Referenzarchitektur zusammenwirken, ist in Bild 2.6 dargestellt.

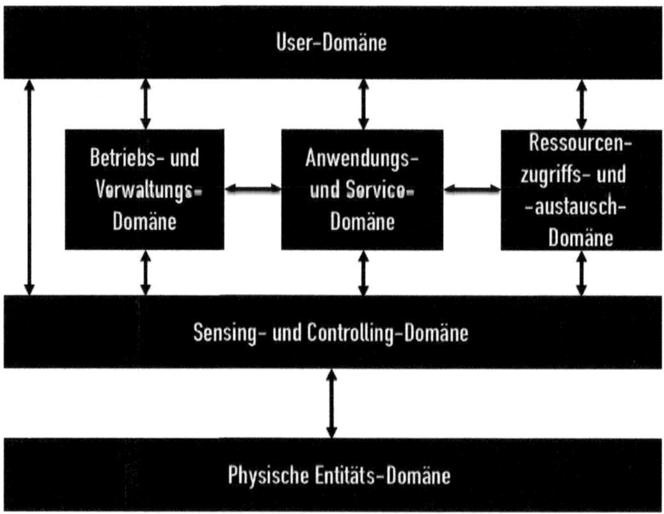

Bild 2.6 Zusammenspiel der Domänen eines IoT-Systems in Industrie 4.0-Anwendungen (in Anlehnung an ISO/IEC 30141:2018, S. 44)

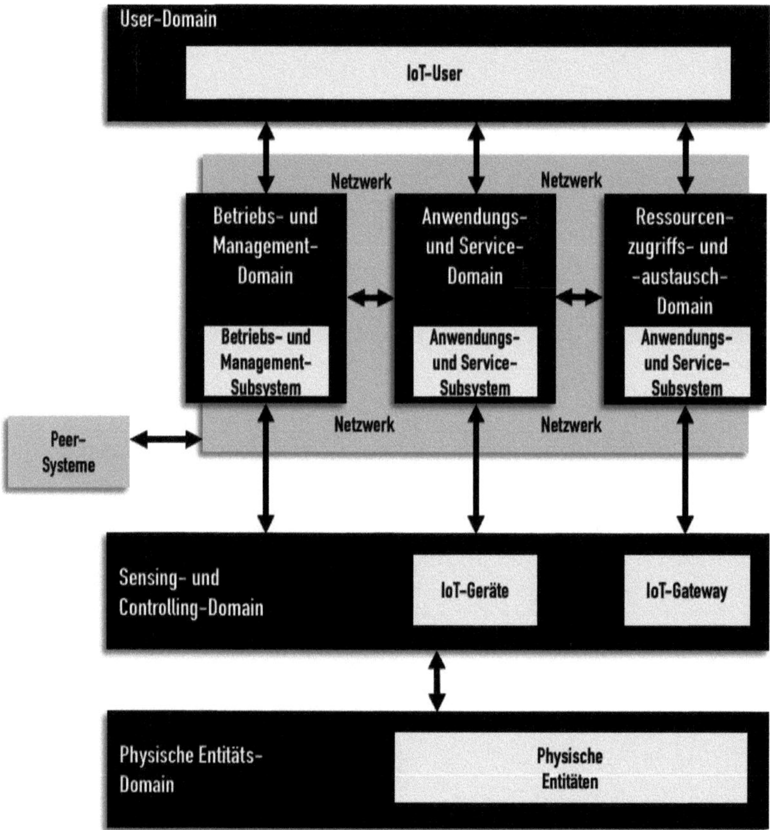

Bild 2.7 Zusammenspiel der Entitäten und Domänen einer IoT-Architektur in Industrie 4.0-Anwendungen (in Anlehnung an ISO/IEC 30141:2018, S. 46)

Zusammenwirken von entitäten- und domänenbasiertem Referenzmodell

Lassen Sie uns nun die beiden Modelle der Entitäten und der Domänen übereinanderlegen und so eine Verbindung der beiden Betrachtungsweisen erzeugen. Die Beziehungen zwischen den Entitäten sind im oberen Bereich von Bild 2.7 zu sehen. Darunter sind die Domänen dargestellt. So gehört die Entität „IoT-Benutzer" beispielsweise zur Benutzerdomäne, das Anwendungs- und Servicesubsystem zur Anwendungs- und Servicedomäne usw.

2.3.3 IoT-Referenzarchitektur

Bei dem Design und der Implementierung eines IoT-Systems ist Ihnen die IoT-Referenzarchitektur als Referenz eine gute Vorlage. Sie ist eine praktische Referenz, um kommerzielle IoT-Applikationen und Use Cases zu bewerten.

Beispiele für Industrie 4.0-Anwendungsfälle, bei denen Ihnen die Referenzarchitektur helfen kann, sind

- globale Lieferketten,
- Global Track & Trace-Lösungen,
- Real-Time Locating Systems (RTLS),
- fahrerlose Transportfahrzeuge (FTS) und
- Smart Factory-Systeme (intelligente Fabriken).

Die IoT-Referenzarchitektur lässt sich aus verschiedenen Sichten beschreiben:

- funktionale Sicht
- Deployment-Sicht
- Netzwerksicht
- Benutzer- und Rollensicht

Diese Sichten werden wir nun im Einzelnen betrachten (Normabschnitt 10 der ISO/IEC 30141).

Funktionale Sicht (Normabschnitt 10.2)

Die funktionale Sicht beantwortet modellartig, welche funktionalen Komponenten in einem IoT-System benötigt werden. Welche Abhängigkeiten bestehen zwischen den einzelnen Komponenten und deren Verwendung? Bild 2.8 zeigt die Funktionen in den einzelnen Domänen. Möglicherweise brauchen Sie nicht alle hier genannten Funktionen bei der Implementierung Ihres IoT-Anwendungsfalls. Wahrscheinlich benötigen Sie für Ihren Use Case nur einen Bruchteil davon.

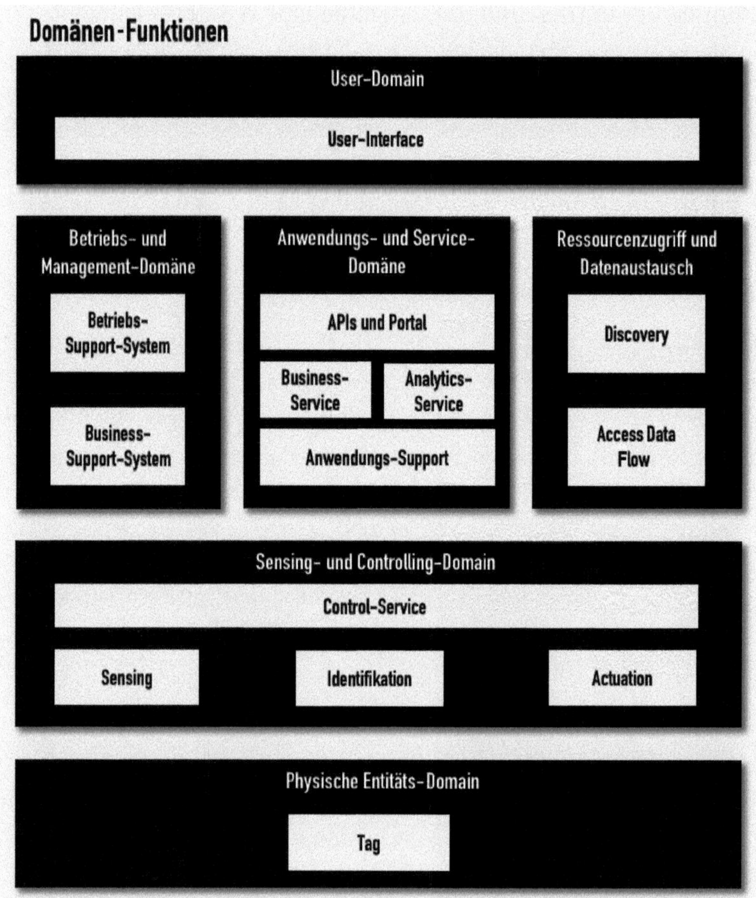

Bild 2.8 Funktionen der einzelnen Domänen eines Industrie 4.0-IoT-Systems (in Anlehnung an ISO/IEC 30141:2018, S. 47)

Lassen Sie uns nun einen detaillierten Blick auf die einzelnen Funktionen der einzelnen Domänen werfen.

Funktionen in der Mess- und Kontrolldomäne

Die Funktion, die durch Abtasten oder Messen (Sensing) Sensordaten aus Sensoren ausliest, finden Sie in der Mess- und Kontrolldomäne, wobei Actuation das Schreiben der Steuersignale in einen Aktor meint. Damit wird dieser angesteuert. Bei der Implementierung der beiden Funktionen bewegen Sie sich im Bereich der Hardware, Firmware, Gerätetreiber und Softwarekomponenten. Kontrollservices stellen als Eingabeparameter Daten von Sensoren und anderen Systemen bereit. Dabei erfolgen die Anweisungen an Aktoren.

Identifikationsfunktionen sorgen dafür, dass sich die Entitäten im System identifizieren lassen, dass sie auffindbar und rückverfolgbar sind. Das unterstützt das System bei der Unterscheidung der Entitäten untereinander. Achten Sie bei der Identifikation stets darauf, möglichst wenige personenbezogene Daten zu erheben, um die Privatsphäre der Human User und Unbeteiligter zu wahren.

Funktionen der Betriebs- und Verwaltungsdomäne

Die Funktionen der Betriebs- und Verwaltungsdomäne benötigen Sie für

- das Gesamtmanagement des IoT-Systems,
- das Betriebs-Support-System (Bereitstellung des Service, Überwachung, Berichterstattung, Policy Management, Serviceautomatisierung, Service Level Management, Einhaltung von Servicekatalogen, Registrierung von Geräten und Gerätemanagement) und
- das Business-Support-System (Verwaltung von Konten und Abonnements, Abrechnung der Konten und des Produktkatalogs).

Betriebs-Support-System und Business-Support-System sind die wesentlichen Funktionen dieser Domäne.

Funktionen der Anwendungs- und Servicedomäne

Unter den Funktionen der Anwendungs- und Servicedomäne finden Sie kognitive Dienste, Streaming-, Prozessmanagement-, Validierungs-, Visualisierungs-, Geschäftsregel- und Steuerungsdienste und die Anwendungslogik.

Zu den Funktionen der Anwendungs- und Servicedomäne zählen:

- APIs und Portalfunktionen
- Business-Services zur Orchestrierung von Geschäftsabläufen
- Analysedienste für Sensordatenströme, Systemzustände und Kontextsensibilisierung, also das Setzen der erfassten unterschiedlichen Daten und Merkmale in einen gemeinsamen Kontext
- Anwendungs-Support (Konfiguration, Skalierung, Abrechnung)
- Funktionen der Ressourcenzugriffs- und Datenaustauschdomäne

In der Ressourcenzugriffs- und Datenaustauschdomäne sind alle für den Zugriff auf die Ressourcen des IoT-Systems oder für die Kommunikation von Ressourcen mit dem IoT-System notwendigen und unterstützenden Funktionen enthalten. Darin sind Dienste und Daten enthalten.

Der Zugriff von Nutzern auf Funktionen des IoT-Systems wird über die Detektionsfunktion (Discovery) ermöglicht. Die Funktionskomponente Zugriffsdatenfluss (Access Data Flow) hat zwei Aufgaben:

1. Kontrolle des Zugriffs von IoT-Nutzern und Systemen auf das IoT-System sowie die Authentifizierung und Autorisierung
2. Abdeckung aller Prozesse und Funktionen bei der Datenübertragung und deren Aufbereitung

Funktionen der Domäne der physischen Entität und der Benutzerdomäne

In den Funktionen der Domäne der physischen Entität und der Benutzerdomäne stellen Komponenten wie Tags, Erschütterungssensoren oder Temperatursensoren die an physische Objekte angebracht werden können, ihre Dienste bereit.

Funktionen der Benutzerdomäne ermöglichen Usern, auf die Fähigkeiten des IoT-Systems zuzugreifen. Schnittstelle zum User ist das User Interface (UI), also eine Smartphone-App oder eine Softwareapplikation mit grafischen Elementen, die der Benutzer über einen Desktop-Computer nutzen kann.

Domänenübergreifende Funktionen

Nicht alle Funktionen lassen und sollen sich einer spezifischen Domäne zuordnen. Domänenübergreifende Funktionen (siehe Bild 2.9) stellen unter anderem die Sicherheit und Vertrauenswürdigkeit des Systems sicher und sollten bereits in der Designphase des IoT-Systems berücksichtigt werden.

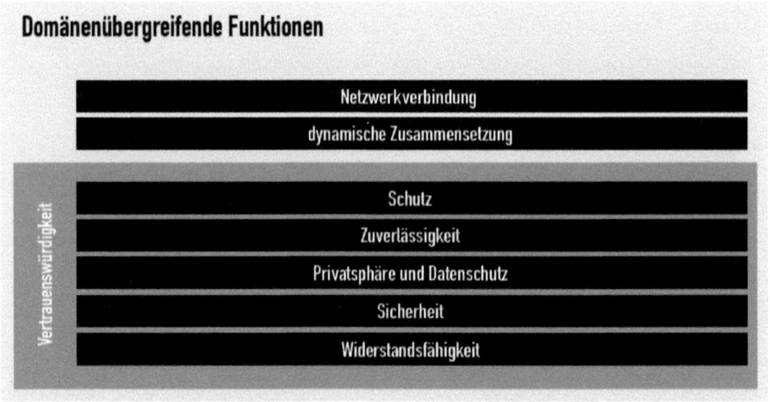

Bild 2.9 Funktionen in Industrie 4.0-IoT-Anwendungen, die domänenübergreifend sind (in Anlehnung an ISO/IEC 30141:2018, S. 47)

Deployment-Sicht (Normabschnitt 10.3)

Für die Deployment-Sicht verlassen wir die funktionale Betrachtung des IoT-Systems und nehmen die Perspektive der Systembereitstellung ein. Dies setzt eine generische Beschreibung der Komponenten voraus. Wir betrachten das IoT-System und die einzelnen Komponenten aus Sicht des Implementierers.

Darum geht es in der Deployment-Sicht im Detail:

- physische Komponenten eines IoT-Systems (Subsysteme, Geräte, Netzwerke)
- allgemeine Implementierungsarchitektur und -struktur des IoT-Systems (Verteilung und Interkonnektivität von Komponenten)
- technische Beschreibung der Komponenten einschließlich ihrer Verhaltensweisen und weiterer Eigenschaften

Die Punkte der Deployment-Sicht ordnen wir nun den verschiedenen Domänen zu (siehe Bild 2.10):

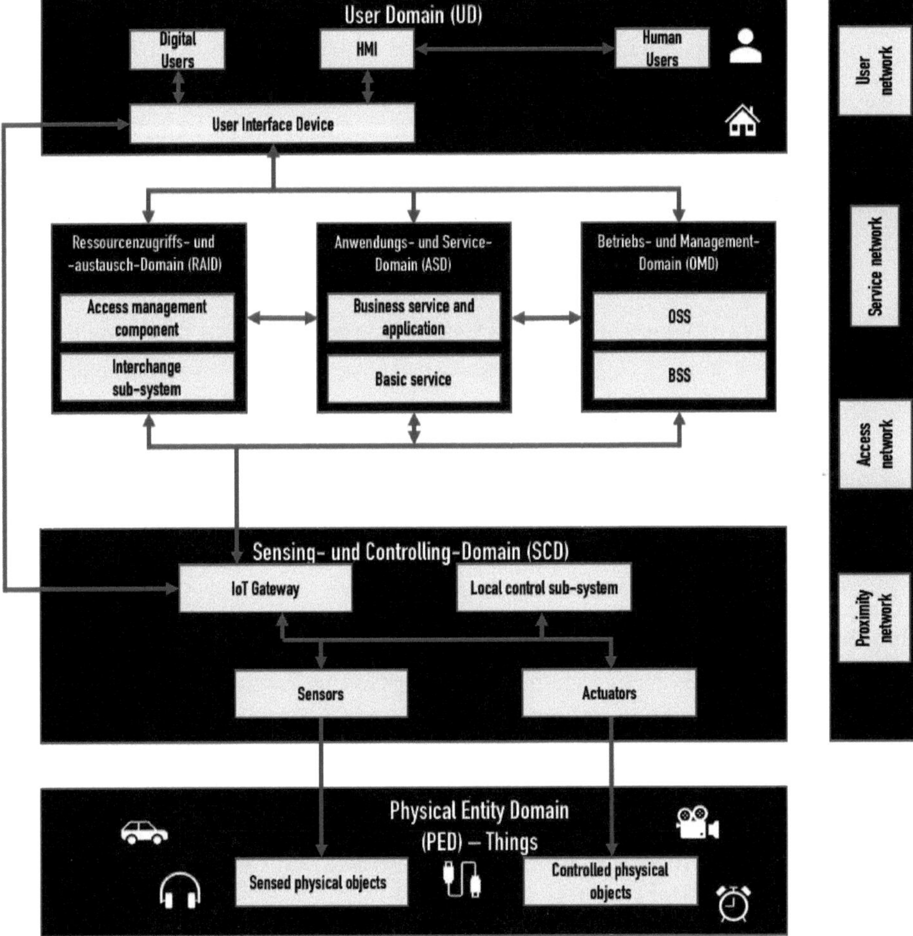

Bild 2.10 Entitäten und Komponenten der einzelnen Domänen eines IoT-Systems in Industrie 4.0-Anwendungen (in Anlehnung an ISO/IEC 30141:2018, S. 52)

- **Domäne der physischen Entitäten:** umfasst die über Sensing-Funktionen kontrollierten Objekte
- **Mess- und Kontrolldomäne:** IoT-Gateways, Sensoren, Aktoren und lokale Steuerungssysteme für den Betrieb, die keine Konnektivität mit übergeordneten Cloud-Services aufweisen
- **Ressourcenzugriffs- und Datenaustauschdomäne:** Komponenten für Zugriffsverwaltung und Austauschsubsystem
- **Anwendungs- und Servicedomäne:** Hosting von Diensten und Anwendungen
- **Betriebs- und Verwaltungsdomäne:** Betriebs-Support-System und das Business-Support-System
- **Benutzerdomäne:** Verwaltung der menschlichen und technischen Benutzer- und Mensch-Maschine-Schnittstelle

Netzwerksicht (Normabschnitt 10.4)

Die Netzwerksicht schaut auf die Kommunikationsnetzwerke, die die Komponenten und Entitäten zu einem IoT-System verbinden.

Die vier wichtigsten Kommunikationsnetzwerke sind:

1. **Umgebungsnetzwerk:** verbindet Sensoren und Aktoren mit dem IoT-System
2. **Zugriffsnetzwerk:** verbindet Entitäten der Mess- und Kontrolldomäne mit Anwendungs- und Servicedomäne sowie Vertriebs- und Verwaltungsdomäne
3. **Servicenetzwerk:** verbindet Dienste der Anwendungs- und Servicedomäne mit Ressourcenzugriffs- und Datenaustauschdomäne sowie Vertriebs- und Verwaltungsdomäne
4. **Benutzernetzwerk:** verbindet Benutzerdomäne mit Anwendungs- und Servicedomäne sowie Betriebs- und Verwaltungsdomäne

Benutzer- und Rollensicht (Normabschnitt 10.5)

Behalten Sie bei allen technischen Aspekten stets die Menschen im Fokus. Denn diese entwickeln, testen, betreiben und nutzen Ihre IoT-Anwendung am Ende und spielen daher eine zentrale Rolle. Normabschnitt 10.5 widmet sich den Rollen, die bei Entwicklung, Konzeption und Betrieb des IoT-Systems beteiligt sind. IoT-Architekturen stellen immer interdisziplinäre Anforderungen an die Kompetenzen Ihrer Mitarbeiter und Partner. Wir sehen uns hier genau an, wer mit welchem Profil welche Rollen übernehmen sollte.

Bei Benutzern und Rollen differenzieren wir zwischen den folgenden drei Ebenen:

1. Aktivitäten
2. Rollen und Unterrollen
3. Dienstleistungen und bereichsübergreifende Aspekte

Die Norm ISO/IEC 30141 unterteilt die Benutzer von IoT-Systemen in drei größere Gruppen. IoT-Dienstanbieter (engl. Service Provider) betreiben und verwalten die IoT-Services und stellen gegebenenfalls auch die Netzwerkverbindung bereit.

1. Ein Dienstanbieter kann folgende Rollen einnehmen:
   - IoT Business Manager
   - IoT Service Delivery Manager
   - IoT System Operator
   - IoT Security Analyst
   - IoT Operations Analyst
   - IoT Data Scientist
   - IoT Chief Privacy Officer (CPO)/Data Protection Officer (DPO)
   - IoT-Sicherheitsbeauftragter
2. IoT-Dienstentwickler entwickeln IoT-Systeme und -Anwendungen. Mitarbeiter eines IoT-Dienstleisters teilen sich in die folgenden Rollen auf:
   - IoT Solution Architect
   - IoT DevOps Manager
   - IoT Application Developer
   - IoT Device Developer
   - IoT System Integrator
   - IoT Chief Privacy Officer
3. IoT-Benutzer sind Ihnen bereits in verschiedenen vorangegangenen Abschnitten begegnet. Sie unterteilen sich in
   - menschliche Benutzer und
   - digitale Benutzer.

Für die in der Norm vorgesehenen Rollen gibt es verschiedene Möglichkeiten zur Ausbildung mit Zertifizierung entsprechender Fachkräfte. Das iIoT.institute (*www.iiot.institute*) und die digit-ANTS GmbH (*https://www.digit-ants.com/iot-zertifizierung*) bieten verschiedene Formate an, die zu unterschiedlichen Ausbildungsanforderungen im Logistik- und Produktionsumfeld passen.

3 IoT-Plattformen

In den vorangegangenen Kapiteln haben Sie die Historie und die technischen Grundlagen des Internets der Dinge kennengelernt. Dies ist unabdingbar, wenn Sie das IoT-Konzept verstehen möchten. Doch nun steigen wir in die Praxis ein, denn schließlich ist dies ein Praxisleitfaden und kein Proseminar. Dieses Kapitel liefert Antworten auf folgende Fragen: Wie bauen Sie sich als Unternehmen eine IoT-Plattform auf, die den Ansprüchen der Zukunft gerecht wird? Welche Angebote gibt es auf dem Markt? Und was davon ist mehr, was weniger relevant für Ihre konkrete Zielsetzung und Branche?

Wenn Sie als Geschäftsführer oder Abteilungsleiter Auswahlprozesse und Entscheidungen delegieren können, denken Sie sich möglicherweise: „Warum soll ich mich eingehender mit der Suche nach der richtigen IoT-Plattform (ganz zu schweigen von den technischen Grundlagen dahinter) beschäftigen? Ich habe doch meine Fachleute dafür, denen ich vertraue." Und wenn die sagen: „Das ist die beste Lösung für uns", dann glauben Sie das. Ich kann diese Haltung gut verstehen. Angesichts dieser Haltung wäre es eigentlich nur logisch, wenn Sie das Kapitel übersprängen, weil Know-how über Plattformen nicht Ihre Baustelle ist und Sie als vielbeschäftigter Mensch vor allem an Ergebnissen interessiert sind. Doch Sie ahnen es vielleicht schon: Jetzt kommt das Aber. Die Entscheidung für eine IoT-Plattform ist für viele Firmen eine strategische Entscheidung. Sie zieht nicht nur technische Detailfragen, sondern unternehmensübergreifende Fragen nach sich: Wie zugänglich und anschlussfähig sind die Daten und Prozesse, die eine bestimmte Abteilung ausmachen, für die anderen Bereiche und Abteilungen des Unternehmens? Gibt es zum Beispiel eine gute Vernetzung zwischen der Produktion, dem Kundenservice und dem Vertrieb? Oder gibt es unsichtbare Hürden und softwaretechnische Mauern, die die Zusammenarbeit der Kollegen erschweren und das effiziente Ineinandergreifen von abteilungsübergreifenden Vorgängen blockieren? IoT-Plattformen machen nicht nur Transparenz und Effizienz im Innern erforderlich, sondern auch eine Interaktion mit externen Stellen. Das reicht von der Behörde über den strategischen Partner bis hin zum Endkunden. Etwas allgemeiner gesprochen ermöglichen IoT-Plattformen die Nutzung von Geräte-, Maschinen- und Sensordaten für Geschäftsanwendungen und aufeinander aufbauende Prozesse. Die IoT-Systeme laufen in kontrollierter, permanenter Wechselwirkung mit den Backend-Systemen innerhalb des Unternehmens wie dem Enterprise Resource Planning-System (ERP), dem Manufacturing Execution System (MES), dem Lagerverwaltungssystem (LVS) oder dem Telematik-System.

Wie das genau funktioniert und was dabei zu beachten ist, wird in Kapitel 4 behandelt. An dieser Stelle ist mir erst einmal wichtig zu zeigen, dass die Wahl einer bestimmten Plattform den Firmenalltag in alle möglichen Richtungen beeinflussen wird. Modernes Datenmanagement mit Echtzeitdaten kann viele Geschäftsprozesse unterstützen, erleichtern und optimieren. Auch für die Neugestaltung von Prozessen und Services und für das Erkennen von Schwachstellen sowie das Realisieren von Innovationen kann die IoT-Plattform bedeutend sein.

Welche IoT-Plattform soll es also sein? Da haben Sie jetzt (und wohl auch noch in zwei, drei Jahren) die Qual der Wahl. In diesem Kapitel schauen wir uns den umkämpften Markt und die Anbieterdynamik rund um IoT-Plattformen für Unternehmen an. Ich gebe Ihnen einige Auswahlkriterien an die Hand, die Ihnen die Entscheidung über die Auswahl einer IoT-Plattform erleichtern werden. Wir schauen uns ausgewählte Plattformen und dazu vorhandene Studien an. Wir befassen uns sowohl mit sogenannten Hyperscalern als auch Multi-Cloud-Strategien. Wir schauen auch auf die Sicherheit, die in Bezug auf IoT-Lösungen nicht zu unterschätzen ist. Und wir betrachten die internationalen Zusammenhänge, denn die Vernetzung mit internetfähigen Geräten hat viel mit EU-Politik, Datenschutz und internationalen Abkommen zu tun. Am Ende dieses Kapitels werden Sie hoffentlich gut gerüstet für die Auswahl einer geeigneten IoT-Plattform sein.

3.1 IoT ohne Internet

Insbesondere in IoT-Anwendungen, die in Industrie 4.0-Szenarien zum Einsatz kommen, stellt sich die Frage, wo die erfassten Daten verarbeitet und ausgewertet werden sollen. Ist es zwingend notwendig, Prozess-Informationen und -Daten direkt in die Cloud hochzuladen, oder ergibt es Sinn, gewisse Rechenoperationen noch auf dem Device selbst oder im lokalen Netzwerk durchzuführen? Gerade im Bereich Industrial IoT werden durch Veränderung der physikalischen Zustände Unmengen an Daten erzeugt. Es ist bereits zu Beginn der Planung des IoT-Systems wichtig zu definieren, welche Veränderung gegebenenfalls Auswirkungen auf die Prozesse hat und eine Folgeaktion anstoßen sollte, und somit auch die Ebene festzulegen, auf der die Datenverarbeitung geschehen soll.

In Ihrer Cloud-Applikation ist die Temperaturveränderung von 0,01 °C am Sensor möglicherweise nicht von Relevanz. Ganz anders verhält es sich beim Zusammenspiel der Maschinen. In der Fabrikhalle könnte es Sinn ergeben, sofort eine Reaktion auf den neuen Messwert einzuleiten, ohne dies in der Cloud-Applikation zu dokumentieren, das heißt, diese Maßnahmen werden oftmals nicht in der Cloud ergriffen und angestoßen, sondern in der Fabrik, dem Lager oder im Labor. Diese Ebenen nennen wir Edge oder Fog. Deren genaue Definitionen und Funktionen erkläre ich in Abschnitt 3.1.1 und Abschnitt 3.1.2.

3.1.1 Edge Computing

Der jeweilige Use Case bestimmt, auf welcher Ebene die Informationen in einem IoT-System verarbeitet werden. Einige Informationen müssen unmittelbar am Entstehungsort verarbeitet werden und direkt in die Steuerung einer Maschine im Sinne der Steuerungs- und Regelungstechnik eingreifen. In der IoT-Cloud-Lösung, im Manufacturing Execution System oder gar im ERP-System sind die Informationen nicht von größerem Wert, da sie keine Folgeaktivitäten oder gar betriebswirtschaftliche Prozesse nach sich ziehen. Sie sollten für jedes IoT-System überlegen, wo Sie welche Informationen verarbeiten oder ablegen: in der Cloud, in Edge oder Fog.

Beim Edge Computing werden die Informationen, die in Ihrem lokalen IoT-Netzwerk erzeugt werden, lokal verarbeitet. Lokal bedeutet, dass die Verarbeitung der Informationen zunächst direkt in den IoT-Geräten erfolgt, bevor sie über die Netzwerkverbindungen ins Internet und die Cloud übermittelt werden. Der Grund dafür liegt auf der Hand, denn Sensoren und Aktoren ziehen den größten Teil der aufkommenden Daten für lokale Entscheidungen und Reaktionen heran. Darüber hinaus sind diese Daten nicht relevant und werden außerhalb des IoT-Gateways nicht benötigt. Edge Computing sortiert die Informationen in Echtzeit am Entstehungsort, löscht echtzeitrelevante Informationen nach Verarbeitung im lokalen System und leitet nur die daraus resultierenden Erkenntnisse an die übergeordneten Cloud-Dienste weiter. So ziehen Sie den maximalen Nutzen aus dem IoT-System und vermeiden unnötige Latenzzeiten. Weiter verhindern Sie eine unnötig hohe Auslegung der Internetverbindung bezüglich der Bandbreite und schirmen das System gegen Angriffe von außen ab. Also kann die Entscheidung für Edge Computing auch basierend auf Sicherheitsanforderungen des IoT-Netzwerkes getroffen werden.

3.1.2 Fog Computing

Auch beim Fog Computing werden die Echtzeitdaten im IoT-Netzwerk verarbeitet und nur relevante Informationen an die höheren datenverarbeitenden Ebenen (Cloud, ERP, MES) geschickt. Ein Charakteristikum des Fog Computings ist, dass die Informationen nah am IoT-Gerät, am Sensor und am Aktor verarbeitet werden, aber eben nicht mehr in dem Aktor, Sensor oder Device selbst. Man nennt Fog Computing auch ein Architekturmuster für Edge Computing auf Systemebene. Damit ist es eine Variante des Edge Computings. Es gibt spezifische Gateways mit erweiterten Funktionen, die Daten nicht wie beim Edge Computing direkt auf den Endgeräten, sondern den Programmable Automation Controllers (PACs) am Netzwerkrand verarbeiten. Diese Geräte haben etwa die Größe eines Minicomputers wie ein Raspberry Pi. Sie verarbeiten die Daten für einen oder mehrere IoT-Endpunkte.

Beim Fog Computing stochern wir mit Blick auf das IoT-System im Nebel. Aussagen zu Verfügbarkeit, Leistung und Auslastung der PACs können wir kaum treffen. Verfolgen Sie dieses Konzept in Ihrer IoT-Architektur, sollten Sie erhöhte Hardware- und Wartungskosten innerhalb des lokalen Netzwerkes einplanen, um einen gewissen Puffer bereitzustellen. Zudem benötigen Sie zusätzliche Schutzmaßnahmen für die zusätzlichen Komponenten.

Auf der anderen Seite werden Sie es ohne Edge Computing und Fog Computing im Industrial Internet of Things - einer komplett vernetzten Supply Chain - in Zukunft schwer haben, all die anfallenden Daten zu managen. Wo sollte es hinführen, würden wir alle Daten, die an einem Asset anfallen, über das Internet in die Cloud senden? Schon eine einzige Flugzeugturbine erzeugt während eines Fluges innerhalb von 30 Minuten 10 TB an Daten zu Luftmasse, Treibstoffmenge, Treibstoffqualität, Temperaturen an verschiedenen Positionen am Triebwerk u.v.m. Es würde wenig Sinn ergeben, all diese Informationen direkt in die Cloud zu senden. Es ist offensichtlich, dass die heute schon stark beanspruchten Verbindungen in die Cloud-Rechenzentren zusammenbrächen, Clouds ausfielen und die Latenzzeiten ins Unerträgliche stiegen, wenn wir uns nicht sehr genau überlegen, welche Daten wir wirklich zu Auswertungszwecken in der Cloud benötigen.

■ 3.2 Cloud Computing

Cloud Computing ist eine IT-Infrastruktur, die mithilfe eines Netzwerks aus einem oder diversen Computern über das Internet bereitgestellt wird, ohne dass für dessen Nutzung lokale Installationen auf Computern oder Smart Devices erforderlich sind. Bei dem Service, der auf diesen Infrastrukturen bereitgestellt wird, kann es sich um Speicherplatz, Rechenkapazität oder Anwendungssoftware handeln. Die Bereitstellung dieser Services und Dienste erfolgt ausschließlich über technische Schnittstellen und Protokolle wie Webbrowser und mobile Apps. Die Services decken die komplette Bandbreite der Informationstechnik ab: Software, Infrastruktur und Plattformen.

3.2.1 Software as a Service (SaaS)

Software as a Service (SaaS) ist ein Bestandteil des Cloud Computings. Dabei werden die Software und die IT-Infrastruktur bei einem externen Dienstleister betrieben und vom Nutzer als Dienstleistung eingekauft. Der Zugriff auf den bereitgestellten Service und die Software erfolgt über einen internetfähigen Computer, einen Tablet-PC oder ein Smartphone mithilfe eines Webbrowsers oder einer mobilen App. Erwirbt der User bei einer traditionellen Softwarelizenz das Recht zur lokalen und in der Regel dauerhaften Nutzung, zahlt dieser als Servicenehmer bei einer Cloud-Software in der Regel ein Nutzungsentgelt für eine zeitlich begrenzte Nutzung.

Die Preismetrik kann auf folgender Basis gestaltet sein:

- pro Nutzer pro Monat
- je nach Funktionsumfang und Softwaremodul
- je nach Anzahl der Benutzertransaktionen
- kostenlose Nutzung

SaaS-Modelle haben für den Nutzer den Vorteil der fehlenden Anschaffungs- und Betriebskosten. Der Serviceanbieter übernimmt die komplette IT-Administration und weitere Dienstleistungen wie Wartungsarbeiten und Softwareaktualisierungen.

3.2.2 Infrastructure as a Service (IaaS)

Wird der Server aus dem Keller des Nutzers verbannt und in die Cloud verlagert, sprechen wir von Infrastructure as a Service (IaaS). Cloud-Anbieter stellen virtualisierte Rechner, Netze und Speicher bereit. Der Servicenehmer nutzt diese Ressourcen in der Cloud, installiert und betreibt dort seine Software. Im Gegensatz zum SaaS-Modell ist er dabei selbst für das Funktionieren der Applikationen verantwortlich, da er nur die Intrastruktur gemietet hat. Der Nutzer genießt den Vorteil, dass er seine IT-Infrastruktur nicht mehr kaufen muss, sondern nur bei Bedarf mietet und er die nicht mehr benötigten Ressourcen jederzeit wieder zurückgeben kann.

IaaS hat folgende Vorteile:

- hohe Flexibilität, da so einmalige Anwendungen bezahlbar werden
- Abfangen von Last- und Leistungsspitzen
- einfaches Erweitern und Skalieren der Kapazitäten durch Hinzubuchen von Ressourcen

- Nicht benötigte Kapazitäten können sofort freigegeben werden.
- Einfache Softwaretests können durch die Virtualisierung verschiedener Plattformen erfolgen.

3.2.3 Platform as a Service (PaaS)

Häufig werden die beiden Modelle Platform as a Service (PaaS) und Software as a Service (SaaS) in einen Topf geworfen, und dann wird kräftig gerührt. Wir müssen aber zwischen beiden Ansätzen differenzieren. Die Betrachtung der Zielgruppen der beiden Angebote hilft uns dabei. SaaS-Anwendungen haben den Endanwender im Blick, und dieser nutzt dann die angebotene Software in der Cloud. SaaS-Anwendungen basieren dabei auf PaaS- und IaaS-Angeboten. Zielgruppe für PaaS-Angebote sind Entwickler. Wollen Sie für Ihre Kunden eine IoT-Applikation und ein IoT-System aufsetzen, benötigen Sie eine Plattform, auf der Sie die Anwendung entwickeln.

PaaS wartet mit folgenden Angeboten auf:

- Workbench- und Entwicklungsumgebungen
- Container für Ihre Anwendungen
- Middleware-Dienste

Programmierer und Softwareentwickler erstellen ihre Anwendungen in einer PaaS-Umgebung mithilfe von Werkzeugen, die vom PaaS-Anbieter bereitgestellt und betrieben werden. Auch hier erfolgt der Zugriff auf Middleware-Dienste über APIs.

3.3 Das Internet der Dinge – ein wachsender Markt

Das Internet der Dinge wächst und wächst. Entsprechend nimmt auch die Zahl der IoT-Services und -Anbieter seit Jahren kontinuierlich zu. Die Suche nach der geeigneten IoT-Plattform gleicht einer Dschungelexpedition, die man besser nicht ohne Guide unternimmt. Es ist schwierig, den Überblick zu behalten und immer up to date zu sein, weil sich der noch relativ junge IoT-Markt rasant verändert. Doch ich will es zumindest versuchen. In diesem Abschnitt habe ich die Aussagen und Zahlen der wichtigsten Berichte und Studien für Sie zusammengestellt.

Ein guter Gradmesser für die allgemeine Entwicklung sind die Papers und Trendberichte der Cisco-Gruppe. Das US-amerikanische Telekommunikationsunternehmen wurde in den 1980ern gegründet. Zu den wichtigsten Produkten gehörten von Anfang an Router. Die Kombination von Hardware und Software sowie die Themen Internet und Vernetzung gehören also quasi zur Firmengeschichte. Im Laufe der Zeit kam unter anderem WebEx als Tochterfirma hinzu. WebEx ist Ihnen möglicherweise im Zusammenhang mit Videokonferenzen schon untergekommen. Cisco gibt regelmäßig Berichte und Marktstudien zu diversen IT-Themen heraus, etwa zur Cybersicherheit oder zum Datenschutz. Für unser Thema besonders interessant ist der „2020 Global Networking Trends Report", der Befragungen von über 500 IT-Experten und ca. 1500 sogenannten Network Strategists aus mehr als zehn Ländern berücksichtigt. In den „key takeaways" dieser Trendanalyse heißt es unter anderem:

> *„IDC estimates there will be 48.9 billion connected devices in use around the world by 2023 and the 2018 Cisco Complete VNI Forecast predicts that the average amount of data consumed across a network will be almost 60 GB per personal computer per month.*[1]*"*

Wenn ich richtig rechne, geht die Schätzung also davon aus, dass 2023 auf jeden Erdenbürger sechs vernetzte Geräte kommen. Schon 2022 wird es deutlich mehr IoT-Geräte als Menschen auf unserem Planeten geben, wenn Sie sich die dritte Zahl in der Reihung aus Bild 3.1 ansehen: Es werden dann über 14 Milliarden IoT-Geräte in Umlauf sein. Diese IoT-Devices können theoretisch alle irgendwie untereinander kommunizieren.

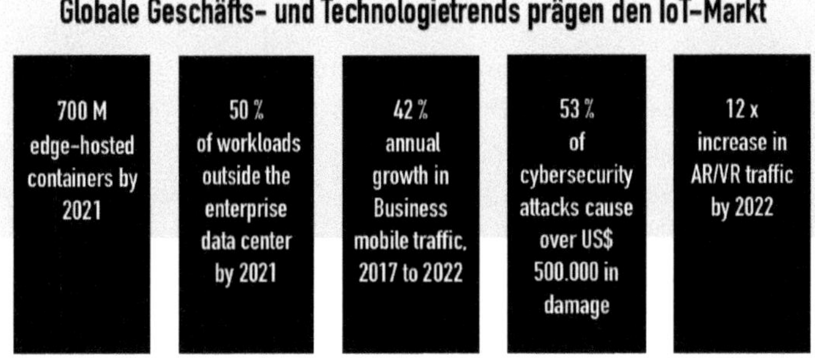

Bild 3.1 Markttrends, die IoT betreffen (Quelle: Cisco, 2020 Global Networking Trends Report)

Auch die anderen Prognosen sind spannend. Die Zahlen betreffen die Entwicklungen von Sicherheit, Mobilität und anderen Zukunftstechnologien wie Virtual Reality und Big Data. Mit den Wechselwirkungen zwischen diesen und weiteren Phänomenen und IoT beschäftigen wir uns in Kapitel 5 ausführlicher.

---

1 *Cisco:* 2020 Global Networking Trends Report, S. 5

Zu IoT-Netzwerken im Besonderen heißt es im „2020 Global Networking Trends Report“:

> *„In this increasingly demanding environment, there is a critical need for IT leaders to migrate to a radically new approach to networking. For an organization to flourish in the digital economy, the network needs to be able to adapt quickly to changing business requirements. The networks needs to support an increasingly diverse and fast-changing set of users, devices, applications, and services [...] It also needs to ensure fast and secure access to and between workloads wherever they reside. [...] And for the network to function optimally, all this needs to be achieved end-to-end between users, devices, apps, and services across each network domain – campus, branch, remote/home, WAN, service provider, mobile, data center, hybrid cloud and multi cloud.[2]“*

Der Übergang von der klassischen Unternehmens-IT hin zu den hier beschriebenen modernen IoT-Plattformen, die komplex und leistungsfähig, aber auch offen und anschlussfähig sein sollen, sei in vollem Gange. Viele Firmen stünden jedoch noch ganz am Anfang.

Insbesondere im Bereich der Integration der bestehenden Softwarearchitektur in den Unternehmen haben sehr viele Unternehmen noch große Aufgaben vor sich, bevor diese an eine IoT-Plattform denken. Immerhin fallen diese Schwächen spätestens bei der Implementierung der Prozesse in die neue IoT-Plattform auf. Hier merken die Prozessverantwortlichen schnell, dass die IoT-Plattform nicht an einen Flickenteppich an Lösungen angeschlossen werden kann. Oft wird dann an dieser Stelle auch die bestehende Softwarearchitektur auf Vordermann gebracht, sodass die Systeme miteinander „reden“ können.

Weitere lesenswerte Publikationen zum Internet der Dinge kommen zum Beispiel von Gartner, einem US-amerikanischen Unternehmen, das sich selbst als „the world's leading research and advisory company“ darstellt und auf Marktforschung und IT-Beratung setzt. Möglicherweise ist Ihnen schon einmal ein Hype Cycle oder ein Magic Quadrant aus dem Hause Gartner untergekommen. Im vorangehend genannten Zitat aus den „key takeaways“ des Trendreports ist mit der IDC eine weitere Adresse für Daten und Hintergründe rund um IoT erwähnt: die International Data Corporation. Das ist ein weiterer großer Player auf dem Markt der IT-Analysen mit Brands und Websites wie Computerworld und Macworld, für den über 1000 Analysten unter dem Claim „Analyze the future“ unter anderem das Internet der Dinge durchleuchten. Dazu ist anzumerken, dass die verschiedenen Marktanalysen selten exakt gleich aufgezogen sind, was zum Beispiel die Auswahl der Gesprächspartner (Branchen, Mindestumsatz usw.) oder den untersuchten Markt (mit oder ohne Asien usw.) angeht.

---

[2] *Cisco:* 2020 Global Networking Trends Report, S. 16

Wenn wir mal ein Stück weit weggehen von den großen internationalen Reports und die Marktanalyse etwas mehr auf Deutschland als Unternehmensstandort verengen, bleibt noch immer eine Menge an relevanten Publikationen, die man sich näher anschauen könnte. Eine davon ist eine Studie mit dem Titel „Internet of Things 2019", die von einem Autorenteam um den IT-Fachjournalisten Jürgen Mauerer verfasst wurde. Beauftragt wurde diese Untersuchung von IDG Research Services in Kooperation mit der Zeitschrift Computerbild, dem Konzern Telefónica und anderen Partnern (es war eine sogenannte Multi-Client-Studie). Grundlage waren über 500 Interviews aus dem September 2018. Interviewt wurden „Oberste (IT-)Verantwortliche von Unternehmen in der D-A-CH-Region: strategische (IT-)Entscheider im C-Level-Bereich und in den Fachbereichen (LoBs), IT-Entscheider und IT-Spezialisten aus dem IT-Bereich". Die Branchenverteilung war dabei ziemlich breit gefächert, die drei größten Felder waren Dienstleistungen für Unternehmen, Maschinen- und Anlagenbau und die metallerzeugende und -verarbeitende Industrie (alle hatten jeweils unter 15% Gesamtanteil).

Ein interessanter Befund aus den ausgewerteten Interviews mit diesen Menschen ist folgender:

> *„In 55 Prozent der Unternehmen (voriges Jahr: 57 Prozent) gelten IoT-Plattformen als die wichtigste Technologie für das Internet of Things. Hier sind sich die Unternehmen aller Größen einig. In der Realität setzt derzeit knapp ein Drittel (32 Prozent) der Firmen bereits eine IoT-Plattform ein, insbesondere aber die großen Unternehmen (38 Prozent). Immerhin ist der Wert im Vergleich zum Vorjahr um zehn Prozentpunkte gestiegen.[3]"*

Aufschlussreich sind auch die Angaben zur Implementierung neuer IoT-Plattformen: Im Schnitt benötigten die befragten Unternehmen für die Konzeption und Umsetzung ihrer ersten marktfähigen IoT-Lösung etwa anderthalb Jahre. Zu den Schritten gehörten dabei neben der Definition der Use Cases und der technischen Analyse und Konzeption auch die Auswahl der richtigen IoT-Plattform.

Eine andere Analyse, die sich auf IoT in Deutschland fokussiert, trägt den Titel „Das Internet der Dinge im deutschen Mittelstand: Bedeutung, Anwendungsfelder und Stand der Umsetzung" und ist als Trendstudie konzipiert worden. Erstellt wurde sie von einem Team um den Lead-Analysten Arnold Vogt. Veröffentlicht wurde sie im Frühjahr 2019. Hinter der Publikation stehen die PAC GmbH und die teknowlogy Group und als Auftraggeber die Deutsche Telekom. Methodisch ging man so vor, dass man 161 Experten mit „Entscheidungskompetenz bei IoT-Projekten oder anderen Digitalisierungsinitiativen" telefonisch befragte. Die Befragten waren leitende ITler und andere Fachbereichsverantwortliche, zum Beispiel aus dem Vertrieb oder Einkauf. Die Zielgruppe bildeten kleine und mittelständische

---

[3] *Mauerer, Jürgen et al.:* Internet of Things 2019. Studie. S. 19

Unternehmen in Deutschland ab zehn Mitarbeitern, auch hier aus diversen Branchen und Feldern.

Auf die Frage „In welchen der folgenden IoT-Technologien werden Sie in den kommenden 12 Monaten stark, teilweise oder gar nicht investieren, um IoT-Projekte zu realisieren?“ fiel die Antwort so aus: In „IoT-Plattformen als Drehscheibe für Gerätemanagement und IoT-Datenerfassung“ wollten 17 % stark und 42 % immerhin teilweise Geld investieren. Als Antwort auf die auf anstehende IoT-Projekte bezogene Frage „In welchem der folgenden Bereiche planen Sie, externe Dienstleistungen in den nächsten 12 Monaten in Anspruch zu nehmen?“ wählten 55 % den Auswahlpunkt „Entwicklung, Implementierung und Betrieb von IoT-Applikationen und -Plattformen“.

Last but not least wichtig für den IoT-Standort Deutschland sind die regelmäßig erscheinenden Analysen der in Hamburg ansässigen IoT Analytics GmbH. Diese sind nicht ganz günstig, aber hilfreich. Das deutsche Unternehmen ist spezialisiert auf Studien und Marktübersichten rund um die Themen Internet of Things, M2M-Kommunikation und Industrie 4.0. Zum kostenpflichtigen Angebot gehört zum Beispiel der 184 Seiten lange „IoT Platforms End User Satisfaction Report 2019“. Außerdem veröffentlicht das Unternehmen sogenannte landscapes, also visuell recht einprägsame Analysen zum IoT-Markt. Im aktuellsten Bericht dieser Art aus dem Jahr 2020 ist von 620 IoT-Plattformen die Rede, zwischen denen Sie und ich theoretisch wählen können.

In Abschnitt 3.3.1 werden wir uns den Wettbewerb der IoT-Anbieter etwas näher ansehen, bevor wir uns in Abschnitt 3.4 den Auswahlkriterien für IoT-Plattformen widmen. Die Qual der Wahl hat auch etwas Positives: Sie können aus vielen guten Optionen diejenigen herausdestillieren, die besonders gut zu Ihrem Unternehmen und seiner spezifischen Marktlage und Positionierung passen.

3.3.1 IoT-Anbieter im Wettbewerb

Im Report „IoT Platforms Competitive Landscape & Database 2020“ finden Sie unter anderem den in Bild 3.2 dargestellten Chart, der zweierlei zeigt: Erstens ist die Zahl der IoT-Plattformen seit 2015 Jahr für Jahr gewachsen. Zweitens mischen neben den großen Playern von Alibaba bis Amazon auch deutsche Größen wie Siemens und Bosch plus unbekannte neuere Unternehmen auf diesem Markt mit.

Sie werden also eine ganze Menge Angebote finden, wenn Sie sich ohne Scheuklappen nach einer IoT-Plattform umschauen, die zu Ihrem Unternehmen und Ihren Anforderungen in der Logistik passt. Bevor ich in Abschnitt 3.4 auf die Auswahlkriterien eingehe, will ich Ihnen an dieser Stelle schon einmal ein paar Auszüge präsentieren, wie einige der Anbieter für sich und ihre jeweiligen Lösungen werben. Das soll keine Werbung oder Empfehlung meinerseits sein, sondern einfach nur ein Einblick in die Argumente und auch in die Auswahlkriterien, mit denen wir uns im Folgenden näher beschäftigen werden.

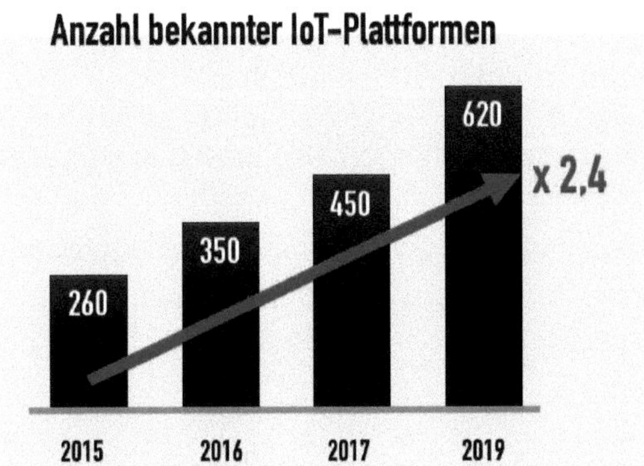

Bild 3.2 Wachstum von IoT-Plattformen in den Jahren 2015 – 2019 (Quelle: IoT Analytics GmbH, IoT Platforms Competitive Landscape & Database 2020)

Wir fangen mit zwei kleineren Anbietern an. Der erste ist die IOT connctd GmbH (ist wirklich richtig geschrieben) mit Sitz in Berlin, die in einer dem Handelsblatt beiliegenden Sonderveröffentlichung im Juli 2020[4] wie folgt von sich zu überzeugen versuchte:

Problem

„[...] Nicht nur der Markt für IoT-Plattformen wächst. Auch die Anforderungen bei der Nutzung von Sensoren und Aktoren werden höher. Trotz des breit gefächerten Angebots ist es schwierig, Lösungen zu finden, die eine technologie- und herstellerübergreifende Cloud-Repräsentation der Eigenschaften und Fähigkeiten von Geräten im Internet ermöglichen. Ebenso fehlt oftmals eine semantische Beschreibung der Objekte und ihrer Informationen. Auch Interfaces wie REST-API und Graph-API sind häufig nicht vorhanden."

Lösungsvorschlag

„Die Plattform des Berliner Anbieters IoT connctd hebt sich aus der breiten Masse ab, indem sie diesen Herausforderungen mit einem innovativen Ansatz begegnet. Im Vergleich unterscheidet sich die Plattform von IoT connctd insbesondere durch einen Punkt von anderen Lösungen: die Geräte- und Dateninteroperabilität. Um diese zu erreichen, betreibt der Anbieter eine offene und skalierbare semantische IoT-Plattform, die ständig weiterentwickelt wird. Technische Grenzen zwischen Protokollen und Infrastrukturen werden beseitigt. Die Plattform bietet Service-Entwicklern die Möglichkeit, Geräte auszulesen (Sensoren) und zu steuern (Aktoren).

[4] *Handelsblatt:* IoT-Plattformen-Vergleich: Berliner Anbieter punktet mit Interoperabilität. 01.07.2020. *https://unternehmen.handelsblatt.com/iot-plattformen-vergleich.html*

Hierfür erlaubt die Plattform modulare Gerätebeschreibungen (Thing Service), die mit dem entstehenden Standard des W3C-Datenmodells kompatibel sind. Ebenso wird eine Kontextbeschreibung (Unit Model) möglich. Dies ist wichtig, um die Daten aus den Geräten überhaupt zu verstehen und einordnen zu können. Geräte werden dank dieses Ansatzes einerseits maschinenlesbar, andererseits für Menschen verständlich aufbereitet. Dazu gehören im Übrigen nicht nur Maschinendaten, sondern auch Meta-Daten und Kontextinformationen, die Einsatzumgebungen und ähnliche Aspekte beschreiben. Als einer der wenigen Anbieter aus dem IoT-Bereich setzt IoT connctd darüber hinaus auf innovative Graph-Technologien, welche im Vergleich zu REST-APIs den Entwicklern die Möglichkeit bieten, umfangreiche und verschachtelte Abfragen wesentlich einfacher zu gestalten [...] Insgesamt wird im IoT-Plattformen-Vergleich deutlich, dass die Lösung von IoT connctd in mehreren Punkten überzeugt. Zu nennen sind insbesondere die Offenheit, Sicherheit, Stabilität, Skalierbarkeit und Effizienz."

Der zweite kleinere Anbieter ist die Firma in-integrierte informationssysteme GmbH, die ihren Hauptsitz in Konstanz hat und nach eigenen Angaben seit der Gründung 1989 auf integrierte Geschäftsprozesse spezialisiert ist. Zu den Lösungen gehört auch die IoT-Plattform sphinx open online, beworben unter anderem im Werbeblockteil der an der Multi-Client-Studie „Internet of Things 2019" beteiligten Partner. Dort werden warme Worte für dieses Produkt gefunden: „Mit sphinx open online wird seit 2011 eine leistungsfähige IoT-Plattform eingesetzt und kontinuierlich ausgebaut. In Verbindung mit Machine Learning-Verfahren werden komplexe Systeme durch aktive Eingriffe optimiert. Ob in der Smart Factory, im Shopfloor, in Smart Devices oder als Smart Service: Komplexität wird beherrschbar, Entscheidungen werden optimal unterstützt, und Vorgänge werden optimiert und automatisiert. Die Plattform wird weltweit in der Produktionsleittechnik, beim Energiemanagement, in der Elektromobilität, Sicherheit, Logistik etc. eingesetzt.[5]"

Nehmen wir zu den zwei kleinen Fischen noch zwei große, die den Wettbewerb um IoT-Plattformen mitbefeuern: SAP und Oracle. Sollten Sie SAP in die engere Auswahl für Ihre Plattform nehmen wollen, möchte ich Ihnen (oder Ihren Fachleuten) das Buch *IoT mit SAP* (ISBN 978-3-8362-7472-2) ans Herz legen, das ich zusammen mit Martina Mohr und Michael Stollberg geschrieben habe. Darin stellen wir die unterschiedlichen SAP-Plattformen und -Produkte im Detail vor. Der Konzern ist natürlich ein Flaggschiff in Sachen Software und IT, der mit Premiumkunden wie BASF, Volkswagen, BMW, Daimler oder den Schweizer Bundesbahnen werben kann. Außerdem ist Erfahrung durchaus ein Kriterium, das man ins Feld führen kann, wenn es um dynamische Märkte und disruptive Technologien geht. Im Vorwort des Buches, das im Rheinwerk Verlag (SAP PRESS) erschienen ist, drückt es Vorstandssprecher Christian Klein so aus: „Seit der Gründung von SAP im Jahr

[5] *Mauerer, Jürgen et al.:* Internet of Things 2019. Studie

1972 automatisieren wir dort Geschäftsprozesse [...] Von Anfang an war es unser Alleinstellungsmerkmal, Geschäftsprozesse nahtlos über die gesamte Wertschöpfungskette abbilden zu können." Das vorliegende Buch hingegen ist kein SAP-Buch, sondern ein plattformunabhängiger IoT-Praxisleitfaden für Logistik und Produktion. Ich will es mal so ausdrücken: Für manche wird SAP die überzeugendsten Tools und IT-Instrumente haben. Doch die Konkurrenz schläft nicht, und sie passt möglicherweise besser zu Ihnen.

Vielleicht entscheiden Sie sich ja für Oracle, mein viertes und letztes Anbieterbeispiel. In einem Onlinetext[6], den die Firma in Kooperation mit Intel veröffentlicht hat, schreibt der Big-Data-Strategist Paul Sonderegger:

> *„Nicht einmal Dienstleister entgehen so ohne Weiteres der Wettbewerbsthematik, die das IoT aufwirft. Banken machen sich Sorgen, weil Uhren, Ringe und sogar Jackenaufschläge mit entsprechender elektronischer Ausrüstung im Zahlungsverkehr mitmischen. Krankenversicherungen schlagen sich mit den Konsequenzen tragbarer Gesundheitssensoren herum. Sie alle fragen sich, wie sie damit umgehen sollen. Die erste Antwort lautet Cloud-Technologien. Der Oracle Internet of Things Cloud Service kann z. B. sichere Zwei-Wege-Verbindungen zu solchen Geräten herstellen (direkt oder über ein Portal), in Echtzeit die Daten dieser Geräte analysieren und sie mit Unternehmens-Apps verknüpfen, um damit dann etwas anzufangen. Aber dabei braucht es nicht zu bleiben. Der Oracle IoT Cloud Service benutzt außerdem Oracle Database Exadata Cloud Service, um die genannten Gerätedaten mit der betrieblichen Lagerhaltung zu verknüpfen. Eine weitere großartige Verbindung ist die mit dem Oracle Big Data Discovery Cloud Service: Das erleichtert die Untersuchung der Gerätedaten parallel zur Auswertung von Daten über Kunden, Kundendienst oder bestimmte Geschäftsabläufe – wobei sich neue Zusammenhänge und Muster zeigen können."*

Lassen Sie mich kurz einige Stichworte zusammentragen, die uns gerade in den werblichen Angeboten begegnet sind: Da sind die Tugenden Offenheit, Sicherheit, Stabilität, Leistungsfähigkeit, Skalierbarkeit und Effizienz. Wir finden das Ziel, Geschäftsprozesse nahtlos über die gesamte Wertschöpfungskette abbilden zu können. Es geht um Geräte- und Dateninteroperabilität, um die Möglichkeit, Geräte mithilfe von Sensoren auszulesen und via Aktoren zu steuern. Thematisiert werden auch die Besonderheiten von Gerätebeschreibungen, die Interaktionen mit Machine Learning-Verfahren und Cloud-Technologien. Brauchen Sie das alles? Ist etwas besonders wichtig? Der Antwort darauf können wir uns in den folgenden Abschnitten hoffentlich annähern. Wie gesagt: Ein Monopol auf die perfekte IoT-Plattform hat niemand. Der Wettbewerb ist groß, und der Markt bleibt in Bewegung. Logistik 4.0 und Industrie 4.0 sind dabei treibende Kräfte.

---

[6] *Sonderegger, Paul:* Big Data und IoT. Wie IoT und Big Data zusammen immense Chance eröffnen. *https://www.oracle.com/de/big-data/features/bigdata-and-iot*

3.3.2 IIoT als eigenes Marktsegment

In Abschnitt 1.2.3 wurde der Begriff des Industrial Internet of Things (IIoT) bereits eingeführt. Im Folgenden möchte ich die Besonderheiten des industriellen Internets der Dinge noch etwas detaillierter ausführen. Das industrielle Internet der Dinge unterscheidet sich vom allgemeinen IoT dadurch, dass die IIoT-Technologien auf den Einsatz in anlagenintensiven Industrien mit vielen Assets und besonderen Umgebungen ausgerichtet sind. Die Einsatzanforderungen im IIoT sind komplex und häufig reguliert. Eine IIoT-Lösung muss auch die sogenannten Operativen Systeme (OT) berücksichtigen, etwa industrielle Kontrollsysteme (ICS), Prozessleitsysteme oder SCADA-Systeme (Supervisory Control and Data Acquisition). IIoT-Plattformen sollten sich sowohl mit diesen OT- als auch mit den IT-Anwendungen des Unternehmens vertragen. Zuverlässigkeit und Belastbarkeit sind bei den meisten IIoT-Lösungen zentral, vor allem deshalb, weil es auch regulierte Sicherheitsfaktoren geben kann. Die von IIoT-Sensoren erzeugten Daten sind oft kritisch für den Betrieb von Endgeräten. Außerdem können sie die Sicherheit auch außerhalb von Unternehmen betreffen. Das Überwachen und die Verwaltung kritischer Geräte und Dienste erfordert im Grunde eine ständige Verfügbarkeit. Im Vergleich zu kommerziellen und verbraucherorientierten IoT-Lösungen, die teilweise Millionen von Endpunkten erreichen können, haben IIoT-Lösungen deutlich weniger Endpunkte. Das durch die Endpunkte erzeugte Datenvolumen sowie die Häufigkeit und Geschwindigkeit der Daten ist allerdings üblicherweise sehr hoch. Sensoren übertragen Daten oft in Millisekunden-Intervallen. IIoT-Lösungen gelten daher als geräteleicht, aber datenintensiv.

Parallel zum Wachstum des allgemeinen IoT-Marktes wird auch der IIoT-Markt als wichtiges Teilsegment größer. Von den Unternehmen, die für die bereits erwähnte Studie „Internet of Things“ befragt wurden, setzte jedes vierte Unternehmen IIoT bereits ein, und mehr als jede dritte Firma stufte IIoT als „unverzichtbare Technologie“ ein. Glauben wir dem „Magic Quadrant for Industrial IoT Platforms“, den Gartner im Sommer 2019 veröffentlich hat, wird sich der Einsatz von IoT-Plattformen in der Industrie zwischen 2019 und 2023 verdoppeln:

> *„By 2023, 30% of industrial enterprises will have full, on-premises deployments of IIoT platforms, up from 15% in 2019.[7]“*

Der deutsche Markt für das industrielle Internet der Dinge und Industrie 4.0 gilt als einer der größten weltweit. Die *Studie* „Der deutsche Industrial-IoT-Markt 2017 - 2022: Zahlen und Fakten“, hinter der der eco-Verband der Internetwirtschaft e. V. und das Marktforschungsunternehmen Arthur D. Little stecken, hat vorausgesagt, dass sich der deutsche IIoT-Markt bis 2022 auf rund 16,8 Milliarden Euro Jahresumsatz vergrößern soll. Das wäre gegenüber 2017 mehr als eine Ver-

[7] *Gartner:* Magic Quadrant for Industrial IoT Platforms. 2019

dopplung. Die Überlegung war an sich einleuchtend, wenn man bedenkt, dass wir eine für Europa recht hohe Roboterdichte, eine starke Automobilwirtschaft und eine global wichtige Rolle im Maschinen- und Anlagenbau haben. Für diese - und natürlich auch alle anderen hier zitierten Prognosen und Trendreports - gilt allerdings: Mit der Corona-Pandemie, die uns, unsere Wirtschaft und unser Leben im Jahr 2020 so unvorbereitet getroffen hat, konnte keiner rechnen. Das müssen wir alles noch einmal in Ruhe validieren und neu bewerten, weswegen alle hier genannten Zahlen mit der gebotenen Vorsicht zu genießen sind.

Der Analyst Knut Lasse Lueth von der IoT Analytics GmbH (siehe Bild 3.2) ordnete die Marktentwicklung bei den IoT-Plattformen jedenfalls kürzlich so ein, dass anstelle einer Marktkonsolidierung eher eine weitere Fragmentierung zu beobachten sei. Es gebe aber eine Konzentration: Die Top Ten der Provider hätten zusammen fast 60 % Marktanteil. Die Hälfte der untersuchten Anbieter von IoT-Plattformen fokussierten sich laut Knut Lasse Lueth auf „manufacturing" und den IoT-Einsatz im industriellen Umfeld, sprich auf IIoT. Auch Energie und Mobilität seien große Marktsegmente. Die typischen Use Cases deckten Felder wie Zustandsüberwachung (Condition Monitoring), Energieverwaltung und Qualitätskontrolle ab. Außerdem wichtig ist die vorausschauende Instandhaltung (Predictive Maintenance), auf die ich im Zusammenhang mit Künstlicher Intelligenz noch näher eingehen werde.

Wenn Sie mich persönlich fragen, so ist meine Meinung folgende: Deutschland nimmt nach wie vor eine führende Rolle im Maschinenbau ein. Wir müssen jetzt nur offen für die neuen Geschäftsmodelle und Chancen sein, die sich durch die Verknüpfung verschiedener Technologien ergeben, die IIoT ermöglicht.

■ 3.4 Auswahlkriterien für IoT-Plattformen

Wie Sie gesehen haben, ist ein breites Spektrum von IoT-Plattformen auf dem Markt verfügbar. Dazu zählt auch ein auf Logistik 4.0 und Industrie 4.0 zugeschnittenes IIoT-Angebot, das kontinuierlich wächst. Die Lösungen unterscheiden sich natürlich im Preis, was am Ende des Tages fast immer ein entscheidendes Kriterium ist, wenn Sie mich fragen. Doch wie ich schon angedeutet habe, ist die Entscheidung für eine bestimmte Plattform in vielen Fällen eine strategische Weichenstellung. Wer das so sieht, wird wahrscheinlich weder die Entscheidung leichtnehmen noch beim Budget knauserig sein, wie auch immer die Zwänge gerade sein mögen. Die Funktionalität von Plattformen kann auf bestimmte Branchen zugeschnitten oder eher generalistisch angelegt sein. Die eine Plattform ist besonders sicher, die andere besonders flexibel und individualisierbar. Aufseiten der Anbieter gibt es, wie Sie gesehen haben, nicht nur die etablierten Softwareanbieter wie IBM, SAP, Microsoft, Amazon Web Services oder Cisco, sondern auch Start-ups mit speziellen IoT-Angeboten. Außerdem prägen sich transformierende Traditionsunternehmen wie Bosch und Siemens den Wettbewerb.

In meinem Buch *IoT mit SAP* (ISBN 978-3-8362-7472-2) finden Sie auf Seite 134 einen kleinen Kriterienkatalog mit folgenden drei Leitaspekten: Szenario, Hardware sowie Prozesse und IT-Systeme. In Bezug auf das Szenario könnten Sie sich zum Beispiel fragen, in welchem Anwendungsbereich IoT eingesetzt werden soll (vor allem in der Produktion oder eher im Anlagenmanagement). Sollten die Datenauswertungen mit den prozesssteuernden IT-Systemen verknüpft sein oder würde es reichen, die Erkenntnisse aus den IoT-Daten separat darzustellen? Eine Hardwarefrage ist die nach integrierten Sensorsystemen oder separater IoT-Hardware, auf die ich in Abschnitt 3.4.2 eingehe. Eine andere könnte sein: Brauchen wir für unsere Zwecke Edge Computing (siehe Kapitel 1 und Kapitel 2)? Der dritte Leitaspekt meint Kriterien wie: Welche Geschäftsprozesse umfasst das IoT-Szenario, und welche IT-Systeme sind für diese Prozesse relevant?

Der ebenfalls mit der Materie vertraute Autor Jan Rodig hat in einem Onlinebeitrag[8] Ende 2018 zehn Themenbereiche (hier leicht gekürzt) zusammengefasst, die man für einen Vergleich heranziehen könnte:

1. **Embedded Software Developer Kit (SDK):** Welche Geräte- und Gateway-Implementierungen unterstützt das SDK?
2. **Cloud Connectivity:** Wie können Zertifikate und Firmware auf Geräten im Feld aktualisiert werden?
3. **Skalierung:** Skaliert die Lösung automatisch, und in welchem Ausmaß tut sie es?
4. **Serverseitige Interaktion mit IoT-Geräten:** Werden Online- und Offline-Events von den IoT-Geräten aktiv signalisiert?
5. **IT-Sicherheit und Datenschutz:** Lassen sich Nutzer- und Betriebsdaten separat speichern?
6. **Vendor Lock-in:** Welche Änderungen sind bei einem Provider-Wechsel notwendig, und wie hoch ist der Aufwand?
7. **IoT-Geräte-Produktion:** Wie werden Gerätekennungen generiert?
8. **Administration:** Wie können bestimmte Administrationsfunktionen effizient in bereits bestehende Unternehmensanwendungen wie ERP oder CRM integriert werden?
9. **Hosting:** Unterstützt der IoT-Provider geografisch verteilte Roll-outs?
10. **Support und SLAs:** Passen die Reaktions- und Wiederherstellungszeiten der Support-Dienste des IoT-Dienstleisters?

[8] *Rodig, Jan:* Welche IoT-Plattform ist die richtige? Kriterien für die Auswahl. 18.12.2018. *https://www.channelpartner.de/a/welche-iot-plattform-ist-die-richtige,3332900*

In Abschnitt 3.4.1 möchte ich Ihnen eine Fraunhofer-Studie näher vorstellen, die ein guter Ausgangspunkt ist, um für sich zu klären, welche Funktionen und Kriterien man in den Blick nehmen will, wenn man unterschiedliche IoT-Plattformen miteinander vergleicht. Wie das so ist bei Trends und dynamischen Märkten, mischen sich unter die vielen großartigen Anbieter gelegentlich ein paar Wettbewerber, die nicht ganz das anbieten, was man sich 2021 unter einer IoT-Plattform vorstellen würde. Passen Sie also, auch wenn Sie nicht mit dem Kriterienkatalog oder der Studie arbeiten, ein bisschen auf, dass nicht jemand Lösungen für die M2M-Verbindung oder Infrastructure as a Service (IaaS) mit dem Etikett IoT-Plattform versieht, obwohl dafür eigentlich noch Funktionalitäten fehlen.

Neben der Überblicksstudie und ihren Vergleichskriterien schauen wir uns in Abschnitt 3.4.2 den Unterschied zwischen integrierten und separaten Sensoren an, denn schließlich sind nicht alle IoT-Geräte gleich. In Abschnitt 3.4.3 werde ich ein paar Worte über Daten- und IT-Sicherheit im Zusammenhang mit IoT-Plattformen verlieren, da dieses Thema zunehmend an Bedeutung gewinnt. In Abschnitt 3.5 finden Sie einen kleinen Exkurs zum Thema Multi-Cloud-Strategien, der auch etwas mit den vorangehend erwähnten Aspekten Hosting und Vendor Lock-In zu tun hat.

3.4.1 Fraunhofer-Studie als Entscheidungshilfe

Das Fraunhofer-Institut für Arbeitswirtschaft und Organisation in Stuttgart, kurz IAO, hat im Sommer 2017 die Veröffentlichung „IT-Plattformen für das Internet der Dinge (IoT). Basis intelligenter Produkte und Services" herausgegeben. Sechs Autoren haben sich dafür zusammengetan: Tobias Krause, Oliver Strauß, Gabriele Scheffler, Holger Kett, Kristian Lehmann und Thomas Renner. Das Ziel dieser Studie war es, Unternehmen „eine möglichst objektive Übersicht über die wichtigsten IoT-Plattformen auf dem deutschsprachigen Markt zu geben und diese anhand konkreter Funktionalitäten vergleichbar zu machen." Die Studie soll als „Auswahlinstrument bei der Suche nach einer geeigneten IoT-Plattform zur Entwicklung individueller, intelligenter Produkte und Services" dienen.

Der wohl größte Nachteil dieser Studie ist: Sie ist von 2017 und damit teilweise schon wieder veraltet. Entsprechend fehlen einige Anbieter, zum Beispiel die 2017er Gründung *IOTech* und *Adamos*, eine *Open Manufacturing Platform* mit einem Netzwerk aus über 20 Maschinen- und Anlagenbauern und zehn unterstützenden Softwareunternehmen. Auch Alibaba ist nicht erwähnt. Dieser chinesische Onlinegigant engagierte sich in letzter Zeit auch auf dem Markt von IoT- und Cloud-Plattformen. Auf der anderen Seite gibt es keine aktuellere Folgestudie des erwähnten Instituts (Stand: Herbst 2020), und die Analyse hat Vorteile, die diese Nachteile durchaus ausgleichen können. Sie ist mit dem Absender Fraunhofer vergleichsweise objektiv und gewissermaßen herstellerneutral, jedenfalls neutraler als Cisco, SAP oder IBM es in vergleichbaren Publikationen sein könnten. Ein Auswahlkriterium für die untersuchten Anbieter war, dass sie nennenswerten Vertrieb und Support für Deutschland haben. Die Methodik, mit der die Autoren für ihren Vergleich arbeiten, fußt auf einem leicht nachvollziehbaren Muster, das Sie für die eigene Beurteilung übernehmen oder auch abwandeln und ergänzen könnten. Über Fraunhofer kostet die Publikation knapp 100 €. Sie kann unter *https://shop.iao.fraunhofer.de/publikationen/it-plattformen-fr-das-internet-der-dinge-iot.html* online bestellt werden. Man findet die Studie allerdings auch kostenlos im Netz, wenn man über IT-Seiten wie Funkschau.de geht.

Wenn wir uns die Namen der analysierten Plattformen und Plattformanbieter anschauen, wirkt das Ganze im Jahr 2021 nach wie vor aktuell, zumal die meisten Lösungen – zumindest in ihrer ersten Version – schon vor 2015 auf den Markt gekommen sind, wobei Hersteller wie SAP, Oracle, Microsoft, Bosch und Co. alle paar Jahre eine Marketingkur machen und ihre Namen dem anpassen, was der Markt vermeintlich besser versteht und was ihre Positionierung unterstützt. Neben dem OpenIoTFog vom Fraunhofer-Institut für Offene Kommunikationssysteme (FOKUS) wurden folgende Plattformen detailliert bewertet:

- Iot Cloud Service (ORACLE)
- Thingworx (Parametric Technology PTC)
- edbic, edpem (eurodata tec GmbH)
- S/4HANA (SAP SE)
- Bosch IoT Suite (Bosch Software Innovations)
- FIWARE – Open Source Future Internet Ware (Smart Labs)
- M2M- und IoT-Kommunikationslösungen für Mobilfunk, Satellitenkommunikation und Low Power Radio Netze (Arkessa GmbH)
- IBM Watson IoT Platform (IBM)
- HPE Universal IoT Platform (Hewlett Packard Enterprise Deutschland)
- elastic.io Integration Platform (elastic.io GmbH)
- Pivotal Cloud Foundry as a Service (Virtustream Deutschland GmbH)
- MES HYDRA (MPDV Mikrolab GmbH)
- MindSphere (Siemens AG)
- CENTERSIGHT IoT-Plattform (Device Insight GmbH)
- PULSE (Agheera)
- BEDM Industrie 4.0 Framework (BEDM GmbH)
- BEDM Energiemonitoring (BEDM GmbH)
- ITAC.MES.Suite (iTAC Software AG)

- AXPERIENCE (Axiros GmbH)
- People System Things (PST) (M2MGO)
- Cloud of Things (Cloud der Dinge) (Deutsche Telekom AG)
- Software AG IoT Platform Services & Edge Services (Software AG)

Diese Anbieter und Lösungen werden anhand eines Referenzmodells - ein ähnlicher Ansatz wie der, den Sie in Kapitel 2 kennengelernt haben, nur in diesem Falle für Plattformen und nicht für eine IoT-Gesamtarchitektur - charakterisiert und miteinander verglichen, das acht Kernbereiche und zudem die Geschäftsprozesse und Geschäftsmodelle als Querschnittsbereiche in den Blick nimmt (siehe Bild 3.3).

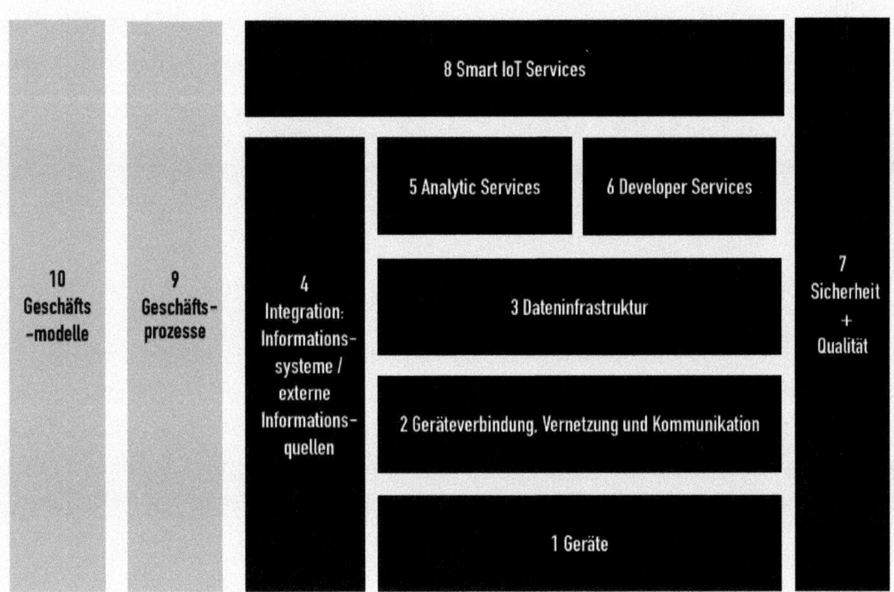

Bild 3.3 Referenzmodell der Studie für die Einordnung der Plattformen (Quelle: *Krause, Tobias et al.*: IT-Plattformen für das Internet der Dinge (IoT). Basis intelligenter Produkte und Services. Fraunhofer Verlag, Stuttgart 2017)

Im Hauptteil werden die Produkte mit Übersichtstabellen bewertet, die zeigen, was in der Lösung jeweils enthalten ist und was nicht. Solche vergleichenden Inventuren, die ein bisschen an die Stiftung Warentest erinnern, auch wenn die plakativen Noten fehlen, gibt es unter anderem für die Aspekte Branchenabdeckung, Infrastruktur und Hosting, die Services für Analyse und Entwicklung und die Sicherheit.

Die Analysen schauen auch darauf, ob die enthaltenen Leistungen Teil der Eigenleistung sind oder ob Funktionen und Schnittstellen von Fremdanbietern hinzukommen. Das ist zum Beispiel im Hinblick auf die Rechenzentren und die in Abschnitt 3.3 thematisierten internationalen Datenabkommen interessant. Während die Tabellen beim schnellen Vergleichen helfen, kann man sich in Produktsteckbriefen näher über die favorisierten Angebote informieren.

Wie gesagt: Falls genau diejenigen Anbieter Sie am meisten interessieren, die in der Studie nicht abgebildet sind, ist die Methodik allein für Sie wohl kaum interessant, dann bringt Ihnen das ganze Drumherum wohl zu wenig für die investierte Zeit. Doch als Einstieg in die Marktrecherche und auch als Expertenurteil über spezifische Lösungen ist diese Fraunhofer-Studie auf jeden Fall sinnvoll.

3.4.2 Integrierte versus separate Sensoren

Ein wichtiger Unterschied im Zusammenhang mit IoT-Netzwerken und IIoT-Plattformen betrifft das Zusammenspiel von physischen Dingen, Sensoren und Daten. Generell können wir zwei Gruppen von IoT-Hardware unterscheiden: Integrierte Sensorsysteme sind bereits eingebaut, sie sind in den Maschinen oder industriellen Anlagen schon vorhanden. Separate Sensorsysteme werden erst nachträglich angebracht, entweder an den Geräten und Maschinen oder an speziellem Equipment.

Die meisten industriellen Anlagen und Maschinen verfügen heutzutage von sich aus über Steuerungssysteme und Software, die nicht nur Prozesse steuern, sondern auch Daten weitergeben können. Verbreitete Systeme dafür sind die speicherprogrammierbare Steuerung (SPS) sowie Supervisory Control and Data Acquisition (SCADA). Fließen aus solchen Systemen Daten in das IoT-Netz, können die an die Plattform angeschlossenen IoT-Anwendungen die für ihre Zwecke interessanten Informationen ebenfalls abgreifen. In den meisten Fällen ist nur ein Teil der erfassten Zustands- und Steuerungsdaten relevant für die Anwendung, weswegen Selektion und Datenfilterung kontinuierlich weiterentwickelt werden. Ein Ansatz sind Services, die auf Edge Computing setzen (siehe Kapitel 1): Gateways können Daten ausdünnen, bevor sie zum Beispiel nur die Temperatur oder die Position weitergeben. Die Systeme sollen schließlich nicht durch Datenmüll verstopft werden, wenn es doch ausreichend ist, nur Anomalien und Grenzüberschreitungen oder bestimmte Trigger für Folgeaktionen zu melden. Auch die Telematiksysteme in Autos und Lkws, die etwa die Position, die Beschleunigung und den Kraftstoffverbrauch erfassen, gehören normalerweise zur Gruppe der integrierten Sensorsysteme. Solche Daten, die Logistiker wie Verkehrsmanager interessieren, können über Adapter zu den fahrzeuginternen Netzwerken aufgenommen werden. Gängig ist dafür der On-Board Diagnostics Standard (OBD).

Separate Sensorsysteme sind zum einen für das Nachrüsten von älteren Anlagen, Geräten und Maschinen typisch. Aus wirtschaftlichen und praktischen Gründen ist ein solches Retrofitting für Unternehmen oft sinnvoller, als alte Modelle komplett durch neue Serien und Generationen zu ersetzen. Zum anderen gibt es die separaten Systeme auch, um von sich aus eher „harte“ Hardware wie Europaletten oder Behälter smarter zu machen. Im Grunde fällt jegliche Technik in diese Kategorie, die nachträglich an Maschinen oder Equipment angebracht wird, um Echtzeitinformationen zu erfassen und für Geschäftsprozesse nutzbar zu machen. Das reicht vom kleinen GPS-Tracker an der Palette im Lager bis hin zu komplexen Sensorsystemen zur nahtlosen Überwachung von Containern in weltweiten Logistikprozessen. Die Datenübertragung erfolgt dabei über WLAN, Bluetooth, Radiosignale, GPS oder das Mobilfunknetz. Damit sich die Sensoren und die Algorithmen in der IoT-Plattform verstehen, müssen sie die gleiche Sprache sprechen. Dafür sind insbesondere die bereits kurz angesprochenen Protokolle wie http oder OPC wichtig. Weil viele Hardwarehersteller irgendeine Form von Softwarelösung mitliefern, an denen separate Sensoren anknüpfen können, ist es wichtig, dass eine IoT-Plattform die Lösungen von Drittanbietern entsprechend integrieren kann, damit keine Daten verloren gehen. In der digitalen Welt müssen IoT-Geräte an Behältern dem jeweiligen Logistik- oder Transportprozess zugeordnet werden können. Dieser Prozess wird meistens als Pairing bezeichnet. Das kommt zum Beispiel zum Tragen, wenn eine Ware am Ende einer Lieferkette angekommen ist und es deswegen angebracht ist, die Zuordnung von Produkt X und IoT-Ding Y wieder aufzuheben. Außerdem müssen die separaten Systeme auch in der physischen Welt funktionieren. Vielleicht müssen sie Wasser, Wind, Verschmutzung oder Temperaturschwankungen aushalten. Außerdem sollte die Laufzeit der Batterien und Akkus den Anforderungen entsprechen. Diese Punkte betreffen die Logistik und oft zusätzlich das Nutzungsverhalten der Endkunden.

3.4.3 Daten- und IT-Sicherheit

Der Wettbewerb der IT-Firmen und Softwarehäuser untereinander ist die eine Seite. Die andere Seite ist, dass es bei der Computertechnik nach wie vor ein Wettrüsten zwischen Hackern und Cyberkriminellen und den Anbietern von IT-Sicherheit, Datensicherheit, Computersicherheit, Handysicherheit usw. gibt. Während es für den privaten Computer- und Internetnutzer bereits unangenehme Folgen haben kann, wenn jemand mit krimineller Energie Sicherheitslücken ausnutzt, ist das Risiko für Unternehmen natürlich ungleich größer – erst recht, wenn sie an kritischer Infrastruktur (KRITIS) (in der physischen oder der digitalen Welt) beteiligt sind. In der Studie „Cyber-Sicherheit 2018“, für die die staatlich initiierte Allianz für Cyber-Sicherheit, in der auch ich Mitglied bin, die IT-Sicherheitsverantwortlichen von über 1.000 Unternehmen (und Organisationen) befragte, steht Folgendes: In 53 % der aktenkundigen IT-Angriffe wurden Programme in die betriebliche IT eingeschleust, um schädliche Operationen durchzuführen. Bei über 80 % der Betroffenen kam es daraufhin zu Betriebsstörungen und Ausfällen.

Für die bereits erwähnte Studie „Internet of Things“ fragten die Marktforscher die Unternehmen auch nach ihren Ängsten und Sicherheitsbedenken. Ergebnis: „Am meisten fürchten sich die Unternehmen wie bereits im Vorjahr vor Hacker-Angriffen und DDoS-Attacken [...].“ Falls Sie sich gerade fragen, was DDoS bedeutet: Das steht für Distributed Denial of Service und meint auf Deutsch Serverausfälle und -überlastungen, die absichtlich (durch kriminelle oder politisch motivierte Hacks) oder unabsichtlich (durch zu hohe Nachfrage) ausgelöst werden. Im Ergebnis ist jedenfalls der Internetauftritt down – und das kann heutzutage ganz schön Probleme machen, zumal die Verbraucher gegenüber Onlineunfällen eher ungeduldiger als toleranter werden.

So wie die Verbraucher auf Sicherheit achten, wenn Sie Websites aufrufen, Netzwerken beitreten und Apps nutzen, wird die IT- und Datensicherheit auch mehr und mehr zum entscheidenden Kriterium, wenn sich Unternehmen für IoT-Plattformen und damit zusammenhängende Services entscheiden. Dabei geht es nicht nur um den Schutz vor Störungen und Ausfällen, in dem Sinne, dass die IT dauerhaft verlässlich läuft. Auch die Sicherheit der Daten gehört dazu: Interne Geschäftsdaten sollen vor unerlaubten Zugriffen geschützt sein. Endkundendaten soll so erfasst und verarbeitet werden, dass es dem Unternehmen nutzt, ohne den Kunden zu schaden. Gerade für solche Aspekte des Datenschutzes, die neben technischen Details auch gesetzliche Fragen berührt, spielt die Sicherheit von Cloud-Lösungen eine wichtige Rolle.

Wir können die Sicherheit zum einen mit flankierenden Sicherheitsmaßnahmen erhöhen: mit zusätzlichen Softwarekomponenten, VPN-Diensten, Antivirenprogramme und Firewalls. Wir können auch Regeln aufstellen und überwachen, die dem Risikofaktor Mensch Rechnung tragen, um den Zugriff der eigenen Belegschaft auf die Cloud-Bestandteile zu kontrollieren. Außerdem können Sie als Unternehmen bei der Wahl von Zulieferern und Partnern darauf achten, dass die anderen Unternehmen und Einzelunternehmer die Konzepte Security und Privacy by Design/Default ernst nehmen. Das lässt sich durch entsprechende Zertifikate und erfolgreiche Leuchtturmprojekte belegen. Außerdem helfen uns Cloud-spezifische Sicherheitsstandards. Die Cloud Security Alliance (CSA) hat für Cloud-Anbieter das Zertifikat Security, Trust and Assurance Registry (STAR) entwickelt. Ein IoT-Cloud-Anbieter erhält dieses Zertifikat, nachdem er eine speziell konzipierte Prüfung bestanden hat. Diese Prüfung basiert auf den Anforderungen der ISO-Norm für Informationssicherheit (ISO/IEC 27001). Die CSA hat eine sogenannte Cloud Control Matrix entwickelt, die mehrere Prozesse analysiert und mit bewährten Lösungen abgleicht. Andere Sicherheitsstandards für Cloud-Lösungen und IoT-Vernetzung sind der Open Information Security Management Maturity Mode (O-ISM3), der Standard Information Security Forum (ISF) und der Standard COBIT (Control Objectives for Information and Related Technology).

Im Rennen um die sichersten Cloud-Lösungen ist auch die Bundesdruckerei am Start, eine GmbH in Besitz der Bundesrepublik Deutschland. Als solche darf Sie wie die Konkurrenz Werbung machen, was sie zum Beispiel in Fachmagazinen wie IT Mittelstand tut. Auf die Warnung „Kein Server ist unhackbar" folgt in der dortigen Anzeige[9] mit dem Titel „Warum Daten ausgerechnet in der Cloud am sichersten liegen" Werbung für die Lösung bdrive, ein besonders abgesichertes Cloud-Angebot. Nach eigenen Angaben arbeitet die Bundesdruckerei ausschließlich mit ISO-zertifizierten Cloud-Service-Providern aus Deutschland zusammen. Aus dem Qualitätssiegel „Made in Germany" ist hier ein „Hosted in Germany" geworden. Diese Ortsmarke dürfte in Zukunft durchaus von Bedeutung sein. Bedenken Sie, dass Datenschutz in den USA und in China nicht ganz so großgeschrieben wird wie in der EU. Auf die aktuelle Gesetzeslage komme ich in Abschnitt 3.5 noch zu sprechen. Ein zweiter Trick, den die Bundesdruckerei nutzt, ist eine spezielle Verschlüsselungstechnologie namens Cloudraid, die Dateien nicht nur verschlüsselt, sondern zusätzlich in mehrere Teile aufsplittet, die dezentral statt zentral gespeichert werden. Die Idee dahinter: Ein Hacker könnte so maximal Bruchstücke einer Datei stehlen, aber nur die autorisierten User haben alle benötigten Metadaten und Entschlüsselungselemente, um auf die gesamte Datei zugreifen zu können. Der Algorithmus für die End-to-End-Verschlüsselung in Kombination mit den dezentralen Clouds und dem Identitätsmanagement soll für maximale Sicherheit in der Cloud sorgen. Das regierungsnahe „Hosted in Germany" konkurriert mit dem Angebot Nextcloud, das schon Regierungsbehörden in mehreren EU-Ländern überzeugt hat. Beide Cloud-Dienste wiederum stehen natürlich im globalen Wettbewerb mit den annähernd weltweiten Lösungen von Microsoft, Dropbox Inc., Google usw.

■ 3.5 Multi-Cloud-Strategien

Sicher wollen Sie sich nicht mit allen Ihren Applikationen, Plattformen und Services im Internet der Dinge von einem einzigen Anbieter abhängig machen. Das Konzept der Multi-Cloud zielt in erster Linie auf dieses Bedürfnis, sich nicht von einem Anbieter in der Cloud einsperren zu lassen und Abhängigkeiten zu minimieren. Demgegenüber steht natürlich der Wunsch der Unternehmens-IT, so wenige Ansprechpartner und Anbieter wie möglich managen zu müssen.

Multi-Cloud-Architekturen nutzen mehrere Cloud Computing- und Speicherdienste für Anwendungen, Software und Services in einer heterogenen Architektur. Die verwendeten Angebote stammen dabei von unterschiedlichen Cloud-Hosting-An-

---

[9] Advertorial „Warum Daten ausgerechnet in der Cloud am sichersten liegen", IT Mittelstand, 11/2019, S. 9

bietern. Multi-Cloud-Architekturen können sich etwa aus zwei oder mehreren Public Clouds sowie mehreren Private Clouds zusammensetzen.

Public Clouds stellen Cloud-Services für eine Vielzahl von Anwendern über das öffentliche Internet bereit. Private Clouds stellen Services exklusiv und privat für spezifische Organisationen bereit. Im Gegensatz zu einer Hybrid Cloud (einer Mischform aus Public und Private Cloud) kommt es bei der Multi-Cloud nicht auf die unterschiedlichen Bereitstellungsmodi (öffentlich, privat, Legacy) an. Typisch für eine Multi-Cloud-Strategie ist es, mehrere Cloud-Anbieter für IaaS-, PaaS- und SaaS-Angebote gleichzeitig zu nutzen.

Zu den Argumenten, die für eine Multi-Cloud-Strategie sprechen, zählen:

- Kostenreduktion in Cloud-Services
- hohe Flexibilität durch mehr Auswahl
- Erleichterung lokaler Einhaltung von Richtlinien (innerhalb einer Region oder eines Landes)
- geografische Verteilung von Verarbeitungsanforderungen auf physisch engere Cloud-Einheiten
- Minimierung von Latenzen
- Abwehr von Katastrophen

Sicher haben Sie es bereits geahnt: Wer sich intensiver mit (I)IoT-Plattformen beschäftigt, kommt um die Themen Cloud Computing und Cloud-Sicherheit nicht herum. Cloud-basierte Anwendungen lösen mehr und mehr den aufwendigen IT-Eigenbetrieb der Vergangenheit ab, zumal serviceorientierte Bezugsmodelle ein wichtiger Bestandteil der digitalen Transformation sind, sowohl für den B2B- als auch den B2C-Markt. Sie müssen nur mal in Gedanken durchspielen, wie oft Sie privat und im Arbeitsalltag mit Amazon Web Services, Google Drive und Google One, Microsoft Teams und Azure oder den Cloud-Diensten von Apple zu tun haben. In diesem Zusammenhang fällt auch immer wieder der Begriff des Hyperscalings bzw. Hyperscalers. Damit ist gemeint, dass die großen Internetfirmen für ihre eigenen Geschäftsmodelle die größten Serverfarmen, die leistungsstärksten Rechenzentren und die meiste Rechenpower brauchen und sich dadurch eine Marktposition geschaffen haben, die es ihnen erlaubt, Endkunden besonders kostengünstige und effiziente Lösungen anzubieten. Skalierung und Skaleneffekte treffen auf Computing und Online-Business, wenn Sie so wollen.

Der Begriff Multi-Cloud steht für die Idee, die Abhängigkeit von einem einzigen Cloud-Anbieter zu vermeiden. Dafür kann es unterschiedliche Gründe geben. Technisch kann es relevant sein, wo und wie sich Knotenpunkte und Plattformbestandteile geografisch verteilen. Eine Kombination der Cloud-Anbieter reduziert eventuell Latenzen. Mit Blick auf die Sicherheit ist eine Datenkonzentration vielleicht auch nicht gewünscht, weil das Hackern und Viren zu viel Macht geben würde.

Und dann gibt es noch die politischen Auflagen für IT- und Datensicherheit, die zum Beispiel den Datenverkehr mit den für den Cloud-Markt zentralen US-amerikanischen Firmen stark betreffen.

In der Europäischen Union ist seit gut fünf Jahren eine neue Datenschutzverordnung gültig, die 2016 erste Gesetze aktualisierte, nachdem sie mehrere Jahre lang vorbereitet worden war, und seit Mai 2018 vollumfänglich in der gesamten EU greift. Die DSGVO hat Unternehmen vor neue Herausforderungen gestellt, und zwar auch die mittleren, kleinen und Ein-Mensch-Unternehmen. Auch gemeinnützige Vereine, die gar kein Budget für die IT-Infrastruktur und Informationssicherheit haben, müssen sich nun an das Gesetz halten, was zu teilweise sehr empfindlichen Maßnahmen führte. So wurden Kontaktdaten in Sportvereinen sehr restriktiv an Vereinskolleginnen und Kollegen herausgegeben, was das Vereinsleben mitunter stark verkompliziert hat.

Dadurch, dass das Gesetzeswerk berufliche und wirtschaftliche Tätigkeiten berücksichtigen soll, einige Passagen den Datenverkehr über Apps, Software und Websites betreffen und auch Vorgaben zu Datenschutzbeauftragten, Nachweisen und millionenschweren Sanktionen enthalten sind, hat sich der Druck erhöht, die Themen Datenschutz und Datensicherheit systematisch anzugehen. Da die Datenschutz-Grundverordnung (DSGVO) auch die Softwarenutzung betrifft, gibt es gefühlt zu jeder Lösung auf dem Markt eine Debatte. In Corona-Zeiten betraf das vor allem die Videokonferenz-Angebote von Zoom. Aber auch Unternehmens-Bestseller wie Microsoft 365 oder Google Analytics gelten bei strenger Auslegung als problematisch in Bezug auf die Vorgaben des EU-weiten Datenschutzes.

Der amerikanische Clarifying Lawful Overseas Use of Data Act wiederum wurde ein paar Wochen, bevor die DSGVO 2018 voll zum Tragen kam, in Kraft gesetzt. Dieses Gesetz, das den Zugriff der US-Behörden auf gespeicherte Daten im Internet regeln soll und auch Unternehmen aus anderen Ländern betrifft, verpflichtet Internetfirmen und IT-Dienstleister in den USA, den dortigen Behörden Zugriff auf gespeicherte Daten zu gewähren, egal, ob diese Daten innerhalb oder außerhalb der USA gespeichert sind. Behörde klingt hier sehr harmlos, aber denken Sie bitte an CIA, NSA und Edward Snowden, dann haben wir den angemessenen Aufregungspegel erreicht. Muss ein Anbieter von Cloud- oder Kommunikationslösungen seine Kundendaten offenlegen, gehören dazu möglicherweise auch Unternehmen aus Deutschland, die ihre Daten eigentlich gar nicht weitergeben dürften, wenn sie ihrerseits die DSGVO ernst nehmen. Status: Es ist kompliziert. Seit Juli 2020 ist es sogar noch komplizierter geworden. Nach dem gescheiterten Abkommen Safe Harbour musste die EU nun auch das Nachfolgeabkommen mit den USA kassieren, den sogenannten Privacy Shield, denn der Europäische Gerichtshof sieht den Datenschutz der EU-Bürger auf der amerikanischen Seite nicht ausreichend geschützt. Ich kriege immer häufiger mit, dass sich vorsichtige Unternehmen nach Alternativen für Google, Microsoft und Co. umsehen, die in der EU entwickelt und angeboten werden. Das betrifft einzelne Softwarebereiche wie Kalendertools, aber eben auch schnell die großen Softwarepakete von der Bürosoftware bis hin zur IoT-Plattform. Ich sehe daher durch die Datenschutzdiskussion angeheizt eine neue Chance für europäische Software- und Cloud-Anbieter, denn die amerikanischen und chinesischen Dienste dürften bei bestimmten Fragestellungen aufgrund der vorangegangen genannten Umstände in bestimmten Bereichen mittelfristig mit sehr hohen Bedenken und Vorsichtsmaßnahmen genutzt werden. Somit könnte die DSGVO als sinnvoller Schutz des europäischen Softwaremarktes fungieren, sofern es uns in der EU gelingt, skalierbare Lösungen anzubieten, bevor amerikanische und chinesische Firmen in der EU ihre Serverfarmen aufstellen und so den Vorgaben des europäischen Datenschutzes zu entsprechen.

Eine Multi-Cloud-Architektur sollte heterogen sein, das heißt, Sie sollten verschiedene Cloud Computing-Dienste und Speicherdienste für Anwendungen verwenden und nicht nur Software und Services aus einer Hand. Eine Strategie kann sein, mehrere Cloud-Anbieter für IaaS-, PaaS- und SaaS-Angebote gleichzeitig zu nutzen. Zur Erinnerung: Die Konzepte Software as a Service (SaaS), Infrastructure as a Service (IaaS) und Platform as a Service (PaaS) wurden bereits in Abschnitt 3.2 vorgestellt. Eine Multi-Cloud-Architektur könnte sich außerdem aus mehreren Public Clouds und Private Clouds zusammensetzen. Noch einmal zur schnellen Wiederholung: Public Clouds stellen Cloud-Services über das öffentliche Internet bereit, sodass möglichst viele Nutzer offen darauf zugreifen können. Private Clouds limitieren den Zugriff, etwa exklusive oder sicherheitsrelevante Daten und Informationen abzusichern. SAP zum Beispiel hat es für sich und seine Multi-Cloud-Strategie im Zeitalter des Hyperscalings so gelöst, dass der Konzern Partnerschaften mit den amerikanischen Giganten Amazon Web Services, Microsoft Azure und Google Cloud Platform plus Alibaba Cloud eingegangen ist. Ähnliche Kooperationen finden Sie auch bei anderen Konzernen. So wie sich der Markt aktuell entwickelt und bewegt, wird sich wohl auch in puncto Partnerschaften und Kooperationen noch einiges tun in den kommenden Jahren.

Lassen Sie mich zum Abschluss dieses Kapitels noch einmal auf die Studie „Internet of Things 2019“ verweisen, in der die Unternehmen auch nach der Rolle von Cloud-Anwendungen und nach Multi-Cloud-Strategien gefragt wurden. Fast jedes zweite befragte Unternehmen (48,1 %) nutzte bereits Cloud-Anwendungen. Bei den geplanten Investments standen die Cloud-Services ganz oben (38,8 %). Auf die Frage „Welche Funktionen von Cloud-Plattformen sind für Sie wesentlich?“ nannte ein Viertel der Firmenmitarbeiter das Kriterium „Multi-Cloud-Fähigkeit (Vernetzung von Infrastrukturen)“. Nur Sicherheits- und Datenspeicherungsfunktionen bekamen noch mehr Nennungen. Um die Vernetzung von Infrastrukturen wird es in Kapitel 4 gehen, wenn wir uns damit beschäftigen, wie IoT-Plattformen und typische Formen von Unternehmenssoftware miteinander interagieren und (hoffentlich) harmonieren. Ich hoffe, Sie sind nach diesem Kapitel wenigstens ein bisschen schlauer, was Ihre Entscheidung für eine IoT-Plattform anbelangt.

4 IoT und Unternehmenssoftware

Unternehmens-IT, Unternehmenssoftware und IT-Infrastruktur tragen zunehmend zum Wettbewerbsvorteil – und für manche auch zum Nachteil – bei. Neben High-tech-Technologien, Cloud-Applikationen und mobilen Apps betrifft das ganz besonders den Unternehmenskern mit seinen klassischen Unternehmenssoftwarekomponenten. SAP benutzt hierfür seit einigen Jahren den Begriff Digital Core, was ich für die gesamte On-Premise-Softwarewelt sehr passend finde. Das Bild vom Kern ergibt insofern Sinn, als dass das Unternehmen als betriebswirtschaftlicher Organismus gewisse Kernprozesse hat und diese sich trotz der digitalen Transformation nicht wesentlich geändert haben. Unternehmen müssen Bilanzieren, Rechnungen schreiben, Einkaufen, Verkäufe abwickeln, Angebote machen u. v. m. Diese Prozesse betreffen den Unternehmenskern.

In der Interaktion mit Dienstleistern, Partnern, Lieferanten, Kunden, Maschinen und Dingen sind die Unternehmen nach außen gerichtet und benötigen Möglichkeiten, ihre Kernprozesse in die Außenwelt zu integrieren. Wenn man sich im 5G-Zeitalter im Internet der Dinge vernetzen und dabei neben Konnektivität und Geschwindigkeit auch Sicherheitsstandards für Hardware und Software berücksichtigen will, braucht man beides – IoT-Systeme und klassische Unternehmenssoftware. Die IoT-Systeme und die vernetzten Geräte und Maschinen interagieren mit den Backend-Systemen innerhalb des Unternehmens wie Enterprise Resource Planning (ERP), Manufacturing Execution Systeme (MES), Lagerverwaltungssysteme (LVS) oder Transport Management Systeme (TMS). Dafür braucht es neue Generationen an Unternehmenssoftware, die moderne, zeitgemäße Protokolle und Schnittstellen bedienen kann und dabei auch einen zeitgemäßen Sicherheitsstandard gewährleistet.

Wer sich heute als IT-Chef mit der Erneuerung oder erstmaligen Anschaffung von Software im Unternehmen befasst, landet schnell bei grundlegenden Fragen und strategischen Herausforderungen. Oft geht es dann um mehr als die simple Adaption eines einzelnen Dienstes in die bestehende Softwarelandschaft. Die Kunst ist immer häufiger, alles nachhaltig zusammenzuführen und ein agiles Arbeitsumfeld zu schaffen, in dem sich Workloads und Prozesse flexibel ändern und verschieben können. Wollen Sie zum Beispiel Ihr ERP-System vom Vorgänger SAP ERP ECC auf die aktuelle Produktversion SAP S/4HANA umstellen, wäre es clever, im Rahmen einer Multi-Cloud-Strategie auch kompatible Angebote von Infrastrukturanbietern, Plattformanbietern und Softwareanbietern zu berücksichtigen (siehe auch Kapitel 3). Oder nehmen wir den Bereich Customer Relationship Management (CRM) als Beispiel: CRM-Software unterstützt Sie beim Management der Kundenbeziehungen und ermöglicht die strukturierte und zum Teil auch automatisierte Erfassung von Kundenkontaktdaten. Mit solcher Software können wir Kundenaktionen, etwa Mailings und Kampagnen, planen. Sie erinnert uns automatisch an Ereignisse, die mit den Kunden in Zusammenhang stehen. In der Regel lassen sich diese Angebote als SaaS-Lösungen beziehen, die in der Cloud verfügbar sind. Es gibt aber auch diverse On-Premise-Angebote oder sogar kostenlose Versionen. Sie können bestimmte Pakete buchen - von der Angebotserstellung über die Umsatzpipeline bis hin zur Verwaltung von Landingpages und automatischen Newsletter-Serien. Neue CRM-Software sollte in das bestehende ERP-System sinnvoll zu integrieren sein, unter anderem, damit die Stammdaten alle auf einem sauberen Stand bleiben. Wir wollen also eigentlich genau das Gegenteil von dem, was sich der Mallorca-Urlauber Jahr für Jahr gönnt: keine Insellösungen!

Ich möchte an dieser Stelle mit einem Missverständnis bezüglich Enterprise Resource Planning (ERP) und Business Intelligence-Software (BI) aufräumen. Ein ERP-System integriert die zentralen Funktionen im Unternehmen. Dabei hilft es allein durch seine Architektur und seine zentrale Datenstrukturen, Silos aufzubrechen. Die ERP-Software sammelt, speichert und verwaltet Daten zu Geschäftsaktivitäten. Sie kann Kosten in den Prozessen einsparen und Prozesse transparent machen. Eine BI-Software und ein ERP sind prozessual und datentechnisch sehr eng miteinander verwoben und werden daher oftmals in einen Topf geworfen. BI und ERP sind aber völlig unterschiedliche Applikationen. Während das ERP Daten zu Unternehmensvorfällen sammelt und berechnet, analysiert BI-Software diese Daten, stellt die Ergebnisse in Dashboards dar und teilt die Ergebnisse über gewisse Schnittstellen mit anderen Systemen. BI-Software hat das Ziel, die Daten verständlich und leicht zugänglich darzustellen. Mit einer gewissen und prägnanten Darstellung der Ergebnisse erhalten Führungskräfte im Unternehmen die Informationen, Analysen, Trends und Prognosen, die sie benötigen, um strategische Entscheidungen zu treffen.

Im Folgenden schauen wir uns die Softwarebereiche Enterprise Resource Planning (ERP), Manufacturing Execution System (MES), Lagerverwaltungssystem (LVS) und Transport Management System (TMS) näher an, da es diese Lösungen sind, die uns im Zusammenhang mit IoT interessieren. Sie verwalten nämlich in der Regel Dinge, die in der realen Welt tatsächlich physisch bewegt werden und die Auswirkungen auf betriebswirtschaftliche Prozesse haben. Einerseits erläutere ich die Rolle der jeweiligen Software und zeige Ihnen, wie Sie das für Ihr Unternehmen passendste Angebot finden, andererseits gehe ich auf die Wechselwirkung zwischen dem Internet der Dinge und diesen Softwaresystemen ein.

■ 4.1 Generelle Tipps zur Softwareanschaffung

Nach unzähligen Softwareausschreibungen im Logistikumfeld und vielen Jahren bei einem der größten Softwarehersteller der Welt kann ich Ihnen einige Ratschläge und Hilfestellungen für das Einkaufen und Einführen von Unternehmenssoftware mit auf den Weg geben. Diese gelten im Grunde für alle Softwarelösungen, die Sie für viel Geld erwerben und einführen könnten: für Enterprise Resource Planning (ERP), für Lagerverwaltungssysteme (LVS), für Transport Management Systeme (TMS), für Manufacturing Execution Systeme (MES), für Telematiksysteme oder auch für das Customer Relation Management (CRM).

Zu beachten sind folgende Aspekte:

- **Anforderungen:** Analysieren, beschreiben und dokumentieren Sie Ihre Anforderungen. Das hilft Ihnen intern, und Sie zeigen den Softwareherstellern, dass sie konkrete Vorstellungen haben und nicht 0815 wollen. Ich selbst halte mich bei der Analyse und Aufnahme von Prozessen an ein standardisiertes Vorgehen, damit ich die Softwareangebote am Markt sehr schnell scannen und bewerten kann. Die hier investierte Arbeit spart man erfahrungsgemäß später ein: bei der Erstellung von Lastenheften, Blueprints, Lösungskonzepten, Lösungsdesign und Spezifikationen. Das sind noch alles die traditionellen Begriffe, die aus dem Wasserfallmodell kommen. Doch glauben Sie mir - wenn Sie Ihre Hausaufgaben bei der Beschreibung der Anforderungen machen, kommen Sie auch deutlich entspannter durch eine agile Softwareimplementierung, sofern Sie das planen.
- **Mitgestaltung:** Binden Sie Ihre Mitarbeiter in die Auswahl, Entscheidung und die Implementierung mit ein, wann immer es geht. Denn sie werden später mit der Software arbeiten - und wenn ihnen die Software nicht gefällt, sinkt die Zufriedenheit, was sich negativ auf den Teamgeist und die Produktivität auswirkt. Regelmäßige Meetings, Demos und Mailings können helfen, über das Projekt und den Auswahlprozess zu informieren.
- **Köpfe:** Finden Sie den perfekten Projektleiter für Ihr Softwareprojekt. Ob intern oder extern, Sie sollten diesem Menschen zu 100 % vertrauen. Im Projektteam arbeiten die wichtigsten Vertreter aus den beteiligten Bereichen zusammen. Wenn Sie Ihr Projekt agil durchziehen, finden Sie einen Product Owner und einen Scrum Master, der die Kollegen mitzieht und die Methode gut vermittelt.

- **Budget:** Planen Sie ein passendes Projektbudget mit einem entsprechenden Puffer ein. Wenn nötig, holen Sie sich Hilfe bei der groben Projektkostenevaluation. Wenn Sie das Budget und den Puffer haben, schlagen Sie noch einmal 20 % oben drauf.
- **Unabhängigkeit:** Falls Sie sich für die Softwareeinführung, den Support und den Kauf der Software für ein Gesamtpaket aus einer Hand entscheiden, ist das komfortabel, es könnte aber eine starke Abhängigkeit von diesem einen Partner zur Folge haben (Stichworte: Lock-in-Effekt, Vendor Lock-in). Das betrifft zum Beispiel die Preise: Wenn der Hersteller, der gleichzeitig Beratung und Support anbietet, entscheiden sollte, seine Tagessätze für den Support und die Berater um 20 % zu erhöhen, haben Sie wenig Spielraum. Einige Softwarehersteller bieten ein gutes Netz an Partnern, die die Wartung der Software übernehmen und die Beratung vor Ort machen. Das wäre ein etwas flexibleres Zusammenarbeiten.

Herstellerseitig sollten Sie folgende Punkte unter die Lupe nehmen:

- **Anbieterprofil:** Schauen Sie sich bei der Auswahl der Anbieter gut an, wie sich diese in den vergangenen Jahren entwickelt haben. Wie sieht die Roadmap der Firmen aus? Kann man eine Release-Strategie erkennen? Darunter versteht man Folgendes: Plant der Softwarehersteller in den nächsten Jahren Innovationen, die ein Benefit für Ihr Unternehmen sind? Hat der Hersteller in der Vergangenheit Themen auf seiner Roadmap tatsächlich umgesetzt, oder handelte es sich meist nur um Visionen, die wie eine Seifenblase zerplatzten, sobald sie in das Produkt einfließen sollten?
- **Support:** Achten Sie darauf, wie die Support-Struktur des Softwareherstellers ist. Gibt es ein globales Netz an Mitarbeitern, die sich um Ihre Probleme mit der Software kümmern, sollte es darauf ankommen? Keiner hat Lust, dass das Lagerverwaltungssystem ausfällt und man keine Lieferung mehr in das Lager hinein oder aus ihm herausbekommt. Auch nicht zu unterschätzen, ist ein Ausfall der Produktionssteuerungssoftware, denn dann produzieren Sie nichts mehr.
- **Cloud-Lösungen:** Außerdem ist interessant, wie sich der Hersteller zu Cloud-Lösungen verhält. Bietet er zum Beispiel für traditionelle Programme, die er ursprünglich als On-Premise-Lösung auf den Markt gebracht und vertrieben hat, Alternativen in der Cloud an? Gibt es gegebenenfalls gewisse hybride Modelle, die besser zu Ihren Anforderungen passen?
- **Basistechnologie:** Ist die Basistechnologie, die der Softwarehersteller nutzt, noch zukunftsfähig? Einige Lösungen, mit denen Sie Ihr Unternehmen steuern könnten, wurden auf einer technologischen Basis entwickelt, die nicht mehr unterstützt oder gewartet wird. Wenn etwa die Schnittstellen und APIs veraltet sind, dann lassen Sie die Finger davon.

- **Benutzerfreundlichkeit:** Stellt der Softwarehersteller Apps für mobile Geräte bereit? Können sich die Mitarbeiter über einen Browser auf dem Unternehmenssoftwaresystem anmelden? Wie sehen die User Interfaces, die Bildschirmmasken, aus, mit denen Ihre Mitarbeiter tagtäglich arbeiten würden? Sollen App- und computergewöhnte Mitarbeiter an jedem Arbeitstag nostalgisch werden, weil das Design der User Interfaces und die Nutzerprozesse sie an die frühen 2000er Jahre erinnern? Besser nicht. Ein moderneres, intuitives Benutzererlebnis wirkt professioneller, verkürzt die Einarbeitungszeit und erhöht den Spaßfaktor beim Arbeiten mit der Software.
- **Customizing:** Prüfen Sie, wie weit sich das System Ihren spezifischen Unternehmensanforderungen anpassen lässt. Je mehr Sie in den Systemeinstellungen bezüglich Ihrer Prozesse anpassen können, desto weniger müssen Sie später für individuelle Programmierungen ausgeben. Diese bergen immer ein Risiko und sind deutlich teurer als die Nutzung von Standardfunktionalität.

Ich habe Projekte erlebt, in denen die Implementierung einer Unternehmenssoftware überstürzt umgesetzt wurde. Diese Projekte kann man im Rückblick leider nur so zusammenfassen: Schlecht gemacht und teuer bezahlt. Einmal wurden zum Beispiel in sehr kurzer Zeit sehr komplexe Unternehmensprozesse in die ERP-Software implementiert. Sinnvolle Standardfunktionalitäten beispielsweise für die Trennung der Vertriebswege wurden nicht genutzt. Das Resultat war, dass im Nachhinein aufwendig in der Schnittstelle herumprogrammiert wurde, um diese Funktionalität zu haben. Nehmen Sie sich lieber genügend Zeit für die Implementierung und auch für die Schulung der Mitarbeiter. Beim Einkauf würde ich ebenfalls nichts überstürzen. Kaufen Sie erst, wenn Sie zu 100 % überzeugt sind. Warum erwähne ich das? Ist das nicht selbstverständlich? Ich habe schon häufiger erlebt, dass meine Klienten mehrere Softwarelösungen bei einem Hersteller auf einmal gekauft haben, um einen höheren Rabatt zu erhalten. Dadurch haben sie sich allerdings Software eingekauft, die sie nachher gar nicht gebraucht haben, oder sie haben zu viele Softwarelizenzen gekauft, die am Ende gar nicht benötigt wurden. Überschüssige Lizenzen und nicht benötigte Software/Paketbestandteile können Sie normalerweise nur zu schlechten Konditionen zurückgeben, weswegen sie häufig als sogenannte Shelfware im Regal verstauben, aber trotzdem Kosten für die Wartung oder das Abo verursachen. Seien Sie deshalb lieber etwas zögerlich beim Kauf. Solange Sie den Vertrag noch nicht unterschrieben haben, bekommen Sie meiner Erfahrung nach meist einen relativ guten Support seitens des Softwareherstellers - ganz nach dem Motto: Der potenzielle Neukunde ist König. Doch wenn der Verkäufer den unterschriebenen Vertrag schon in der Tasche hat, kann das schnell anders aussehen.

■ 4.2 Enterprise Resource Planning (ERP)

Das Wort Ressourcen kann für vieles stehen: Es kann um Geld gehen, das man hat oder nicht, um Rohstoffe und die Energiegewinnung, auch um die Fähigkeiten, die unterschiedliche Menschen mitbringen. Würde ich zum Beispiel meine Kinder fragen, was ihnen zu diesem Begriff einfällt, kämen sie wohl eher auf Fridays for Future als auf ökonomische Modelle oder die ERP-Software, mit der sich ihr manchmal doch recht merkwürdiger Vater ab und an beschäftigt. Enterprise Resource Planning (ERP) hat sich als Begriff etabliert für die unternehmerische Aufgabe, Ressourcen wie Kapital, Personal, Betriebsmittel, Material und Technik im Sinne des Unternehmenszwecks rechtzeitig und bedarfsgerecht zu planen, zu steuern und zu verwalten. Anders ausgedrückt: Ressourcenplanung gehört zum unternehmerischen Handeln wie die vegane Currywurst zur modernen Ruhrgebietspommes. Da Computer schneller und verlässlicher rechnen können als Menschen, setzen professionelle Unternehmen schon eine Weile auf Software für die Rechnerei. Dass Unternehmensführung viel mit Zahlen zu tun hat, ist klar: Personal- und Materialkosten, Miete, Steuern und weitere Ausgaben, auf der anderen Seite die Einnahmen, die Umsätze, die Gewinne, verbuchte wie geplante, und dann noch die Stückzahlen, Mengen, Stunden-, Tages- Wochenplanung, die Lieferintervalle. Wer rechnet das alles denn bitte freiwillig hoch und runter, ohne auf Hilfsmittel zurückzugreifen? Sie etwa? Sind Sie so verliebt in die Mathematik?

Raten Sie mal, welche Programme Claus Wellenreuther, Hans-Werner Hector, Klaus Tschira, Dietmar Hopp und Hasso Plattner als Erstes entwickelten, als sie 1972 die Firma SAP (Systemanalyse und Programmentwicklung) gründeten. Die ersten Programme übernahmen die Lohnabrechnung und die Buchhaltung. Diese Funktionen finden Sie heute in jedem ERP-System, ummantelt mit weiteren Funktionen für das Ressourcenmanagement. Die betriebswirtschaftlichen Vorgänge, die Sie in Ihrem ERP-System organisieren und vornehmen, sind essenziell: Finanzen, Controlling, Einkauf, Bestandsführung, Vertrieb, Verkauf, Personalverwaltung und Steuern. All diese Bereiche bilden Sie digital in einer ERP-Software ab. Eng verknüpft mit ERP ist das Modul Material Resource Planning (MRP). Um das Material der nächsten Monate für die Produktion gemäß der Kundenaufträge oder Nachfrage einzukaufen, muss ich berücksichtigen, wie die Abverkäufe sind. Ich muss an Faktoren denken, die für meine Produkte und Services relevant sind, zum Beispiel an das Wetter. Vielleicht geht es ja um Schneeschaufeln oder um Sonnenschirme. MRP ist darüber hinaus ein wichtiger Bereich in der Bekleidungsindustrie. Um die Materialmengen richtig einzuschätzen und den Einkauf zu planen, brauche ich einen Überblick über die Kundenaufträge.

ERP-Software ist mehr als reine Buchhaltungssoftware, auch mehr als reine Warenwirtschaft. Die Funktionalität ist ganzheitlicher, auf sämtliche Zahlen und Prozesse im Unternehmen ausgerichtet. Deswegen ist auch die Interaktionsfähigkeit nach innen und außen so wichtig: mit der zentralen IoT-Plattform, sofern vorhanden, mit Geräten, mit weiterer Software in der eigenen und in anderen Firmen. Für diesen digitalen Unternehmenskern rund um die Ressourcenplanung wollen Sie natürlich ein gutes und verlässliches System haben. Für Firmen kann es ein Meilenstein sein, so ein System erstmalig einzuführen, wenn sie sich eine Zeit lang in ihrem Marktsegment behaupten haben und gewachsen sind. Eine in die Jahre gekommene ERP-Software nachhaltig zu modernisieren, ist ebenfalls eine Herausforderung. In der Fachzeitschrift IT Mittelstand habe ich vor einiger Zeit Folgendes gelesen: „Die Einführung eines neuen ERP-Systems steht für jeden IT-Chef eines mittelständischen Unternehmens meistens nur einmal im Berufsleben auf der Agenda. Denn ist es erfolgreich eingeführt, liegt die Nutzungsdauer bei 15, 20 oder mehr Jahren.[1]“ Andererseits hat so mancher Unternehmenslenker wie der Chief Information Officer (CIO), Chief Finance Officer (CFO) oder sogar viele Chief Execution Officers (CEOs) ihre Karriere im Chaos einer ERP-, LVS- oder TMS-Implementierung beendet.

Ich halte 15 bis 20 Jahre mit Blick auf die rasanten IT-Entwicklungen und den dynamischen Softwaremarkt für eine steile These, aber der Kern der Aussage stimmt. In Abschnitt 4.2 gehe ich detaillierter auf ERP-Systeme ein. Unter anderem ist ein Interview in IT-Mittelstand[2] mit zwei Spezialisten enthalten, aus dem ich im Folgenden eine interessante Passage über den richtigen Zeitpunkt der ERP-Modernisierung ausgewählt habe. Die Redaktion befragte Ralf Bachthaler, damals Vorstand der Asseco Solutions AG, die einen Kaffee-Count auf Ihrer Website hat und sich als ERP-Vorreiter bezeichnet, und Karl Tröger, Business-Development-Manager der PSI Automotive & Industry GmbH, die eine Walnuss im Logo und ERP- sowie MES-Systeme im Angebot hat. Die Fragestellung war sinngemäß: Wann sollte ein bewährtes ERP-System mit Blick auf die digitale Transformation modernisiert werden? Wann muss eine in die Jahre gekommene Software zwingend ersetzt werden? Dazu sagten die beiden Fachleute Folgendes:

> *„Das ERP-System stellt nach wie vor die zentrale Informationsdrehscheibe im Unternehmen dar. Im Zuge von Industrie 4.0 und Digitalisierung kommen nun auch vernetzte Produktionsdaten hinzu. […] Entsprechend muss die Architektur der Lösung so aufgebaut sein, dass externe Datenquellen wie Maschinen oder Drittapplikationen leicht integriert werden können. Ist dies nicht der Fall oder nur mit hohem Kostenaufwand zu realisieren, bestehen aus meiner Sicht wenig Alternativen dazu, das Altsystem durch eine moderne, zukunftsfähige ERP-Lösung zu ersetzen.“*
>
> *Ralf Bachthaler*

---

[1] IT Mittelstand, Ausgabe 12/2019, S. 28

[2] *Wesseler, Berthold:* Intelligente ERP-Systeme für den nächsten Schritt. Aus der Rubrik „Drei Fragen an …“. In: IT Mittelstand, Ausgabe 12/2019. *https://www.it-zoom.de/it-mittelstand/e/intelligente-erp-systeme-fuer-den-naechsten-schritt-24986*

„Eine [...] Top-Anforderung an jeden Player in einem Produktionssystem ist Integrationsfähigkeit. Das betrifft Maschinen und Software gleichermaßen. Heutige moderne ERP-Systeme verfügen meistens - nicht immer - über die notwendige Konnektivität und bieten beschriebene APIs für den Zugriff auf die Objekte und Methoden des ERP-Systems. Unter Umständen ist allerdings nicht der gesamte Funktionsumfang verfügbar. Hier kommt es dann darauf an zu ermitteln, ob a) die gegebene Funktionalität ausreicht und/oder b) erweitert werden kann. Sollten [...] erfolgskritische Faktoren nicht ausreichend berücksichtigt werden können, kommt ein Unternehmen um eine Neuorientierung [...] wohl nicht herum."

Karl Tröger

Tröger ergänzte noch, dass „lieb gewonnene Systeme" durchaus zeitgemäß sein können, man aber nicht so sehr an ihnen klammern sollte, dass man die Augen vor sinnvollen Innovationen durch neuere Konkurrenzprodukte verschließt.

Ich denke, eine elementare Frage beim Aufsetzen und Erneuern von ERP-Software, die im IoT-Zeitalter möglichst sinnvoll zu nutzen ist, lautet: Welche Informationen und Daten sind permanent von unternehmensweitem Interesse und welche eher nicht? Zum besseren Verständnis ein praxisnahes Beispiel: In einer Produktionsanlage sind Sensoren im Einsatz. Diese Sensoren verzeichnen Temperaturverläufe für Elektromotoren. Sie erfassen außerdem, auf welche Stromstärke der Motor zugreift. Ein erhöhter Bedarf könnte darauf hindeuten, dass der Motor auf Volllast läuft, vielleicht sogar defekt ist, oder dass das Förderband, das er antreibt, möglicherweise einen Defekt hat. Aus der Erfahrung zeigt sich, dass der Motor diese Last nicht sehr lange durchhält, da er dafür beim Maschinendesign nicht ausgelegt wurde. Muss diese Information nun Berücksichtigung in einem ERP-System finden oder nicht? Sie könnten dafür argumentieren: Wartungen kosten Geld. Prävention kann teure Reparaturen verhindern. Das ist doch Ressourcenplanung. Sollte also die Software von daher solche Sensordaten nicht nutzen, um sie in Modellrechnungen einzubeziehen und betriebswirtschaftlich zu bewerten, damit wir eine Entscheidungsgrundlage haben und den Einsatz eines Wartungstechnikers einplanen können und Ersatzteile, die turnusmäßig bei solch einer Wartung ersetzt werden, gleich bestellen?

Wie Sie in Kapitel 5 noch sehen werden, bekommt die turnusmäßige Wartung nach Kalender in Zukunft Konkurrenz durch Predictive Analytics und Maintenance, also durch den Einsatz von IoT in Kombination mit Künstlicher Intelligenz und Algorithmen für die automatisierte Zustandskontrolle und Geräteüberwachung. Da wäre es doch gut, wenn ein modernes ERP-System solche Sensordaten irgendwie integrieren würde. Lassen Sie uns nun die Position von Contra-Kai und Dagegen-Daniel einnehmen, das ist nebenbei auch schon mal eine Mini-Übung für alle, die noch nie mit Design Thinking zu tun hatten (dazu mehr in Kapitel 6). Die Skeptiker halten also dagegen: Diese Daten würden die Software überlasten, anstatt zu helfen. Sie würden doch im Millisekundentakt in die globale Planungssoftware einströmen, ohne dass man einen direkten betriebswirtschaftlichen Informationswert hätte. Die ganze Softwareinfrastruktur käme an ihre Grenzen. So ein Risiko zu fahren, nur damit man vielleicht brauchbare Szenarien für Wartungsfragen hat, das sei nicht sinnvoll. Die fiktive Diskussion hat Sie hoffentlich nicht zu sehr an real existierende Streitfragen und Konflikte erinnert. Sie sollte einfach nur verdeutlichen: Es ist gar nicht so leicht zu klären, an welchem Punkt die Informationen für eine Unternehmenssoftware relevant werden. Nicht alle Informationen sind an jeder Stelle im Unternehmen nützlich, das gilt im Zeitalter von Big Data mehr denn je (siehe Kapitel 5).

Das Internet der Dinge kann einem Industrieunternehmen heutzutage Sensordaten in Millionendimension liefern. Diese Informationen nur zu sammeln und auszuwerten reicht aber nicht aus. Um von diesen Datenmeeren wirklich zu profitieren, müssen die Erkenntnisse auch zu Aktionen führen, die Geschäftsabläufe verbessern, ob es nun die Wartungspläne, die Logistik, oder die eigentlichen Produkte betrifft. Die IoT-Daten aus Industrie 4.0-Umgebungen sollten mithilfe des ERP-Systems sinnvoll operationalisiert werden. Hier sind wir beim Zusammenspiel von ERP-Software und den in Kapitel 3 vorgestellten IoT-Plattformen: Wird das ERP-Tool in eine IT-Architektur eingebunden, die es ermöglicht, Sensordaten und andere IoT-Infos zu erfassen, zu speichern und zu filtern, lassen sich die riesigen Datenmengen sinnvoll komprimiert an das ERP-System weiterleiten. Wenn die Software „on site" läuft, also direkt im Werk oder der Produktionsstätte, genügt es wohl, dass ein kleiner Computer die Informationen aufsaugt und verarbeitet. Sollten Anomalien auftreten, kann man gezielt an der richtigen Stelle entgegenwirken. Würde der Motor einen relevanten Wert übersteigen und heiß laufen, wäre natürlich schnellstmöglich eine Wartung erforderlich. Mit dieser Instandhaltung hätten aber die Abteilungen Produktentwicklung und Finanzbuchhaltung und wohl auch die Geschäftsführung nicht unmittelbar zu tun. Deswegen bleibt das ERP-Tool besser frei von solchen technischen Details. Um effizient verwalten, planen und managen zu können, will man dort schließlich nur für den Gesamtbetrieb relevante Daten vorfinden.

Sollten Sie schon etwas tiefer in der ERP-Materie stecken oder sich regelmäßig mit der Automatisierung von Prozessen beschäftigen, ist Ihnen vermutlich auch schon mal das Thema Robotic Process Automation (RPA) als Alternative zu ERP-Software über den Weg gelaufen. Ich will diese Diskussion hier kurz aufgreifen, indem ich die Vor- und Nachteile von RPA-Anwendungen, die vereinfacht gesagt eine Spielart von Bots sind, zusammenfasse. Wenn Sie in einer Branche aktiv sind, in der es sehr wichtig ist, Prozesse zu automatisieren und zu digitalisieren, in Ihrer Firma aber ein etwas angestaubtes ERP-System im Einsatz ist, könnte die Erweiterung um neue Funktionen schwierig werden, während der Wechsel auf eine moderne Software möglicherweise das Budget sprengt. „RPA bietet einen Ausweg aus diesem Dilemma. Denn die Technologie ahmt die Interaktionen eines Menschen mit Benutzerschnittstellen von Softwaresystemen nach und ersetzt damit die Programmierschnittstelle." So argumentierte jedenfalls Dirk Bingler als Sprecher der Geschäftsführung bei der Gus Deutschland GmbH in einem Interview[3] zum Zusammenspiel von RAP und ERP. Wie er weiter ausführte, kann man mithilfe von RPA-Technologie Prozesse beschleunigen und automatisieren, ohne dazu in bestehende ERP-Systeme einzugreifen. Als Anwendungsbeispiele nannte er die Stammdatenpflege, das Materialmanagement, das Bearbeiten von Kündigungen, buchhalterische Prozesse oder Recherchen zum Preisvergleich. Man könnte noch Urlaubsanträge oder die Bewerbervorauswahl ergänzen. Bingler drückt es so aus: „Im Prinzip macht RPA überall dort Sinn, wo es darum geht, einfach strukturierte Tätigkeiten, die immer wiederkehrenden Regeln folgen, schneller und genauer zu erledigen als ein Mensch." Denn RPA-Anwendungen seien schnell, rund um die Uhr verfügbar, würden keine Flüchtigkeitsfehler machen und alle Arbeitsschritte lückenlos dokumentieren. Mit Blick auf die Entwicklung der Künstlichen Intelligenz (siehe Kapitel 5) geht Bingler davon aus, dass sogenannte kognitive RPA „sich künftig auch im Mittelstand zum Must-have entwickeln wird - ob als integrierter Bestandteil von ERP-Systemen oder als Stand-alone-Lösung." Dass er mit dieser Meinung nicht ganz allein ist, zeigt sich unter anderem darin, dass SAP kürzlich den französischen RPA-Anbieter Contextor gekauft hat (mehr zur Rolle von SAP auf dem ERP-Markt in Abschnitt 4.2).

Es gibt aber auch Stimmen, die warnen: RPA ist nur eine Krücke in über Jahre gewachsenen Systemlandschaften, eine Dauerlösung kann es nicht sein. Einige davon finden Sie zum Beispiel in einem Fachbeitrag[4] über RPA-Lösungen mit dem Titel „Über das Provisorium zum Ziel". Darin äußern sich mehrere Experten eher kritisch gegenüber Robotic Process Automation. Wenn die RPA-Verwender sich nicht gut und transparent absprechen würden, könne das zu nicht mehr nachvollziehbarem Chaos im Frontend führen. Außerdem lasse die Qualität der Daten manchmal zu wünschen übrig, weil RPA-Bots Probleme mit Datendubletten oder inkonsistenten Stammdaten hätten. Wertschöpfende Prozesse mit Compliance-Richtlinien und Prozesse mit mehreren Freigaben und Entscheidungsstufen sind den Kritikern zufolge auch nicht als RPA-Spielwiese zu empfehlen. Eine Sache noch zum Schluss: Einige Anbieter werben in diesem Umfeld mit dem Einsatz von Künstlicher Intelligenz. Schauen Sie hier unbedingt etwas genauer unter die Motorhaube, bevor Sie sich von den modernen Buzzwords blenden lassen. In fast allen Fällen sucht man Künstliche Intelligenz in diesen Lösungen vergeblich. Es geht um Prozessautomation, Workflows und den Einsatz von mehr oder weniger komplexen Algorithmen bei der Abarbeitung. Am Ende ist es ja auch nebensächlich, wie der Anbieter die Technologie nennt. Schauen Sie, dass die Lösung das erledigt, was Sie von ihr erwarten, und lassen Sie sich dies an Ihren konkreten

[3] IT Mittelstand, 11/2019, S. 40

[4] *Hoffmann, Daniela:* Über das Provisorium zum Ziel. In: IT Director, Ausgabe 11/2019, S. 42 ff. *https://www.it-zoom.de/it-director/e/ueber-das-provisorium-zum-ziel-24513*

Beispielen in einem Proof of Concept (POC) also einem kleinen Miniprojekt beweisen, bevor Sie hier eine Investitionsentscheidung treffen. Wir unterstützen mit digit-ANTS und IN3-Group solche POCs in der Regel unter dem Namen Sprint 0.

So viel zum Thema RPA. Kommen wir wieder zurück zu den ERP-Systemen. Eine weitere Herausforderung bei der Ressourcenplanung mit ERP-Software ist es, den Datenfluss technisch sauber hinzukriegen. Spätestens wenn sich zwei Plattformen miteinander unterhalten - sagen wir eine eingekaufte IoT-Plattform, wie Sie sie in Kapitel 3 kennengelernt haben, und die unternehmenseigene ERP-Lösung -, brauchen wir ein narrensicheres Vorgehen, um die Daten auszutauschen und abzulegen. Verlässt zum Beispiel ein Werkstück einen bestimmten Bereich, die Geogrenze oder ein definiertes Produktionsareal, wird ein Signal zum ERP-System gesendet, das veranlassen soll: „Bitte eine neue Bestellung des Werkstücks vormerken oder buchen“. Die Software erkennt, woher die Werkstoffe kommen und wohin sie gehen. Daraus zieht das System seine logischen Schlüsse und handelt entsprechend nach programmiertem Regelwerk - wenn alles funktioniert jedenfalls.

Auch die Löschkonzepte und -routinen bzw. Archivierung spielen für ERP eine wichtige Rolle. Der Speicherplatz selbst kostet je nach Datenbanktechnologie zwar mittlerweile kaum Geld, aber irgendwann wird's dann doch teuer, wenn viele Daten erzeugt werden. Sie müssen schließlich gesichtet und ausgewertet, gesichert und verwertet werden. Das nimmt Zeit und Kapazitäten in Anspruch. Auch wenn Speicher an sich nicht mehr viel Geld kostet, sind die Auswertungszeiten umso länger, je mehr Daten ausgewertet werden müssen. Und wenn Sie in eine Datenbanklösung wie SAP HANA investieren, die die Daten nicht mehr zeilenbasiert, sondern spaltenbasiert durchkämmt und dabei im Hauptspeicher hält, dann trägt das zwar viel zur schnellen Verfügbarkeit bei, ist aber wiederum ein Investment, weil weniger ausgefeilte Datenbanklösungen eben auch weniger kosten.

Datensammelwut kann ein Indikator für Orientierungslosigkeit in Unternehmen sein. IT- und Softwareberater zaubern aus ihrem Bauchladen deshalb oft Angebote für Dateninventuren hervor. Sich von überflüssiger Datenlast zu befreien, kann für eine Firma ein sehr reinigender Prozess sein. Sie dürfen sich jetzt gerne die Aufräummeisterin Marie Kondō vorstellen, falls Sie sie kennen, wie Sie einen aus dem Leim gegangenen US-amerikanischen Haushalt gesundminimiert. Verschlankungskuren für die digitalen Rumpelkammern und die Computer-Messies sollten allerdings Chefsache sein.

Wie ich bei den allgemeinen Tipps schon angeführt habe, empfiehlt es sich auch von solchen einmaligen Manövern abgesehen, eindeutig zu klären, wer im Unternehmen beim Thema ERP den Hut aufhat. Das System zu betreuen und zu entscheiden, was in der Software ausgewertet wird, ist ein fortlaufender Prozess, der normalerweise mehr als eine Kompetenz betrifft. In der Regel brauchen wir dafür interdisziplinäre Teams mit mindestens zwei Personen. Mindestens eine/r sollte sich gut in der IT-Landschaft auskennen und wissen, wie Daten erzeugt und abgelegt werden. Meistens ist auch der Fachbereich Controlling gefordert, damit wir wissen, welche Informationen im ERP benötigt werden, um sinnvolle betriebswirtschaftliche Ableitungen vorzunehmen.

Weil es geschäftsrelevante, teilweise sensible Daten sind, die in Ihrem ERP-System zusammenlaufen, ist es wichtig, die Zugriffsberechtigungen klug zu regeln. Welche Mitarbeiter haben ein berechtigtes Interesse, in den Systemen unterwegs zu sein und welche nicht? Ein Beispiel: Ein pragmatischer Mitarbeiter möchte einen Datensatz für einen neuen Lieferanten anlegen, gleichzeitig den Wareneingang buchen und die Rechnung bestätigen, weil ihm das als effiziente, sinnvolle Kombination einzelner Schritte erscheint. So gesehen ist das verständlich. Doch solche scheinbar unbedenklichen Vorgänge können zum Sicherheitsrisiko werden: Wenn die Kontodaten des Lieferanten hinterlegt sind, könnte sich jemand mit der nötigen kriminellen Energie eingeladen fühlen, die Geldflüsse umzulenken. Aus unberechtigt abgezwackten Cent-Beträgen wird schnell eine Million, wenn Big Data und ein versierter Hacker aufeinandertreffen. Sie müssen nur mal den jährlich erscheinenden Lagebericht zur IT-Sicherheit des Bundesamtes für Sicherheit in der Informationstechnik lesen. Der aktuellste Lagebericht dieser Art, der mir während des Verfassens dieses Buches zur Verfügung stand, ist der aus dem Jahre 2019. Darin stehen einige beunruhigende Dinge: Über 300 000 neue Schadsoftwarevarianten kommen jeden Tag in Umlauf, bis zu 110 000 Bot-Infektionen deutscher Systeme am Tag ermöglichen dunkle Machenschaften über die vernetzte Datenwelt. Das BSI attestiert den Cyberkriminellen jedenfalls „ein hohes Maß an Sachverstand und Innovation.[5]“ Wie ich schon in Abschnitt 3.2.3 erwähnt habe, werden regelmäßig Schadprogramme in die betriebliche IT eingeschleust, um schädliche Operationen durchzuführen, was immer wieder zu Betriebsstörungen und Ausfällen führt. Sie werden mir wohl nicht widersprechen, wenn ich sage: In Zeiten von Big Data und IoT kommt dem Datenschutz eine wichtige Rolle zu. Die flächendeckende Vernetzung im IoT-Zeitalter führt zu neuen Herausforderungen für die Schutzmaßnahmen der Unternehmen. Theoretisch kann jedes Teil, das mit dem Internet verbunden ist, gehackt und übernommen werden. Im industriellen Bereich, wenn wir von IIoT sprechen, müssen Sie zusätzlich bedenken, dass nicht nur neue, sondern auch nachgerüstete Geräte und Maschinen im Einsatz sind und Daten ins ERP schicken. Das Internet der Dinge ist an einem Punkt angekommen, wo nachgelagerte Sicherheit nicht mehr verlässlich genug ist. Besser ist die Devise „Wehret den Anfängen“, die Ihnen vermutlich schon in Form der Etiketten „Security by Design“ oder „Security by Default“ bzw. „Privacy by Design/Default“ explizit für die Datensicherheit untergekommen ist.

[5] *Bundesamt für Sicherheit in der Informationstechnik (BSI):* Die Lage der IT-Sicherheit in Deutschland 2019. S. 27

Was die Rolle von ERP-Lösungen in der Cloud angeht, teilen viele Experten die folgende Einschätzung von Mitarbeitern des ERP-Anbieters IFS Deutschland GmbH & Co. KG:

> *„Im Sinne einer ganzheitlichen IT-Landschaft wird mittelfristig auch das ERP-System selbst zunehmend in die Cloud wandern; allerdings wird sich dabei hierzulande vor allem das Private-Cloud-Modell durchsetzen. In Deutschland, aber auch in Österreich und der Schweiz sind die Unternehmen - ganz im Gegensatz etwa zu den USA - sehr zurückhaltend, wenn es darum geht, geschäftskritische Daten in die öffentliche Cloud auszulagern.[6]“*

ERP-Anbieter

Der ERP-Markt ist ähnlich dynamisch wie der in Kapitel 3 dargestellte Markt für IoT-Plattformen: Die Marktführer SAP, Microsoft und Oracle stehen im Wettbewerb mit jungen, innovativen Unternehmen und etablierten IT-Firmen, die mit eigenen ERP-Angeboten positiv von sich reden machen. Im bereits erwähnten ERP-Schwerpunkt des Magazins IT Mittelstand[7] ist es so formuliert: „ERP-Plattformen gibt es inzwischen selbst für hoch spezialisierte Industrieunternehmen, die noch vor 20 Jahren absolut kein passendes Angebot auf dem ERP-Markt finden konnten und daher notgedrungen eigene Lösungen schaffen mussten.“ Heute gebe es dagegen eine breite Palette. Zwischen Komplettpaketen und Individuallösungen stünden etliche Lösungen von Spezialanbietern zur Verfügung. Diese branchenspezifischen, gewachsenen Programme realisieren laut Martin Hinrichs von der Ams.Solution AG, einem weiteren interviewten Experten, mittlerweile Prozessabdeckungsgrade von über 90%. Wir haben also wieder die Qual der Wahl. Doch keine Bange: Ich habe mich erneut dem Servicegedanken verpflichtet und Ihnen eine vernünftige Quelle zum Informieren und Vergleichen herausgesucht. Eric Kimberling, der CEO der Third Stage Consulting Group, hat im Herbst 2019 ein Video bei YouTube eingestellt, in dem er die in den Augen seines Spezialistenteams zehn besten ERP-Systeme für das Jahr 2020 vorstellt. Während es von Third Stage auch spezifizierte Empfehlungen für kleinere Unternehmen, bestimmte Regionen oder Branchen gibt, ist diese Top-10-Liste die allgemeinste Rangliste und deswegen als globaler Überblick ganz gut geeignet. So sieht das Ranking aus:

1. Oracle Netsuite
2. Microsoft Dynamics 365
3. Oracle ERP Cloud
4. IFS

---

[6] *Issing, Stefan/Schulz, Peter:* ERP-Systeme in IoT-Plattformen aus der Cloud integrieren. *https://line-of.biz/industrie-4-0-und-iot/erp-systeme-in-iot-plattformen-aus-der-cloud-integrieren*

[7] IT Mittelstand, Ausgabe 12/2019, S. 31

5. Sage
6. SAP S/4HANA
7. Salesforce
8. Infor
9. Workday
10. Service Now

Leute, die sich auskennen, können an den Namen in der Liste schon sehen, dass hier klassische ERP-Systeme mit einer Basis bei den Finanzen und dem Controlling ebenso vertreten sind wie eher personalzentrierte oder servicezentrierte Lösungen. Oracle Netsuite und Microsoft Dynamics 365 waren im Jahr davor auch schon auf der Silber- und Gold-Position dieses Beratungsunternehmens, parallel sind ein paar neue Namen in der aktuellen Liste aufgetaucht. Leute, die sich noch nicht so gut auskennen, bemerken wohl nichtsdestotrotz, dass die Platzierungen nicht 1 : 1 die Marktanteile widerspiegeln, sonst müssten Salesforce und vor allem SAP weiter oben stehen. Nein, hier geht es um definierte Kriterien wie Flexibilität, Interoperabilität, Komplexität versus Benutzerfreundlichkeit, den Reifegrad und die bislang erfolgreichen Implementierungen. Dieses Ranking und das ähnlich gute Abschneiden von Oracle Netsuite anderswo verdeutlichen noch einmal die Bedeutung von Cloud-Lösungen im IoT-Zeitalter. Eric Kimberling drückt es in seinem Analysevideo so aus:

> *„If you look back at its history [...] it has been a cloud SAAS solution since way before cloud and SAAS were cool to do. And so, for that reason, their product is much more mature then some of the other, newer entrants into the cloud and SAAS space. Even more established ERP vendors like SAP and Microsoft have not caught quite up to Netsuite, simply because Netsuite has such a big headstart on this.*[8]*"*

Schauen Sie ruhig mal in dieses Video und die darin verlinkten Marktanalysen rein, falls Ihr Englisch gut genug ist. Es lohnt sich. Alternativ gibt es im Netz die kostenlose, deutschsprachige Vergleichs-Website *erpkompass.de*, die den eigenen Aussagen zufolge herstellerneutral ist.

Was die Platzhirsche angeht, sind in Europa und Deutschland SAP und Microsoft gegenüber Oracle etwas stärker vertreten. Zu den Hidden Champions aus unseren Gefilden darf man wohl IFS zählen. Im deutschsprachigen Raum (D-A-CH-Region) hat das Unternehmen Niederlassungen in Erlangen, Dortmund, Mannheim und Neuss sowie in Zürich. Obwohl der Anbieter und sein Name nicht sonderlich bekannt sind, ist IFS nach eigenen Angaben in etwa 50 Ländern durch lokale Niederlassungen, Joint Ventures und ein stetig wachsendes Partnernetzwerk vertreten. Die Produktentwicklung erfolge hauptsächlich in den Forschungs- und Entwick-

[8] Top ERP Systems for 2021: Best ERP Software, Ranking of ERP Systems, Top ERP Vendors. *https://youtu.be/saqmQhVALnM*

lungszentren in Sri Lanka und Schweden. Der Support operiere in den drei großen Regionen Nord- und Südamerika, EMEA (Europa, Mittlerer Osten und Afrika) und APJ (Asien, Pazifik und Japan). Hinzu kommen zahlreiche kleine Anbieter, über die ich Ihnen hier leider nicht bis ins letzte Detail Auskunft geben kann. Als Beispiel will ich nur stellvertretend das Unternehmen TH Data anführen, das in Berlin am Potsdamer Platz sitzt. Dessen Lösung INPAC ist eine ERP-Software für mittelständische Produktionsunternehmen. Der prozessorientierte Workflow ermögliche eine hohe Funktionalität und eine einfache Bedienung. Für die Branchen Metall- und Blechverarbeitung, Elektronikfertigung und Lebensmittelproduktion sind Ausprägungen erhältlich.

In den vorangegangenen Abschnitten habe ich bereits aus einem Artikel[9] zitiert, den Mitarbeiter des ERP-Anbieters IFS geschrieben haben. Darin empfehlen die Autoren für den Einsatz in der Industrie 4.0 unter anderem die folgenden Funktionalitäten für ein ERP-System:

- Es lässt sich durch Konfiguration statt Modifikation flexibel an die veränderten Rahmenbedingungen anpassen.
- Es kann unterschiedlichste Datentypen verarbeiten, die von Sensoren und Geräten erzeugt werden.
- Zur Kommunikation mit den Ressourcen in der Fertigung kann es über offene Plug & Play-Schnittstellen unterschiedliche Produktionsleitsysteme anbinden.
- Leistungsfähige Multi- und Inter-Site-Funktionalitäten sorgen für die Steuerung des erweiterten Informationsflusses über sämtliche, auch internationale Standorte hinweg.
- Zur schnellen Anbindung neuer Partner bietet es offene und leicht konfigurierbare EDI-Schnittstellen sowie spezielle B2B-Portale.

Ich möchte Ihnen hier noch kurz zeigen, woran sich Konzern-IT und größere Unternehmen bei der Auswahl von Software und Dienstleistern inspirieren lassen. Das amerikanische Softwareberatungshaus Gartner wird sehr häufig im Zusammenhang mit dem Hype Cycle und dem sogenannten Magic Quadrant zitiert. Der Hype Cycle soll den Reifegrad von Technologien und Innovationen jährlich abbilden. Der magische Quadrant zeigt, wo bestimmte Softwarehersteller oder Beratungshäuser nach Meinung von Gartner im Vergleich zu anderen stehen. Gartner unterscheidet hier zwischen Nischenanbietern, Herausforderern, Visionären und Anführern. Ich möchte hier darauf hinweisen, dass Gartner als erste Orientierung sicher eine gute Adresse ist. Bitte beachten Sie jedoch folgende Punkte:

[9] *Issing, Stefan/Schulz, Peter:* ERP-Systeme in IoT-Plattformen aus der Cloud integrieren. *https://line-of.biz/industrie-4-0-und-iot/erp-systeme-in-iot-plattformen-aus-der-cloud-integrieren*

1. Gartner kann Ihre persönlichen Anforderungen in Ihrer Firma sicher nicht in einem generellen Quadranten darstellen. Daher sollten Sie in jedem Fall individuell eine Suche und Ausschreibung für Ihre Software durchführen und sich hier gegebenenfalls professionelle Hilfe holen.
2. Je nach Analyst und Schwerpunkt sehen die Rankings sehr unterschiedlich aus. Schauen Sie sich daher stets mehrere Meinungen und Bewertungen an, und entscheiden Sie erst nach einer detaillierten Markt- und Anforderungsanalyse, welche Player Sie einladen.

Nur der Vollständigkeit halber nenne ich hier noch einmal die Namen der Anbieter so, wie Gartner diese in der Analyse von Mai 2019 für den ERP-Markt allgemein (Cloud und on-premise) sieht.

Anführer:

- Oracle ERP-Cloud (USA)
- Workday (USA)
- Oracle NetSuite (USA)

Visionäre:

- Sage Intacct (USA)
- SAP (DE)
- Microsoft (USA)
- Acumatica (USA)

Nischenanbieter:

- FinancialForce (USA)
- Unit4 (NL)
- Ramco Systems (IN)

Sie sehen, dass das US-amerikanische Beratungshaus Gartner aus Stamford verstärkt Softwareunternehmen aus den USA in dem Ranking aufführt. Es ist in jedem Fall wichtig, dass Sie sich überlegen, wie Sie Ihre Support-Strukturen aufsetzen. Sollten sie sich mit einem Hauptsitz in Europa für einen Nischenanbieter für Ihr ERP in Indien oder USA entscheiden, sollten Sie gewissenhaft prüfen, ob der Anbieter über gute Service- und Support-Strukturen in Ihrer Region verfügt, sonst wird die ERP-Einführung möglicherweise ein Alptraum für Sie.

4.3 Lagerverwaltungssystem (LVS)

Ein Lagerverwaltungssystem (LVS) hilft dabei, den kompletten innerbetrieblichen Materialfluss und somit alle physischen Warenbewegungen innerhalb Ihres Unternehmens abzubilden. Man könnte es mit Blick auf Abschnitt 4.2 auch so ausdrücken: Während es im ERP-System eher um Werteflüsse im Unternehmen geht, sehen wir via LVS die physischen Warenflüsse. Vorab ein Wort zu den Begrifflichkeiten: Ich verwende hier die Termini Lagerverwaltungssysteme und Lagerverwaltungssoftware. Sie werden aber auch die Begriffe Lagerlogistiksoftware und Warehouse Management System (WMS) finden. Im Grunde ist das alles das Gleiche. Wichtig sind am Ende des Tages die Funktionalitäten. Während einfache Systeme auf die Verwaltung beschränkt sind, beschäftigen sich aufwendigere Tools auch mit der eigenständigen Steuerung und Optimierung von vollautomatisierten Lagerprozessen bis hin zur Steuerung von kompletten Automatiklagern und fahrerlosen Transportfahrzeugen.

Falls Sie nicht auf dem Laufenden sind, was die Prozesse rund um die Lagerverwaltung angeht, habe ich folgenden Lektürevorschlag für Sie: eine Norm zum Aufbau eines Lagerverwaltungssystems, nämlich die VDI-Richtlinie 3601 (Warehouse-Management-Systeme). Ich empfehle diesen Text gerne gestressten Managern, wenn sie vor Sorgen nicht einschlafen können: eine Seite - und schon schlummern Sie wie ein Baby. Doch jetzt mal ohne Ironie: Diese Richtlinie kann Orientierung geben, was die Anforderungen an die Software für die Lagerverwaltung betrifft. Die Richtlinie erhöht das Verständnis der Kernbegriffe in der Lagerverwaltung. Sie hilft uns nachzuvollziehen, wie ein LVS die relevanten Bereiche bis zur Automatisierung und Prozessoptimierung unterstützt. Wer eine Ausschreibung plant, sollte in jedem Fall in diese Norm schauen, oder sie fragen mich um Hilfe. Ich habe ein standardisiertes schlankes Verfahren entwickelt, um meine Klienten durch die Ausschreibung und Implementierung von Lagerverwaltungssoftware zu manövrieren. An dieser Stelle reicht hoffentlich der nachfolgende Überblick. Ansonsten wissen Sie ja, wo Sie mich finden.

Was macht ein LVS? Im Grunde verwaltet es Mengen und Lagerplätze, Fördermittelsteuerung und Disposition. Darüber hinaus bietet es Kontrollmechanismen und Methoden, wie zum Beispiel einen Lagerverwaltungsmonitor, der Status, Zustand, Fortschritt sowie Kennzahlen ermittelt und diese Informationen präsentiert. In der Regel unterstützt Sie ein modernes Lagerverwaltungssystem mit diversen Betriebs- und Optimierungsstrategien.

Das hört sich jetzt vielleicht etwas unspektakulär an. Doch überlegen Sie mal, wie ein Paket in einem Sortierzentrum aus einem Lkw auf ein Förderband geschüttet wird und innerhalb des Verteil- und Sortierzentrums mit seinen mehreren 100 000 Artgenossen auf die Fahrzeuge verteilt wird, die das Paket dann bis zu Ihrer Haustür bringen. Währenddessen legt so ein Paket mehrere Kilometer innerhalb des vollautomatisierten Sortierzentrums auf Förderbändern zurück, und es wird durch Lichtschranken und Scanner immer wieder in die richtige Bahn gelenkt.

Das System, das die Tätigkeiten im Lager und somit auch in der Lagerverwaltungssoftware anstößt, ist üblicherweise das ERP-System, sofern das denn vorhanden ist. So könnte es sein, dass im ERP-System ein Verkauf abgewickelt wurde und nun die Kommissionierung der Ware im Lager erfolgen soll. Dafür sendet die ERP-Software die lager- und lieferrelevanten Informationen an das Lagerverwaltungssystem. In das ist in vielen Fällen ein Materialfluss-Steuerrechner (MFS) integriert. Der kommuniziert direkt mit den speicherprogrammierbaren Steuerungen (SPS), die wiederum die Förderbänder, Tore, Türen und Regalfahrzeuge steuern. Die Lagerautomation kann allerdings auch durch ein weiteres, dem LVS untergeordnetes System erfolgen.

In Lagern, die eine mittlere Komplexität haben und in denen die Flurförderzeuge noch durch Menschen gesteuert werden, ist es heute weitgehend normal, dass die Fahrer der Stapler keine eigenen Entscheidungen mehr treffen. Sie führen lediglich aus, was ihnen auf dem Staplerterminal oder dem mobilen Scanner mit grafischer Benutzeroberfläche aufgetragen wird. Dass intelligente Maschinen auf Teile und Objekte im Lager zugreifen, sie steuern und von ihnen Informationen beziehen können, hat Vorteile, höhere Effizienz zum Beispiel oder die unterm Strich höhere Verfügbarkeit. Es bringt aber auch neue Herausforderungen mit sich, die verschiedene Ebenen von Sicherheit und den klugen Umgang mit Daten und Software betreffen. Die Aufgabe der Fahrer ist es, darüber zu wachen, dass keine Menschen, Regale oder Flurförderfahrzeuge zu Schaden kommen. Ich denke, wir haben alle schon Situationen erlebt, in denen wir die Technik überstimmt oder ignoriert haben, weil es offensichtlich einen Fehler oder eine Störung gab. Doch im Firmenzusammenhang stellt sich noch eine andere Frage, die im Privaten nicht ganz so akut ist: Wie soll der Lagerarbeiter von seinem Arbeitsplatz aus verhindern, dass Cyberkriminelle sich in das Netzwerk des Unternehmens hacken? Wenn theoretisch jeder von einem beliebigen Winkel der Erde auf Maschinen und Geräte zugreifen kann, solange er oder sie weiß, wie man automatisierte Lagertechnik missbräuchlich verwendet, dann muss moderne Software Schutz- und Sicherheitsmaßnahmen enthalten, die automatisch Angriffe abwehren oder wenigstens das Personal in irgendeiner Form warnen und unterstützen.

Das Logistikunternehmen Hermes, eine Tochterfirma der Otto-Gruppe, veröffentlicht zweimal im Jahr sein „Hermes Barometer“, in dem jeweils die Ergebnisse aus Telefonumfragen unter rund 200 Logistikern zum jeweiligen Schwerpunktthema präsentiert werden. Das siebte von aktuell zwölf veröffentlichten Barometern beschäftigte sich mit der IT- und Datensicherheit in der Supply Chain. Von den damals Befragten sahen sich drei Viertel gut genug aufgestellt, um „Gefährdungen der IT-Systeme auf ein tragbares Maß zu beschränken“. Gleichzeitig war der Respekt vor neuen Sicherheitsrisiken durch die Vernetzung im Internet der Dinge zu spüren.

Wenn die Lieferketten zunehmend über eine unternehmensübergreifende Informationsarchitektur verfügen - mit Supply Chain Management-Systemen, mit Lagerverwaltungssoftware, mit ERP-Clouds -, stellen sich einige Sicherheitsfragen neu. Über die Hälfte der befragten Logistiker ging davon aus, dass sie in Zukunft stärker von Informationssicherheitsvorfällen ihrer Kunden, Partner oder Zulieferer betroffen sein werden. In größeren Unternehmen, deren Vernetzung in vielen Fällen schon weiter vorangeschritten ist, dachten sogar drei Viertel der Befragten so. Ein interessanter Aspekt dabei: „Diese Einschätzung wird auch dadurch genährt, dass nur gut ein Drittel der Unternehmen über umfassende Informationen zu den IT-Sicherheitssystemen ihrer Partner verfügt." Wie Bild 4.1 zeigt, herrschte weitgehend Einigkeit darüber, dass die Unternehmen mehr Geld in die Hand nehmen müssen, um dauerhaft die Sicherheit ihrer Lieferketten zu gewährleisten.

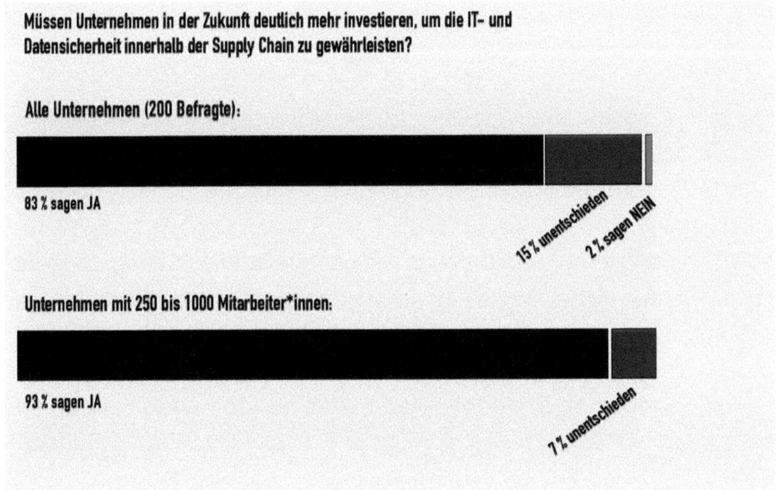

Bild 4.1 Umfrageergebnisse zur IT- und Datensicherheit in der Logistik (Quelle: Hermes Barometer Nr. 7, Herbst 2017)

Eine zweite Herausforderung, die Menschen heutzutage kaum allein meistern können: Wie trenne ich den Datenmüll von den wichtigen Informationen? Nehmen wir mein Lieblingsbeispiel, die intelligente Palette. Ich konstruiere Ihnen eine relativ typische Situation in der Intralogistik: Für eine Ortungslösung wurden im Lager alle Paletten und Gabelstapler mit Tags ausgestattet. Das sind kleine Sender mit einer eindeutigen Identifikationsnummer, die via Funkantennen im Lager geortet werden. Sie zeigen dem verantwortlichen Mitarbeiter bis auf wenige Zentimeter genau, wo sich Palette X oder Gabelstapler 11b im Lager befinden. Die Tags an den Paletten melden rund um die Uhr, wo sie sind. Da das Material ständig in Bewegung ist, generieren diese Bewegungen eine ungeheure Menge an Daten. Inwiefern sind diese Daten relevant für Ihre betriebswirtschaftliche Software oder für die Programme, die beispielsweise die Logistik und die Produktion steuern? Was sollte permanent in eine Lagerverwaltungssoftware einfließen, was nicht? Sagen wir, Maschine Alpha soll ein bestimmtes Material weiterverarbeiten. Wenn von diesem Material nun die entsprechende Lagereinheit an dieser Maschine ankommt, fehlt sie logischerweise im Lagerbestand. Es wäre also gut, wenn die Bewegung bzw. der Standort verbucht würden, damit die Firma den Warenbestand im Lager nachhalten und benötigte Ressourcen nachordern kann. Der entsprechende Transportauftrag, der im Lagerverwaltungssystem ausgelöst wurde, kann in Echtzeit verbucht werden, sobald die Lagereinheit den Bereich der Maschine erreicht hat, der als Produktionsversorgungsbereich definiert und im System verortet ist. Damit wäre der Transportauftrag quittiert und bestätigt. Das wäre dann so auch in der ERP- bzw. LVS-Software nachzulesen.

Bei den Produktionsprozessen kommen unterschiedliche Maschinen zum Einsatz. Diese verlangen unterschiedliches zu verarbeitendes Material, das wiederum per Transport- oder Lagerauftrag angeliefert werden muss. Der Vorgang wiederholt sich, wenn das Material im Fertigungsprozess durch Maschine Alpha vollständig bearbeitet wurde und auf den Weg zu Maschine Beta geschickt wird. Der nächste Auftrag wird generiert, sobald die vorgelagerte Maschine ihre Arbeit abgeschlossen hat. Es wird ein neuer Transportauftrag erzeugt und quittiert, sobald das Material die definierte Grenze des neuen Produktionsversorgungsbereichs erreicht hat: den Geofence, sprich die virtuelle Ziellinie. Immer wenn das Werkstück einen bestimmten Bereich verlässt und einen neuen erreicht, sendet es Signale und löst unterschiedliche automatisierte Prozesse und Buchungsvorgänge aus. Die hier beschriebene intelligente Palette sendet also im Sekundentakt ihre Standortdaten an das IoT-System des Unternehmens, sei das nun eine Cloud-Lösung oder eine andere Plattform (siehe Kapitel 3). Diese Informationen sind für eine Visualisierung sicher von großem Nutzen. Im ERP oder LVS haben diese Echtzeitinformationen aber keinen Mehrwert, da sie keine Buchung anstoßen, solange die Objekte nicht diejenige definierte Zone erreicht haben, die für eine Buchung im ERP bzw. im LVS relevant ist. Es wäre also völlig überflüssig, trotzdem alle Bewegungsflüsse vollständig im ERP oder LVS abzubilden. Es würde reichen, sich auf die relevanten Signale, die Trigger, zu beschränken, die zwischen IoT-Cloud und ERP bzw. LVS ausgetauscht werden, um konkret einen betriebswirtschaftlich relevanten Prozess oder eine Buchung vornehmen.

Das Internet der Dinge ist eine wertvolle Datenquelle für Logistik- und Transportprozesse, wenn man es richtig anstellt. IoT-Daten können dabei aus verschiedenen Quellen in eine intelligente, vernetzte Lieferkette einfließen:

- direkt vom tatsächlichen Produkt
- von den zum Transport verwendeten Behältern und Containern
- aus den Autos, Schiffen, Zügen oder Flugzeugen, die die Ware transportieren
- aus Gebäuden, in denen Ware (zwischen)gelagert wird
- von Barcodescannern oder anderen Geräten, die mit der Ware interagieren

Das achte Hermes Barometer beschäftigte sich im Frühjahr 2018 mit den Trends im Supply Chain Management und dem Status der Digitalisierung in den Unternehmen. Eine der Fragen, die den Entscheidern und Führungskräften gestellt wurde, betraf die technologischen Entwicklungen. Bild 4.2 zeigt, wie die Experten hierauf geantwortet haben.

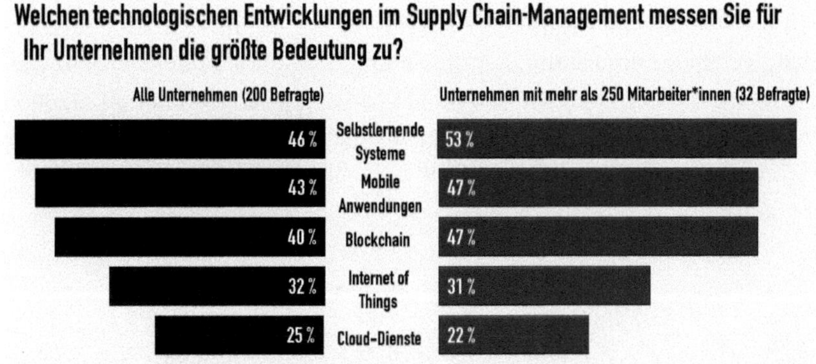

Bild 4.2 Umfrageergebnisse zur Bedeutung von IoT in der Logistik (Quelle: Hermes Barometer Nr. 8, Frühjahr 2018)

Im Frühjahr 2018 war es also so, dass zumindest von den hier Befragten nur jeder Dritte IoT und nur jeder Vierte Cloud-Dienste als besonders wichtige Technologie einstufte. Im Barometer-Text selbst ist das folgendermaßen eingeordnet: „Die Digitalisierung und die damit verbundene Nutzung neuer Technologien ist in der Praxis noch nicht flächendeckend angekommen. Unternehmen wissen um die Notwendigkeit zur Digitalisierung ihrer Supply-Chain-Prozesse und messen ihr mehrheitlich eine große Bedeutung bei. Was fehlt, sind Erfahrungswerte und Best-Practice-Beispiele, an denen sich die Unternehmen orientieren können. Daher überwiegt die Unsicherheit und vielversprechende Technologien wie Cloud-Dienste oder IoT spielen noch eine untergeordnete Rolle.“

Diese Umfrage stammt wie gesagt aus den ersten Monaten des Jahres 2018. Seitdem waren die Firmen natürlich nicht untätig, zumal damals ja nur 200 Personen befragt wurden. Als Beispiel für die vielen Versuche, IoT und Lagerverwaltung intelligent zusammenzubringen, will ich Ihnen an dieser Stelle vom Drohnenprojekt der Körber AG erzählen, zu dem sie unter anderem im Jahresbericht der Firma von 2019 nähere Infos finden. Ein französischer Unterwäschehersteller wollte eine Drohne, die im Lager einzelne Kleidungsstücke erfassen kann, auch wenn die Teile noch in Kartons verpackt sind. Um das zu realisieren, taten sich die Experten von Körber Supply Chain mit dem Start-up doks. innovation GmbH zusammen, das 2017 im Umfeld des Fraunhofer-Instituts für Materialfluss und Logistik gegründet worden war (mehr zu Partnerschaften mit Start-ups für IoT-Projekte in Kapitel 8). Die Doks-Entwickler haben die Drohnenlösung Inventairy entwickelt, die mithilfe von elektromagnetischen Wellen auch RFID-Tags auslesen kann. So lassen sich einzelne Produkte über die ganze Lieferkette hinweg verfolgen. Bei Testflügen im Lager zeigte sich: Liegen 100 Unterhemden im Karton übereinander, kann die Drohne Probleme mit sich überlappenden Signalen kriegen. Doch die Trefferquote von 96 % nahm Skeptikern den Wind aus den Segeln. Wer weiß, wie viel Zeit Mitarbeiter in so großen Lagern damit verbringen, Dinge zu suchen, erkennt wohl direkt das Potenzial solcher Innovationen. Softwaretechnisch hat das Projekt allerdings seine Herausforderungen: Die Daten der Drohne sollen schließlich automatisiert ins Lagerverwaltungssystem fließen, damit der Kunde jederzeit den Überblick hat. Ein anderer IoT-Aspekt: Die Drohnen, die nicht genug Akkulaufzeit haben, um den ganzen Tag durchs Lager zu fliegen, bekommen Unterstützung von Dingen am Boden. Selbstfahrende Ladestationen (siehe Bild 4.3) sollen sie bei Bedarf auftanken, ohne dass ein Mensch dabei vermitteln müsste.

Bild 4.3 Selbstfahrende Ladestation mit zwischengelandeter Drohne (Quelle: doks. innovation GmbH)

Software für die Lagerverwaltung sollte zum einen mit ERP-Lösungen kompatibel sein und Standardschnittstellen bereitstellen, zum anderen sollte sie die automatisierten Prozesse effizient und sicher steuern können. Wie und wo man solche Software finden kann, erfahren Sie im folgenden Abschnitt. Weitere Anwendungsfälle finden Sie in Kapitel 7.

LVS-Anbieter

Sagen wir mal, Sie würden per Ausschreibung nach einer neuen Software für Ihre Lagerverwaltung und Unterstützung bei der Implementierung suchen. Sollte ich diese Ausschreibung betreuen, würde ich Sie nicht nur nach Ihren derzeitigen Anforderungen fragen, sondern auch mit Ihnen zusammen erarbeiten, wohin Sie mit Ihrer Firma in den nächsten zehn Jahren steuern wollen. Das Lagerverwaltungssystem muss schließlich auch im zukünftigen Setup Ihres Unternehmens funktionieren. Ich weiß selbst, dass es bequem ist, eine verbreitete und halbwegs bezahlbare Lösung einzukaufen, ganz nach dem Motto: Was bei so vielen anderen passt, wird bei uns auch passen. Doch mal angenommen, dass es nach ein paar Jahren nicht mehr passt, werden die Umstellung und das Implementieren der neuen Lösung wahrscheinlich finanziell deutlich mehr zu Buche schlagen, als es ein paar zusätzliche Workshop-Tage inklusive professioneller Beratung damals an der Weggabelung getan hätten.

Wahrscheinlich wollen Sie sich nicht blind auf Berater und Empfehlungen verlassen, sondern sich selbst über die LVS-Lösungen auf dem Markt informieren. Wie geht man das am besten an? Natürlich helfen Tante Google und Onkel Bing weiter. Für die Onlinerecherche könnten Sie zum Beispiel die Website *trusted.de* zurate ziehen. Die dafür verantwortliche trusted GmbH nennt diesen Onlineauftritt Deutschlands führendes Vergleichs- und Bewertungsportal für Business-Tools und -Software: „2010 ursprünglich als Vergleich für Cloud-Speicher gestartet, testen und vergleichen wir heute alles rund ums Business – von Projektmanagement bis HR und von Buchhaltung bis Kundenbetreuung." Entsprechend haben sich die Tester auch schon mit Software für die Lagerverwaltung beschäftigt. Auf der Website werden drei Typen von Software[10] unterschieden:

Typ	Charakteristik	Preis pro Monat
Einzelne Lagerhaltungssoftware	Zentrale Verwaltung kleiner und mittlerer Lager, wenig Automatisierung	ab 10 €
Lagersoftware in Software-Suite	Teilweise funktional eingeschränkt, dafür branchenspezifisch um zusätzliche Software ergänzt	ab 15 €
Komplexes und individualisiertes WMS	Weitgehende Automatisierung für Großlager und Logistikknotenpunkte	nach Absprache

[10] *https://trusted.de/lagerverwaltung*

Die Anbietervielfalt ist nicht ganz so groß wie bei der ERP-Software, aber DDR-Verhältnisse sind es nun auch nicht gerade. Die trusted-Tester haben nach eigenen Angaben die in Bild 4.4 dargestellten Anbieter verglichen.

Bild 4.4
Anbieter, die von den trusted-Testern verglichen wurden (Quelle: ***https://trusted.de/lagerverwaltung***)

Die Redaktion ermittelte folgende Top 9:

1. Logcontrol
2. Megaventory
3. E+P LFS
4. Odoo Lagerverwaltung
5. orgaMAX
6. AJE Consulting
7. Storelogix
8. JDA LVS
9. CIN7 Lagerverwaltung

Fragen Sie mich nicht, warum es keine Top-10-Liste geworden ist. Dazu habe ich leider keine Erklärung gefunden. Die Steckbriefe zu den Plätzen 1 bis 9 können Sie online nachlesen.

Nun möchte ich noch ein Ranking aus dem englischsprachigen Raum ergänzen. Die Website *theecommmanager.com* hat im September 2020 einen vergleichenden Artikel veröffentlicht und eine eigene Top-10-Liste für die beste Warehouse Management Software des Jahres erstellt. Wie gesagt: Die Begriffe werden leider nicht von allen wirklich trennscharf verwendet, weswegen ich Ihnen empfehlen würde, mit allen Begrifflichkeiten nach einer geeigneten Software zu recherchieren (LVS, WMS, Lagerlogistiksoftware und was Ihnen darüber hinaus sinnvoll erscheint). Bei The Ecomm Manager sieht das Ranking[11] so aus:

1. mobe3 WMS
2. SphereWMS
3. Infoplus
4. Odoo
5. SkuVault
6. IRMS360
7. HighJump
8. Bluelink
9. Manhattan
10. Infor

Spezialisierte Anbieter mit einer gewissen Tradition in Deutschland wie ProLogistik oder Jungheinrich überzeugten offenbar die hier genannten Bewerter nicht. Zum Top-10-Ranking aus dem englischsprachigen Kosmos gibt es immerhin eine erweiterte Anbieterliste, in der neben der WMS-Ausprägung von Oracle Netsuite die folgenden elf Systeme beworben werden: *Fishbowl Warehouse, 3PL Warehouse Manager, Shipedge, Iptor, Zoho Inventory, Agiliron, Clear Spider, TradeGecko, Channel Advisor, Tecsys* und *SnapFulfil.*

Es ist Ihnen wahrscheinlich aufgefallen: In beiden Listen fehlt SAP. Warum? Nun, wie Sie bereits in Abschnitt 4.2 gesehen haben, kommt es bei dem, was man in der Auswertung sieht, auch immer darauf an, wer diese Auswertung angefertigt hat. Daher werde ich das Bild mit einer weiteren Marktanalyse der Beratungsfirma Gartner abrunden und die Einschätzung als Magic Quadrant hier wiedergeben. Machen Sie sich noch einmal bewusst, dass Gartner sich sehr stark auf die Integration oder Einbettung von ERP in Großunternehmen und Konzernen fokussiert. Somit sieht die Auswertung der Amerikaner deutlich anders aus. Unter den Anführern im Bereich der Lagerverwaltungssysteme finden wir SAP mit seinen LVS-Lösungen neben folgenden Wettbewerbern:

- Manhattan Associates
- Blue Younder (früher JDA)
- Körber (früher HighJump)
- Oracle
- Infor

[11] *https://theecommmanager.com/warehouse-management-systems-software*

Jetzt sind Sie ein bisschen schlauer, was den LVS-Markt angeht. Doch dass Sie mit diesen drei Rankings im Hinterkopf schon zum Kauf schreiten, erscheint mir eher unwahrscheinlich. Das vorangehend bereits erwähnte Fraunhofer-Institut für Materialfluss und Logistik (IML) hat schon vor 20 Jahren ein „Team warehouse logistics" gegründet. Eine Aufgabe, die es hat, ist: Kunden und Anbieter von WMS-Systemen „anforderungsgerecht zusammenzuführen und den Prozess der Auswahl und Einführung von WMS beratend zu unterstützen". Im Oktober 2020 listete die Datenbank dieses Teams, die Sie unter *https://www.warehouse-logistics.com/de/wms-online-auswahl.html* finden, 89 Unternehmen mit der dort jeweils verwendeten Software auf. Diese Übersicht hilft Ihnen wahrscheinlich etwas besser dabei, sich für die eigene Branche einen Überblick zu verschaffen. Hier taucht SAP übrigens relativ häufig auf.

Falls Sie sich eingehender mit den Lösungen SAP Extended Warehouse Management (SAP EWM), SAP Stock Room Management, SAP Warehouse Management, SAP Industrieausprägungen in der Lagerverwaltung, SAP LVS-Entscheidungshilfe, SAP Transportation Management (SAP TM) und SAP Yard Logistics beschäftigen wollen, empfehle ich Spezialliteratur. Ich arbeite gerade an einem solchen Buch.

Ein weiterer Pluspunkt des Fraunhofer-Portals sind die Veröffentlichungen, zu denen ein paar hilfreiche Leitfäden und Papers gehören. Das Whitepaper[12] „WMS und ERP – Funktionale Abgrenzung" behandelt zum Beispiel die nicht immer einfache Zuordnung von Funktionalitäten zu den Systemen LVS bzw. ERP.

So hilfreich die Datenbanken, Whitepapers und Bücher auch sind – Sie müssen von der Theorie in die Praxis kommen, und zwar in Ihrem konkreten Unternehmensalltag. Ich würde Ihnen deswegen dringend dazu raten, dass Sie sich die potenzielle Software in Live-Tests vorführen lassen. Seriöse, professionelle Anbieter sollten das für Sie ermöglichen können. Im konkreten Fall kann es auch sinnvoll sein, gewisse Lagerprozesse bereits in einem Demosystem gemeinsam mit dem Softwareanbieter live im System durchzuspielen.

■ 4.4 Transport Management System (TMS)

Im Innovationsradar „Digitalisierung der Logistik" des Bundesverbandes Spedition und Logistik e. V. (DSLV) aus dem Frühling 2019 heißt es:

> *„Die Optimierung interner Prozesse, Online-Buchungen von Speditionsaufträgen oder der Einsatz digitaler Transport-Management-Systeme sind heute bereits Standard [...] Die fortlaufende Verknüpfung von Verladern aus Industrie und Handel,*

---

[12] *Fraunhofer-Institut für Materialfluss und Logistik (IML):* WMS und ERP – Funktionale Abgrenzung. Whitepaper. *http://www.warehouse-logistics.com/152/1/veroeffentlichungen.html*

Logistik- und Trans-portunternehmen schafft die Voraussetzung für zusätzliche Netzwerkeffekte, die den wirtschaftlichen Nutzen der eingesetzten Technologien multiplizieren können. Damit bildet die Digitalisierung der Logistik ein elementares Verbindungselement innerhalb der gesamten Wertschöpfungskette von Industrie und Handel.[13]"

Einerseits seien die bestehenden Unternehmen der Speditions- und Logistikbranche im Vorteil gegenüber neuen digitalen Wettbewerbern, weil Sie Prozesse wie Transport, Kommissionierung, Lagerung, Umschlag oder Verzollung von der Pike auf beherrschen, die sich ja erst mal nicht strukturell verändern. Man könne logistische Prozesse um „ein digitales Rückgrat" erweitern, andersherum könne Software aber nicht die bisher wichtigen Kompetenzen komplett ersetzen. Doch auf der anderen Seite, so die kritische Einschätzung, mangelt es in vielen Unternehmen noch am rechten Bewusstsein für die digitale Transformation und ein Umdenken in größerem Stil. Oft seien Kostensenkungen das Hauptargument für die Digitalisierung. Das eigene Geschäftsmodell mithilfe von IoT zu verbessern, das ist offenbar ein nicht ganz so wichtiger Antrieb. Obwohl sich gerade im Bereich des Geschäftsmodells das zukünftige Überleben eines Unternehmens absichern lässt.

Was kann und sollte ein Transport Management System (TMS) heute leisten? Ein TMS hilft Ihren Disponenten und Frachtführern, die Transporte zu optimieren. Es zeigt Ihnen den Zustand und Standort der Fahrzeuge an, und es verdeutlicht die Auslastung Ihrer Flotte, indem es eine Übersicht über geleistete, momentane und anstehende Transporte liefert. Die Software hilft dabei, Leerfahrten zu reduzieren, Sammeltransporte durchzuführen und die Fahrzeuge, aber auch Bahn- bzw. Flugzeugkapazitäten optimal auszuschöpfen (Stichwort: Echtzeit-Routenplanung). Transport Management Systems sind dafür konzipiert, die richtigen Fahrzeuge für spezifische Anforderungen zu finden und einzuplanen. Damit sind wir dann natürlich auch bei der Personalplanung, die sich ebenfalls per TMS gestalten lässt.

Die Geschichte des Internets der Dinge, die in Kapitel 1 rekapituliert wurde, hat viele Berührungspunkte mit der Transportlogistik der letzten 30 Jahre. Schon in den 1980er Jahren spielte die Warenverfolgung mithilfe von RFID und Strichcodes eine Rolle. Im Laufe der Zeit etablierten sich entlang der Lieferketten verschiedene Anwendungen auf Bluetooth-, NFC- oder RFID-Basis. In den 1990er Jahren kamen die ersten Telematiksysteme auf. Wir finden heute eigentlich kaum noch Transport Management Software, die nicht die Kombination mit einem Telematiksystem und mobilen Endgeräten auf den Fahrzeugen interagiert. Eine Lkw-Telematik ortet das Fahrzeug in Echtzeit und sendet die Informationen mit allem anderen Fahrzeugen der Flotte an das TMS. Sie ist in der Lage, die Fahrerkarte, den Fahrtenschreiber und die Fahrzeugdaten auszulesen und somit auch den Fahrer zu bewerten. Telematiksysteme sind mit einem GPS-Empfänger und einer SIM-Karte ausgestattet,

---

[13] *Bundesverband Spedition und Logistik e. V. (DSLV):* Innovationsradar „Digitalisierung der Logistik". April 2019. S. 4. *https://www.dslv.org/dslv/web.nsf/id/li_fdihbctkgj.html*

um die Informationen des Fahrzeugs an die Fuhrparkleitung zu senden, und damit sind die Fahrzeuge eingebunden in das Internet der Dinge.

Im heutigen Internet der Dinge mit seiner Sensorik und Vernetzung an so vielen Punkten der Lieferkette kommen neue Möglichkeiten hinzu, etwa zur kontinuierlichen Kontrolle des Warenzustandes und zur Berücksichtigung von äußeren Faktoren wie dem Wetter. Es kommen auch neue Herausforderungen hinzu: Fragen Sie doch mal Ihren Lieblingslogistiker, ob die total transparente und absolut sichere Supply Chain eigentlich auf seinem Wunschzettel für Weihnachten steht.

Die IoT-Geräte auf den Straßen (und Wasser- und Luftwegen) sind, ähnlich wie die Drohnen und die selbstfahrenden Vehikel in den Lagern, autonome Datenquellen, die wir für eine zukunftsfähige Logistik nicht ignorieren können. Sie erzeugen kontinuierlich Daten, die wir so nutzen wollen, dass wir daraus Steuerungsbefehle und logistisches Handeln ableiten können. Für das Flotten- und Transportmanagement ist es natürlich sehr wertvoll, wenn man Assets über IoT kontrollieren kann, ohne dass Menschen irgendetwas messen oder ablesen müssen. Auch die Telematiksysteme in Autos und Lkws, die etwa die Position, die Beschleunigung und den Kraftstoffverbrauch erfassen, gehören normalerweise zur Gruppe der integrierten Sensorsysteme. Solche Daten, die Logistiker wie Verkehrsmanager interessieren, können über Adapter zu den fahrzeuginternen Netzwerken aufgenommen werden. Gängig ist dafür der On-Board Diagnostics Standard (OBD). Über die IT-Einheiten in Fahrzeugen erreichen die Daten das Internet, die Server und die Software in der Spedition. Umgekehrt können über TMS auch Informationen von den Planern zum Fahrzeug fließen, sodass der Fahrer zum Beispiel Planänderungen seiner Spedition automatisiert auf dem Tisch bzw. dem Dashboard hat.

Zu den gängigen Funktionalitäten für ein TMS gehören

- Transportsteuerung und Tourenüberwachung mithilfe von Telematik,
- Tourenplanung und Disposition,
- Verwaltung von Transportaufträgen,
- Kostenkalkulation sowie
- Sendungsverfolgung.

Dazu muss man allerdings sagen, dass sich die TMS-Lösungen mitunter deutlich voneinander unterscheiden, was nicht zuletzt damit zu tun hat, dass Transporteure andere Anforderungen als etwa die verladenden Unternehmen haben. Stefan Anschütz, ein Gründer der initions AG aus dem Umfeld der Universität Hamburg, hat das in einem Onlinebeitrag gut zusammengefasst:

„Für den Transporteur stellt die Durchführung von Transporten den Kern der Wertschöpfung seines Unternehmens dar. Um diesen Kern drehen sich für ihn fast alle Prozesse. Hinsichtlich der Unterstützung durch Software hat der Transporteur deshalb die Anforderung, in möglichst einem einzigen monolithischen System alle Un-

ternehmensprozesse abbilden zu können. Zur Befriedigung dieser Anforderung entstanden seit Ende der 1980er Jahre sogenannte ‚Speditionssoftwaresysteme'. Sie fokussierten zunächst allerdings die vertrieblichen und kaufmännischen Anforderungen der Transportunternehmen. Später wurden in den Systemen oft einfache Funktionen zur Disposition und Tourenplanung sowie zur Durchführungsüberwachung ergänzt. Mit dem Aufkommen des TMS-Begriffs wurden diese Speditionssoftwaresysteme dann auch unter dem Label Transport Management System verkauft.[14]"

Die Ansicht, dass heutige Transport Management Systeme eine Weiterentwicklung der konventionellen Speditionssoftware darstellen, findet er deswegen nachvollziehbar, aber auch ein bisschen zu eindimensional. Schließlich würden für das Transportmanagement des Verladers Kundenverwaltung, Angebotserstellung oder Faktura – oder etwas allgemeiner ausgedrückt administrative, kaufmännische und vertriebliche Aufgaben – normalerweise von ERP-Systemen abgebildet und nicht über ein TMS. Für die Transport Management Software der verladenden Wirtschaft sind Planung, Optimierung und Überwachung der Transporte sowie Funktionen zur Auswahl und Datenanbindung von Transportfirmen viel wichtiger.

Im folgenden Abschnitt gebe ich Ihnen Hilfestellung beim Suchen und Finden von Software für das Transportmanagement.

TMS-Anbieter

Wie ich schon erwähnt habe, kann das Softwarelabel TMS heute für unterschiedliche Funktionen und Anwendungsfälle stehen. Fühlen Sie deshalb den Lösungen, die ein „TMS" im Titel tragen oder entsprechend beworben werden, immer so gut wie möglich auf den Zahn.

Eine deutschsprachige Onlineadresse für die Softwaresuche ist die Website *https://www.speditionssoftware-vergleich.de*. Hier werden Sie vermutlich keine hundertprozentig objektive und herstellerneutrale Bewertung finden, denn dahinter stecken das Münchner SCC-Center (Supply Chain Competence Center Groß & Partner) und die Trovarit AG, also zwei privatwirtschaftliche Player. Ihre gemeinsame Plattform ist seit 2019 auf dem Markt. Das Ganze funktioniert so: Sie registrieren sich und zahlen mit Ihren Daten statt mit Geld. Dann können Sie mit einem Recherchetool, bei dem man Kriterien und Leistungen priorisieren kann, automatisiert nach geeigneter Software suchen. Am Ende haben Sie einen Report mit den Top-20-Anbietern für Ihre Anforderungen in der Hand – so jedenfalls das Versprechen der Website-Macher.

Ich würde eine zusätzliche Recherche im englischsprachigen Raum empfehlen, wie eigentlich immer, wenn es um Software geht. Dabei werden Sie zum Beispiel

---

[14] *Anschütz, Stefan:* Was ist eigentlich ein Transport Management System, und worin unterscheidet sich Speditionssoftware? Onlinebeitrag: *https://www.initions.com/transport-digital/was-ist-eigentlich-ein-transport-management-system-tms*

auf einen vergleichenden Blogbeitrag[15] von Rick LaGore, dem Gründer und CEO der US-amerikanischen Firma InTek Freight and Logistics, stoßen. Seine Top 13 der aktuellen TMS-Lösungen (Stand: Februar 2020) sieht so aus:

- 3Gtms
- BluJay
- Cloud Logistics
- Descartes
- JDA
- Kuebix
- Manhattan
- MercuryGate
- Oracle
- SAP
- TMC
- TMW
- Transplace

Die Software ist hier alphabetisch – nicht nach Preis oder technischen Kriterien – geordnet. So liegt Ihnen immerhin schon eine Vorauswahl vom Fachmann vor, die Sie näher vergleichen können.

Das Gleiche gilt für die Liste[16] der Website comparecamp, die sich als führende Vergleichsseite für SaaS-Software darstellt. Deren Top 10 der aktuellen TMS-Lösungen (Stand: Mai 2020) sieht so aus:

- Cloud Logistics
- Kuebix
- 3Gtms
- SAP Transportation Management
- FreightDATA
- Cario TMS
- Transport Pro
- MyRouteOnline
- LogistaaS
- WEBFLEET

[15] *https://blog.intekfreight-logistics.com/best-transportation-management-software-tms*

[16] *https://comparecamp.com/tms-software/#2*

Der Vollständigkeit halber möchte ich an dieser Stelle auch erwähnen, wie Gartner den Markt für TMS einschätzt. So landen wir wieder beim Magic Quadrant und lernen, dass das amerikanische Beratungshaus folgende Einteilungen macht: In seiner Auswertung vom Februar 2020 sieht Gartner SAP, Oracle, Blue Yonder und Manhattan Associates als Anführer für Transportation Management-Lösungen. Laut Gartner gibt es in diesem Umfeld keine Visionäre.

■ 4.5 Manufacturing Execution System (MES)

Kommen wir nun zu den Manufacturing Execution Systemen (MES). Manufacturing Execution System ist der gängige Begriff, aber auch die Bezeichnungen Produktionsleitsystem und Fertigungssoftware sowie die nicht ganz so eindeutige Betriebsdatenerfassung sind gebräuchlich.

Industrie 4.0 in der Fertigung heißt, dass sich die Produktion vom stumpfen Erfüllungsgehilfen in ein modernes flexibles Servicecenter verwandelt. Natürlich müssen wir dafür unsere Fertigungsschritte flexibler steuern und ausführen können. Das geschieht auf der Basis von Daten, und zwar am besten von Echtzeitdaten, mit deren Hilfe wir sofort in die Prozesse eingreifen können, um die optimalen Ergebnisse zu erzielen. Wenn Sie sich einigermaßen mit ERP-Software auskennen und jetzt einwenden, dass die Produktionsmodule eines ERP-Systems das doch schon gut abdecken, haben Sie grundsätzlich recht. Doch ein ERP-System ist eher auf die mittel- bis langfristige Optimierung ausgerichtet. Mit ihm betrachten wir die Prozesse in der Fabrik deutlich grobmaschiger. Im ERP haben wir zum Beispiel Auftragsdaten und Infos über die Materialverfügbarkeit. Das ERP, das dem MES vom Prozessablauf her vorgeschaltet ist, könnte Aufträge Schichten zuordnen, würde aber eher nicht mit genauen Uhrzeiten operieren. Es würde vielleicht Maschinengruppen zuweisen, aber nicht detailliert einzelne Ressourcen mit einzelnen Maschinen verknüpfen. Während wir per ERP-System den Beginn der Bauteilproduktion und dessen Fertigstellung zurückmelden, fehlt es hier an Daten zur Verarbeitung, zur Maschinenstartzeit und Maschinenbetriebsdauer. Solche Infos und die daraus resultierenden Anlagen- und Prozesssteuerungen finden sich in einem Managementsystem für die Fertigung. Einige ERP-Systeme unterstützen sogar die Feinplanung so weit, dass sich Aufträge in Arbeitsgänge splitten lassen und wir Maschinen und Personal kleinteilig für Produktionsintervalle zuordnen können. Doch die Echtzeitüberwachung ist immer noch Sache der MES-Lösungen, denn wenn spontan ein Mitarbeiter schlappmacht, eine Maschine den Geist aufgibt oder Werkzeuge kaputtgehen, wird das im ERP nicht gespiegelt.

An dieser Stelle möchte ich eine Literaturempfehlung für Unternehmenslenker, Produktionsleiter, Supply Chain Manager und Programmierer abgeben. Die Richtlinie VDI 5600 gibt sehr gute Hinweise und Empfehlungen, wie Sie ein MES auslegen und für welche Bereiche es genutzt werden sollte.

Gemäß der Richtlinie VDI 5600 vom Verband Deutscher Ingenieure hat ein MES folgende Funktionen:

- Planung und Steuerung der Fertigungsprozesse
- Herstellung von Prozesstransparenz
- Abbildung von Material- und Informationsfluss

Ich finde es wichtig festzuhalten, dass MES-Systeme, deren Fokus auf Produktion und produktionsnaher IT liegt, grundsätzlich erst einmal darauf auslegt sind, die Produktionssicherheit zu gewährleisten. Das ist einerseits zwingend, weil Sie keine unkontrollierten Vorgänge haben wollen, die zu Störungen, Ausfällen oder gar Unfällen führen. Andererseits hat es zur Folge, dass die Wechselwirkung zwischen der physischen Welt und der Software unmittelbarer sind. Ein ERP-System würde in bestimmten Fällen gewisse Ausfallzeiten noch verzeihen. Fällt aber das MES aus, ist die Arbeit in Lager und Fabrik unterbrochen. Stellen Sie sich vor, die Software, die die Produktionsprozesse (oder auch die Lagerprozesse) und die Maschinensteuerung übernimmt, fällt aus. In diesem Augenblick steht Ihre Produktion still. Sie können keine Waren mehr aus dem Lager an den Kunden oder Ihre Partner liefern.

Würden wir einen Streifzug durch Deutschlands KMUs machen, würde sich natürlich zeigen, dass nicht in allen Firmen moderne MES-Lösungen zum Einsatz kommen, deren Entwickler IIoT und Smart Factory, wie sie heute in aller Munde sind, schon mitdenken konnten. Oft übernehmen Eigenentwicklungen diese Aufgaben, die über die Jahre den neuen Anforderungen entsprechend erweitert wurden. Das kann zu Problemen führen, wenn Software anderer Unternehmen und auch das hauseigene ERP-System diese Architektur und Schnittstellen nicht richtig anbinden können. Ich erinnere mich an einen Klienten, der vor der Entscheidung stand, ob die MES-Lösung in neue Werke im Ausland ausgerollt werden sollte. Wir haben damals aus zwei Gründen davon abgeraten:

1. Die Lösung stammte aus einer Entwicklungsumgebung, die auf eine Art in die Jahre gekommen war, wie man es bei Software tunlichst vermeiden will: Sie wurde vom Software- und Betriebssystemhersteller seit Jahren nicht mehr weiterentwickelt und war bereits aus der Wartung gelaufen. Eine Software ohne Support und ohne zeitgemäße Schnittstellen und APIs ist für ein zukunftsorientiertes Unternehmen keine Basis.

2. Der MES-Anbieter hinter der Lösung war zwar in Deutschland gut aufgestellt. Er verfügte grundsätzlich auch über ausreichend Berater und Support-Mitarbeiter. Doch im Ausland hatte er nicht eine Ressource, die sich mit der Software auskannte. dies war ein weiteres K.-o.-Kriterium.

Sollten Sie auch das Gefühl haben, dass sich bei Ihnen in Sachen Produktionssteuerung und Fertigungssoftware etwas tun muss, finden Sie im nächsten Abschnitt einige Hinweise zur Anbietersuche.

MES-Anbieter für Produktionsleitsysteme

Grundsätzlich sollten Sie vor der Auswahl, Ausschreibung, Erweiterung und Einführung eines MES genau und sehr kritisch hinterfragen, was Sie benötigen. In welchem geografischen Umfeld bewegen sie sich? Wie sieht die Zielarchitektur aus, und wie integriert sich die Lösung zwischen weiteren Lösungen aus dem Bestand und in die Welt, die Sie zukünftig in Ihrem Unternehmen abbilden wollen? Wie bei allen anderen Softwarelösungen für Unternehmen sollten Sie die Punkte aus Abschnitt 4.1 beachten und beherzigen, denn sie gelten immer.

Dies ist ein gutes Beispiel für einen Nischenanbieter: Die Böhme und Weihs Systemtechnik GmbH & Co. KG hat sich auf Softwarelösungen für das Qualitäts- und Fertigungsmanagement spezialisiert. Das Unternehmen, das 1985 in Wuppertal seinen Anfang nahm und mittlerweile auch Büros in Frankreich und Russland hat, hat sich Anfang 2020 damit beschäftigt, was eine gute Manufacturing Execution Software ausmacht. Den vollständigen Blogbeitrag, der natürlich die eigene Lösung MESQ-it bewirbt, aber auch nützliche allgemeine Einschätzungen beinhaltet, finden Sie unter *https://www.boehme-weihs.de/q-blog/mes-wissen/mes-manufacturing-execution-system*.

Ganz grundsätzlich empfehle es sich, auf folgende Kriterien zu achten:

- **Standardisiert:** Mit Erfüllung der Standards, wie der VDI-Richtlinie 5600 und des VDMA-Einheitsblattes, ist abgesichert, dass das MES den Anforderungen als Produktionsmanagementsystem gewachsen ist. Hierzu gehört auch der Einsatz standardisierter Technologien, wie OPC-UA für die standardisierte Maschinenkommunikation.
- **Webbasiert:** Durch den Zugriff per Webbrowser kann das MES flexibel von verschiedenen Endgeräten und Aufenthaltsorten bedient werden.
- **Cloud-basiert:** Ein Cloud-fähiges System bietet die Option, sich mit jeder Ihrer Maschinen in jedem Werk weltweit zu vernetzen und bildet damit einen wichtigen Schritt in Richtung Industrie 4.0.
- **Hochtransparent:** Die Datenaufnahme und -verarbeitung sollte in wenigen Sekunden erfolgen, damit Sie eine reale Echtzeitaufnahme Ihrer Produktionsschritte haben.

- **Intuitiv:** Eine intuitive und einfache Bedienbarkeit sichert kurze Einarbeitungszeiten, Akzeptanz bei Ihren Mitarbeitern und schnellen Informationsgewinn im Fertigungsalltag.

Bezogen auf die Bedienbarkeit könnten Sie sich fragen, ob Sie und Ihre Belegschaft eine englische Bedienoberfläche brauchen. In dem Blogbeitrag wird außerdem betont, dass ein gutes Zusammenspiel zwischen dem MES und der computergestützten Qualitätssicherung (Computer-Aided Quality Assurance, CAQ) von Vorteil ist. Wenn sie gut harmonieren würden, hätte man einen ganzheitlichen Blick auf die Prozess- und Produktionsqualität. Außerdem könne man Geld sparen, wenn man CAQ und MES aus einer Hand beziehe, weil dann der Mehraufwand zur Vernetzung der Systeme über eine individuelle Schnittstelle oder Ähnliches entfiele. Oft sind kleinere Nischenanbieter genau die richtige Wahl für Unternehmen, aber beachten Sie stets, wohin Sie wollen und ob eine Software Sie in Ihren Wachstumsplänen beschränkt.

Was gibt es außer MESQ-it? Auch SAP mischt natürlich auf dem Markt für Produktionsleitsysteme mit. SAP ME (SAP Manufacturing Execution) stellt beispielsweise ein vollständig konfigurierbares MES-System für die diskrete Fertigung dar. *SAP MII* (SAP Manufacturing Integration and Intelligence) ist als Lösung für die Prozessindustrie konzipiert. Stärker auf die Anforderungen der Industrie 4.0 zugeschnitten sind das Jumpstart Package und das Accelerator Package, mit denen vernetzte Systeme und Produktionsabläufe geplant und überwacht werden können, wobei relativ umfangreiche Analyse- und Wartungsfunktionen ebenfalls zur Funktionalität gehören. SAP Distributed Manufacturing enthält auch Services für die additive Fertigung (3D-Druck). Mit Einführung des neuen Advanced Packages sollen Unternehmen zukünftig von weiteren zentralen Vorteilen profitieren. Dazu zählen auch Funktionen für das Maschinelle Lernen und Analyseanwendungen für die Qualitätssicherung und Instandhaltung.

Nun habe ich eine recht unbekannte Software und das Portfolio von SAP vorgestellt. Welche Software steht darüber hinaus zur Auswahl? Für einen aktuellen Marktüberblick könnten Sie zum Beispiel auf die Gartner Peer Insights[17] zurückgreifen, die ganz generell eine gute Orientierung zu Softwareerfahrungen geben und dabei deutlich verlässlicher sind als Kundenrezensionen bei Amazon. Im Oktober 2020 klickte ich mich dort durch die Bewertungen zu über 40 MES-Optionen. Dazu gehörten Angebote von SAP, Oracle, Samsung, Aveva und Siemens. Das Label „customers' choice" zeigt auf den ersten Blick an, was bei den Peers besonders ankam. Das waren zum Beispiel *Honeywell Connected Plant* und *TrakSYS* von Parsec sowie *Shopfloor-Online* von Lighthouse Systems.

---

[17] *https://www.gartner.com/reviews/market/manufacturing-execution-systems*

Ich habe für MES-Systeme ein standardisiertes Verfahren entwickelt, das Klienten bei der Bedarfsermittlung, Ausschreibung, Auswahl und Implementierung von MES-Systemen begleitet. Zudem biete ich seit einigen Jahren Seminare für meine Klienten an. Hier lernen die Teilnehmer neben den Auswahl- und Verhandlungskriterien mit den Anbietern aus dem reaktiven ERP-gestützten Handeln in eine strategisch führende Position in der Produktion kommen, indem Sie MES und IoT zielgerichtet einsetzen.

5 Interaktion von IoT mit anderen Technologien

Wenn wir sagen, das Internet der Dinge kann uns dabei helfen, den Planeten zu schützen und das Leben für die Menschheit insgesamt lebenswerter zu machen, dann sprechen wir eigentlich gar nicht über *eine* Zukunftstechnologie. Stattdessen sprechen wir über das parallele Miteinander mehrerer Zukunftstechnologien, die sich kombinieren lassen und sich gegenseitig ergänzen. Betrachtet man sie isoliert voneinander, wird das der Realität nicht ganz gerecht: Woher kommen all die Daten für Big Data-Strategien? Was bringt mir eine VR-Brille, wenn sie keine Netzverbindung hat? Wie klug kann eine Künstliche Intelligenz werden, wenn sie nicht auf die Datenbestände von Geräten zugreifen kann, die auswertbare Kamerabilder oder berechenbare Sensordaten in einer für Algorithmen verständlichen Sprache mit der Welt teilen können? Oder ziehen wir Augmented Reality als Beispiel heran: Visualisierungen mithilfe dieser Technologie können Ingenieuren bei der Planung oder Beschäftigten in der Fertigung eines Unternehmens beim Zusammenbauen von Komponenten helfen, doch dafür wird eine angemessene IT-Infrastruktur mit digitalisierten und untereinander vernetzten Geräten benötigt. Um das Potenzial eines 3D-Druckers wirklich voll ausschöpfen zu können, darf man die physische Welt und die virtuelle Welt nicht wie zwei Parallelwelten betrachten, die nichts miteinander zu tun haben. Man muss sie vielmehr zusammenführen. Das ist ein zentraler Aspekt von IoT.

Erinnern Sie sich an die Idee der cyber-physischen Systeme aus Abschnitt 1.1. Für die Konzepte der IoT-Plattformen, um die es in Kapitel 3 und 4 ging, werden Zukunftstechnologien wie Künstliche Intelligenz mittlerweile mitgedacht. Ich zeige Ihnen im Folgenden stellvertretend drei Schaubilder, die gut illustrieren, was ich meine (Bild 5.1 bis Bild 5.3). Bild 5.1 zeigt modellartig die Strategie des intelligenten Unternehmens, die SAP 2018 vorgestellt hat. Bild 5.2 und Bild 5.3 stammen aus dem jüngsten Trendbericht für IT-Netzwerke von Cisco, dem „2020 Global Networking Trend Report".

Wie Sie aus Bild 5.1 ersehen können, spielen die „intelligenten" Technologien hier eine wichtige Rolle. Namentlich genannt sind Künstliche Intelligenz (KI), Maschinelles Lernen (Machine Learning, ML), IoT, Augmented Reality (AR) und Virtual Reality (VR). Im Begriff „Analytics" schwingen implizit Big Data und Auswertungsmethoden wie Data Mining mit. Die Blockchain-Verfahren zum dezentralen Datenmanagement sind auch mitgemeint.

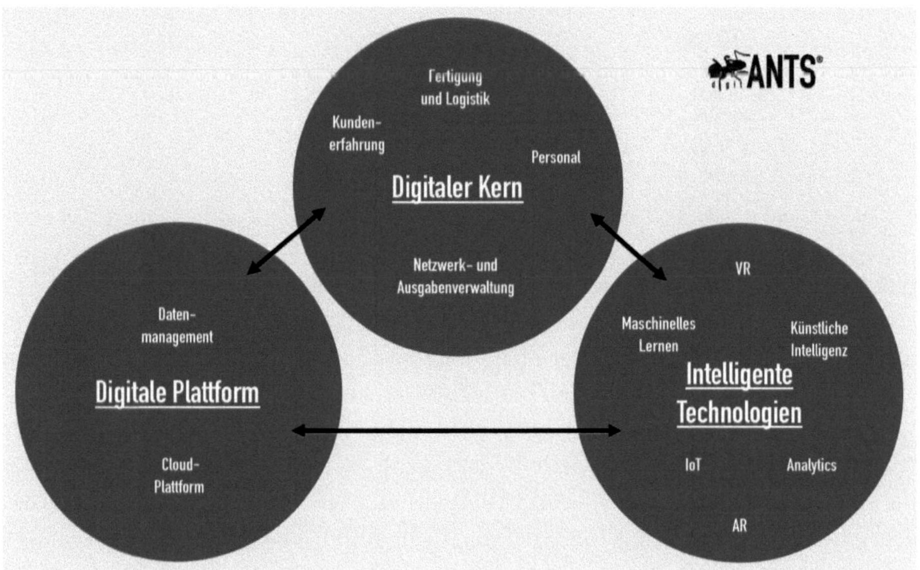

Bild 5.1 IoT und intelligente Technologien in einem SAP-Modell (Quelle: *Holtschulte, Andreas/ Mohr, Martina/Stollberg, Michael:* IoT mit SAP. Rheinwerk Verlag 2020. S. 102)

Auch wenn der „2020 Global Networking Trend Report" von Cisco etwas anders aufgebaut ist, weil es um neue IT-Netzwerke anstelle einer Produktfamilie wie bei SAP geht, ist die Gewichtung ähnlich. In Bild 5.2 nehmen die Technologietrends auf der rechten Seite genau so viel Raum ein wie die „sonstigen" Trends aus der Arbeitswelt und Gesellschaft auf der linken Seite. In Bild 5.3 werden neben IoT und Cloud auch AR/VR und Künstliche Intelligenz genannt, wobei die Überschrift die Technologien als treibend bzw. determinierend bezeichnet.

Ohne IoT würden uns in Zukunft viele Türen verschlossen bleiben. Gleichzeitig verlangen Probleme wie der Klimawandel und die Ernährung einer zukünftig 10 Milliarden Menschen großen Weltbevölkerung offensichtlich nach neuen Wegen und innovativen Lösungen. Die Digitalisierung und insbesondere die digitale Transformation, von denen wir in den letzten Jahren so viel gehört und gelesen haben, sind Prozesse, die nicht ohne das Internet – und damit auch nicht ohne das Internet der Dinge – gedacht werden können. Das gilt für so große Fragen der Menschheit, wie ich sie gerade habe anklingen lassen, genauso wie für konkrete Anwendungsfälle in der Logistik und Industrie.

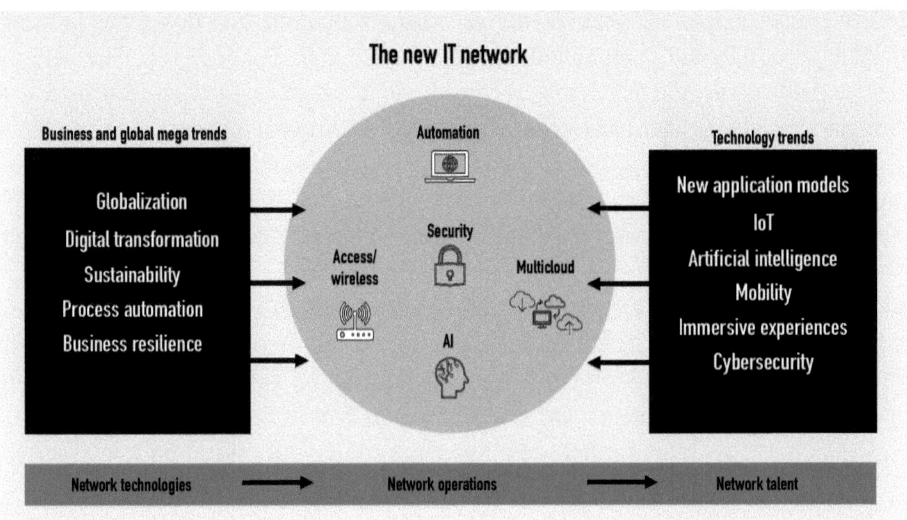

Bild 5.2 Modell für IT-Netzwerke und -Trends (Quelle: *Cisco:* 2020 Global Networking Trend Report, S. 8)

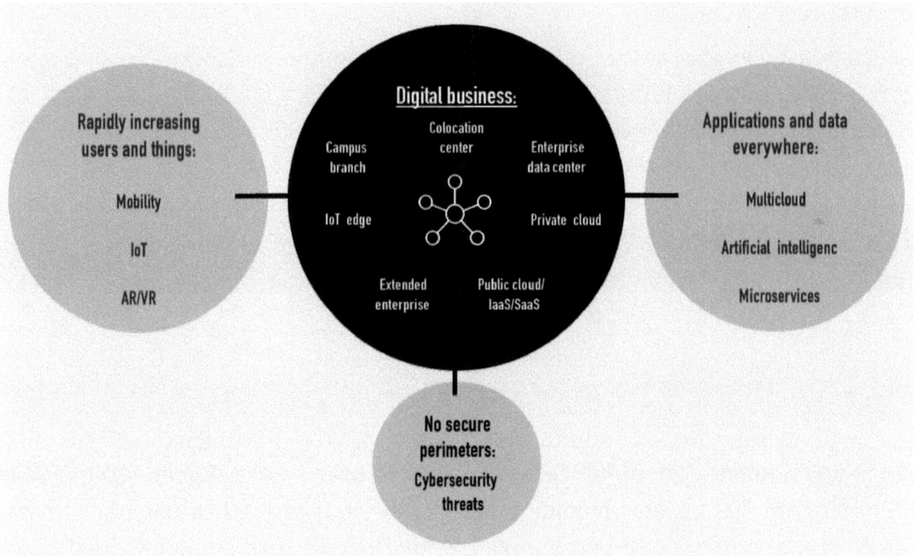

Bild 5.3 Technologien als Treiber (Quelle: *Cisco:* 2020 Global Networking Trend Report, S. 15)

Wenn beispielsweise ein Logistikdienstleister, der seine Kommissionierlisten im Zentrallager bis vor Kurzem noch auf Papier ausgedruckt und die kommissionierten Positionen jeweils per Hand von der Liste gestrichen hat, diese Arbeitsschritte digitalisiert und auf mobile Datenerfassung umstellt, werden diese Informationen fortan digital erfasst. Durch die Modernisierung ist für die Lagerleitung nun in

Echtzeit ersichtlich, wie der Status der Lageraufgaben ist. Das Unternehmen könnte diese Informationen auch Partnern und Kunden zugänglich machen, damit diese sehen, wann die Lieferung voraussichtlich ankommen wird. Die digitalen Daten zu Tätigkeiten im Lager können in andere Prozesse wie den Transport und den Vertrieb integriert werden. Sie können auch in die Software und einzelne Anwendungen von Kunden einfließen. Denken Sie einmal an die typische Sendungsverfolgung, die wir nutzen, um zu kontrollieren, ob und wann unsere Pakete am gewünschten Ziel ankommen. Eine derartige Objekterfassung - und etwas allgemeiner gefasst das Tracking und Tracing in der mobilen Welt - braucht Big Data und IoT gleichermaßen. Auch wenn der Scanner nicht mehr *die* technologische Erfindung des 21. Jahrhunderts ist, könnte es ja im Sinne von IoT durchaus eine andere Technologie sein, die den Ort und die Zustandsveränderung eines Packstücks, einer Palette, einer Lagereinheit oder einer Handling Unit erfasst und verarbeitet.

Bei aller Datenerfassung nützt es nichts, wenn das Paket auf seiner Reise beständig Standortdaten produziert, die der Kunde mit seiner Technik nicht in verständliche Informationen übersetzen kann. Weder darf die Info zu ungenau sein oder zu spät kommen noch darf der Datenaustausch die Kundentechnik überfordern, indem zum Beispiel dessen Smartphone-Prozessor überlastet wird oder die App zum Absturz gebracht wird.

In den folgenden Abschnitten wird es um das Zusammenspiel zwischen dem Internet der Dinge und Zukunftstechnologien wie Big Data, Künstliche Intelligenz, erweiterte Realität (Augmented Reality, AR), virtuelle Realität (Virtual Reality, VR) sowie 3D-Druck gehen: Wie funktionieren diese Technologien? Inwiefern nutzen wir sie bereits? Wie werden sie unser Leben und Wirtschaften in Zukunft verändern? Und wie steht es um die Wechselwirkungen mit der Technologie IoT?

■ 5.1 Big Data

Wir leben in einer Zeit, in der Sekunde für Sekunde nahezu überall auf der Welt Daten fließen. Das Datenaufkommen mündet in ein gigantisches Datenmeer oder, um es etwas treffender zu beschreiben, in eine riesige Seenlandschaft, wobei die Seen untereinander noch durch Flüsse und kleinere Ströme verbunden sind. Mit aller Wahrscheinlichkeit ist Ihnen der Begriff Data Lake bereits untergekommen. Er bezeichnet einen Sammelpunkt aller Informationen, die Sie intern wie auch extern einsammeln. Manche sprechen auch von einem Datenberg.

Allerdings ist es so, dass der Begriff Big Data keine allzu enge, trennscharfe Definition erlaubt - da geht es teilweise drunter und drüber, obwohl der Ausdruck, wenn man nach den Jahren geht, die er im Umlauf ist, allmählich in die Pubertät kommt. Außerdem bedeutet das englische „big“ erst mal nur groß, während einige Experten argumentieren, dass für unsere heute zirkulierenden Datenströme nicht nur die Größe des Datenvolumens charakteristisch sei, sondern auch deren Komplexität, Detailgrad und die Geschwindigkeit der Datenübertragung sowie die Beziehung der Datenströme zueinander. Denn Intelligenz entsteht erst, wenn wir Informationen miteinander in Beziehung setzen. Das Wort „Datenautobahn“ ist Ihnen wahrscheinlich auch schon einige Male untergekommen. Manche benutzen Big Data nur für die Datenbestände selbst, wohingegen andere auch die Methoden und Werkzeuge für das Datenmanagement damit umschreiben, wenn sie diesen Begriff benutzen. Ein Big Data Strategist, den es mit dieser oder ähnlichen Bezeichnungen in diversen Firmen gibt, hat ja zum Beispiel nicht die Aufgabe, möglichst viele Datenbestände zu produzieren. Diese Person ist vielmehr dafür da, die Daten im Unternehmen verfügbar zu machen, untereinander zu kombinieren, gerne angereichert mit externen Daten von Wettbewerbern oder aus Marktstudien, damit das Unternehmen etwas über sich selbst und die Zukunft seiner Produkte und Services erfährt.

Auch wenn eine klare Definition nicht ganz einfach ist, steht Folgendes außer Frage: Die Menschen produzieren in der globalen Internetwelt mit all ihren internetfähigen Geräten heute mehr Daten als jemals zuvor. Teilweise fließen die Daten auch automatisch, ohne dass ein Mensch aktiv werden müsste. Was uns zu der Frage führt, was mit all diesen Daten passiert. Leistungsstarke Hochgeschwindigkeitsrechner sind kein Privileg der Elite mehr. Klar haben NASA, CIA, NSA, BND, Militäreinrichtungen oder auch die Teams um die Teilchenbeschleuniger mehr Rechenpower und bessere Hardware zur Verfügung als Sie und ich. Es wäre ja auch komisch, wenn das anders wäre. Doch schon ein durchschnittliches Smartphone kann große Datenmengen in Echtzeit managen und halbwegs komplexe Simulationen durchrechnen. Machen wir uns bewusst, dass die Betriebssysteme, die Software und all die Apps, die wir auf unseren internetfähigen Telefonen verwenden, keine statischen Informationssammlungen sind, wie das früher zum Beispiel bei der Brockhaus-Lexikonreihe der Fall war. Der Datenfluss ist vielmehr etwas Dynamisches. Permanent werden neue Daten gesammelt und weitergeleitet, empfangen und verarbeitet. Kommen wir auf das Bild mit den Datenseen zurück: Kalt- und Warmwasserschichten sind im permanenten Austausch. Chemische Prozesse laufen ab. Das Sprichwort, dass man nie zweimal in den gleichen Fluss steigen kann, passt so gesehen auch auf die kontinuierlichen Datenbewegungen im Internet der Dinge.

Allein die individuellen, gerätespezifischen Datenbewegungen sorgen für beständigen Input bzw. für kontinuierlichen Verkehr auf den Datenautobahnen. Da mittlerweile fast jeder Mensch ein Smartphone nutzt, kommen schnell gigantische Datenströme zusammen, die durch das Allesnetz fließen. Dass wir in einer datengetriebenen Zeit leben und arbeiten, sieht man auch gut im Rückblick, nämlich anhand der Geschichte unserer Datenträger und Speichermedien. An Daten und Informationen waren die Menschen wohl schon immer interessiert, doch die meiste Zeit musste die Menschheit ohne auf USB-Stick-Größe geschrumpfte Bibliotheken, geschweige denn komplett virtuelle Cloud-Speicher auskommen. Noch kurz vor der Mondlandung in den 1960er Jahren waren Lochkarten in Umlauf, auf die aus heutiger Sicht lächerliche 80 Byte an Daten passten. Als ich 1983 auf die Welt kam, waren Audio- und Videokassetten der Standard, im Computerbereich verwendeten wir vor allem Disketten und – wenn es mal etwas mehr Speicher sein durfte – Magnetbänder. Ich erinnere mich noch an meinen Commodore 16. Ja richtig, nicht den Commodore 64, den dann später viele Teenager zum Zocken nutzten, sondern den Vorgänger, der jedes Programm und Spiel über eine Kassette eingelesen hatte. Während des Ladevorganges konnte man sich schon mal einen Tee kochen oder gleich die komplette Morgentoilette durchziehen, bevor das digitale Abenteuer dann endlich losgehen konnte.

Heute kann sich der durchschnittliche Teenager problemlos einen USB-Stick mit 64 GB Speicherkapazität kaufen, sofern er sich überhaupt noch die Mühe machen will. Denn eigentlich ist es vergleichsweise umständlich, Daten in der physischen Welt von A nach B zu tragen, wenn man doch auf Mailing- und Transferdienste, auf Sharing- und Cloud-Plattformen zurückgreifen kann, die das komfortabel auf digitalem Wege für einen erledigen: Fotos via Instagram oder Facebook mit der Welt teilen, Musik und Hörbücher per Klick verschenken, zusammen in der Cloud an der Gruppenarbeit für Schule oder Uni arbeiten, alle gleichzeitig in einem Dokument und in Echtzeit erleben, was der Kollege gerade auf Seite 16 verzapft – all das ist heutzutage ganz normal. Was im Alltag und in der Freizeit gilt, gilt natürlich auch für die Arbeitswelt und das tägliche Miteinander in Unternehmen.

Neben den allgegenwärtigen Smartphones vergrößern weitere Geräte den Datenverkehr mit jedem unserer Atemzüge: internetfähige Fernseher und Stereoanlagen in den Wohnungen, Drohnen und Fitnesstracker in den Parks sowie Sensoren in den Fabriken, Industrieanlagen, Kühlsystemen und Speditions-Lkws. Nicht umsonst wächst neben der Zahl der Begriffe, die „Smart“ im Namen tragen, auch die Größe von dem, was sie bezeichnen: vom Smartphone zum Smart Home, vom Smart Home zur Smart City. Und wie geht es weiter? Mit dem Smart Planet oder der Smart Galaxy? Dabei reden wir nicht nur von einfachen Signalen nach dem Schema 0 für Aus und 1 für An. Die Bildübertragung für Fotos und Videos hat im Zeitalter von YouTube und Instagram einen hohen Anteil an den Datenströmen. Hinzu kommt die Tonspur. Technisch gesehen könnte man jeden Sprachchat, jede Onlinekonferenz mitschneiden und auswerten, auch wenn wir das natürlich mit Blick auf Kosten, Nutzen und Effizienz sowie den Datenschutz nicht tun. Im Bereich der Fernwartung, über den Sie in Abschnitt 5.2 zur Künstlichen Intelligenz noch etwas mehr erfahren, sind Audiodiagnosen bereits Realität.

Genauso wenig wie man alle Bücher, die jemals geschrieben wurden, lesen kann, kann man all diese Daten, die durchs Allesnetz zirkulieren, sinnvoll auswerten. Wie man es auch dreht und wendet: Vieles davon ist und bleibt Datenmüll. Doch auf der anderen Seite wartet da eben auch ein riesiger Datenschatz auf uns, den wir nur bergen müssen. Datenerhebung und -auswertung sind heute im großen Stil möglich: Speicherplatz ist wie gesagt zum Massengut geworden. Wir müssen uns zwar immer noch Gedanken über die Stromversorgung machen, für die man auch nach wie vor noch echte Gebäude und Leitungen in die physische Welt setzen muss. Doch die Vorzüge einer gut geführten digitalen Bibliothek mit intelligent durchsuchbaren und verknüpfbaren Dateien und Dokumenten gegenüber einer analogen Bibliothek dürfte allen einleuchten. Dafür muss man weder Bibliothekar noch Data Scientist sein. Wenn es sich um eine offene Datenquelle im Sinne von Open Source zum Beispiel für Bürger oder Wissenschaftler handelt, können dank Internet, LTE und 5G so viele Personen wie niemals zuvor gleichzeitig auf das vorhandene Wissen zugreifen und mit den Daten arbeiten. Oft wird der Zugang natürlich beschränkt sein, wenn die Daten von marktorientierten Unternehmen im Wettbewerb stammen oder sogar sicherheitsrelevante Akteure der sogenannten kritischen Infrastruktur ihren Datenbestand vor Manipulation und Hackerangriffen schützen müssen.

Dass man mit datenbasierten Geschäftsmodellen viel Geld verdienen kann, viele Menschen erreicht und viel bewirken kann, zeigen Unternehmen wie Google, Facebook, Instagram oder Netflix. Social Media und Streaming sind aus unserer Gesellschaft nicht mehr wegzudenken. Wenn ich per Handy das Angebot von IKEA oder Amazon durchforste, um mir per One Click ein paar Produkte meiner Wahl zu bestellen, basiert das in Teilen auch auf den Mechanismen von Big Data und Gerätevernetzung.

Besonders intensiv zeigt sich die Wechselwirkung zwischen den technologischen Entwicklungen im Bereich der Verkehrsplanung. Denken Sie an die ersten und die heutigen Navigationsgeräte, an die Routenplanung vor zehn Jahren und an Mapping-Dienste wie Google Maps, an Sensoren in der Fahrbahn, an digitale Verkehrsschilder und Anzeigetafeln, an die Visionen von selbstfahrenden Autos oder gar Flugtaxis. Die permanente Interaktion zwischen vielen unterschiedlichen Verkehrs- bzw. Netzteilnehmern kann über das Internet der Dinge so abgebildet werden, dass Informationen, die den Istzustand ziemlich genau wiedergeben, für die Allgemeinheit verfügbar sind. Das ermöglicht auch eine Echtzeitüberwachung und Kontrolle aus der Ferne, die es ohne den digitalen Datenfluss so nicht geben kann.

Ich will Ihnen zwei weitere Beispiele dafür geben, dass Daten einen Mehrwert haben, der sich gesellschaftlich oder unternehmerisch nutzen lässt. Schauen wir uns ein Fußballspiel im Fernsehen an, werden wir mit Zahlen und Statistiken überflutet: Ballbesitz, Ballkontakte, die Ergebnisse der letzten 20 Begegnungen beider Mannschaften, you name it … Woher kommen diese Informationen eigentlich, und wie kann der Kommentator während des Spiels live auf all diese Daten zugreifen? Dahinter stecken spezialisierte Unternehmen wie die Sportcast GmbH, die mit Scouting- und Tracking-Verfahren systematisch Metadaten zu den Fußballspielen erfassen. Der Managing Director Alexander Günther hat über die Bedeutung der Daten für das Geschäftsmodell seines Unternehmens einmal gesagt: „Wir haben schnell erkannt, dass wir die Erfassung und auch die nachträgliche Beschreibung von Content zum Bestandteil unseres Dienstleistungs- und Produktionsauftrags machen müssen. Das heißt: Ein Auftrag ist erst abgeschlossen, wenn auf der einen Seite der fertige Beitrag vorliegt und auf der anderen Seite das Rohmaterial mit den entsprechenden Schlagworten bestückt ist.[1]"

Lassen Sie mich für das zweite Beispiel noch einmal auf die Digitalisierung in der Logistikbranche zurückzukommen, um die es ja zu Beginn dieses Kapitels schon kurz ging. In der Intralogistik können die Bewegungsdaten von Staplerfahrern und Kommissionierern innerhalb des Lagers zeigen, an welchen Stellen Potenzial brachliegt. Sollen bei einem Logistikdienstleister die vergangenen drei, vier Jahre ausgewertet werden, dann sind wir vielleicht bei 5 bis 15 Millionen Datensätzen für alle Kommissioniervorgänge, alle Umlagerungen, alle Nachschübe und Einlagerungen. Die Datenauswertung kann zeigen, wie viel Wegstrecke der Staplerfahrer fährt. Nimmt er die richtigen Wege oder kann er irgendwo abkürzen? Ergibt es Sinn, Artikel umzulagern? Mit einer ABC-Analyse können Zugriffszeiten zur Kommissionierhäufigkeit in Verbindung gesetzt werden: Ist die Positionierung von hochfrequenten Artikeln und weniger gefragten Sortimentsbestandteilen so langfristig sinnvoll, oder können vielleicht Prozesse optimiert werden?

Die Arbeit mit den ausufernden Datenmengen bleibt dadurch handhabbar, dass sich Computerhardware und -software parallel zum Datenvolumen weiterentwickeln. Die heutige Rechenleistung erlaubt komplexe Datenberechnungen in Echtzeit und auch Prognosen und Simulationen, die für zukünftige Entscheidungen wertvoll sind. Es würde mich sehr wundern, wenn Sie in Ihren Büros Super- oder Quantencomputer hätten, doch solange Google und Co. an den Computern von morgen forschen, reicht das herkömmliche Angebot an Desktop-PCs und smarten mobilen Devices völlig aus, um Ihr Datenmanagement nach vorne zu bringen.

Big Data und IoT sollten wir zusammendenken, denn alles, was mit Datenfluss und Mobilität zu tun hat, hat auch mit der Qualität der Vernetzung, mit Breitbandverbindungen und 5G-Netzen, mit Maschinenkommunikation zwischen Smartphones und anderen internetfähigen Geräten zu tun. Bevor Statistiker, Wissenschaftler, Journalisten, Analysten oder meinetwegen auch ihr frisch rekrutierter Data Scientist aus Daten ihre Schlüsse ziehen und sie im Sinne von Unternehmen (oder Organisationen bzw. Staaten) befragen können, müssen die Daten erst einmal zu ihnen fließen. Dies erfolgt über das Internet der Dinge, das wir von allen möglichen Orten

[1] Unfold Magazin, Ausgabe 1, 2019/2020, S. 75

aus anzapfen können, um dann ohne langwierige Übersetzungs- und Decodierungsarbeit auf die gesuchten Daten zugreifen zu können. Die Sensoren in Smartphones, Fitnesstrackern, Autos, Staplern, Lkws, Containern oder Schiffen übersetzen die physische Welt, aus der sie die Informationen herausfiltern und einlesen, in eine Datensprache, die am anderen Ende gelesen und verstanden werden kann. Die Geräte und ihre Netzwerke fügen sich zum Internet der Dinge zusammen, in dem enorme Datenmengen hin und her fließen. Oft erzeugt die Vernetzung über das Internet der Dinge erst diejenigen Daten, die komplexe Algorithmen oder selbstlernende Programme brauchen, um die Künstliche Intelligenz zu bilden, um die es in Abschnitt 5.2 geht. Denn nicht nur Menschen können Informationen zusammentragen, Daten auswerten, Vergleiche anstellen, Schlüsse ziehen, Alternativen und Wahrscheinlichkeiten berechnen und logische Konsequenzen ableiten. Computer können das auch. Und sie können dies inzwischen deutlich besser als wir Menschen. Kennen Sie das Gesetz der großen Zahlen? Je mehr Fälle ich untersuche und auf ein bestimmtes Ergebnis komme, desto wahrscheinlicher ist es, dass die abgeleitete Erklärung oder Lösung der Realität entspricht und als Modell herangezogen werden kann. Wenn man so will, ist dies der Grund, warum wir immer mehr Daten sammeln und diese auswerten. Die schiere Masse an Daten und deren Auswertung macht das Ergebnis verlässlicher.

Die Algorithmik, die Speichertechnologie und die Prozessortechnologie haben sich rasant weiterentwickelt. Algorithmen helfen dabei, Daten nach beliebigen Kriterien und in unfassbarer Geschwindigkeit auch unter komplexen Bedingungen zu verarbeiten und dabei Informationen wie Wetter, Aktienkurse, Bestände oder Abverkäufe in die Kalkulationen einzubeziehen. Hier treffen also IoT, Big Data und Künstliche Intelligenz zusammen. Willkommen im Zeitalter der digitalen Transformation!

■ 5.2 Künstliche Intelligenz (KI)

Auch wenn der Terminus Artificial Intelligence (AI) erst in den 1950ern geprägt wurde, existierte die Idee von Künstlicher Intelligenz (KI) schon länger. Erfinder und kreative Tüftler wie Leonardo da Vinci haben sich wiederholt Gedanken zu Innovationen gemacht, die man vielleicht mit den selbstfahrenden Autos von heute und morgen vergleichen kann. Immer wieder begegnen uns in der Historie mechanische Wesen, vom einfachen Spielautomaten über raffinierte Roboterassistenten von Uhrmachern bis hin zum geheimnisvollen „Schachtürken" aus dem 18. Jahrhundert. Der Konstrukteur, ein technikaffiner Hofbeamter namens Wolfgang von Kempelen, ließ bei den Zuschauern den Eindruck entstehen, dass sein Gerät selbstständig Schach spielen könne. In der Apparatur saß aber ein menschlicher

Schachspieler, der es bediente – so ähnlich wie bei den Puppenspielern der Muppet Show. Der frühe Maschinenbau und das der Zukunft zugewandte Handwerk sind nicht die einzigen Quellen für intelligente Nicht-Menschen. Wir besitzen unsere ungeheure Fantasie als Kultur schaffende Wesen ja schließlich nicht erst seit dem Internetzeitalter. Nehmen wir die Figur Frankenstein, die im Labor einen künstlichen Menschen erschafft. Das ist zwar nur Unterhaltung in Buch- und Filmform, aber im Grusel und Horror, der die Frankenstein-Geschichte umgibt, steckt, wie ich finde, auch ein Stück Angst vor menschenähnlichen Maschinen: Ist so eine Innovation nicht gegen die Ordnung der Welt? Können wir solche Maschinen überhaupt kontrollieren? Was wird dann aus mir und meiner Arbeit, wenn jetzt smarte Maschinen Realität werden? Eine andere interessante Figur ist die des Golems: Mittelalterliche Gelehrte erschaffen aus Lehm oder anderem Material eine Art magischen Assistenten, der zwar nicht selbst sprechen oder denken, der aber Befehle ausführen kann. Die ganze Geschichte ist mit dem Judentum verknüpft, weswegen sie immer wieder politisch instrumentalisiert und aufgeladen wurde. Doch das einmal ausgeblendet, geht es bei der Erschaffung eines Golems im Kern um KI, wenn wir diese vom heutigen Standpunkt aus betrachten.

Doch was versteht man im Jahr 2021 unter Künstlicher Intelligenz? Lassen Sie mich eine kompakte Erklärung aus einem Text der Deutschen Physikalischen Gesellschaft zitieren, die ich ganz gelungen finde:

> *„Generell beschäftigt sich die KI damit, Maschinen mit Fähigkeiten auszustatten, die intelligentem (menschlichem) Verhalten ähneln: beim Lernen, Planen oder Lösen von Aufgaben. Dies gelingt mit Hilfe klar vorgegebener und programmierter Regeln oder durch maschinelles Lernen. Dabei ist zu betonen, dass es die eine KI nicht gibt; es handelt sich um eine breite Palette an Methoden, Verfahren und Technologien, die bereits seit Jahren untersucht werden. Dazu gehört zum Beispiel die Verarbeitung natürlicher Sprache (Natural Language Processing), die Wissenspräsentation (symbolische und subsymbolische KI) oder intelligente Software-Agenten. Das sind Computerprogramme, die zu spezifiziertem, eigenständigem und eigendynamischem (autonomem) Verhalten fähig sind. Aktuell werden verschiedene intelligente Methoden kombiniert (sog. Hybride Systeme).[2]“*

So wie man Menschen zu Datenspezialisten ausbilden kann, kann man auch Computern beibringen, möglichst clever mit Datenbeständen umzugehen. Man bezeichnet dies als Maschinelles Lernen (Machine Learning, ML). Damit ist eine spezielle Ausbildung für die Informationen und Daten verarbeitenden Rechner gemeint: Man stattet sie mit den richtigen Algorithmen aus und füttert sie lange genug mit Daten, sodass sie in den Texten oder Bildern Muster, Regelmäßigkeiten und Gesetze erkennen können. Dadurch kann die Maschine später weiteren

---

[2] *Deutsche Physikalische Gesellschaft (Hrsg.):* Künstliche Intelligenz für die Zukunft Europas. Physikkonkret Nr. 47, Physik und Information: Sonderausgabe zum Jubiläum 175 Jahre DPG, August 2020. *https://www.dpg-physik.de/veroeffentlichungen/publikationen/physikkonkret/physikkonkret-47*

Dateninput auf ihrem Spezialgebiet als bekannt oder unbekannt einstufen und mit dem bislang erworbenen „Wissen" abgleichen. Ein Spezialgebiet des Maschinellen Lernens und der mit ihm verbundenen Mustererkennung ist das sogenannte Deep Learning. Hier kommen künstliche neuronale Netze zum Einsatz, die sich ganz grob an der neuronalen Struktur des menschlichen Gehirns orientieren. Ähnlich wie das menschliche Unterbewusstsein muss auch die KI trainiert werden. Mit der Zeit optimiert sich das System immer weiter selbst. Die verwendeten Algorithmen sollen durch das beständige Training genauer, zielsicherer, verlässlicher und leistungsfähiger werden. Diesen Prozess kann man steuern oder laufen lassen, wofür in der Regel die Kategorien Supervised Learning (Überwachtes Lernen) und Unsupervised Learning (Unüberwachtes Lernen) verwendet werden. Hier haben wir es wieder mit einer Wechselwirkung zwischen KI und Big Data zu tun, denn je größer die Datenmenge ist, auf die die Algorithmen zugreifen können, desto besser kann der Lernprozess optimiert werden. Das Prinzip des Maschinellen Lernens begegnet uns jeden Tag, wenn wir am Computer sitzen oder ins Internet gehen. Dazu gehören zum Beispiel die personalisierten Empfehlungen auf Verkaufsplattformen wie Amazon. Sie wissen schon: Kunden, die das glitzernde Einhorn kauften, fanden auch den Pailletten-Rucksack im Alpaka-Style interessant. Auch die Vorschläge für die schnellste Route beim Autofahren basieren auf „klugen" Algorithmen, ebenso die Gesichtserkennung von Fotosoftware und diverse automatisierte Bildbearbeitungsschritte, wie zum Beispiel der Anbieter Instagram sie nutzt, wenn Filter und Umrechnungen für mobile Geräte zum Einsatz kommen.

Apropos „kluge" Algorithmen: Aktuell sind die eingesetzten Künstlichen Intelligenzen noch nicht besonders helle, wenn man sich das genauer anschaut. Das umschreiben die Fachleute mit dem Begriff „schwache KI" oder dem englischen Pendant „narrow AI". In ihrem Spezialgebiet, für das sie programmiert und trainiert sind, überflügeln die Computerhirne den Menschen mittlerweile immer häufiger, aber wenn es darum geht, zu assoziieren, Wissen aus verschiedensten Gebieten sinnvoll zu verknüpfen, generell intelligent zu sein, werden aus den vermeintlichen Genies ganz schnell wieder bloße Maschinen. Mir persönlich gefällt die Bezeichnung „smarte Fachidioten" ganz gut.

Momentan höre ich fast jeden Tag von neuen Entwicklungen, Anwendungsfällen und Einsatzmöglichkeiten von KI. Nicht alles davon ist sinnvoll. Manches hilft zwar einzelnen Unternehmen beim Positionieren und Geldverdienen, bringt der Menschheit als Ganzes jedoch keinen sonderlichen Mehrwert. Ich bin aber der festen Überzeugung, dass man mit nachhaltigen Anwendungen, die KI, Big Data und IoT geschickt zusammenführen, an einer besseren Welt mitbauen kann.

Schauen wir uns einige Beispiele an, um die praktischen Möglichkeiten der Künstlichen Intelligenz kennenzulernen. Los geht es mit einigen Highlights der letzten Jahre:

- Schon 2014 machte das Investmentunternehmen Deep Knowledge Ventures (Hongkong) Schlagzeilen, weil es einen Algorithmus in sein Direktorium aufnahm. Der Algorithmus namens VITAL (Validating Investment Tool for Advancing Life Sciences) sollte Datenbanken von Life Science-Unternehmen auswerten und nach Finanzierungstrends und Investitionsmöglichkeiten suchen. VITAL hat sich zwar mittlerweile erledigt, aber das Thema KI für Investments noch nicht. Es gibt zum Beispiel einen Fonds, der ODDO BHF Artificial Intelligence heißt. Anfang 2020 warb die Firma dahinter stolz, dieser Fonds habe seit Auflegung Ende 2018 einen überdurchschnittlichen Nettowertzuwachs von 27 % erzielt.
- 2017 setzte der japanische Lebensversicherer Fukoku Mutual Life Insurance voll auf eine IBM-Software namens Watson, um bei medizinischen Gutachten und Kalkulationen effizienter zu sein. Dabei gilt zu bedenken, dass Japan ist grundsätzlich roboter- und technikaffiner als Deutschland ist. Der Fall ist mir trotzdem im Gedächtnis geblieben, weil damals ein eher kleinerer Versicherer 34 Stellen oder fast 30 % der Mitarbeiter in der zuständigen Abteilung einsparen wollte.
- Im Sommer 2020 teilte das Karlsruher Institut für Technologie (KIT) mit, als erster Standort in Europa modernste KI-Systeme vom Typ NVIDIA DGX A100 in Betrieb genommen zu haben. Bei diesen Computersystemen handelt es sich um Hochleistungsserver. Gemeinsam erbringen die acht Beschleuniger eine Rechenleistung von 5 AI-PetaFLOP/s, also fünf Billiarden Rechenoperationen pro Sekunde. Die Forschungseinrichtung, die zur Helmholtz-Gemeinschaft gehört, äußerte sich nicht nur zur angeschafften Technik, sondern auch zum Sinn der Forschungen und der Motivation beteiligter Forscher: Mit Blick auf die Corona-Pandemie könnten die neuen KI-Systeme am KIT für die Bekämpfung genutzt werden – etwa indem sie die Entdeckung von Infektions-Hotspots beschleunigen, Ausbreitungsmuster vorhersagen oder das medizinische Personal bei der Analyse von Röntgenbildern entlasten.
- Auf die Röntgenbilder komme ich gleich noch einmal zurück. Lassen Sie mich an dieser Stelle, stellvertretend für viele andere KI-Projekte während der Corona-Pandemie, noch auf eine andere Anwendung[3] eingehen. Eine türkische Programmiererin entwickelte eine Kontrollsoftware für Kameras, um den Abstand zwischen Passanten zu messen (Stichwort: Social Distancing; andere Hashtags waren Deep Learning und Python). Bei unbedenklichem Abstand werden die Menschen mit einem grünen Viereck umrahmt, anderenfalls gelb bzw. rot, analog zu anderen Ampeldarstellungen. Überwachung ist natürlich eine heikle Angelegenheit. Doch meiner Meinung nach würden wir einen Fehler machen, eine Technologie mit Überwachungspotenzial grundsätzlich zu

[3] *https://github.com/KubraTurker/Social_Distancing-CV*

verteufeln, nur weil einige Regime und Despoten sie für ihre fragwürdigen Zwecke einsetzen. Werkzeuge sind erst mal nur Werkzeuge, auch wenn man sie oft zu Waffen machen kann. Wie man sie friedfertiger und trotzdem gewinnbringend einsetzt, verdeutlichen hoffentlich die folgenden Beispiele.

- Viele, mit denen ich spreche, denken zuerst an Sprachassistenten wie Alexa und Siri, wenn sie Künstliche Intelligenz hören. Kein Wunder, wenn man bedenkt, dass diese halbwegs erschwinglichen Massenprodukte Dinge können, die mit Alltagstechnologie bis vor Kurzem noch nicht möglich waren. Ich sage: „Alexa, mach das Licht an!“, und wie von Zauberhand geht das Licht an. Ich frage: „Siri, was heißt Unkraut auf Englisch?“, und die Maschine übersetzt für mich. Falls Sie eher zu denen gehören, die die Leistung von Sprachassistenten belächeln, bedenken Sie Folgendes: Es ist keine kleine Leistung, wenn eine Maschine die Schallwellen, die ein Mensch durchs Sprechen produziert, lesen und in Worte wie „Hey“ übersetzen kann, denn Ihre Schallwelle sieht anders aus als meine, die wiederum anders aussieht als die meiner Tochter. Überlegen Sie mal, wie lange Sie brauchen, um aus unbekannten Sprachen verständliche Sequenzen herauszufiltern. Mehr als Sekundenbruchteile werden es auch bei Ihnen sein. Derzeit wird eifrig an dialogfähigen Sprachassistenzsystemen geforscht. Das bedeutet: In Zukunft erschöpft sich das „Gespräch“ mit diesen smarten Geräten nicht in Frage-Antwort-Ketten und Reaktionen auf Befehle. Es wird unserer menschlichen Kommunikation Stück für Stück näherkommen.
- Ein anderes populäres Beispiel für KI ist der Schachcomputer. Irgendwann war die Maschine so gut in dem stark auf Mathematik und Logik basierenden Spiel, dass sie selbst vom besten menschlichen Schachspieler nicht mehr zu besiegen war. Nicht ganz so bekannt ist der Spielecomputer AlphaGo für das vor allem in China populäre Brettspiel Go. Auch gegen diese Maschine haben die Menschen mittlerweile keine Chance mehr. Beim Nachfolger AlphaGo Zero wurden im Unterschied zum Vorgänger keine Daten aus gespielten Go-Partien eingespeist, sondern nur noch die Spielregeln. Trotzdem besiegte Version 2.0 die Vorgängerversion in 100 von 100 Fällen. Derartige Spiel-KIs sind allerdings nur in ihrem Fachgebiet unbesiegbar. Sie würden in einer anderen Disziplin schlecht aussehen, während Menschen locker ein Dutzend Spiele auf meisterlichem Niveau beherrschen können. Als andere Go-Großmeister damals die Siegerpartie von AlphaGo verfolgten, empfanden sie übrigens einige unvorhergesehene Züge des Computers als „kreativ“.

Den Aspekt Kreativität finde ich persönlich in Bezug auf Computer, Software und Algorithmen besonders interessant. Das hängt damit zusammen, dass ich mich schon früh für Kunst und auch für Handwerk interessiert habe. Meine Mutter ist Künstlerin. Sie hat mir und meinen Geschwistern viele Einblicke in kreatives Arbeiten gegeben. Mein Vater wiederum hat mich schon als kleinen Jungen zu

Bau- und Modernisierungsarbeiten mitgenommen, wenn es etwas an den Immobilien, zu tun gab, die er als Vermieter gemanagt hat. Wenn ich nun Leute sagen hören: Kreativität ist den Menschen vorbehalten, Maschinen fehlt dafür etwas Entscheidendes, dann denke ich mir: Warte mal! Vieles von dem, was wir Kunst nennen, ist doch eigentlich formvollendetes Handwerk, handwerkliche Meisterschaft usw. Für Maler, Bildhauer und andere ist häufig auch kühle Präzision wichtig. Ich will Ihnen ein paar Beispiele für kreative Leistungen von KI geben, die etwas mit dem Kunstbetrieb, mit Künstlern, Kreativen oder der Kulturwirtschaft zu tun haben:

- Computer haben Musik komponiert, die Testhörer nicht von menschengemachter Musik unterscheiden konnten. Bedenken wir, dass ein gewisser Pythagoras von Samos schon in der Antike Folgendes über Musik gesagt haben soll: „Alles ist Zahl." Und da man elektronische Musik mit intuitiver Software machen kann, ohne irgendein Instrument zu beherrschen, ist es irgendwie logisch, dass unvollendete Werke von Beethoven nun zur KI-Sache erklärt werden.
- Es gibt auch im Feld der Textverarbeitungssoftware kreative KI-Ansätze, zum Beispiel für Drehbücher: Der Ihnen vermutlich bekannte Schauspieler (und Sänger) David Hasselhoff hatte in seiner Rolle als Michael Knight in der Serie Knight Rider bereits in den 1980er Jahren mit KI zu tun. Erinnern Sie sich an die Smart Watch, mit der er sein Hightech-Auto „Kid" rufen konnte. Der schräge Kurzfilm „It's not a game" mit eben diesem David Hasselhoff, der im Jahr 2017 gedreht wurde, setzte KI für das komplette Drehbuch ein. Das war intellektuelle Spielerei, und das Ergebnis würde ich nicht gerade wegweisend nennen. Doch der Regisseur hält es für möglich, dass unsere Entertainment-Angebote eines Tages von Maschinen kommen, die mit Rechenpower und Input von Kreativen die Daten und Emotionen zu Kunst kombinieren, die Menschen in relevanter Zahl anspricht.
- Ein dritter Use Case betrifft die Echtheit von Kunst, also die Kunstanalyse: Ist die „Mühle von Wijk" ein echter Vincent van Gogh? Eine Künstliche Intelligenz, die das Gemälde kurz vor der Versteigerung am 1. September 2020 untersucht hat, kam zu dem Ergebnis: mit hoher Wahrscheinlichkeit ja. Falls Sie der Meinung sind, dass insbesondere der Kunstmarkt ein Feld ist, auf dem solche Urteile nur von Menschen kommen können, möchte ich Ihnen den Film Beltracchi ans Herz legen. Der Fälscher Beltracchi hat mit seinen Imitationen von internationalen Künstlern wie Max Ernst anerkannte langjährige Fachleute als Gutachter getäuscht. Bei dem van-Gogh-Bild arbeitete der Gutachter-Algorithmus mit einem Ensemble von neuronalen Netzen, das den Stil eines Malers in Gemälden erkennt. Im Falle der „Mühle von Wijk" stelle die KI keine Auffälligkeiten fest, während sie bei anderen Kontrollen schon Fälschungen identifizieren konnte. Der dahinterstehenden Alexander Thamm GmbH aus

München zufolge, die mit dem Dezernat Kunstdelikte des Berliner Landeskriminalamtes kooperiert, liegt die Erkennungsgenauigkeit für van Gogh bei 89 %. Das Modell entlarve mittlerweile acht von neun Fälschungen des bekannten Malers.

- Das britische Unternehmen Engineered Arts hat sogar eine Roboter-Künstlerin erschaffen, die neue Bilder malt. Ihre Gemälde wurden bereits ausgestellt. Wenn Sie auch mal einen Blick auf diese künstliche Kunst werfen wollen, suchen Sie nach Aida. Dieser Name ist natürlich kein Zufall: AI wie Artifical Intelligence, Aida wie die bekannte Oper und drittens ist es eine Anspielung auf die Computerpionierin Ada Lovelace.

Für Unternehmen bietet KI vielfältige Möglichkeiten. Diese betreffen nicht nur das Monitoring und das Verwalten des aktuellen Status quo, sondern auch Prognosen für die Zukunft. Je mehr Daten zur Auswertung bereitstehen und je „klüger" die eingesetzte KI-Anwendung ist, desto zuverlässiger können Ereignisse vorausgesagt werden. Damit sind wir beim Bereich Predictive Maintenance und Predictive Analytics (Vorausschauende Instandhaltung und Analyse) angelangt.

Mengen- und Wahrscheinlichkeitsangaben können zum Beispiel in Kombination mit Robotik und automatisierten Prozessen interessant sein: Roboter in der Produktion gibt es zwar bekanntlich schon eine ganze Weile, aber die Integration verschiedener Softwaremodule, die Kommunikation von Robotern untereinander sowie die Anbindung der Produktionsversorgung aus dem Lager sind teilweise noch Neuland für uns. Bei einer integrierten internen Produktionslogistik prognostiziert die übergreifende Produktionssteuerung, welche Teile in welcher Menge zu welcher Zeit an der Maschine benötigt werden, und übergibt die Informationen an ein Lagerverwaltungssystem. Dieses System veranlasst dann im Lager die Kommissionierung, den Transport in die Produktion und die Bereitstellung der benötigten Materialien an der Maschine.

Das Potenzial von Prognosen betrifft insbesondere die Wartung von Geräten, Anlangen und Maschinen. Wartungsarbeiten finden häufig turnusmäßig statt, gekoppelt an gesetzliche Vorgaben, Inventuren oder andere Wegmarken. Ist der Abstand zu lang, kann das zu zwischenzeitlichen Ausfällen führen, ist er zu kurz, werden möglicherweise unnötige Kosten erzeugt, zum Beispiel, weil das Fachpersonal Anlagen prüft, die noch bestens laufen. Für Unternehmen ist es sinnvoll, Wartungen und Instandhaltungen flexibel vornehmen zu können. Sollte zum Beispiel nur ein Softwareproblem (und kein Hardwareproblem) vorliegen, lässt sich das heutzutage möglicherweise ohne Anfahrt aus der Ferne lösen. Für das Überwachen der Technik und das Treffen solcher Entscheidungen ist das Sammeln und Auswerten von Daten - unter anderem Maschinen-, Geräte-, Anlagen- oder Produktionsdaten - mithilfe von automatisierten Algorithmen hilfreich. Intelligentes Echtzeit-Datenmanagement per KI kann helfen, bedarfsgerechte Wartungspläne zu erstellen. Um die Zeitplanung für Kontrollen und Reparaturen zu verbessern, kann KI beispielsweise zur Analyse von Audio- oder Bilddaten eingesetzt werden: Bewegt sich der Greifarm komisch? Klingt der Motor so, wie er sollte? Beim Nutzfahrzeug- und Maschinenbaukonzern MAN verwendet man diesen Ansatz, um die Verfügbarkeit der eigenen Lkws auf den Straßen zu erhöhen. Das Unternehmen will möglichst verlässlich vorhersagen können, wann bei einem Fahrzeug kritische Teile wie Injektoren ausfallen, was dann direkt zum Liegenbleiben führen würde. In den zur Prävention aufgesetzten Datensatz flossen Reparatureinträge, Fehlerdokumentationen und Telematikdaten ein. Parallel wurde ein Algorithmus entwickelt, der in den Steuergerätedaten „ungesunde" Fahrzeugdaten aufspüren soll. Die Schweizerischen Bundesbahnen (SBB) nutzen eine IoT-Lösung von SAP für die vorausschauende Wartung ihrer Fahrzeugflotte. Auch für die regionale ÖPNV-Koordination ist Predictive Maintenance ein vielversprechender Ansatz.

Da es bei Predictive-Ansätzen nicht ausschließlich um Wartungsaspekte, sondern auch um das Antizipieren von Angebot und Nachfrage geht, ist diese Funktionsweise von Künstlicher Intelligenz im Zusammenspiel mit IoT für alle möglichen Branchen interessant: Touristiker und Festivalveranstalter, die das Wetter mitdenken müssen, oder Betreiber von Windkraft- und Solaranlagen und andere Player aus dem großen Feld der Energie. Die Deutsche Energie-Agentur (dena) zum Beispiel koordiniert das Projekt „EnerKI – Einsatz Künstlicher Intelligenz zur Optimierung des Energiesystems". Sie will auf diesem Weg gezielt Wissen über die Nutzung Künstlicher Intelligenz im Energiesystem aufbauen und für die Wirtschaft, Fachöffentlichkeit und Politik nutzbar machen. In der dena-Analyse „Künstliche Intelligenz für die integrierte Energiewende" steht unter anderem Folgendes:

> *„Anbieter von Predictive Maintenance für Windturbinen versprechen eine Vorhersage der Ausfälle von Betriebselementen 60 Tage im Voraus und Einsparungen in Höhe von 12 500 Euro je Turbine aufgrund vermiedener Wartungsarbeiten. KI-Anwendungen schaffen so nicht nur einen betriebswirtschaftlichen Mehrwert, sondern können auch einen Beitrag zur Integration erneuerbarer Energien leisten.[4]"*

Da kommt in den nächsten Jahren noch einiges auf uns zu, wenn Sie mich fragen. Lassen Sie mich zum Abschluss noch einmal ein Beispiel aus der Medizin bringen, um die Wechselwirkung zwischen KI, Mustererkennung, Bilddaten und Internet der Dinge zu verdeutlichen. Denken Sie an die Bedeutung von Röntgenbildern: Wenn wir es schaffen, eine Künstliche Intelligenz mit einer starken Cloudlösung zu kombinieren, in die Millionen Röntgenbilder von Lungen einfließen, die einen Tumor aufweisen oder eben nicht, haben die behandelnden Ärzte eine größere Chance, aktuelle Fälle zu vergleichen und eine Vermutung zu verifizieren, als wenn sie nur ihre „persönliche Datenbank" im Kopf abrufen. Denn wie viele sol-

[4] *Deutsche Energie-Agentur (dena):* Künstliche Intelligenz für die integrierte Energiewende. Einordnung des technologischen Status quo sowie Strukturierung von Anwendungsfeldern in der Energiewirtschaft. Stand: 09/2019. *https://www.dena.de/fileadmin/dena/Publikationen/PDFs/2019/dena-ANALYSE_Kuenstliche_Intelligenz_fuer_die_integrierte_Energiewende.pdf*

cher Röntgenbilder sieht ein Arzt in seiner Laufbahn: 1000? 5000? 10 000? In jedem Fall wird er von der Grundgesamtheit der Erfahrungen aller Ärzte auf diesem Gebiet weit entfernt sein. Zudem müsste sich unser Arzt alle Bilder und die damit verbundenen Muster der Krankheit merken können, um verlässliche Aussagen zu treffen. Jeder Arzt hat aber nur eine sehr begrenzte Menge an Daten, auf die er geistig zugreifen kann. Jetzt kommt die Datenbank mit 1 Million Röntgenbilder ins Spiel. Die intelligente Mustererkennungssoftware packt die Bilder alle übereinander und erkennt die Muster in hoher Geschwindigkeit. Das System errechnet die wahrscheinliche Entwicklung der Krankheit und gleich ab, in welchem Stadium sich der Patient befindet. Falls Ihnen das zu konstruiert erscheint: Es gibt bereits handfeste Projekte im deutschen Gesundheitssektor, die KI und Big Data zusammendenken. Die Techniker Krankenkasse betreibt mit dem Pharmakovigilanz-Monitor ein Projekt, das die Patientensicherheit erhöhen soll, indem es unerwünschte Nebenwirkungen von Medikamenten dokumentiert und auswertet. Dafür nutzt sie Abrechnungsdaten von rund 20 Millionen Versicherten und Ansätze wie Deep Learning.

■ 5.3 Augmented Reality (AR) und Virtual Reality (VR)

Das Internet der Dinge ermöglicht es, Ereignisse aus der echten, physischen Welt für Geräte lesbar zu machen und in eine Datensprache zu übersetzen, damit die Smart Devices und die modernen Maschinen mit den empfangenen Informationen über Standorte, Temperaturen, Farben, Geräusche usw. etwas anfangen können. Andersherum funktioniert es auch: Immer häufiger übersetzen die Dinge im Allesnetz Inhalte aus der digitalen, virtuellen Welt für uns und transformieren sie beispielsweise in Spielsequenzen, die wir erleben, oder hologrammartige Bilder und Videos, mit denen wir etwas visualisieren und dadurch besser verstehen können.

Was genau hat es mit Virtual Reality (VR) und Augmented Reality (AR) auf sich? Während die Realität bei AR um virtuelle Elemente auf einem zweiten Kanal ergänzt wird, blenden wir die Realität bei VR aus und tauchen stattdessen vollständig in die virtuelle Welt ein. Eine VR-Brille, um das wohl populärste Gerät zu nennen, das diese Technologie nutzt, liefert uns eine vollständige neue Realität, die die physische Welt gewissermaßen verdrängt. Man kann es sich wie bei einem Film vorstellen. Ein Handyspiel, das Augmented Reality verwendet, etwa das bekannte Pokemon Go, kombiniert Elemente aus der Wirklichkeit wie unser Straßen- und Wegenetz mit nicht realen Inhalten wie Figuren aus einer fiktiven Welt. Die Wurzeln von Virtual Reality und Augmented Reality liegen in der Mitte des

20. Jahrhunderts. Der erste konkrete Entwurf eines VR-Systems geht auf Morton Heilig zurück. Das war 1956. Nur wenige Jahre später erfand Ivan Sutherland die erste VR-Brille. Die ersten Schritte in Richtung AR ging man etwa 20 Jahre später, unter anderem mit dem Prototyp „Super Cockpit". Das war ein Helm, der die Sicht des Piloten um zusätzliche Informationen erweiterte. So wie wir 3D-Brillen rückblickend als typische Accessoires einer bestimmten Zeit betrachten, sind VR-Brillen und VR-Headsets das Symbol der neuen VR-Ära. Microsoft bietet seit 2016 seine HoloLens an. Google setzt mittlerweile vor allem auf Smartphone-Anwendungen und Zubehör: Cardboards sind Papprahmen, mit denen man sein Smartphone zur VR-Brille umfunktionieren kann. Google Lens ist die aktuell wohl wichtigste Handyanwendung, um visuelle Daten zu analysieren und Bilder zu erkennen. Die Versuche mit eigener Hardware waren nicht von Erfolg gekrönt. Falls Sie jetzt spontan an Google Glass denken: Die erste Version von Google Glass hatte noch nichts mit VR oder AR zu tun und war in Deutschland ein ziemlicher Flop. Kürzlich wurde mit der Produktreihe „daydream view" eine tatsächliche VR-Brille eingestellt. Facebook-Technologies investiert unterdessen viel in seine VR-Marke Oculus, deren Brillen bei Tests recht gut abschneiden. Alte Marktgiganten wie HP mischen im VR-Geschäft fröhlich mit. Neue Player wie Pimax aus Shanghai mischen den Markt auf. (Sobald dieses Buch im Handel ist, mag die Marktlage schon wieder anders aussehen. Eine Kristallkugel habe ich leider nicht.)

Der Erfolg ist eigentlich keine Überraschung: Wir Menschen tauchen gerne in neue, fremde oder andere Welten ein. Vor der VR-Brille gab es die Filme oder Computerspiele, die uns in andere Zeiten und an andere Orte katapultierten. Vor den Computerspielen gab es das analoge Gruppenspiel mit Geschichten und Theater-Elementen, um aus der – vielleicht als zu beengt empfundenen – eigenen Realität auszubrechen. Vor den Filmen gab es die Fotos, die Malerei und die Literatur in all ihren Facetten. Insofern setzen VR und AR bei einem tief verwurzelten Interesse an Fantasie und Geschichten an, indem sie unsere Welt bunter und größer machen. Wie werden diese Technologien die Wirtschaft von morgen prägen? Fangen wir mal mit der geschichtengetriebenen Entertainment-Industrie von Netflix bis Hollywood und mit dem Gaming-Sektor an, weil dort die Auswirkungen besonders groß sind:

- Hatten Sie 2020 Konzertkarten gekauft und konnten wegen der Infektionsschutzmaßnahmen zum Eindämmen des Corona-Virus nicht zum Konzert gehen? Was für Sie ein bisschen blöd war, ist für Musiker und Sänger während der Pandemie zum ernsthaften Problem geworden. So ein Konzerterlebnis lässt sich eben nicht ohne Weiteres in ein digitales Ersatzangebot transformieren. Es sei denn ... die Sängerin heißt Hatsune Miku: Wer nur virtuell existiert und zu Playback auftreten kann, hat es da natürlich einfacher – auch wenn das Problem bestehen bleibt, dass auch ein VR-Star Menschenmassen anzieht, für die dann natürlich Abstandsregeln und Mundnasenschutz bedacht werden müssen.

- Für die Filmindustrie ist VR auch interessant. Die Technologie kann Dokumentationen neue Tiefe geben, etwa in Form von Einblicken in das Leben von Tieren und in Naturphänomene. VR erweitert auch die Palette der Special Effects für Blockbuster und animierte Filme im Kino und Heimkino. Ist Ihnen der Begriff 360°-Video schon mal untergekommen? Wenn ja, wissen Sie ungefähr, was ich meine. Maßstäbe gesetzt hat unter anderem der 15-minütige Film „The Key“ aus dem Jahr 2019, ein Erlebnis irgendwo zwischen Film, Theater, Reise und Kunstperformance.
- In der Spieleindustrie für Konsolen, Computer- und Handyspiele ist VR ein Riesenthema. Die Gamescom 2020 fand zwar Ende August Corona-bedingt wie so viele Messen und Großevents komplett digital statt, erreichte aber als „größte Computerspielmesse der Welt“ (Zitat von tagesschau.de) über die Onlinekanäle ein Millionenpublikum aus Profi- und Hobbyspielern, Programmierern und Entwicklerschmieden, Fachleuten und interessierten Laien. Die Veranstaltung hatte nicht nur einen besonders professionellen Onlineauftritt mit einem eigenen Content Hub, einer Vernetzung mit der populären Spieleplattform Steam und der Möglichkeit, sich in einem eigens entwickelten Spiel durch eine virtuelle Messehalle ganz ähnlich der sonst in Köln genutzten zu bewegen, um die Messe spielerisch zu erleben. Sie widmete sich natürlich auch neuen Computer- und Konsolenspielen, die stark oder vollständig auf VR-Technik und VR-Equipment für das Spielerlebnis setzten. Dazu gehörten ein Spiel im Universum von Star Wars mit Flugsimulator-Anteilen und das Spiel „Medal of Honor“, in dem man aufseiten der Alliierten den Zweiten Weltkrieg nachspielt.
- Ein gewisser Marc Zuckerberg von Facebook, den Sie kennen dürften, soll gesagt haben: „Like the transition from sharing text to photos and now videos, virtual reality is the future.“ Denken Sie mal kurz zurück und vergegenwärtigen sich den Siegeszug von Facebook, von YouTube und vom Onlineformat Video im Allgemeinen, bevor Sie das Zitat vorschnell als Blabla abtun. VR könnte das nächste Level der Internetpräsentation werden. Wer weiß das schon?
- Ein anderes interessantes Einsatzgebiet, das wir wohl eher mit Nostalgie als mit Zukunft assoziieren, sind Freizeit- und Vergnügungsparks. In Berlin hat kürzlich die „VR Nation“ eröffnet - eine Mischung aus LaserTec und virtuellem Freizeitpark. Sensoren an Händen, Füßen, Rumpf und Kopf erfassen die Bewegungen der Besucher, die sich in Echtzeit als 3D-Avatar durch ein 100 m^2 großes Gelände bewegen und dabei ein Spiel erleben. Wer das schon krass findet, sollte sich man die Anlage „VR Star“ anschauen: ein chinesischer VR-Superlativ auf 13 000 m^2.

Doch auch in der Fertigung oder bei der Ausbildung von ganz normalen deutschen Unternehmen, die vermeintlich langweilige, handfeste Güter herstellen und auf den ersten Blick so gar nichts mit solchem Weltenbau und Storytelling zu tun haben, tut sich einiges in Sachen VR:

- VR-Brillen können das Anleiten von Mitarbeitern erleichtern: Wenn eine Maschine gewartet werden muss, kann man Servicemitarbeitern, die eine smarte Brille tragen, Schritt-für-Schritt-Anleitungen in 3D vorspielen. Das Unternehmen Konica Minolta greift zum Beispiel auf eine konzerneigene Produktentwicklung namens AIRe Lens zurück, wenn Menschen einerseits Informationen und andererseits freie Hände brauchen. Ähnlich praktisch: Arbeiter am Packtisch können virtuell sehen, was sie als Nächstes in den Karton packen sollen. Kameras filmen die Aktivitäten der Hände. Der Bildschirm ergänzt, welche Teile als Nächstes an der Reihe sind. Die Mitarbeiter würden es wahrscheinlich richtig machen, sodass die Fehlerquote beim Kommissionieren gesenkt werden kann. Das kann für Standardabläufe nützlich sein und auch für Abweichungen vom Standard, wenn Kunden etwas außer der Reihe bestellen.
- Rolls Royce hat für seine Aktivitäten im Flugzeugbau in Deutschland in Kooperation mit der Technischen Universität Cottbus einen Raum entwickelt, in dem drei Wände sowie der Boden als Screen funktionieren. In dieser „Cave" können Ingenieure zum Beispiel virtuell ein Triebwerk mit über 20 000 Teilen präsentieren. Oder Besucher nutzen die VR-Brillen und „Flysticks", um technische Details zu erkunden.
- Auch im Bereich der Fahrzeugentwicklung spielt VR eine große Rolle. Das wird nachvollziehbar, wenn man sich vorstellt, dass eine Prototypentwicklung unglaublich aufwendig ist. Tausende Bauteile müssen produziert werden, um in Summe dann ein fahrbares Auto zusammenzusetzen. Das sind Zeitzyklen, die massiv verkürzt werden müssen, um wettbewerbsfähig zu bleiben. Daher treffen sich auch Ingenieure in virtuellen Produktionsräumen oder in prototypischen Labors, um dort Fahrzeuge aus Bits und Bytes zusammenzuschrauben, also mit virtuellen Bauteilen. Wenn dann der exemplarische Schaltknauf nur um ein paar Zentimeter versetzt wird, werden die Auswirkungen sofort deutlich, die das auf die Sitze, Schienen, aber auch auf die Antriebswelle hat. Einen Schaltknauf zu versetzen, hat derart viele Auswirkungen, dass Laien hier wirklich ins Staunen kommen. Es wäre bei den bestehenden technischen Möglichkeiten eine regelrechte Verschwendung, weiterhin die Baupläne physisch umzusetzen, um erst dann mit den Fehlern konfrontiert zu werden. Simulationen im virtuellen Raum können die Dauer der Fahrzeugentwicklung mitunter halbieren.

Lassen Sie mich zuletzt eine Anwendungsmöglichkeit aus der Medizin anführen, zumal das ein Gebiet ist, das wirklich viel für eine bessere Welt leisten kann.

Kinder mit angeborenen Herzfehlern müssen oft belastende Untersuchungen und Eingriffe über sich ergehen lassen. Im EU-Projekt „Cardioproof" haben Forscher des Bremer Fraunhofer-Instituts für Bildgestützte Medizin (MEVIS) eine Software entwickelt, mit der sich bestimmte Interventionen im Vorfeld simulieren lassen. Erste Erfahrungen machen Hoffnung, dass man dadurch künftig auf einige Eingriffe verzichten könnte.

Der Übergang zwischen VR und AR ist fließend. Manch einer bezeichnet beide Technologien auch als Zwillingstechnologien. Bei den folgenden Anwendungsfällen geht es um AR, also die erweiterte Realität, oder dieser Aspekt steht zumindest im Vordergrund:

- Beim Hausbau können Tablets und Smartphones zum wesentlichen Werkzeug des Handwerkers gehören – nämlich dann, wenn er sich die Arbeit erleichtern möchte und anstatt aufwendig die Wand zu vermessen, das Tablet befragt, dass ihm millimetergenau vermittelt, an welcher Stelle die Bohrung vollzogen werden muss. Das System orientiert sich an Vergleichswerten und errechnet die Größenverhältnisse und Abstände. Somit berechnet es, an welchen Stellen Löcher gebohrt werden müssen, damit die Bauteile richtig angebracht werden können.
- AR ist auch interessant für den Tourismus: Apps (2020 zum Beispiel Zaubar) verbinden Stadtführungen und Zeitreisen, indem sie zum Beispiel historische Bild- und Tonaufnahmen vom Brandenburger Tor per Smartphone verfügbar machen, wenn man direkt vor diesem Tor steht. Das Filmstudio Babelsberg in Potsdam greift für den Kulissenbau auf AR zurück. Techniker und Monteure nutzen dreidimensionale Vorabvisualisierungen, sprich Hologramme, und eine HoloLens genannte Mixed Reality-Brille. Michael Düwel, der Geschäftsführer des für den Kulissenbau zuständigen Art Departments sagte dazu in einem Interview: „Sicher wären diese Arbeiten auch auf klassischem Weg zu realisieren gewesen, es hätte für dieses Level an Präzision jedoch ein Vielfaches an Zeit benötigt." Auf die Zukunft der Filmbranche angesprochen, erwiderte er: „Wir glauben, dass die Zukunft des Kulissenbaus in der immer stärkeren Symbiose zwischen traditionellem Handwerk und digitaler Technik wie Visual Effects liegt.[5]"
- Das Babelsberger Filmstudio arbeitet außerdem mit einem volumetrischen Studio. Volucap, ein Joint Venture von Playern aus der Filmindustrie und dem Fraunhofer-Institut, soll begehbare Filme für Menschen erlebbar machen. Mich persönlich erinnert das an die Holodecks aus Star Trek. Kennen Sie die? 32 Kameras erfassen Personen und Objekte dreidimensional und schaffen hologrammähnliche Modelle. Diese lassen sich anschließend in virtuelle wie reale Welten einfügen. So wie der vorangehend erwähnte Berliner VR-Park nicht

[5] Unfold Magazin, Ausgabe 1, 2019/2020, S. 113

ganz mit dem chinesischen VR-Park mithalten kann, sind die Studios in Babelsberg natürlich nicht ganz so State of the Art of Hollywood wie die Filmstudios von Universal.

- Für das Planen neuer Unternehmensstandorte ließe sich bei der Ersteinrichtung einer Produktionsanlage über die erweiterte Realität abbilden, wie der Maschinenpark angeordnet ist, um die Prozesse, Transporte und Interaktionen der Maschinen zu planen und zu optimieren. Bestehende Maschinen können ins Bild integriert oder überblendet werden. Der Blick ins Tablet ist gleichzeitig der Blick in die Zukunft.

Apropos Zukunftsprognose: Bislang war es noch oft so, dass man nur ruckelig in die künstlichen Welten eintauchen konnte oder dass einem schwindelig wurde, wenn man mit VR-Brille oder Headset eine Anwendung ausprobierte. Diese sogenannte Motion Sickness könnte in Zukunft immer seltener werden, denn technisch gesehen geht sie auf Verzögerungen bei der Datenübertragung zurück. Solche Latenzen und Lags kriegen die Entwickler und Hersteller in Zeiten von 5G-Netzen aber zunehmend besser in den Griff. Mit einem flächendeckenden IoT als Grundlage, dessen Daten schnell, sicher und stabil übertragen werden können, eröffnen sich voraussichtlich viele Möglichkeiten, um mit VR- und AR-Anwendungen unsere Welt zu bereichern. Ich schreibe hier optimistisch von „bereichern“, weil ich überzeugt bin, dass sich die Anwendungen langfristig durchsetzen werden, von denen möglichst viele Menschen und unser Ökosystem als Ganzes profitieren kann. Drücken Sie gerne mit mir zusammen die Daumen, aber bitte drehen Sie nicht einfach nur Däumchen, während die Welt sich weiterdreht.

5.4 3D-Druck

Das Internet der Dinge lebt, wie der Name schon sagt, von den Dingen. Nur, was ist das eigentlich, ein „Ding“? Wahrscheinlich denken Sie jetzt zuerst an internetfähige Telefone, Tablets und Laptops und danach an größere Industrieanlagen, die irgendeine Form von Software nutzen, an der man für eine Modernisierung und zeitgemäße Vernetzung ansetzen kann. Das ist alles richtig, ich möchte hier allerdings noch auf eine weitere Dynamik im Zusammenhang mit unserer Hardware hinweisen. Wenn wir im Zeitalter der digitalen Transformation über Geräte und Hardware sprechen, kommen wir am Phänomen 3D-Druck nicht ganz vorbei. 3D-Drucker und die dahinterstehenden Produktionsverfahren sind moderne Werkzeuge, mit denen wir uns alles Mögliche, was man in Unternehmen so brauchen kann, produzieren können: von Komponenten und Geräteteilen über einsatzfähige Werkzeuge bis hin zu ganzen Fertigungskomplexen. Der klassische Hardware-

Begriff greift zu kurz. So ein Drucker ist nicht nur selbst ein Gerät, das mit Software interagiert. Mit diesem Gerät können wir außerdem noch weitere Hardware produzieren. Von der disruptiven Qualität her kann es der 3D-Druck durchaus mit den Technologien KI und VR aufnehmen. Denn abgesehen davon, dass man solche Möglichkeiten früher im Reich der Fantasie verortet hätte, ist der Preis für 3D-Drucker in den letzten 20 Jahren rapide gefallen, während ihre Geschwindigkeit und Genauigkeit parallel stark hinzugewonnen haben. Zu den druckbaren Materialien gehören heute Kunststoff, Keramik, Glas, Papier, Metalle und Beton, aber auch synthetische Lebensmittel und Gewebe. Vor allem um das Gewebe (und vergleichbare Stoffe) ist ein regelrechtes Wettrennen entbrannt, weil sich mit medizinischen Produkten und Dienstleistungen einerseits etwas Sinnvolles für die Menschheit beisteuern und nebenbei extrem gut verdienen lässt – so dürfte jedenfalls die Hoffnung bzw. Rechnung hinter den vielen visionären Reden und Forschungsprojekten aussehen. Start-ups, die auf Bioprinting fokussieren, sprießen seit einiger Zeit wie Pilze aus dem Boden. Es gibt zwar bereits Marktbeobachter und Fachleute, die vor einem überschätzten Hype warnen. Stellvertretend habe ich ein Zitat aus der Zeitschrift Capital für Sie:

> *„Ob die erste transplantierbare Leber in zehn oder 50 Jahren gedruckt wird, lässt sich nicht glaubwürdig vorhersagen. Sicher ist nur: Vor dem Profit stehen lange Jahre der Forschung. Das gilt für fast alle, die um die Wette laufen in diesem Rennen in die Zukunft.*[6]*“*

Auf der anderen Seite stimmt es aber auch, dass mit 3D-Druckverfahren bereits einige beeindruckende Dinge produziert wurden. Dazu gehören Prothesen, Autos und Bauteile für Flugzeuge. Die gemeinnützige Organisation New Story hat zusammen mit dem US-Unternehmen Icon sogar schon Häuser für eine Siedlung in Mexico gedruckt. Die Häuser wurden mit einem Drucker namens Vulcan II aufgebaut, der eine Eigenentwicklung von Icon ist und laut Angaben der Firma für ein solches Haus rund 24 Stunden braucht. Der Drucker bringt den Zement auf und baut so den Boden und die Wände des Hauses. Gesteuert wird das Drucken über eine App, sodass das Team leicht Änderungen vornehmen kann, um ein Haus zum Beispiel den Gegebenheiten vor Ort anzupassen. Die Software, die den Drucker steuert, bezieht angeblich auch noch das Wetter mit ein und mischt den Zement je nach Luftfeuchtigkeit entsprechend an, um sicherzustellen, dass die Qualität des Drucks immer gleich ist. Somit hätten wir also ein softwaregesteuertes „Ding“, das mithilfe von Predictive Analytics, sprich Künstlicher Intelligenz, andere nützliche Dinge produzieren kann.

Der Unternehmer Frank Thelen nennt die additive Fertigung mithilfe von 3D-Druckverfahren in seinem Buch *10x DNA* „die größte Erfindung seit Hammer und Nagel im Bereich der Produktion“. So weit würde ich vielleicht nicht gehen. Aber

[6] *https://www.capital.de/wirtschaft-politik/organe-aus-dem-3d-drucker*

es lohnt sich, darüber nachzudenken, was es für unsere Produkte und Angebote bedeutete, könnte man die Fertigung so gestalten, dass eine smarte Software moderne 3D-Drucker bedarfsgerecht und vorausschauend steuert. Denken Sie an die Just-in-time-Produktion, an Economies of Scale oder an das Ersatzteilmanagement und die Lagerhaltung bis hin zu den Verlusten von teilweise kostspieligem Rohmaterial, das mit anderen Verfahren selten komplett verwendet werden kann, wird deutlich: Hier könnten sich einige Prozesse stark verändern. Eine denkbare Konsequenz ist, dass die Fertigung in Zukunft weniger abgeschlossen, weniger zentral stattfindet, weil theoretisch auch ein Otto Normalverbraucher einen 3D-Drucker kaufen und mit ihm bestimmte Dinge herstellen kann, für die er kostenlose Anleitungen und Baupläne im Netz findet. Das haben wir im negativen Sinne schon beobachten können, als es darum ging, dass sich Attentäter und Extremisten offenbar auf diesem Wege Waffen und Bomben gebastelt haben. Von diesen schwer zu verhindernden Extremfällen abgesehen, ist die Open Source-Bewegung, die Code, Software und damit Wissen möglichst global zugänglich machen will, jedoch eine Bereicherung für unsere Welt. Schließlich hilft sie dabei, Menschen auch in weniger bildungsstarken oder wohlhabenden Regionen handlungsfähig zu machen. In jedem Fall ist der Austausch über Open Source ein wichtiger Faktor im Zusammenhang mit Big Data. Unternehmen sollten sich darauf einstellen, dass sie deswegen auf Grundfunktionen des 3D-Drucks wohl kaum ein Monopol haben werden und ihren Unique Selling Point anders aufziehen müssen. Noch interessanter dürfte aber wahrscheinlich ein anderer Aspekt der strategischen Unternehmensführung sein: Wenn Geräte immer wichtiger werden und auch die Gerätesicherheit im IoT eine immer größere Rolle spielt – wäre es dann nicht sinnvoll, möglichst viele Geräte, Teile und Komponenten selbst unter größtmöglicher Kontrolle herstellen zu können? Eine zweite Zielsetzung könnte sein, durch den 3D-Druck einfacher und schneller zu Prototypen zu kommen. Das kann im Hinblick auf eine flexible Unternehmensführung und agile Methoden zur Ideenfindung und Produktentwicklung interessant sein (mehr zu agilen Methoden in Kapitel 8).

Aktuell gibt es mehrere 3D-Druck-Verfahren, die sich für diese oder andere Zwecke in die Firmenstruktur einbinden lassen. Zu ihnen zählen unter anderem die Schmelzschichtung (Fused Deposition Modeling, FDM), die Stereolithografie (SLA), das Selektive Lasersintern (SLS) oder das Selektive Laserschmelzen (Selective Laser Melting, SLM). Die ersten Methoden entstanden in den 1980er Jahren. Bei der Stereolithografie werden die Objekte aus lichtaushärtendem Kunststoff hergestellt, wobei ein Laser die erwünschte Fläche Schicht für Schicht härtet. Nachdem der Druck beendet ist, muss das Objekt gereinigt und mit UV-Licht bestrahlt werden. Die Drucktechnik der Schmelzschichtung wiederum ist vor allem bei Druckern für den Heimgebrauch verbreitet. Sie ist deutlich günstiger als die Stereolithografie. Bei der Schmelzschichtung wird der Kunststoff erhitzt, geschmolzen und anschließend aus dem sogenannten Extruder ausgegeben, damit das Objekt durch miteinander verschmelzende Schichten hergestellt werden kann. Nach etwas Abkühlungszeit ist das dreidimensionale Objekt dann fertig. Wahrscheinlich werden in nächster Zeit noch Hybridformen und ganz neue Verfahren hinzukommen. Wie das eben so läuft, wenn eine Technologie allerorten als Technologie der Zukunft diskutiert wird.

Diese Diskussionen haben längst auch die deutsche Politik erreicht. Im Jahr 2018 gab es eine Anfrage zur Konkurrenzfähigkeit der deutschen 3D-Druck-Industrie. Lassen Sie mich einige interessante Passagen daraus zitieren:

> „**Frage 1:** *Wie sieht die Bundesregierung die Entwicklung des 3D-Drucks in Deutschland? Ist die deutsche Bundesregierung der Ansicht, dass der deutsche Industriestandort bezüglich 3D-Druck weltweit führend ist und diesen Anspruch verteidigen muss?*
>
> **Antwort:** *Die additive Fertigung (3D-Druck) hat großes ökonomisches und ökologisches Potenzial. Die klassischen Herstellungsverfahren für Kunststoff- und Metallteile werden durch additive Fertigungsverfahren nicht ersetzt, aber zunehmend ergänzt. Additive Fertigungsverfahren bieten Chancen vor allem für die individualisierte Fertigung kleiner Stückzahlen. Durch die Möglichkeit, schnell, dezentral, bedarfsorientiert und mit wenigen Arbeitsschritten zu produzieren, könnten an vielen Stellen Produktivitätsgewinne erzielt und Ressourcen geschont werden. Die Vielfalt an möglichen Anwendungen ist groß und betrifft nahezu alle Industriezweige (z. B. Bauteile, Prototypen, Ersatzteile, aber auch Lösungen wie patientenangepasste Prothesen). Heute gelten additiv gefertigte Teile vielfach noch als kostenintensiv, die Technologien gewinnen aber stetig an Reife. Die zunehmende Verbreitung additiver Fertigungsverfahren könnte in Teilbranchen des Maschinen- und Anlagenbaus, dem Werkzeug- und Formenbau sowie ihren Kundenbranchen zu Technologie- und Strukturveränderungen führen. Neue Wertschöpfungsketten und Geschäftsmodelle für additive Fertigung entstehen gerade, teilweise mit neuen Akteuren, teilweise mit bestehenden Akteuren, die in neue Geschäftsfelder vordringen. Eine Vorreiterrolle Deutschlands und Europas bei Zukunftstechnologien ist aus Sicht der Bundesregierung von hoher strategischer Bedeutung. Deutschland zählt zu den weltweit führenden Standorten für 3D-Druck-Technologien, insbesondere bei metallbasierten Verfahren. Die Bundesregierung setzt sich dafür ein, dass Unternehmen in Deutschland auch weiterhin die Möglichkeit haben, Technologiegrenzen zu verschieben und den industriellen Wandel voranzubringen, in der additiven Fertigung wie in anderen Technologiebereichen.*[7]“

Im gleichen Dokument stellte die Regierung in Aussicht, das Wissen über 3D-Druck-Verfahren zum Beispiel im Rahmen der betrieblichen Ausbildung zu för-

---

[7] *Bundesministerium für Wirtschaft und Energie (BMWI):* Kleine Anfrage der Abgeordneten Reinhard Huben, Michael Theurer, Thomas Kemmerich, u. a. und der Fraktion der FDP betr.: „Konkurrenzfähigkeit der deutschen 3D-Druck Industrie“, BT-Drucksache: 1914629. *https://www.bmwi.de/Redaktion/DE/Parlamentarische-Anfragen/2018/19-4629.pdf?__blob=publicationFile&v=2*

dern. Explizit genannt waren hier die Zahntechnik und das Bäckerhandwerk. Es hieß aber auch ganz allgemein:

> *„Bei Berufen mit entsprechenden Anforderungen wird der beschleunigte Einzug digitaler Technologien in die Ausbildung mit Blick auf die Fachkräfte für kleine und mittlere Unternehmen von der Bundesregierung flankiert. [...] Zudem fördert das BMWi Investitionen in die digitale Ausstattung von ÜBS für den Bereich der Fort- und Weiterbildung, damit sie Qualifizierungsmaßnahmen auf hohem Niveau mit Digitalisierungsbezug anbieten können. Mithilfe der Förderung werden u. a. auch 3D-Drucker in Fort- und Weiterbildungskurse integriert. Dies ist eine wichtige Grundlage für die Nutzung von 3D-Druckern in der betrieblichen Praxis."*

Wie sich die deutsche Industrie mit den 3D-Druckverfahren und der Idee der additiven Fertigung auseinandersetzt, kann man zum Beispiel bei Siemens nachvollziehen. Der internationale Technologiekonzern kooperiert unter anderem mit dem Maschinenhersteller BeAM bei CNC-Maschinen der Steuerungstechnik und Software zum Erstellen sogenannter digitaler Zwillinge. In der entsprechenden Pressemitteilung heißt es dazu, die rasche Industrialisierung der additiven Fertigung gehe Hand in Hand mit einer digitalen Transformation und könne nur durch eine enge Zusammenarbeit zwischen Experten aus den Bereichen Software und Hardware sowie dem Bereich des industriellen 3D-Drucks zum Tragen kommen, wie es diese Zusammenarbeit sozusagen vormache. Uwe Ruttkamp, Leiter Machine Tool Systems bei Siemens Digital Industries, sagte dazu: „Durch den Einsatz der Digitalen Zwillinge über die gesamte Wertschöpfungskette vom virtuellen Design bis hin zum realen Bauteil gewährleistet auch beim Thema Additive Manufacturing Digitalisierung höchste Effizienz, Produktivität und Datentransparenz des gesamten Produktionsprozess[es] sowie höchste Qualität des hergestellten Bauteils.[8]"

Siemens ist außerdem maßgeblich an dem erst zwei Jahre jungen Verein MindSphere World beteiligt. MindSphere ist ein Cloud-basiertes IoT-Betriebssystem aus dem Hause Siemens. Zu den ersten Mitgliedern gehört die EOS GmbH, die sich selbst als Pionier in der Branche 3D-Druck sieht. EOS steht für Electro Optical Systems. Das Unternehmen aus dem Großraum München bietet Anlagen, Werkstoffe und Lösungen im Bereich der *Lasersintertechnologie* an, die von großer Bedeutung für den 3D-Druck ist. Tobias Abeln, Geschäftsführer für Technik und Entwicklung (CTO) bei EOS, ist überzeugt: „Im Rahmen von Industrie 4.0 findet eine stetige Digitalisierung der Produktion statt.[9]" Der von seinen Unternehmen angebotene industrielle 3D-Druck ermögliche „ganz neue Freiheitsgrade in Konstruktion und Fertigung" und er werde zunehmend in der Serienfertigung eingesetzt.

---

[8] BeAM und Siemens intensivieren Zusammenarbeit beim industriellen 3D-Druck im Bereich Directed Energy Deposition. Pressemitteilung der Siemens AG vom 19. September 2019. *https://press.siemens.com/global/de/pressemitteilung/beam-und-siemens-intensivieren-zusammenarbeit-beim-industriellen-3d-druck-im*

[9] *https://3druck.com/industrie/eos-foerdert-integration-von-3d-druck-ins-iot-1970197*

Um besser zu verstehen, welche Wechselwirkung zwischen den 3D-Druckern und den hier angerissenen Einsatzmöglichkeiten der additiven Fertigung mit dem Internet der Dinge besteht, schauen wir uns ein paar beispielhafte Erzeugnisse aus dem Drucker an:

- Einer Firma namens Nano Dimensions ist es gelungen, Elektronik für IoT-fähige Geräte per 3D-Druck herzustellen. Dazu gehörten ein nur wenige Millimeter kleiner IoT-Transceiver und spezielle Drehmomentsensor-Applikationen, wie man sie etwa für Fingersensoren von Smartphones oder Bewegungssensoren in Überwachungsgeräten verwendet.
- Andere versuchen sich an besonders situationsgerechten Materialien von der Smart Watch bis zum Flugzeugteil. Wenn in Flugzeugen verbaute Sensoren verlässliche Daten über den Materialzustand, die Außentemperatur, den Luftdruck, die zurückgelegten Kilometer usw. liefern können, lassen sich diese Daten kombinieren und für die Herstellung zukünftiger Teile nutzen: Vielleicht muss Komponente X noch etwas kälteresistenter sein, während Kunststoff B mehr Flexibilität benötigt. Zeigt eine Smart Watch Verschleißerscheinungen oder ärgerliche Ungenauigkeiten, könnten die Daten über das Nutzungsverhalten möglicherweise Schwachstellen offenbaren, die bei der Fertigung noch nicht bekannt waren.
- Denkbar ist auch ein intelligentes Kaffeemanagement, um noch mal auf den historischen Zusammenhang zwischen dem Internet der Dinge und dem Kaffeetrinken zurückzukommen. Angenommen, Sie würden jeden Tag einen Teil Ihres Energy Drinks in eine Spüle mit smarten Abflusssensor schütten, könnte dieser Sie über das IoT bei den Kollegen verpetzen. Vielleicht schlägt Ihnen der schlaue 3D-Drucker ja daraufhin vor, die nächsten Kaffeetassen etwas kleiner oder größer zu drucken.

Abschließend bleibt festzuhalten, dass wir uns die 3D-Drucker nicht als einzelne Objekte vorstellen sollten. Denken wir sie uns besser als Bestandteile einer vernetzten Welt, die sich dank permanenten Datenaustauschs und optimierend eingreifender Software kontinuierlich weiterentwickeln und anpassen können. Erweitern wir dann noch den Radius vom Smart Home auf einen internationalen Konzern oder ein Konsortium, das sich zusammentut, zeigt sich, dass die Kombination von IoT und 3D-Druck einiges an Potenzial in sich trägt.

6 IoT-Projekte erfolgreich vorbereiten

Auch wenn ich in Kapitel 5 die Entwicklungen und Techniktrends der Zukunft nur anreißen konnte, ist hoffentlich klar geworden, dass wir für unsere Wirtschaft und Gesellschaft von morgen unglaublich viel Sinnvolles mit Netzwerken smarter, internetfähiger Geräte anstellen können. Möglicherweise reift genau in diesem Augenblick auch in Ihrem Kopf eine dieser Ideen heran, wie Sie durch das Internet der Dinge Ihren Kunden einen echten Mehrwert bieten können, wie Sie Ihre Produktion effizienter gestalten können oder wie Sie die Welt mithilfe von IoT ein bisschen sicherer, komfortabler, gesünder oder lebenswerter machen können. Denn eine Idee ist der Anfang von allem. Ein gewisser Cicero (nicht CIO) hat das so ausgedrückt:

> *„Aus kleinem Anfang entspringen alle Dinge."*
>
> *Marcus Tullius Cicero zugeschrieben*

Ich hoffe, dass ich Sie mit diesem Buch inspirieren kann, das Potenzial von IoT gewinnbringend einzusetzen – und zwar nicht nur für den Vorstand, wenn Sie verstehen, was ich meine. Das ist mein Appell an Sie.

Natürlich ist es in den wenigsten Fällen so, dass man von der ersten Idee geschmeidig und problemlos zur Umsetzung schreiten kann. Wie gehen Sie am besten mit Ihrer Idee für ein IoT-Projekt um? Wie gehen Sie vor, ohne dass Sie viele Monate und Tausende Euro in ein Projekt stecken, von dem Sie vorher gar nicht wissen, ob es ein Erfolg wird oder ob die Kunden, Kollegen oder Geschäftspartner eine Verbesserung im Prozess, in der Geschäftsidee oder im Geschäftsmodell erkennen? Einerseits ist klar, dass ein IoT-Projekt, wie andere IT-Projekte im Unternehmenskontext auch, ein Businessprojekt ist. Sie können durchaus auf bewährte Vorgehensweisen zurückgreifen, was zum Beispiel die Ressourcenplanung angeht. Andererseits sind bei IoT-Projekten im Umfeld der Industrie 4.0 der Technologieanteil und der Anspruch an Hardwarefragen deutlich höher, wodurch es sich etwa von einem typischen Implementierungsprojekt für eine ERP-Software unterscheidet.

Bild 6.1 lädt zwar optisch nicht unbedingt zum Träumen und Kreativwerden ein, aber zeigt auf anschauliche Weise, wie breit sich die Use Cases auffächern, wenn man eine entsprechende Umfrage unter Unternehmen durchführt. Die Übersicht entstammt der Studie „Internet of Things 2019“ und zeigt, in welche Felder und Segmente die über 300 befragten Unternehmen ihre bisherigen und ihre zukünftigen IoT-Anwendungen einordnen. Die eine „Killer“-Applikation gibt es nicht, wie es das Autorenteam der Studie so schön ausdrückt. Vielmehr ist das Spektrum groß und bleibt es in Zukunft auch. So sind mir zum Beispiel im Zusammenhang mit COVID-19 diverse IoT-Anwendungen untergekommen, von denen viele sehr spannend klingen – von der Abstandsmessung per Kamera über die Überwachung der Körpertemperatur bis hin zur offiziellen Corona-Warn-App.

IoT-Usecases	heute	in Zukunft
Connected Industry / Vernetzte Produktion (Industrie 4.0)	27,8	32,5
Logistik	26,9	31,6
Qualitätskontrolle	26,3	39,2
Smart Connected Products	23,7	34,8
Connected Building / Gebäudemanagement	22,2	28,1
Sales (Verkaufssteuerung)	21,9	29,5
Kundenbindung / Customer Loyalty	21,6	26,6
Smart Home	20,8	28,9
Smart Supply Chain	19,9	31,0
Smart Retail	18,7	21,6
Predictive Maintenance	17,8	25,7
Connected Car / Flottenmanagement	17,0	20,2
Smart Grid / Smart Energy	16,7	24,0
Zeitmanagement	16,4	19,3
Smart City	16,1	24,9
Neue B2C-Produkte	16,1	23,7
Smart Agriculture	15,2	20,8
Connected Health	15,2	25,1

Bild 6.1 Use Cases für IoT
(Quelle: *Mauerer, Jürgen et al.:* Internet of Things 2019. Studie. S. 11)

Die Studie enthält noch weitere interessante Befunde zu IoT-Projekten. Fast 70 % der Unternehmen waren zufrieden oder sehr zufrieden mit ihren jeweiligen Projekten, während der Anteil der Firmen, die „eher nicht“ oder „gar nicht“ zufrieden waren, nur bei 6 % lag. Ich wage an dieser Stelle mal zu behaupten, dass die Zufriedenheit sowohl etwas mit guter (oder schlechter) Vorbereitung als auch mit realistischen (oder überzogenen) Erwartungen zu tun hatte. Solche Erwartungen betreffen zum Beispiel die Vorstellung, wann das Projekt sichtbare Früchte trägt (siehe Bild 6.2).

Wie Sie aus Bild 6.2 ersehen können, ist Geduld oft angebracht: Bei einem Viertel der Projekte stellte sich der Mehrwert erst nach drei Monaten ein, bei weiteren 28 % erst nach einem Jahr. Falls Sie sich an dieser Stelle fragen sollten, wie man den Erfolg denn genau messen will: Die Top-5-Indikatoren für die im Rahmen dieser Studie befragten Unternehmen waren (in absteigender Reihenfolge):

- Produktivitätssteigerung
- Kostensenkung
- steigende Umsätze
- geringere Ausfallzeiten/höhere Auslastung
- bessere Imagewerte des Unternehmens

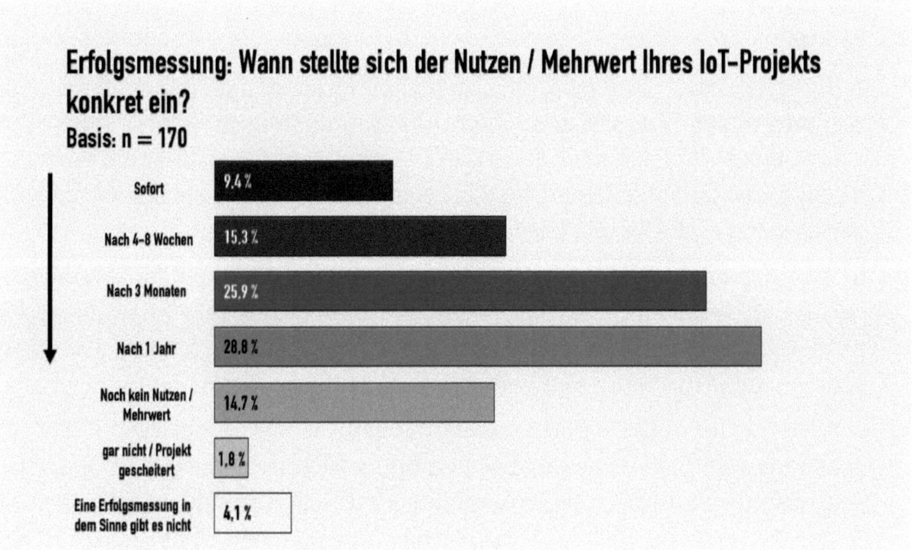

Bild 6.2 Projektlaufzeiten und Erfolgsmessung
(Quelle: *Mauerer, Jürgen et al.:* Internet of Things 2019. Studie. S. 12)

Kapitel 7 liefert zahlreiche konkrete Anwendungsfälle für IoT in kleineren und größeren Projekten. Natürlich war ich nicht an all diesen Projekten persönlich beteiligt und kann Ihnen deswegen auch nicht haarklein Rechenschaft darüber ablegen, wie in jedem einzelnen Fall die Vorarbeit aussah, bevor das Projekt schließlich an Tag X gestartet wurde, und ich weiß leider auch nicht, wie zufrieden die Beteiligten im Rückblick alle waren. In Abschnitt 6.3 gehe ich noch näher auf das Controlling für Use Cases ein. Es gibt allerdings ein paar Erfolgsfaktoren für auf IoT basierende Anwendungen, an denen man sich schon zu Beginn ganz gut orientieren kann:

- **1. Spezialisierung ist gut**: Versuchen Sie nicht zu viel auf einmal! Besser ist es, sich auf einen bestimmten Anwendungsfall zu konzentrieren. Sie könnten sich dafür auf eine Schwäche oder Leerstelle fokussieren, die Ihr Unternehmen bislang daran gehindert hat, wirtschaftlicher zu sein. Stärken zu stärken geht aber auch.

- **2. Insiderwissen ausschöpfen**: Nutzen Sie das im Unternehmen vorhandene Fachwissen, um Ihren Vorteil durch neue Funktionalitäten weiter zu stärken. Auch wenn es in diesem Kapitel viel um Design geht – bei IoT spielen Daten und Informationen mit Nutzwert die entscheidende Rolle.
- **3. Die Offlinewelt nicht vergessen**: Anwendungen im Industriebereich müssen zum Teil an Orten mit schlechter Internetverbindung funktionieren und entsprechend konzipiert sein. Bereits zu Beginn der Entwicklung sollte deswegen die Offlineperformance mitgedacht werden, damit es nicht zu Störungen kommt.
- **4. Servicedenken**: Versetzen Sie sich in die Anwender und Kunden hinein, um zu hinterfragen, was genau sie von Ihrer Anwendung bzw. Ihrer Innovation haben. Einige Projekte erleichtern den Unternehmen intern zwar die Prozesse, machen aber anderen Beteiligten das Leben nicht unbedingt leichter (mehr zur Serviceperspektive in den folgenden Abschnitten).
- **5. Anwendungen flexibel halten:** Wenn Ihre digitale Anwendung skalierbar ist und an veränderte Marktbedingungen und Nutzerbedürfnisse angepasst werden kann, könnte sich das am Ende rechnen. Bedenken Sie also auch mögliche Adaptionswünsche und Verkaufsmodelle (Lizenzen, White Label).
- **6. Angebot auf digitale Plattformen bringen**: In unserer heutigen Plattformökonomie sind Plattformen und Communitys wichtige Bindeglieder zwischen Angebot und Nachfrage. Als bekannte und leicht zu findende Anlaufstellen im Netz erreichen die Business-Plattformen und digitalen Marktplätze etliche Kunden gleichzeitig. Geschickt genutzt, erhöhen eigene wie externe Plattformen die Sichtbarkeit und können die Wertschöpfungskette für IoT-Projekte verbessern.

Außerdem können Sie für die Vorbereitung von IoT-Projekten auf eine Methode zurückgreifen, die schon von anderen, zum Beispiel von mir, erprobt und für gut befunden wurde. Die Methode, die ich meine, nennt sich Design Thinking und ich habe sie in meiner Arbeit als IoT-Solution-Architekt bei SAP SE und als Chief Technology Consultant für diverse internationale Strategieberatungsunternehmen schon mehrfach erfolgreich einsetzen können. Das Prozedere, das ich Ihnen gleich näher beschreibe, hat sich in unterschiedlichen Konstellationen bewährt. Es hilft, um Ideen zu konkretisieren und schnell ein IoT-Projekt im Industrie 4.0-Umfeld zu starten. Design Thinking ist sehr effektiv, um schon weit vor dem eigentlichen Projektstart wichtige Fragen zu klären, darunter oft auch welche, die man gar nicht auf dem Schirm hatte. Bevor wir uns eingehender mit dieser Methode beschäftigen, möchte ich Ihnen in Abschnitt 6.1 zuerst noch ein etwas allgemeineres Verständnis von Design vermitteln, weil dies auch für IoT-Projekte Implikationen hat.

6.1 Designdenken nach Rams

Damit sich ein IoT-System in der Funktionalität und der Handhabung geschmeidig einfügt und gut anfühlt, sollte man sich ein paar Gedanken über das Design machen. Vielleicht fragen Sie sich, was das Thema Design mit dem datengetriebenen und oft gar nicht physisch existierenden Internet der Dinge zu tun haben soll. Nun ja – auch IoT-Systeme, die sicher sehr technische Systeme sind, beinhalten an einigen Schnittstellen die Interaktion mit Menschen. Wir haben dies in Kapitel 2 schon thematisiert: die Mensch-Maschine-Schnittstelle (Human Machine Interface, HMI).

Der mehrfach preisgekrönte Industriedesigner und beim Unternehmen Braun für den Bereich Konsumgüter verantwortliche Dieter Rams sagt, dass man gutes Design nicht verstehen kann, wenn man die Menschen nicht versteht.

Zehn Grundsätze von Rams zu gutem Design lauten:

1. Gutes Design ist innovativ.
2. Gutes Design macht ein Produkt brauchbar.
3. Gutes Design ist ästhetisch.
4. Gutes Design macht ein Produkt verständlich.
5. Gutes Design ist unaufdringlich.
6. Gutes Design ist ehrlich.
7. Gutes Design ist langlebig.
8. Gutes Design ist konsequent bis ins letzte Detail.
9. Gutes Design ist umweltfreundlich.
10. Gutes Design ist so wenig Design wie möglich („zurück zum Einfachen").

Wie können Ihnen diese Grundsätze nun helfen, eine wirklich gute IoT-Lösung zu bauen? Indem Sie die Punkte auf ein IoT-System beziehen, kommen Sie zu folgenden Analogien:

1. Eine innovative IoT-Lösung löst Probleme, für die es zuvor keine Lösung gab. Quasi nebenbei ermöglicht diese IoT-Lösung noch weitere Use Cases, da beispielsweise durch die gewonnenen Daten völlig andere und neue Geschäftsmodelle erschlossen werden.
2. Brauchbar wird eine IoT-Lösung dadurch, dass Sie den Anwender in den Mittelpunkt stellen und sich vorab überlegen, wie dieser beispielsweise mit dem User Interface interagieren wird.
3. Ästhetik hat doch in so einem technischen Umfeld eigentlich nichts zu suchen, oder? Wer Ästhetik sucht, sollte sich wohl eher Aktmalerei ansehen, als über IoT-Systeme zu schwadronieren. Diese Annahme ist nicht ganz korrekt. Ästhe-

tik erschaffen wir auch, indem wir beispielsweise ein ansprechendes User Interface gestalten, das der User gerne nutzt.

4. Die Lösung sollte bei aller Ästhetik verständlich sein. Der Nutzer sollte intuitiv wissen, wie die Lösung zu bedienen ist und wie beispielsweise gewisse Netzwerk- und Sicherheitseinstellungen vorzunehmen sind, ohne lange suchen zu müssen.
5. Die Unaufdringlichkeit eines IoT-Systems mit einem guten Design zeigt sich daran, dass man das IoT-System eigentlich gar nicht bemerkt, da es sich perfekt in die Abläufe und Prozesse einfügt.
6. Was könnte aber in Bezug auf ein IoT-System mit „ehrlich" gemeint sein? Wie bei jeder Lösung oder jedem Produkt, dass wir uns anschaffen oder entwickeln, sollten wir einerseits Vertrauen in das IoT-System haben und andererseits sollte das IoT-System uns keine Funktionalitäten versprechen, welche es letztlich nicht einhält.
7. Die Langlebigkeit eines guten IoT-Systems können Sie durch drei Maßnahmen gewährleisten: Erstens sind die Komponenten, wie in Kapitel 2 beschrieben, modular aufgebaut, und Sie können technologisch veraltete Komponenten austauschen. Zweitens entsprechen die Softwareapplikation und Verarbeitungsprogramme den modernen Anforderungen an ein IT-System. Insbesondere im Bereich Sicherheit müssen IoT-Systeme stets auf dem neuesten Stand gehalten werden. Ist eine Anpassung oder Optimierung im Bereich aufgrund der Komponenten, Programmiersprache oder Netzwerktechnik nicht mehr möglich, müssen Komponenten oder sogar das komplette IoT-System ausgetauscht werden. Drittens müssen die Komponenten eine Kompatibilität auch zur Integration von Altgeräten oder bereits vorhandenen Anlageteilen aufweisen.
8. Die Details eines IoT-Systems sind insbesondere im Bereich der User Interfaces und der User Experience sehr wichtig. Stellen Sie sich vor, Sie wollen als Maschinenbauunternehmen durch zusätzliche digitale Services, die auf Ihrem IoT-System basieren, einen erweiterten Kundennutzen generieren und zusätzlich zu Ihren Maschinen einen Softwareservice anbieten. Dieser muss an der Mensch-Maschine-Schnittstelle vollständig den Erwartungen und Anforderungen Ihrer Kunden angepasst sein. Analysieren Sie stets das Verhalten des Anwenders. Hier ist jedes Detail wichtig.
9. Umweltfreundlichkeit gewährleisten Sie, indem Sie auf langlebige Komponenten und die Möglichkeit zur Wiederverwendung von Komponenten setzen. Auch die Kompatibilität von bestehenden und neuen Geräten trägt zum Umweltschutz bei, da so im Falle eines Defekts wirklich nur die Komponenten ausgetauscht werden müssen, die wirklich nicht mehr zu retten sind. Außerdem sparen Sie noch Geld, wenn Sie in Ihren Designüberlegungen darauf achten, dass Sie ein extrem schlankes IoT-System designen. Überlegen Sie sich,

wie Sie auf Komponenten verzichten können oder Sie gegebenenfalls Daten von Sensoren nutzen und wiederverwenden können, bevor Sie an einer Stelle Komponenten für Aufgaben verbauen, die eigentlich auch durch andere Komponenten hätten übernommen werden können.

10. Wie Rams sagt, muss es nicht kompliziert sein. Denken Sie so einfach wie möglich, und machen Sie keine Wissenschaft aus dem Design Ihres IoT-Systems!

Bevor wir von Dieter Rams Gedanken über Design zum Ansatz Design Thinking und dessen Anwendung in der Firmenwelt kommen, will ich Sie erst noch mit schönen Zitaten von Albert Einstein und Steve Jobs in Stimmung bringen. Die beiden muss man eigentlich nicht mehr groß vorstellen, aber ich bin ja dem Servicedenken verpflichtet, deswegen tue ich es trotzdem. Steve Jobs gründete das amerikanische Technologieunternehmen Apple. Er hatte stets den Anwender im Blick und gestaltete Bauteile, Platinen, Komponenten und ganze Devices mit einer Konsequenz bis ins letzte Detail „aus einem Guss". Das Vertrauen in die Produkte von Apple ist nach wie vor sehr hoch. 2003, also vor mittlerweile fast zwei Jahrzehnten, zitierte die Zeitung New York Times den damals noch lebenden Apple-Gründer Jobs mit diesen Worten:

„Most people make the mistake of thinking design is what it looks like. People think it's this veneer - that the designers are handed this box and told, ‚Make it look good!' That's not what we think design is. It's not just what it looks like and feels like. Design is how it works."

Der Physiker Einstein schaffte es, seine äußerst komplexen Forschungsergebnisse und Theorien massentauglich zu machen und somit ein breites Interesse für Physik in der Gesellschaft zu etablieren. Ihm werden zwei Zitate zugeschrieben, die sehr gut zu dem Ansatz von Design Thinking passen:

„Probleme kann man niemals mit derselben Denkweise lösen, durch die sie entstanden sind."

„Wenn ich eine Stunde habe, um ein Problem zu lösen, dann beschäftige ich mich 55 Minuten mit dem Problem und 5 Minuten mit der Lösung."

Das zweite Zitat hilft mir als Design Thinking Coach und meinen Klienten in Design Thinking Workshops sehr, wenn sich bei den Teilnehmern mal etwas Ungeduld einschleicht. Oft fragen mich einige besonders lösungsorientierte und motivierte Teilnehmer, wann wir denn nun zur Lösung gelangen. Oft hat der Klient vorher selbst bereits einige Workshops veranstaltet oder der entsprechende Teilnehmer hat bereits eine Lösung konzipiert. Darum geht es aber zunächst einmal gar nicht. Design Thinking ist ein Prozess, in dem tatsächlich bis zu 80 % das Problem, die beteiligten Personen, die Umstände, Seiteneffekte, der Markt und der Mensch mit allen seinen Eigenschaften beleuchtet werden. Wir stellen dadurch sicher, dass wir nichts außer Acht lassen, das nachher relevant für das neue Produkt, den neuen Service etc. gewesen wäre, und kommen mit all diesen Erkenntnissen erst sehr spät zur Lösung. Wenn Sie einen Design Thinking Workshop besuchen, dann lassen Sie sich darauf ein. Sie werden sehen, wie gut das Ergebnis nachher zu den Anforderungen Ihrer Kunden, Kollegen und Anwender passt.

6.2 Design Thinking – besser als Brainstorming

Vor meiner mehrjährigen Ausbildung zum Design Thinking Coach bei SAP hätte ich nicht gedacht, welche Macht dieser Ansatz zum Verstehen und Lösen von Problemen hat. In den diversen Schulungscamps (sogenannten Method Camps, D-Camps, Coach Camps und Skill Drills) lernten wir spezielle Methoden der Problemanalyse, Fragetechniken, Moderation und Gruppeninteraktion. Im Unterschied zum klassischen Brainstorming hat der Design Thinking-Ansatz mehr Tiefe, weil er sich mehr Zeit nimmt, um die verschiedenen Facetten einer bestimmten Ausgangslage zu verstehen und weil die Gedanken weniger linear verlaufen. Außerdem werden der Erfahrungsschatz und die Einfälle mehrerer Personen berücksichtigt. So kann man verhindern, dass das Denken zu einseitig wird, weil zum Beispiel der eine nur an den Profit oder der andere nur an die technischen Details denkt.

Design Thinking wirkt zwar teilweise verspielt und lässt manchmal sogar alberne Momente zu, aber das sollte nicht darüber hinwegtäuschen, dass dieser Ansatz einer strengen Systematik folgt und Ergebnisse zum Ziel hat. Die Lockerheit, die ungezwungene Atmosphäre und die offene Raumgestaltung, auf die ich gleich noch näher eingehe, helfen den Teilnehmern allerdings dabei, ihren Ideen freien Lauf zu lassen. Das kann nicht nur eine willkommene Abwechslung sein, einmal ohne starre Regeln, eingefahrene Routinen oder Scheuklappen draufloszudenken. Es führt eine Gruppe auch oft weiter. Der Mensch ist ja von der Evolution her schon darauf konditioniert, sich anzupassen, neue Wege zu gehen und neue Werkzeuge zu erfinden – bei diesen Fähigkeiten setzt Design Thinking im Grunde an. Deshalb kann man den Denkansatz eigentlich in allen möglichen Zusammenhängen einsetzen, egal, welches Fach, welche Branche oder welches Studiengebiet. Man kann damit sogar Konflikte in der Familie lösen., Dennoch gibt es wie gesagt einen Rahmen, eine Systematik. Sie werden immer vier bis sechs aufeinanderfolgende Phasen finden, die die Ideenfindung und das Miteinander beim moderierten Design Thinking strukturieren. Mir persönlich sagt das Modell mit sechs Phasen am meisten zu. Wie Sie in Bild 6.3 sehen können, beginnt das Ganze üblicherweise mit einer Challenge und endet, wenn man nicht vorzeitig abbricht, mit Prototyp und Testing. Im Folgenden erläutere ich die Phasen näher und gebe Ihnen ein paar Tipps aus der Praxis.

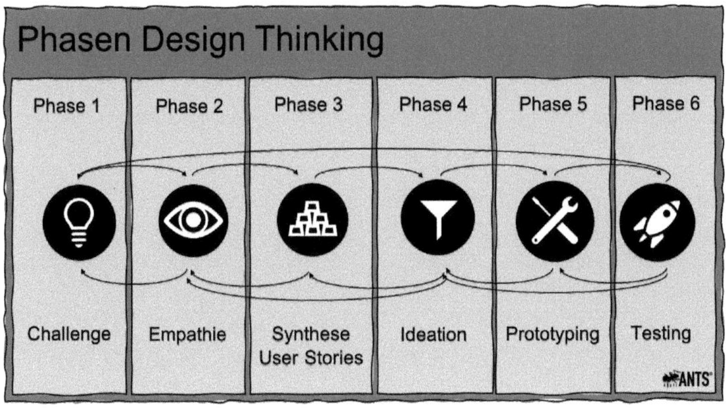

Bild 6.3 Phasen im Design Thinking (Quelle: digit-ANTS GmbH)

6.2.1 Design Thinking-Phasen im Überblick

Die Challenge (oder dt. die Herausforderung) ist gewissermaßen eine kritische Bestandsaufnahme mit dem Ziel, etwas zu verändern oder zu erneuern. Sie enthält eine präzise formulierte Problembeschreibung, damit die Beteiligten sich Gedanken darüber machen, wie sich diese konkrete Situation meistern lässt. In **Phase 1** geht es zunächst einmal darum, ein allgemeines Verständnis für das Problem und seine Facetten zu gewinnen. Die ersten Lösungsideen und Gedanken werden gesammelt und auch verschriftlicht. Dafür hat es sich bewährt, verschiedenfarbige Klebezettel zu nutzen und im zweien Schritt Schlüsselwörter zu fetten oder zu unterstreichen. So eine Herausforderung muss nicht in einen kurzen, knackigen Satz gepresst werden, auch wenn man sich das im Zeitalter von Twitter und 5-Sekunden-Aufmerksamkeit wahrscheinlich irgendwie wünscht. Ganz im Gegenteil: Eine Challenge kann und sollte vielschichtig sein. Sie darf ruhig mehrere Ebenen haben. Beim Ausarbeiten und Formulieren können Sie analytisch oder disruptiv vorgehen: Beim analytischen Ansatz werden die tatsächlichen Abläufe im Unternehmen oft mithilfe von Methoden aus der Geschäftsprozessmodellierung (Business Process Modelling, BPM) untersucht. Zum Beispiel kann man Geschäftsprozesse grafisch darstellen, um neuralgische Punkte einer Wertschöpfungskette zu entdecken: Bei welchen Abläufen treten immer wieder Schwierigkeiten auf? Wo in der Kette sind besonders viele unterschiedliche Abteilungen involviert? Kommt es bei der Versorgung einer Lieferkette immer bei der Bereitstellung der Ware an der Produktionslinie zu Engpässen, könnten Sie diese Schwachstelle durch diese Methode eindeutig identifizieren. Beim disruptiven Ansatz blickt man mit einer

Was-wäre-wenn-Perspektive von außen auf das Unternehmen. Oft gehen Sie dabei mit einer Portion schwarzem Humor vom schlimmsten Fall, dem Worst Case, aus. Eine entsprechende Fragestellung könnte lauten: Wie verlieren wir in zehn Jahren alle relevanten Partner und Kunden? Idealerweise erkennt man durch diese Denkweise bedrohliche Konkurrenzangebote, auf die man frühzeitig mit eigenen Services reagieren kann. Ein Handelsunternehmen, das stets im Preiskampf mit seinen Wettbewerbern steht, sollte sich vielleicht mal fragen, warum die Kunden überhaupt bei ihm einkaufen, anstatt zur Konkurrenz zu gehen. Vielleicht wäre es langfristig besser, den Preiskampf den anderen zu überlassen und sich auf den Weg zum Service- und Qualitätsführer zu machen, weil man so langfristig bessere Chancen hat.

Für den Logistikbereich könnte eine Challenge für das Design Thinking beispielsweise lauten: „Wie kann unser Unternehmen ohne Qualitätseinbußen die Logistikkosten um 10% senken, während das Sortiment gleichzeitig vielfältiger werden soll?“ Eine etwas kompliziertere Challenge für die Getränkebranche könnte die Logistik und die Produktion gleichermaßen betreffen: „Wie kann die Logistik in einem komplexer werdenden Umfeld mit wachsender Produktgebinde-Vielfalt den hohen Anforderungen der Kunden und des Verkaufs kosteneffizient gerecht werden und parallel die Produktionsbetriebe mit Leergutgebinden und Vorratsmaterialen termingerecht sowie in ausreichender Qualität und Menge ver- und entsorgen?“ Na, haben Sie jetzt Kopfschmerzen? Immerhin müssten Sie das beim Design Thinking nicht alles alleine durchgrübeln. Sie hätten ja Hilfe. Sollte Ihnen das andererseits noch zu wenig komplex sein, dürfen Sie gerne an passender Stelle in diesem Satz noch den Aspekt unterbringen, wo sich die Produktionsbetriebe befinden und welche Standortfragen die Logistik zu berücksichtigen hätte. Die Perspektive der Produktionsmitarbeiter auf die Fragestellung wäre jedenfalls wohl eine andere als die der Logistikspezialisten. Die Produktion würde vermutlich fragen: „Wie können die Produktionsbetriebe in einem immer komplexer werdenden Umfeld mit wachsender Produkt- und Gebindevielfalt die erforderliche Menge an Produkten termingerecht und in hoher Qualität unter den wirtschaftlichen Gesichtspunkten Chargengröße und Rüstzeitoptimierung produzieren und bereitstellen?“

Was ich sagen will: Eine Challenge ist nicht auf eine einzelne Anforderung oder Fragestellung begrenzt. Mit der Lösung wird ja schließlich auch eine Gruppe beauftragt, die unterschiedlichen Teilproblemen mit diversen Kompetenzen entgegentreten kann. Wenn Ihre Leute an so etwas Freude haben, machen Sie ruhig Anspielungen auf berühmte Teams aus Film und Fernsehen wie das A-Team, die X-Men oder meinetwegen auch die Gefährten aus dem Herrn der Ringe.

In **Phase 2** sollen sich die Beteiligten in andere Personen hineinversetzen. Deshalb finden Sie im Phasenmodell in Bild 6.3 den Ausdruck Empathie. Die Design Thinking-Gruppe fragt sich zum Beispiel: Wie fühlt sich eigentlich ein Staplerfahrer aus dem Zentrallager, wenn er in den Arbeitstag startet? Und wie geht es dem

Speditionsleiter an seinem Arbeitsplatz? Das Ausarbeiten fiktiver Charaktere, sogenannter Personas (siehe Bild 6.4), die für eine Gruppe von Mitarbeitern in den jeweiligen Positionen stehen, hat etwas von der Arbeit eines Profilers bei der Kriminalpolizei, weil man sich auch ein wenig in die Psyche der Charaktere hineinversetzt: Könnten für den Staplerfahrer die Arbeitsbedingungen verbessert werden? Man entwickelt Personas, die vor besonderen Herausforderungen stehen und entsprechende Bedürfnisse formulieren. Der Staplerfahrer denkt sich vielleicht: „Wenn ich meine Schicht beginne, muss ich mir häufig einen Stapler suchen, weil er nicht an einem festgelegten Platz abgestellt ist. Und meistens ist er auch noch leergefahren.“ Das klingt jetzt möglicherweise etwas banal. Doch die Erkenntnis, dass der Mann täglich mit diesem Problem zu kämpfen hat, könnte die Workshop-Teilnehmer zum konstruktiven Nachdenken anregen. Manchmal wundert man sich, wie klein der Tellerrand im Alltag und Arbeitsalltag ist. Die Welt bleibt auch im Internetzeitalter für jeden einzelnen von uns eine beschränkte. Mit der Brille des Speditionsleiters könnte man mit Blick auf die Challenge fragen: „Wie kann ich aus meiner Position heraus die Prozesskosten in der Kommissionierung senken oder die Retourenquote verringern?“ Gelegentlich wird diese zweite Phase auch als Research-Phase oder als 360°-Phase bezeichnet, weil sie dazu dient, zu recherchieren und eine möglichst umfassende Sicht auf die definierte Challenge zu bekommen. Das Team trägt Infos zusammen, während es die Herausforderung aus verschiedenen Perspektiven unter die Lupe nimmt. Wie intensiv diese zweite Phase ausfällt, hängt sicher ein Stück weit von der Zusammensetzung des Teams ab.

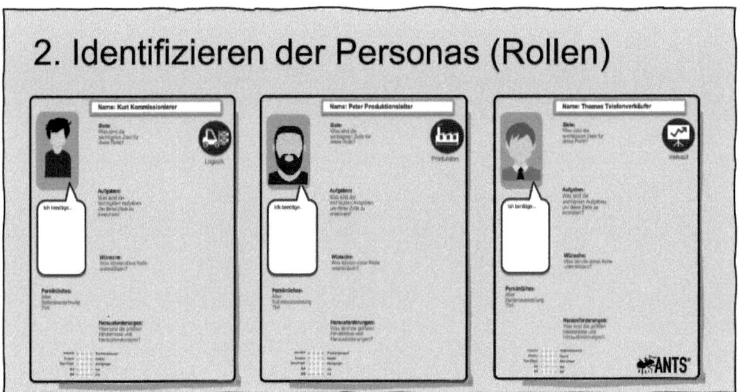

Bild 6.4 Identifizieren der Personas (Rollen) (Quelle: digit-ANTS GmbH)

Phase 3 ist dafür gedacht, auf Grundlage der ersonnenen Personas und den von ihnen geäußerten Bedürfnissen User Stories zu entwickeln. Die an der IoT-Anwendung beteiligten Mitarbeiter und Nutzer haben jeweils eigene Perspektiven, eigene User Stories und Customer Journeys (siehe Bild 6.5 und Bild 6.6): Wann kommen Sie überhaupt ins Spiel? Wo erreichen Sie sogenannte Pain Points, also kritische

Stellen und Momente, die den Fluss der Anwendung oder des Projekts stören und letzten Endes vielleicht den Nutzer insgesamt aus dieser individuellen Sicht konterkarieren? Für das Gesamtbild sollten die Beobachtungen und Vermutungen, die Annahmen über die verschiedenen erstellten Personas zusammengeführt werden. Manche verwenden für die Phasen 1 und 2 Analogien von Puzzleteilen oder Mosaikstücken, die nun zu einem Gesamtbild zusammenzusetzen sind. Jedenfalls erfolgt in dieser dritten Phase eine Art Synthese der beiden ersten Schritte. Die Gedanken sind ein Stück weit ausgeufert. Jetzt kanalisiert man den Gedankenfluss wieder etwas und schafft einen Rahmen für das geplante IoT-Projekt.

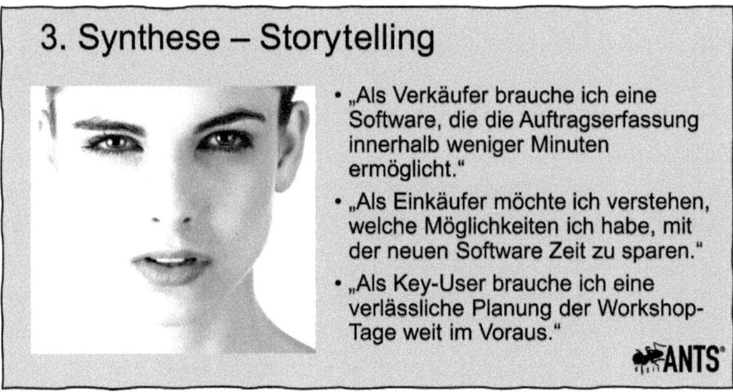

Bild 6.5 Synthese – Storytelling (Quelle: digit-ANTS GmbH)

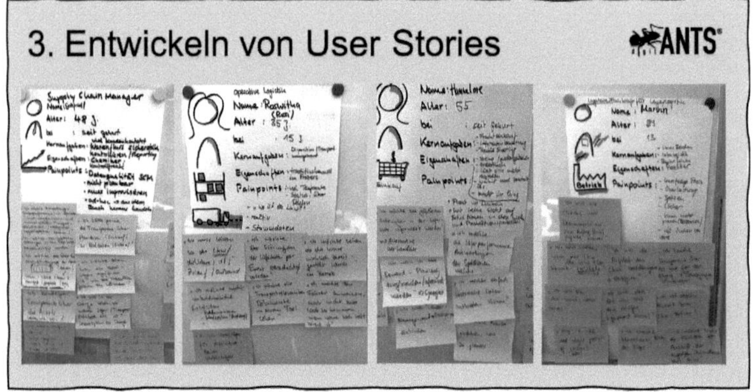

Bild 6.6 Entwickeln von User Stories (Quelle: digit-ANTS GmbH)

In **Phase 4** werden zunächst Ideen gesammelt, die anschließend gefiltert und verknüpft werden müssen (siehe Bild 6.7). Der Moderator entscheidet, wie stark er die Phase der Ideenfindung forciert. Dabei gibt es im Grunde zwei Taktiken: Das divergente Denken hat etwas Kindliches und wird oft mit Bewegungsspielen unterstützt. Man sammelt währenddessen möglichst viele Optionen. Andere Variante: das konvergente Denken. Dabei wählt man von Beginn an stärker aus, selektiert Lösungsansätze, kombiniert nach logischen Kriterien. So oder so wird, bildlich gesprochen, ein Trichter gebildet, in den alle Ideen einfließen – und zwar (wieder) bei laufender Stoppuhr. Der Moderator achtet darauf, dass der Workshop nicht in ziellose Spinnerei abdriftet und dass die besten Ideen in einem Clustering-Prozess herausgefiltert werden. Eine spannende Frage ist auch, wie man mit den Ergebnissen dieser Workshop-Phase umgeht. Es kann durchaus passieren, dass sich später, bei der Umsetzung der durch das Design Thinking entdeckten Problemlösungen und Innovationen, Leute querstellen, die nicht beim Workshop dabei waren. Von daher würde ich empfehlen, die Ergebnisse in einer sinnvollen Weise zu kommunizieren und möglichst bald in die verantwortlichen Bereiche hineinzutragen.

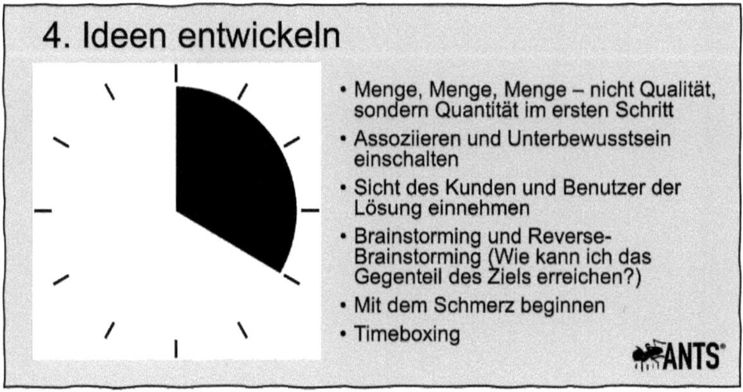

Bild 6.7 Ideen entwickeln (Quelle: digit-ANTS GmbH)

Phase 5 (Prototyp-Phase, siehe Bild 6.8) wird leider in vielen Workshop-Formaten übersprungen oder ausgelassen, wahrscheinlich weil sie nicht ganz einfach umzusetzen ist. Dadurch vergibt man sich allerdings die Chance, aus so einem Seminar wirklich etwas herauszuholen. Aus den bislang gesammelten Erkenntnissen soll ein Prototyp entstehen. Im Gegensatz zu den Ansätzen Rapid Prototyping und Minimal Viable Product/Services (siehe Kapitel 8) hat Design Thinking weniger die konkrete Markteinführung von Produkten zum Ziel. Am Ende des Prototypings steht hier ein testbares Produkt, ein testbarer Service oder eine testbare Software im weitesten Sinne. Ein Prototyp im Sinne des Design Thinkings kann auch auf der konzeptionellen oder planerischen Ebene angesiedelt sein. Wenn das Ziel beispielsweise ein Just-in-time-Versorgungskonzept für die Fertigung oder für die Abfüllung bei einer Brauerei mit Leergut ist, könnten hier Fahrpläne definiert werden und auch Regeln, etwa dass das Versorgungsfahrzeug vor anderen Lieferanten oder Leergutsammlern auf dem werkseigenen Hof Priorität hat. Auch ein konkreter Aktionsplan, um Logistikkosten durch die Reduzierung der Artikelvielfalt zu senken und Rüstzeiten in der Produktion zu reduzieren, wäre zu realisieren. Am Ende des Prototypings könnte sich herausstellen, dass hierfür neue Prozesse notwendig würden. Beim Prototyping von Software könnte man sich einen fähigen Entwickler oder eine Programmiererin dazuholen, die das Ganze zusammenbauen. Für den ersten Wurf würde es aber auch schon ein analoger Prototyp tun, bei dem die Bildschirmmasken (User Interfaces, UIs) auf Papier gezeichnet werden. Von den UIs könnten in späteren Schritten die Prozesse und dahinterliegenden Softwarefunktionalitäten bis hin zur Softwarearchitektur abgeleitet werden.

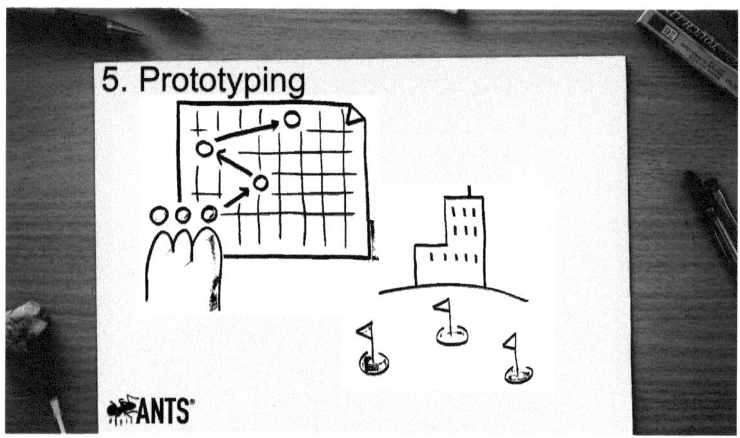

Bild 6.8 Prototyping (Quelle: digit-ANTS GmbH)

Egal, wie intensiv Sie sich mit Ihren Personas und entsprechender empathischer Analyse in die Kunden der Gegenwart und Zukunft hineindenken – ob ein neues Angebot angenommen wird und auf dem Markt Chancen hat, kann kein Design Thinking-Team wirklich valide vorhersagen. In der auf die Prototyperstellung folgenden **Phase 6** sollten Sie Reaktionen und Feedback einholen (siehe Bild 6.9). Das geht per Gespräch, Interview oder Fragebogen. Wichtig ist, dass Sie Ihren Prototyp, sein Potenzial, den angepeilten Einsatzbereich und die Prämissen, die Sie im Workshop identifiziert haben, vorstellen. Sie könnten zum Beispiel in einer ersten Runde mit den Vertriebsteams und dem Außendienst sprechen und den Testing-Kreis anschließend Stück für Stück ausweiten: vom Kommissionierer über den Fahrer, den Disponenten und den Transportlogistikleiter bis zum Schichtführer, Instandhalter und Elektriker in der Produktion. Im Idealfall wird der Prototyp, je nachdem, wie diese Gespräche verlaufen, iterativ weiterentwickelt und angepasst. Keine Frage: Das ist viel Arbeit, die über einen Workshop deutlich hinausgeht, und schreckt Firmen deswegen immer wieder ab. Doch im Grunde ist dieser Schritt der sinnvolle und endgültige Übergang auf die Ebene Gesamtunternehmen, während man sich vorher eine Zeit lang unter Laborbedingungen austoben konnte. Testings können sogar Event-Charakter haben, wenn man sich darauf einlässt. Eine gute

Feedback-Phase kann großartige Möglichkeiten eröffnen, um potenzielle Kunden mit dem Prototyp zu konfrontieren und ihre Bedürfnisse besser zu verstehen. Die Kundschaft auf diese Weise anzusprechen und in Neuentwicklungen einzubeziehen ist unter modernen Sales-Gesichtspunkten wohl keine schlechte Idee.

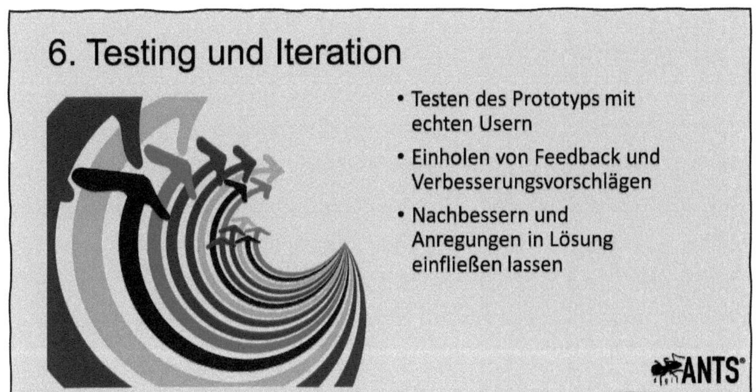

Bild 6.9 Testing und Iteration (Quelle: digit-ANTS GmbH)

6.2.2 Tipps für die erfolgreiche Umsetzung

Ich weiß zwar mehrheitlich von erfolgreichen und auch irgendwie erinnerungswürdigen Workshops, bei denen Design Thinking ausprobiert oder vertiefend genutzt wurde, doch theoretisch kann so ein Workshop auch fürchterlich in die Hose gehen, wenn man ihn falsch aufzieht. Um Ihnen das zu ersparen, will ich Ihnen hier einige Basistipps an die Hand geben.

Damit das gemeinsame Nachdenken und Problemlösen im Rahmen von Design Thinking gelingt, sind sowohl die Zusammensetzung des beteiligten Teams als auch die Atmosphäre und die Gestaltung der Räume wichtig. Oft greifen die Anforderungen mehrerer Bereiche ineinander, wenn man sich mit Fragestellungen für ein Unternehmen oder eine Branche beschäftigt. Eine interdisziplinäre Gruppe bewertet Situationen und Probleme vielschichtiger als es eine einzelne Person kann. Design Thinking ist ein Gedankenspiel, das man gemeinsam spielt, nicht gegeneinander. Dafür kommt es darauf an, auch mal abseits der etablierten Gedankengänge spazieren zu gehen. Ist einer der Beteiligten so gar nicht offen für Alternativen, bremst das bei diesem Ansatz früher oder später das ganze Team aus. Angenommen, ein Mittelständler aus der Autobranche möchte die durchgängige Statusüberwachung seiner Fahrzeuge als Dienstleistung anbieten. Sein Ziel ist es, Fehlermeldungen direkt an den Service zu übermitteln und dadurch den Kunden schneller helfen zu können. Um das vernünftig durchzuspielen und zu besprechen, empfiehlt es sich, Mitarbeiter aus der Fahrzeugentwicklung, dem Service, der Ersatzteillogistik und der IT zusammenzubringen. Am Workshop sollten Leute teilnehmen, die aller Wahrscheinlichkeit nach mit relevanten Kenntnissen und Fähigkeiten zum Gelingen beitragen.

Man sollte neben der Zusammensetzung des Teams auch die Raumsituation beachten, denn die hat durchaus Einfluss auf das Miteinander der Kollegen. Anstatt sich im Konferenzraum mit schweren Tischen und einstudierter Sitzordnung zu treffen, begegnet man sich besser in offenen Räumen, die die Beteiligten nicht ständig ans Tagesgeschäft erinnern und für die nächsten Stunden flexibles Sitzen, Stehen, Laufen und Gruppieren erlauben. Mit leichtem, tragbarem und rollbarem Equipment kann man hier schon eine ganze Menge erreichen. Schauen Sie sich zur Inspiration gerne die Neujahrsreden des Bundespräsidenten oder noch steifere Staatsakte aus anderen Ländern an, und versuchen Sie dann, möglichst das Gegenteil zu erreichen, wenn Sie für Ihr Design Thinking die Räume auswählen und bestücken. Stehtische sind besser als Schreibtischhaufen, neutrale Räume besser als das Besprechungszimmer des Chefs.

Fangen Sie nicht gleich mit existenziellen Projekten an. Design Thinking kann zwar, richtig angewandt, sogar ein Tool zum Krisenmanagement sein, aber das setzt doch eine gewisse Erfahrung voraus, würde ich sagen. Natürlich kann es immer sein, dass die Kreativ-Sessions einen ernsten Hintergrund haben. Doch Existenzdruck und kreatives Lösen von Problemen vertragen sich nur bedingt. Deshalb sollte während des Design Thinkings die Atmosphäre eher davon ablenken als an die Dringlichkeit zu erinnern. Für die kreative Lösungsfindung in Design Thinking Workshops ist es wichtig, in der Gruppe offen sprechen zu können. Empathie und vertrauensvolle Zusammenarbeit tragen maßgeblich zum Erfolg bei. Ich habe schon so manchen DT-Workshop am ersten Tag nach einigen Stunden beendet, da sich die Teams nicht grün waren und zwischen den Teilnehmern Angst, Hemmung und Konkurrenz herrschte, sodass kein sinnvolles Ergebnis zu erwarten war.

■ 6.3 Realitätscheck für Use Cases

Da ich davon überzeugt bin, dass gute IoT-Projekte unsere Welt langfristig besser machen, klinge ich hin und wieder vielleicht etwas naiv für Sie. Visionäres Denken, die Suche nach kreativen Problemlösungen und unternehmerisches Handeln schließen sich meiner Meinung nach aber nicht aus. Ohne neue und eigene Ideen hätten wir eine andere Wirtschaft mit viel mehr Produktpiraterie und weniger starken Marken, Brandings und Unternehmerfiguren. Ohne eine ordentliche Dosis betriebswirtschaftliche Vernunft bleibt von tollen Ideen aber selten viel übrig. Als verheirateter Mann und Familienvater kenne ich natürlich die Redewendung

„Drum prüfe, wer sich ewig bindet". Meine Frau könnte Ihnen bestätigen, dass ich von zu Hause außerdem den Leitspruch „Vertrauen ist gut, Kontrolle ist besser" kenne. Der kann einem beinahe genauso viel Ärger einhandeln wie ersparen, wie ich gelernt habe. Doch für neue IoT-Projekte kann ein bisschen Kontrolle schon angebracht sein. Ist eine vielversprechende Idee für einen Use Case gefunden, sollte überprüft werden, wie sie sich software- und hardwaretechnisch umsetzen lässt, welche Voraussetzungen das Unternehmen (noch nicht) erfüllt und ob sich das Ganze wirtschaftlich rechnet. Das kann - zumindest in Teilen - auch integriert in einen Workshop mit Design Thinking geschehen. Falls Sie das jedoch trennen wollen oder Design Thinking in Ihrem Fall keine brauchbare Methode ist, könnten Sie alternativ auf die Projektmanagement- und Controlling-Schritte zurückgreifen, die sich bei vergleichbaren Vorhaben bewährt haben. Beachten Sie dabei bitte, dass die meisten IoT-Projekte dynamisch sind und Innovationen mit sich bringen werden, weil sich beispielsweise Softwarekomponenten weiterentwickeln. Deswegen ist es möglicherweise geboten, mit Instrumenten aus dem Innovations-Controlling zu arbeiten, wenn Sie so einen Use Case dokumentieren und prüfen wollen.

Zu erfolgreichem Innovationsmanagement gibt es unter anderem eine mehrteilige, kostenlose Reihe mit hilfreichen Checklisten beim RWK Kompetenzzentrum. Das ist eine bundesweit vernetzte, vom Wirtschaftsministerium geförderte Organisation, die Unternehmen bei der Gründung unterstützt und auch bei den nächsten Schritten, insbesondere wenn es um Modernisierungen geht. Dort finden Sie zum Beispiel eine kompakte Einführung ins Innovations-Controlling (*https://www.rkw-kompetenzzentrum.de/innovation/faktenblatt/erfolgsfaktor-3-das-innovationscontrolling/einfuehrung*).

Sie könnten auch auf einen Ansatz von Nikolas Eckhardt und Ingo Meironke, zwei Autoren aus der Belegschaft der internationalen Management- und Technologieberatung Campana & Schott, zurückgreifen. Die beiden schlagen nach der erfolgreichen Ideensuche drei Teilschritte vor, um die Umsetzbarkeit zu prüfen:

1. die richtige Technologie ermitteln
2. Reifegradmodell erstellen und Effizienzcheck durchführen
3. Konzepte validieren

Der erste Teilschritt, die Ermittlung der passenden Technologie, bedeutet für Überlegungen im Hinblick auf IoT den Abgleich und die Zuordnung der Datenverarbeitungsebenen. Sollen wir die Informationen in der Cloud oder per Edge Computing verarbeiten? Müssen die Verarbeitung und die Reaktion auf die Informationen in Echtzeit erfolgen? Welche Informationen sollten für die Auswertung zwingend über das Internet in die Cloud geladen werden?

Für den zweiten Kontrollschritt, der die Effizienz und den Reifegrad betrifft, betrachten Nikolas Eckhardt und Ingo Meironke drei Bereiche:

- Reifegrad der Digitalisierung
- Status quo der IT-Infrastruktur
- mögliche Hürden aufgrund von internen Prozessen

Um den Reifegrad hinsichtlich der Digitalisierung festzustellen, sollten Sie schauen, wo Daten und Informationen noch analog erfasst und manuell eingegeben werden. Wichtig ist, auch bei den bereits digitalisierten Datenverarbeitungsschritten zu prüfen, wie jeweils die Zugriffsrechte auf die Datenbestände sind. Die Themen Datenschutz sowie Datensicherheit und auch die DSGVO-Konformität würde ich ebenfalls dazu nehmen. Zum Status quo der IT-Infrastruktur gehören die Rechenleistung der beteiligten Computer und Netzwerke sowie Sicherheitsaspekte für Hardware und Gerätesoftware (Stichwort: Security by Device und Security by Default). Für den dritten Schritt, der die internen Prozesse berücksichtigt, sind wohl die Menschen der entscheidende Faktor. Machen Sie sich ein Bild vom Wissensstand und den zeitlichen Kapazitäten der Mitarbeiter, die Sie in das IoT-Projekt einbinden möchten. Wie mehrere Umfragen gezeigt haben, kann es für kleine und mittelständische Unternehmen (KMU) schwierig sein, Mitarbeiter mit den erforderlichen Kenntnissen und Fähigkeiten (inhouse wie extern) zu finden. Stellvertretend für mehrere Publikationen zeigt Bild 6.10 ein interessantes Umfrageergebnis aus der Studie „Internet of Things 2019“.

Organisatorisch	
Fehlende IT-Fachkräfte	30,7
Bedenken der Mitarbeiter	24,5
Geschäftsprozesse müssen verändert und angepasst werden.	22,2
Fehlende Skills der eigenen Mitarbeiter	21,4
Mangelnde Kommunikation zwischen den beteiligten Abteilungen	21,0
Umstrukturierung der Unternehmensorganisation auf IoT-Belange	20,2
Fehlende Ressourcen (zu wenig Stellen)	17,9
Entwicklung eines Geschäftsmodells	17,9
Allgemeine Ressourcenknappheit	17,9
Problemfeld „Schnittstelle IT und Fachabteilung (z.B. Produktion)“	17,1

Technologisch	
Datensicherheit / Disaster Recovery	26,8
Security / Datenintegrität	26,5
Komplexität des Themas	24,1
IT-Systeme mit veralteten Betriebssystemen ohne Patch-Möglichkeit	22,6
Safety / Betriebssicherheit	21,4
Integration der Devices (Sensoren / Aktoren) in die IT-Infrastruktur	21,4
Zu hohe Datenmengen	21,0
Verfügbarkeit / Ausfallsicherheit	21,0
Mangelnde Netzqualität der vorhandenen LAN- & WLAN-Infrastruktur	20,2
Fehlende Technologien / Plattformen / Standards	18,7

Bild 6.10 Herausforderungen für IT-Projekte
(Quelle: *Mauerer, Jürgen et al.:* Internet of Things 2019. Studie. S. 15)

Die mit Abstand größte organisatorische Herausforderung bei den IoT-Anwendungsfällen war, wie Sie in Bild 6.10 sehen können, dass IT-Fachkräfte fehlten. Auch Position 4 in der linken Tabelle ist beachtenswert: 21,4 % von über 250 befragten Unternehmen vermissten wichtige Skills bei der eigenen Belegschaft. Auf der rechten Seite, in der Tabelle zu den technologischen Hürden, finden Sie wiederum „IT-Systeme mit veralteten Betriebssystemen", die sich nicht patchen lassen, sowie die Integration von Geräten, Sensoren, Aktoren in die IT-Infrastruktur mit jeweils mehr als 20 % Nennungen. Lassen Sie mich auf beide Herausforderungen - fähige Menschen, veraltete Technik - in den folgenden Abschnitten kurz eingehen.

6.4 Partner und Support für IoT-Projekte

Wenn Sie ein neues IoT-Projekt angehen wollen, müssen Sie das nicht von A bis Z aus eigener Kraft stemmen. Den meisten kleineren Unternehmen fehlen dafür an mindestens einer Stelle die Ressourcen. Es kann viele Vorteile haben, sich Unterstützung von außen zu holen.

Bei der Vorbereitung kann es zum Beispiel hilfreich sein, einen professionellen Begleiter für die Ideenfindung zu engagieren, gerade wenn Sie sich auf Design Thinking einlassen. Für das gemeinschaftliche Nachdenken und Kreativwerden, wie ich es vorangehend beschrieben habe, ist es wichtig, keiner Stimme mehr oder weniger Gewicht zu geben als einer anderen. Im Zweifel müssen etwaige Alphatiere die Veranstaltung verlassen, falls schüchterne Leute sich sonst nicht öffnen. Wegen solcher Gruppendynamiken brauchen Sie einen Moderator oder eine Moderatorin, die sich einerseits zurücknehmen und die anderen machen lassen, andererseits aber in der Lage sind, in kritischen Momenten vermittelnd einzugreifen. Das kann jemand aus den eigenen Reihen sein oder ein eingekaufter externer Profi. Zwei Argumente, die Sie einfach Kosten-Nutzen-mäßig für Ihre jeweilige Situation abwägen sollten, sprechen für Hilfe durch ausgebildete Coaches und Moderatoren: Für unerfahrene Design Thinking Coaches kann es beim ersten Mal unter Umständen schwierig sein, die Balance zu finden, zwischen einer realistischen Challenge, praxistauglichen Personas und einer unterhaltsamen, humorvollen Workshop-Situation. Für solche Fälle können Sie auf Menschen wie mich zurückgreifen. Zweitens wird eine gewisse Zeit vergehen, bis sich jemand aus Ihrer Belegschaft angemessen weitergebildet hat. Falls Sie es eilig haben, geht es mit externer Hilfe vermutlich schneller.

Von der Kopfarbeit einmal abgesehen, kann es außerdem passieren, dass Sie für das geplante IoT-Projekt neue Geräte oder Maschinenkomponenten benötigen, die Sie nicht selbst herstellen können (siehe auch Abschnitt 6.5). In diesem Fall hilft Ihnen natürlich das gute alte Netzwerk weiter. Sie können allerdings auch davon profitieren, dass sich einige Anbieter von IoT-Plattformen ebenfalls mit der Vernetzung von Unternehmen beschäftigen. Bei SAP sieht das zum Beispiel so aus, dass Sie für IoT-Projekte auf bestehende Netzwerke und Scouting zurückgreifen können. Die Mitarbeiter im Data Space der Walldorfer in Berlin haben inzwischen mehr als fünf Jahre Erfahrung im Scouting und in der Zusammenarbeit mit Start-ups. Ein Programm mit dem Titel SAP.iO ist dafür gedacht, Use Cases zu begleiten und zu erleichtern. Ein Weg ist dabei, die Funktionalität der SAP-Standardsoftware um innovative Lösungen von Start-ups zu erweitern. Eine anderer soll Gründern die Chance eröffnen, neue Lösungen bei SAP-Kunden zu positionieren. Sollten Sie also zufällig SAP-Software nutzen, können Sie über solche Kanäle versuchen, Technologiepartner zu finden. Ähnlich verhält es sich bei anderen großen Netzwerken, die von Deutschland aus organisiert werden. Es schadet nichts, bei Unternehmen wie Bosch, Siemens, ABB oder dem Sensorenhersteller SICK zu recherchieren. Solche großen Anbieter mit Elektronik- und Sensorikschwerpunkten halten in der Regel verlässliche und skalierbare Lösungen bereit, die Ihnen ein schnelles Rollout ermöglichen.

Wenn Sie herstellerneutral nach Hardwareherstellern für ein geplantes IoT-Projekt recherchieren wollen, können Sie wie folgt vorgehen:

- Suchen Sie in den Onlinegeschäftsnetzwerken XING (für den deutschsprachigen Raum) und LinkedIn (für den internationalen Raum) nach Unternehmen, und nehmen Sie dort mit den Verantwortlichen Kontakt auf.
- Finden Sie mithilfe von spezialisierten Websites und Onlineplattformen Start-ups für Kooperationen, zum Beispiel bei startupdetector (*www.startupdetector.de*), Crunchbase (*www.crunchbase.com*), Startbase (*www.startbase.de*), Gründerszene (*www.gruenderszene.de*) oder deutsche-startups.de (*www.deutsche-startups.de*).
- Analysieren Sie die Mitgliederstruktur des Komitees für IoT der International Organization for Standardization (ISO) genauer, um in relevanten Fachgruppen auf potenzielle Partner zu stoßen. Auf der Website der International Electrotechnical Commission (IEC, *http://s-prs.de/v747239*) sind die Mitglieder des internationalen Komitees ISO/IEC JTC 1/SC 41 Internet of Things and Related Technologies aufgelistet. Das ist die Fachgruppe, die die Norm ISO/IEC 30141 zur IoT-Referenzarchitektur entwickelt hat (siehe Kapitel 2).

Wie Sie wahrscheinlich gemerkt haben, wird der Rechercheaufwand mit jedem Bullet Point höher. Das Spektrum von „Wir ziehen das erst einmal alleine durch, es ist ja nur ein kleiner Testballon“ bis hin zu „Damit katapultieren wir uns aufs nächste Level, wenn wir das mit einem richtig guten Partner durchziehen“ ist sicherlich ziemlich groß. Über den Sinn langfristiger, strategischer Partnerschaften, die die gesamte Unternehmens- und Innovationsstrategie betreffen, werde ich noch einige Worte verlieren, wenn wir uns näher mit den IoT-Strategien beschäftigen (siehe Kapitel 8). Doch auch projektbezogen und ein paar Nummern kleiner kann externer Support die entscheidende Hilfe bringen, um eine IoT-Anwendung erfolgreich in die Wege zu leiten.

■ 6.5 Neu kaufen oder upgraden?

Das Phänomen Retrofitting habe ich schon kurz angerissen, als es um die integrierten und die separaten Sensorsystem für IoT-Geräte und die Features von IoT-Plattformen ging, die für oder gegen eine Implementierung sprechen können. Lassen Sie uns das mit Blick auf die IoT-Projekte nun noch ein wenig vertiefen. Unternehmensweit ist es oft übertrieben, alle alten Geräte auszumisten und komplett durch neue zu ersetzen. Schließlich ist es für viele Firmen unmöglich, einfach alle Bestandsanlagen radikal durch eine neue smarte Gerätegeneration zu ersetzen. Meistens ist es eher geboten, die älteren Maschinen und Geräte in ein IoT-System einzubinden, anstatt innerhalb der unternehmensweiten Maschinen- und Gerätewelt mehrere Bereiche parallel zu verwalten. Es ist gerade für kleine und mittelständische Unternehmen unrealistisch, die Produktionssysteme komplett zu erneuern. Sind die aktuellen Systeme noch voll funktionsfähig, möchte man sie natürlich möglichst lange und vollumfänglich nutzen. Wer erst vor Kurzem in neue, leider noch nicht (voll) IoT-fähige Hardware investiert hat, könnte weitere Investitionen in die Vernetzung und Harmonisierung scheuen. Oft sprengen die Anschaffungskosten für empfohlene neue Serien und Anlagen das Budget. Und gleich ganz neue Fabriken oder Produktionshallen aufzuziehen, würde neben der Liquidität ein Grundstücks- und Personalmanagement erfordern, das wohl eher in Aktiengesellschaften und großen Konzerne zu finden ist.

Deswegen greifen insbesondere KMUs gerne auf das erwähnte Retrofitting zurück, um Bestandsanlagen und moderne IoT-Systeme miteinander in Einklang zu bringen. Der Begriff Retrofit setzt sich aus dem lateinischen retro für rückwärts bzw. in die Vergangenheit gerichtet und dem englischen fit für unsere Anpassungsfähigkeit im Sinne von Darwins survivial of the fittest zusammen. Der Retrofit-Ansatz umfasst die Maschinen-Updates und die Anlagenmodernisierung insbesondere in der Industrie. Bezogen auf IoT bedeutet Retrofit, dass die bereits im Betrieb befindliche Maschinen nachträglich mit neuen Funktionen ausgerüstet werden. Viele Maschinensensoren lassen sich zum Beispiel mit IoT-Modulen verbinden, sodass Kontrolldaten oder Fertigungsdaten in Echtzeit und im Sinne von Big Data genutzt werden können. Das können beispielsweise Informationen über die Temperatur oder die Feuchtigkeit sein. Für solches Nachrüsten brauchen wir eine effiziente Brückentechnik, die den Maschinen ermöglicht, verständliche und nutzbare Daten in IoT-Netze und moderne IT-Plattformen einzuspeisen. Wir brauchen Adapter, Boxen, Gateways, Middleware, wobei die Lösungen selten herstellerneutrale Namen haben, sondern meistens schon durch die Bezeichnung gebrandet sind. Drei Beispiele aus der Produktwelt von Bosch sind der Transport Data Logger (TDL), das Cross Domain Development Kit (XDK) und die Connected Industrial Sensor Solution (CISS). Mit XDK konnte ein Unternehmen aus Stuttgart Daten von zusätzlichen Sensoren in der Produktionsumgebung zusammenzuführen, sie durch das Netzwerk leiten und an das bestehende Produktionsleitsystem anbinden. Diese Daten betreffen die Temperatur, den pneumatischen Druck und die Vibration. Hier sind wir beim Daten-Monitoring zur Zustandsüberwachung dann auch wieder bei Predictive Maintenance als Spielart der Künstlichen Intelligenz angelangt (siehe Kapitel 5). Mit TDL konnte die Galleria Nazionale d'Arte Moderna e Contemporanea in Rom den Transport eines Gemäldes überwachen. Durch das Anbringen des Transport Data Loggers an der Sendung wurden sämtliche Umgebungseinflüsse der Fracht aufgezeichnet, über Bluetooth übermittelt und über eine mobile Anwendung visualisiert. Nach Angaben von Bosch sparte der Auftraggeber im Vergleich zu den bisher eingesetzten Sensorgeräten rund 30 % der Kosten ein, war aber jederzeit über die relevanten Positionen und Umwelteinflüsse auf dem Laufenden. Wo ich hier gerade schon Werbung für Bosch mache: Die Traditionsfirma hat es angeblich auch geschafft, eine Drehbank von 1887, an der noch der Gründer höchstpersönlich gearbeitet soll, per IoT-Gateway ins Zeitalter von Industrie 4.0 zu katapultieren. Wenn man einen Moment darüber nachdenkt, könnte man glatt wieder ins Träumen geraten: Ist Retrofitting möglicherweise eine Option, um dem Recycling und Upcycling eine Dimension hinzuzufügen und weltweit weniger Schrott zu produzieren? Es wäre doch toll, wenn man im globalen Maßstab Technologielücken schließen könnte, idealerweise durch nachhaltig produzierte IoT-Brückentechnik.

Für Track- und Trace-Anwendungen im Transportwesen, wie etwa das Anliefern des erwähnten Gemäldes, ist das Nachrüsten mit kleinen mobilen Adaptern natürlich besonders sinnvoll und entsprechend verbreitet. Doch auch stationär, in der Fertigungshalle, im Werk, lässt sich Hardware, die nicht mit dem gegenwärtigen Wissensstand über Maschinensprachen, Datenlesbarkeit und Datensicherheit entwickelt und in Betrieb genommen wurde, nachträglich so modernisieren, dass sie den aktuellen Standards entspricht und wieder mit modernen Lösungen kompatibel ist.

Solches Retrofitting bringt natürlich ein paar Herausforderungen mit sich:

- Das Nachrüsten darf den laufenden Betrieb nicht allzu sehr stören. Schließlich wollen Sie keine Produktionsausfälle und keine Lieferschwierigkeiten.
- Damit eine IIoT-Plattform effizient mit den verbundenen Geräten und Maschinen kommunizieren kann, dürfen diese nicht aneinander vorbei kommunizieren. Nun ist die mittelständische IT-Landschaft mit ihren vielen Spezialisten und dem individuell aufgebauten Know-how aber eher heterogen, wenn wir an Maschinensteuerung, Dateiformate, Schnittstellen und Ähnliches denken. Wo Menschen auf Dolmetscher und Übersetzer zurückgreifen können, brauchen die Maschinen Hilfe durch Treiber und Patches, die verloren gegangene Kompatibilität herstellen.

- Liefern die Maschinen dann verständliche Infos und Daten, müssen Sie darauf aufpassen, wer diese Daten mit welchen Zugriffsrechten sehen und nutzen kann. Über Datenschutz und Datensicherheit habe ich ja schon einige Worte im Zusammenhang mit IoT-Plattformen und Multi-Cloud-Strategien verloren. Auch nachgerüstete Firmenhardware kann zum DSGVO-Problem werden, falls man hier die Dinge/Daten einfach laufen lässt.
- Außerdem ist eine zentralisierte IT-Struktur mit einer IoT-Plattform, an die alle Geräte angeschlossen sind, für Hacker wahrscheinlich als Ziel interessanter als eine isolierte Maschinensoftware, weil sie von dieser „Insellösung“ nicht effizient weiterkommen. Wenn wir uns neue Dinge ins Netz holen, sollten die Verkehrswege also ausreichend sicher sein.

Auf der anderen Seite beschränken sich die Vorteile des Retrofittings nicht auf Kostenfragen. Da ist außerdem das Platzargument: Heutzutage sind die IoT-Komponenten normalerweise so platzsparend, dass Sie Ihre Produktionsgebäude nicht erweitern müssen, während die eigentlichen Anlagen und Maschinen aus der Industrie noch nicht ganz so krass geschrumpft sind wie etwa unsere Datenträger. Nutzen Sie den Retrofit-Ansatz, kann Ihre Belegschaft mit den vertrauten Anlagen wie gewohnt weiterarbeiten. Die Schulungen für aufgerüstete Geräte sind erfahrungsgemäß nicht so aufwendig wie Schulungen für neu angeschaffte Geräte. Aktualisierungen werden vereinfacht. Software kann nicht nur zentral, sondern möglicherweise aus der Ferne mit Updates versehen werden. Einige Maschinen und Anlagen erreichen nach einem Upgrade per Retrofit eine bessere Energieeffizienz, da sie nur noch im Bedarfsfall hochgefahren werden.

In diesem Kapitel haben Sie gelernt, wie man IoT-Projekte vorbereiten sollte. In Kapitel 7 stelle ich Ihnen diverse IIoT Use Cases vor. Diese sollen Ihnen einerseits Inspirationen für die Suche nach eigenen Anwendungsmöglichkeiten liefern und andererseits Ihren Praxiseinblick vertiefen, indem Sie ganz konkret erfahren, was durch IoT heutzutage bereits ermöglicht wird.

7 Use Cases für das Internet der Dinge

In diesem Kapitel möchte ich den Nutzen von IoT anhand von konkreten Use Cases darlegen. Die Use Cases stammen mehrheitlich aus den Bereichen Logistik und Produktion. Sie liefern Inspirationen für mögliche IoT-Anwendungen, mit denen sich Industrie 4.0-Szenarien im Unternehmen realisieren lassen.

Folgende Use Cases werden wir uns in diesem Kapitel näher ansehen:

- **Fahrerlose Transportfahrzeuge**

  Im ersten Use Case (siehe Abschnitt 7.1) stelle ich fahrerlose Transportfahrzeuge (FTF) und die entsprechenden Steuerungssysteme (fahrerlose Transportsysteme, FTS) vor, die inzwischen nicht nur für die Optimierung intralogistischer Transportprozesse genutzt werden, sondern ganze Produktionsketten und -linien durch ihre Flexibilität revolutionieren. Ein Beispiel für den Einsatz von FTS in der Produktion ist die Verbindung von frei angeordneten Maschinen in einer modernen Inselfertigung.

- **Container Management**

  Wie Containerfüllstände in Echtzeit übertragen werden können und was das für die Logistik sowie die Versorgungs- und Entsorgungsprozesse bedeutet, erfahren Sie im zweiten Use Case in Abschnitt 7.2. Sie können auch in der Produktionsversorgung entsprechende Technologien einsetzen, um eine Echtzeittransparenz über die Bestandssituation bei Schüttgütern oder Flüssigkeiten zu erzeugen. Ich stelle beispielhaft vor, wie ein Entsorgungsunternehmen die Füllstände der Glascontainer mittels Vibrationsmuster erkennt und entsprechend dem Bedarf seine Lkw-Flotte zur Leerung der Container einplant.

- **Corona-Warn-App**

  In Abschnitt 7.3 möchte ich die Funktionsweise der Corona-Warn-App vorstellen. Es handelt sich hierbei um einen interessanten IoT-Use Case, der einige wichtige Aspekte des Datenschutzes und der Informationssicherheit abdeckt. Ihr Smartphone wird bei der Aktivierung dieser App zu einem IoT-Device, das Bewegungsmuster, Kontakte und weitere Merkmale in Echtzeit erfasst und diese über eine Cloud-Plattform austauscht.

- **Track & Trace in Logistik und Produktion**

  In Abschnitt 7.4 lernen Sie, wie Sie mit IoT Waren, Güter, Container, Fahrzeuge global und in Echtzeit nachverfolgen. Die Nachverfolgung kann in der Produktion, beim Transport und in der Intralogistik eingesetzt werden.
- **Intelligente Brillen in Produktion und Logistik**

  Sobald Informationen im Sichtfeld eines Wartungstechnikers, Lagerarbeiters oder Produktionsmitarbeiters eingeblendet werden, kann dieser bei seiner Arbeit geführt werden und hat dabei beide Hände frei. Dadurch dass die Smart Glasses, die hierbei zum Einsatz kommen, das, was der Träger der Brille sieht, in Echtzeit an einen anderen Wartungstechniker übertragen können, ergeben sich interessante Use Cases und diverse Vorteile in Produktion und Logistik (siehe Abschnitt 7.5).
- **Objekterkennung und Identifizierung mit IoT**

  In Abschnitt 7.6 zeige ich Ihnen, welche Möglichkeiten sich durch den Einsatz von Objekterkennung in der Produktion ergeben.
- **Wartung und Instandhaltung in der Produktion**

  Das mit Sicherheit bekannteste Beispiel für IoT in der Produktion ist die vorausschauende Wartung durch die Aufzeichnung und Auswertung von Sensordaten an Maschinen. Da dieser Use Case nicht nur bekannt, sondern auch höchst relevant ist, erkläre ich in Abschnitt 7.7 die Zusammenhänge und die Anwendung.
- **IoT-Geschäftsmodelle im Maschinenbau**

  In Abschnitt 7.8 lernen Sie, wie sich durch den Einsatz von IoT-Systemen in der Produktion im Allgemeinen sowie bei der Herstellung von Werkzeugen und Maschinen neue Geschäftsmodelle ergeben. Das IoT-System kann zum Beispiel dabei helfen, Maschinen durch geschickte Analyse der Sensordaten in Form eines Leasing-Modells an Kunden zu vermieten.

7.1 Fahrerlose Transportfahrzeuge in der Produktion und Logistik

Dieser Abschnitt beschreibt die derzeitige Situation und die Architektur fahrerloser Transportsysteme (FTS) sowie die Integration in die übergeordnete Unternehmenssoftware. In diesem Fall spielen als Unternehmenssoftware und integriertes Informationssystem das Lagerverwaltungssystem und gegebenenfalls noch das Produktionsplanungssystem eine zentrale Rolle. Diese Systeme bilden das Skelett in Bezug auf Stammdaten und Synchronisation von Wertefluss, Warenfluss und Informationsfluss.

Personalmangel, Verschmelzung von Produktion und Logistik, Kleinstserien und Anforderungen an eine modulare Fertigung, flexible Fertigungsstrukturen und der Anspruch an eine digitale Logistik und Fertigung ließen in den vergangenen Jahren die Nachfrage nach fahrerlosen Transportfahrzeugen steigen.

Nachdem die Technik in Bezug auf die Physik sehr ausgereift ist, scheinen jedoch die IT-Konzepte der fahrerlosen Transportsysteme (FTS), auf denen die Fahrzeugintegration basiert, hinterherzuhinken. Anstatt die übergeordnete Steuerung in die vorhandenen Softwaresysteme zu integrieren, werden heute noch zusätzliche Systemebenen eingezogen. Dies führt dazu, dass die Potenziale, die sich durch den Einsatz von FTF ergeben könnten, nicht voll ausgeschöpft werden. Mit einer zeitgemäßen IIoT-Systemarchitektur lassen sich moderne Konzepte relativ einfach umsetzen und Daten an den Stellen im System verarbeiten, an denen es aus Performance- und Qualitätsgesichtspunkten sinnvoll ist.

Die Zeit ist reif für ein Umdenken in der Integration fahrerloser Transportfahrzeuge in die vorhandene Software- und Systemlandschaft, denn die Notwendigkeit zum Einsatz von fahrerlosen und autonomen Flurförderzeugen wird aus folgenden Gründen weiter steigen:

(1) Schwierigkeiten, qualifiziertes Personal in Produktion und Logistik zu finden

Personalmangel in der Logistik ist bei Lkw-Fahrern ein Thema, das bereits seit einigen Jahren bekannt ist. Seit einiger Zeit ist es auch in der Intralogistik schwer geworden, offene Stellen mit qualifiziertem Personal zu besetzen. In der Logistik waren nach der Stellenerhebung des Instituts für Arbeitsmarkt und Berufsforschung (IAB), der Forschungseinrichtung der Bundesagentur für Arbeit, im zweiten Quartal des Jahres 2018 82 000 Stellen offen. Dies ist ein Rekordniveau.

(2) Verschmelzung von Produktion und Logistik

Die Bereiche Produktion und Logistik dürfen nicht mehr getrennt betrachtet werden. Vor allem in der Automobil- und Maschinenbauindustrie wird im Dreischichtbetrieb gearbeitet, wodurch die Personalkosten einen erheblichen Anteil der Produktions- und Logistikkosten ausmachen.

(3) Taktsynchrone Anlieferungen

Lieferungen erfolgen just in time oder sogar just in sequence an die Produktionsmaschinen. An den Maschinen ist kein Platz zum Puffern von Material. Daher muss der Materialfluss hochgradig in die Bedarfssituation an den Produktionsmaschinen integriert sein, und die Maschinen müssen auf den Punkt ver- und entsorgt werden.

(4) Anforderung an flexible Fertigung zwingt Hersteller zu modularer Fertigung

Im Bereich der Automobilproduktion werden bereits die ersten modularen Fertigungen durchgeführt. Schnelllebigkeit und Individualisierung von Produkten (Stichwort: Ein-Stück-Serien) sind hier das Thema, zudem die Anforderung des Marktes, Neuerungen agil am Produkt durchzuführen. Dies führt dazu, dass FTFs das Produktionsband ersetzen und nach Abschluss des Produktionsprozesses auch direkt die Lager- und Logistiktätigkeiten übernehmen können.

(5) Suche nach digitalen, innovativen IoT-Use Cases im Zusammenhang mit Industrie 4.0

Eine weitere Entwicklung ist, dass im Zuge der digitalen Transformation in der Logistik und Produktion Unternehmen nach IoT-Use Cases für Innovationen suchen. Diese finden sie im Bereich der Automatisierung und Autonomisierung innerbetrieblicher Transport- und Lagerprozesse und natürlich auch im Bereich der modularen Fertigung.

7.1.1 Ausgangssituation

In der Intralogistik und Produktion werden Güter bewegt - und dies zu einem überwiegenden Teil noch von Menschen auf Flurförderfahrzeugen. Wo es sinnvoll und möglich ist, wurden in der Vergangenheit Waren und Güter zunehmend in automatisierten Hochregallagern und automatisierten Kleinteilelagern verstaut.

Was aber ist zu tun, wenn sich Transporte zwischen Quelle und Senke nicht derart standardisieren lassen? Was muss getan werden, wenn Routenzüge sehr individuelle Wege und Stationen abfahren oder die Materialver- und Entsorgung zwischen Maschinen in einer modularen Fertigung sehr individuell geschieht? Was ist zu tun, wenn bei der Versorgung und Entsorgung der Produktion flexibel auf Änderungen und unterschiedliche Senken reagiert werden muss? Und was muss getan werden, wenn die Produktionslinien innerhalb von Minuten umgebaut werden müssen?

In diesen Bereichen bieten sich fahrerlose Transportsysteme (FTS) an. Das System besteht in der Regel aus den fahrerlosen Flurförderzeugen, einer Leitsteuerung, Sensorik zur Standortbestimmung und zur Erfassung der Werks- und Hallentopologie, Übertragungstechnik zwischen Fahrzeugen und Leitrechner sowie den Peripherieanlagen (Automatiklager, Ampeln, Toren, Ladestationen).

Bei den Fahrzeugen sind Stapler, Routenzugfahrzeuge, Unterfahr-FTF und Unterfahrschlepper die häufigsten Vertreter der Gattung. Im Bereich der Montage werden FTF auch als mobile Werkbänke genutzt und können in Summe das Band in der Serienfertigung ersetzen.

Gerade die OEMs haben erkannt, dass für neue Fahrzeugreihen in der Automobilproduktion auch neue Produktionsverfahren anzuwenden sind, und führen vorsichtig neue Konzepte und Technologien im Zusammenhang mit FTS ein.

Auf der Softwareplattform (FTS-Leitstand) werden die Fahrzeuge integriert. Sie steuert die Kommunikation unter den Fahrzeugen und versorgt die Fahrzeuge mit Aufträgen. Sie speichert die Informationen über die Werks- und Hallentopologie. Sie steuert den Verkehrsfluss, erhält Statusmeldungen von den Steuerungen der FTFs und den peripheren Anlagen, wie Ampeln, Toren, Ladestationen und Automatiklagern.

Des Weiteren bietet die Leitstandsebene idealerweise auch folgende Funktionen:

- Darstellung des Materialflusses in Echtzeit
- Simulation der Fahrwege
- Integration der Maschineninformationen (MES)
- Optimierung der intralogistischen Prozesse in Abstimmung mit dem LVS
- Kommunikation mit FTFs aller gängigen Hersteller
- Integration der automatischen Lager
- Steuerung von Ampeln und Toren

In vielen Lastenheften werden die Anforderungen an die Leitsteuerung stark vernachlässigt, wobei hier der Kern der Funktionalität liegt. Außerdem wird für die Leitsteuerung nicht selten ein eigener Server benötigt.

Die Hersteller der fahrerlosen Transportfahrzeuge bieten für ihre Fahrzeuge passende Leitstände an, die meist noch on premise beim Kunden im Rechenzentrum oder direkt in einem eigenen Rechner im Lager installiert werden. Zeitgemäße Ansätze in der Cloud sind derzeit noch selten. Zudem passen diese Plattformen nicht auf die Fahrzeuge anderer Hersteller. Es ist daher derzeit Usus, die FTFs und die Softwareplattform von einem Hersteller zu kaufen – ein typischer Lock-in-Effekt.

Der Hersteller des FTFs liefert also nicht nur die Fahrzeuge, sondern gleich die Leitstandssoftware, die aber in der Regel nur für die Fahrzeuge aus seinem Hause passt. Fahrzeuge eines anderen Herstellers lassen sich gar nicht oder nur sehr schwer in die Software integrieren.

7.1.2 FTS-Leitstand – Marke Eigenbau in der Cloud

Aus den vorangehend genannten Gründen und weil sich einige Kunden unabhängig machen wollen, nehmen viele Kunden die Sache selbst in die Hand: In Digitalisierungsprojekten werden in dynamischen Teams aus Logistikern und Softwareentwicklern auf Kundenseite nun eigene IoT-Softwareplattformen entwickelt, die dann die Integration unterschiedlicher Fahrzeuge auf einer Plattform – meist in der Public Cloud – vereinen sollen. Häufig wird daneben auch gleich ein eigenes fahrerloses Transportfahrzeug entwickelt.

Hier ergeben sich immer wieder drei grundlegende Probleme:

1. Eine Lösung, die in einer Public Cloud betrieben wird, kann bei einer ungünstigen Strategie bezüglich der Speichertemperatur (siehe Abschnitt 2.1.2) und bedingt durch die begrenzte Bandbreite über das Internet an Grenzen der Performance stoßen. Die Anforderungen an die Bandbreite sind mindestens vergleichbar mit den Anforderungen eines automatisierten Lagers an den Lagersteuerrechner, sofern alle Informationen in der Cloud verarbeitet werden wollen. Sie sollten sich daher dringend vorab einen Plan machen, welche Daten Sie in der Cloud, welche in Edge und welche im Fog halten wollen.
   a) Ein hoher Anteil der Intelligenz befindet sich auf den Geräten selbst, dennoch erfordert die Rückmeldung und Steuerung hohe Anforderungen an die Kommunikation. Prüfen Sie genau, welche Daten wo verarbeitet werden müssen und welche ausgelagert werden können.
   b) Mit der Anzahl der FTF in einem Netzwerk multipliziert sich die Datenmenge, die die übergeordnete Steuerung empfangen und verarbeiten muss. Die Anforderung nach Datenübertragung in Millisekunden ist hier keine Seltenheit.
2. Individuelle Innovationsprojekte verhindern einen einheitlichen Standard, der FTFs auf einer Plattform integriert. Dieser Standard in der Schnittstelle vom Fahrzeug zur Plattform ist lange überfällig. Der Verband der deutschen Maschinen und Anlagenbauer (VDMA) hat den ersten Teil der Companion Specification der VDMA OPC UA Robotics auf die Welt gebracht. Mit den naheliegenden und verbreiteten Szenarien Initiative Asset Management und Condition Monitoring versucht der Verband der Deutschen Maschinen und Anlagenbauer hier gewisse Standards in seiner Leitlinie VDMA 40010-1:2019-07 zu empfehlen. Die Richtlinie kann unter *https://www.digit-ants.com/2019/09/10/opc-ua-companion-specification-for-robotics-opc-robotics-part-1-vertical-integration* heruntergeladen werden.
3. Daraus folgt, dass neben der Standardisierung der Schnittstellen und der Einigkeit darüber, welche Entscheidungen auf FTF-Ebene getroffen werden sollen, es heute noch an einer Standardsoftware, einem „FTS Control Tower“ mit standardisierten Schnittstellen in die Bestandsführung und die Lagerverwaltung, fehlt.

Die Last mit den Lastenheften

Durch die schlechte Integration der Herstellerplattformen zu den FTFs anderer Hersteller begeben sich die Kunden in eine massive Abhängigkeit von einem Hersteller. Begünstigt wird diese Abhängigkeit auch noch dadurch, dass Kunden Software und Hardware in fast jedem Projekt wie selbstverständlich in einem Paket gemeinsam ausschreiben. Dies ist fatal, da dadurch Anbietern einer unabhängigen Plattform für FTS gar nicht erst ein Marktzugang ermöglicht wird. Aus Sicht des Ausschreibenden ist dieses Verfahren verständlich, da dieser nur einen Ansprechpartner für das Gewerk FTS haben will und nicht die Koordination von Hardware und Software übernehmen kann und will.

Welche Steuerungsebenen braucht es wirklich noch?

Bei vielen Lastenheften bleiben die Potenziale, die sich durch eine integrierte Plattform als FTS Control Tower ergeben könnten, auf der Stecke. Die Forderung in den Lastenheften nach einer FTS-Steuereinheit, die oftmals zwei Ebenen unterhalb des Lagerverwaltungssystems und eine Ebene unter dem Lagersteuerrechner direkt mit den FTF-Steuereinheiten kommuniziert, geht zulasten der Funktionalität und der Flexibilität, denn die Optimierungen auf den unterschiedlichen Ebenen führen dazu, dass das Gesamtergebnis nicht mehr optimal ist (siehe Bild 7.1).

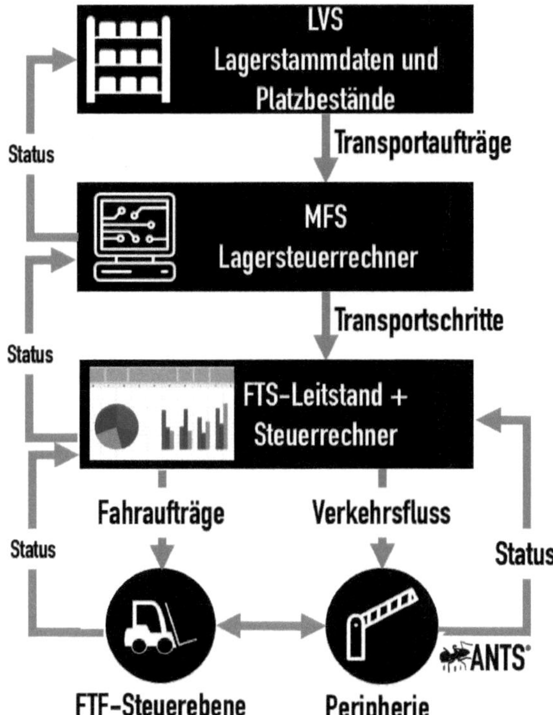

Bild 7.1 Traditionelle Steuerebenen bei fahrerlosen Transportsystemen (Quelle: digit-ANTS GmbH)

7.1.3 Erfolg durch Vereinfachung

Durch eine Reduzierung der Systeme und Systemebenen sowie eine geschickte Integration und Verknüpfung der Schnittstellen auf Ebene der Lagerverwaltung können Entscheidungen direkt auf der obersten Ebene verhandelt werden. In SAP Extended Warehouse Management beispielsweise ist der Lagersteuerrechner durch das Modul MFS in die Ebene der Lagerverwaltung integriert. Dem Modell folgend, ergibt es Sinn, auf dieser Ebene auch die Leitsteuerung der fahrerlosen Transportfahrzeuge zu integrieren. So können auf einer einzigen Ebene Entscheidungen ganzheitlich sinnvoll für den Materialfluss getroffen werden. Alle Informationen müssen dann nur auf dieser Ebene zusammenlaufen. Dadurch lässt sich neben automatischen Hochregallagern auch weitere Peripherie, wie Tore und Ampeln, in die Steuerung integrieren.

Natürlich lässt sich das Montageband, falls dieses durch FTF ersetzt wird, durch die Flexibilität und die Software um wenige Meter nach rechts oder links verschieben oder die gefertigten Teile lassen sich direkt vom Ende der Produktion an die Senke oder an unterschiedliche Senken transportieren. Doch dies sind bei Weitem nicht alle Möglichkeiten, die sich durch den Einsatz von FTF in einem integrierten Szenario ergeben. Ein integrierter Leitstand könnte auf Störungen im Betriebsablauf reagieren, da er alle relevanten Informationen zur Verfügung hat.

Praxisbeispiel

Fährt ein FTF einen Kommissionierlagerplatz an, um dort für die Produktion ein Teil zu holen, und dieser ist wider Erwarten leer, so würde das FTF auf Nachschub warten. In einem integrierten Szenario, in dem die FTS-Leitsteuerung im Lagerverwaltungssystem integriert ist, könnten durch das FTF folgende Schritte angestoßen werden:

1. Eine Nullinventur im LVS buchen, da der Platz physisch leer ist
2. Einen Nachschub zum Kommissionierlagerplatz anstoßen
3. Einen alternativen Kommissionierlagerplatz im LVS mit Bestand suchen
4. Einen Transportauftrag im LVS erzeugen von einer alternativen Quelle
5. Den alternativen Platz anfahren und den Transportauftrag später quittieren

Das Beispiel zeigt, dass die Möglichkeiten, sofern man sie näher betrachtet, deutlich mehr sind, als die reine Automatisierung der Versorgung. Durch eine geschickte Integration könnten Events die Buchungsvorgänge und Entscheidungen weiter automatisieren. Diese Erkenntnis bekommen die Beteiligten leicht, wenn alle Stakeholder bei der Projektierung und Planung der Anlagen mit einbezogen werden. Ein Stakeholder ist immer auch die zentrale IT, da sie die Systeme am Ende warten und ihren Betrieb sicherstellen muss.

Bei Ausschreibungen muss die Unternehmens-IT eingebunden werden

Die Ausschreibungen verraten oftmals sehr wenig über die Anforderungen an die Integrationsplattform und die Steuerung. Des Weiteren verlieren die Ausschreibenden wenig bis keine Worte darüber, wie die Lösung in die IT-Infrastruktur eingebunden werden soll, welche Komponenten und Funktionen in der IoT-Cloud, welche in Edge und welche in Fog laufen sollen. Dies liegt daran, dass die Anforderungen bisher häufig rein aus Lager- und Produktionssicht formuliert werden und die IT-Abteilung an dem Ausschreibungsprozess selten beteiligt ist. Will man das Projekt „fahrerlose Transportfahrzeuge" aber als IoT-Innovation im Bereich digitale Transformation in Logistik und Produktion behandeln, müssen Prozesse und Funktionalitäten auch disruptiv betrachtet werden. Das ist dringend zu empfehlen, um nicht einen „gewachsenen", teilweise fragwürdigen Materialfluss lediglich mit neuer Technologie zu bestücken. Denken Sie die Prozesse und Lagerbewegungen neu anhand der neu gewonnenen Möglichkeiten. Was hielte Sie davon ab, in ruhigen Phasen das FTS selbsttätig die Lagerbestände bei wenig Auslastung im Lager kontinuierlich umsortieren zu lassen, um stets eine optimale ABC-Verteilung Ihrer Bestände im Lager zu haben? In modernen vollautomatisierten Hochregallagern ist das heutzutage Standard.

Neue Wege denken und gehen

Disruptiv bedeutet, dass Prozesse massiv hinterfragt werden und im Zuge von Marktveränderungen und Verbraucheranforderungen das Unternehmen, die Logistik und die Produktion auch neuen Geschäftsmodellen folgen muss. Mit dem Ersatz von Förderbändern durch fahrerlose Transportfahrzeuge ist es nicht getan. Oft bedarf es für die Offenlegung der Kreativität im Materialfluss Methoden wie Design Thinking, um von den alten Strukturen ein wenig wegzukommen. Die Methode kommt aus der Softwareentwicklung und hilft, die Prozesse aus Sicht der Endanwender zu betrachten und so die notwendigen Funktionen für einen aus User-Sicht optimalen Weg zu finden. Mit der Methode lassen sich durchaus weitere Use Cases wie im vorangegangenen Beispiel finden, denn sie schafft ein offenes Klima, um Ideen auf den Tisch zu bringen, die sonst womöglich unausgesprochen in den Köpfen der Teilnehmer verblieben.

Idealerweise werden die Hardware und die Software nach einer detaillierten Anforderungsklärung getrennt ausgeschrieben. So kann man sich für jedes Gewerk den besten Anbieter auswählen. Genau dafür muss aber auch die IT in den Ausschreibungsprozess involviert sein. Durch die Trennung von Hardware und Software in den Ausschreibungen könnten drei Vorteile erzielt werden:

1. Die Offenlegung der Schnittstellen und Integrationspunkte der Fahrzeughersteller könnte zur Bedingung für die Teilnahme an der Ausschreibung gemacht werden, und es könnten so quasi nebenbei Standards geschaffen werden.

2. Der Kunde erhält Unabhängigkeit vom Hersteller der FTFs.
3. Die Entwicklung einer Standardsoftware für die Leitsteuerung mit entsprechender Integration auf der Steuerungsebene des FTF und auf der Ebene der Lagerverwaltung und Bestandsverwaltung würde vorangetrieben werden.

Fazit

Bei Bestrebungen, FTF im Materialfluss einzusetzen, sollten zeitgemäße Steuerungen eingesetzt werden und das FTS als IoT-System verstanden werden. So können Sie gemäß der IoT-Referenzarchitektur entscheiden, wie Sie welche FTF-Devices betreiben und auf welcher Ebene in der IoT-Systemarchitektur Sie die Daten verarbeiten. Die Steuerungsebenen sollten minimiert und idealerweise auf einer Ebene (siehe Bild 7.2) integriert werden, da sich dadurch integrierte Szenarien und Automatisierungen abbilden lassen, die den Materialfluss und die Buchungsprozesse effizienter machen. Die Ausschreibungen von Leitstandssoftware und Fahrzeugen sollten getrennt und abgestimmt bezüglich der Anforderungen an die Schnittstellen und der IoT-Systemarchitektur erfolgen. Dabei muss die zentrale IT-Abteilung mit an den Tisch. Bei der Definition der Anforderungen sollten moderne Methoden wie Design Thinking zur Identifizierung der Use Cases genutzt werden. Bei der Implementierung könnte Ihnen ein agiler Ansatz sehr helfen, um bestimmte Bereiche in Produktion und Lager zunächst livezuschalten und sehr schnell Nutzen aus Ihrer Investition zu ziehen.

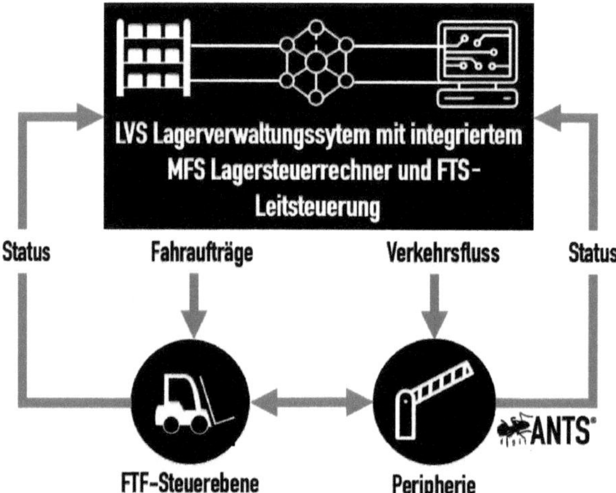

Bild 7.2 Zielbild bei der Integration in die Lagerverwaltungsebene (Quelle: digit-ANTS GmbH)

7.1.4 Architektur und Komponenten

Tabelle 7.1 gibt Ihnen eine Übersicht der Entitäten und benötigten Komponenten für fahrerlose Transportsysteme.

Tabelle 7.1 Benötigte Komponenten und Entitäten für fahrerlose Transportsysteme

Entität	Typ	Beschreibung	Technologie
Lagerarbeiter	Menschliche Entität		
Fahrerloses Transportfahrzeug	Gerät		
Kameras	Sensor		
Laser	Sensor		
FTS-Leitstand und Benutzeroberfläche	Softwaresystem	Visualisierung und Möglichkeit zum Eingriff durch Personal	
Lagerverwaltungssystem mit Benutzeroberfläche	Softwaresystem	Erstellt und bestätigt Transportaufträge innerhalb des Lagers aufgrund von Auslagerungs-, Einlagerungs-, Umlagerungs- oder Produktionsbereitstellungs-Bedarfen und Kommissionierungen zu Lieferungen	LVS (integriertes Informationssystem), das aus dem ERP-System gespeist wird
Lagersteuerrechner/ Materialfluss Steuerung	Softwaresystem	Der Lagersteuerrechner nimmt direkten Einfluss auf die Steuereinheiten, beispielsweise auf SPS der Fördereinrichtungen im Lager.	
Enterprise-Netzwerk	Netzwerk	Enterprise-Netzwerk, das den Zugriff auf Edge-Komponenten und die Cloud-Applikation ermöglicht	
Gateway	Gateway	Stellt Internetverbindung her oder Verbindung zum Lagersteuerrechner, je nachdem, wo welche Optimierungen vorgenommen werden sollen	
Cloud-Dienst FTS	Service	Optimierung	
Softwaredienst FTS in Edge	Service	Optimierung	

7.2 Containermanagement in Echtzeit

Glas gilt als umweltfreundlich, da es gut wiederverwertet werden kann. Eine Wiederverwertung setzt aber das Sammeln und Recyceln voraus. Glas wird im privaten Umfeld in den Städten und Kommunen in Einwurfcontainern gesammelt. Diese werden regelmäßig von Entsorgungsunternehmen geleert und das Altglas abtransportiert, damit die Bürger wieder neues Altglas einwerfen können. So weit, so gut. Ach nein, warten Sie, die Geschichte fängt gerade erst an. Was glauben Sie, wie effizient die Leerung der Container ist? Sind sie immer prall gefüllt, wenn der Lkw zur Leerung vorbeifährt? Ja, manchmal, und manchmal waren sie das auch schon viele Tage vor der Leerung, und daher türmt sich das Altglas auf der Straße und dem Gehweg oder liegt dort zerdeppert herum. Oftmals sind die Container aber auch nur zu einem Bruchteil gefüllt. Diesen Umstand wollten das Bochumer Entsorgungsunternehmen und das Start-up Zolitron Technology GmbH aus der schönsten Stadt im Ruhrgebiet nicht länger hinnehmen. Das Hauptproblem des Entsorgers war, dass dieser beim Disponieren der Fahrzeuge keine Ahnung hatte, welche Situation der Fahrer an den Containern vorfinden würde.

7.2.1 Problemstellung

„Schatz, kannst du bitte noch das Altglas mit zum Container nehmen, wenn du gleich Brötchen vom Bäcker holst? Unsere Altglasbox platzt aus allen Nähten", ruft die Frau noch, als ich mir gerade die Schuhe anziehe und loslaufen will. Na ja, was soll's, dann nehme ich die blöde Box eben mit. Am Container angekommen, zeigt sich mir ein Bild des Grauens und der Zerstörung. Überall stehen und liegen Flaschen und Gläser auf den Containern, auf dem Boden und in Kisten neben den Containern. Der arme Mensch, der das Chaos nachher sauber machen muss! Wahrscheinlich werden das der Containerdienst und die Stadtreinigung übernehmen müssen. Splitter und zerbrochenes Glas versperren mir den Weg zu den Öffnungen des Glasschluckers. Na gut, hat ja sowieso keinen Zweck, denn die Container sind bis zum Rand voll. Ich überlege, ob ich mein Glas einfach auch noch neben die anderen Gläser stellen soll. Oder sollte ich gegenüber von dem Supermarkt noch mal gucken, da sind ja auch Container? Ich beginne nachzudenken: Wie kann es sein, dass die Containerdienste nicht mitbekommen, dass sich hier das Altglas stapelt und eine Leerung der Container lange überfällig ist? Streiken die, oder was hat es damit auf sich? Nun ja, die Containerdienste arbeiten heute alle nach einem festen Zeitplan, nach dem sie die Container leeren. Ob der Container dann voll, leer oder am Überquellen ist, wissen sie nicht, wenn sie die Planung machen. Das führt dazu, dass solch ein Chaos am Glascontainer entstehen kann. Was aber sicher genauso ärgerlich für den Entsorger ist, wenn die Container eigentlich noch leer sind und dennoch zur Leerung angefahren werden.

Sie merken schon, das ist ein Bereich, in dem optimiert werden könnte, damit nur noch bedarfsgerecht geleert wird. Ansonsten läuft das gesamte Geschäft auf eine Ressourcenverschwendung hinaus. Wie könnte eine Design Thinking-Challenge zu dieser Problemstellung aussehen? Vielleicht so: Wie können wir - auch in Zeiten hoher Schwankungen des Leergutaufkommens - eine bedarfsgerechte Abholung des Altglases und eine Leerung der Altglascontainer gewährleisten, damit Bürger zu jedem Zeitpunkt ihr Altglas in die Container werfen können? Diese Fragestellung soll als Lösungsgrundlage und der mögliche Weg zu einer IoT-Lösung als Basis für das weitere exemplarische Vorgehen im Design Thinking-Prozess dienen.

7.2.2 Lösungsdesign mit Design Thinking

Stellen Sie sich exemplarisch vor, Sie stünden vor dem vorangehend beschriebenen Problem, wollten eine Lösung designen und gingen gemäß Design Thinking-Methode vor. Um die Problematik und die beteiligten Parteien besser zu verstehen, sollten Sie im ersten Schritt die Personas, also die beteiligten Akteure und die von der Situation Betroffenen Menschen identifizieren und steckbriefartig beschreiben.

Welche Personen sind in diesem Falle von der Situation betroffen? Ja klar, zunächst einmal jeder einzelne von uns als Privatperson, die einfach nur das Altglas loswerden will. Nennen wir diese Persona Peter. Armin, der Anwohner, der täglich auf das Chaos blicken muss, hat Interesse an einer Lösung. Er hält sein eigenes Grundstück stets in bester Ordnung. Der Rasen und die Hecken sind akkurat geschnitten und die gepflasterten Wege sind sauber und frei von Unkraut. Doch dieser fürchterliche Anblick der Glasmüllkatastrophe auf der anderen Straßenseite macht alles zunichte. Die Menschen in der Stadt reden schon, dass es in dieser Gegend mit der Ordnung und der Sauberkeit langsam bergab ginge. Horst hat indes Angst, dass der Werterhalt seines gepflegten Einfamilienhauses in Gefahr ist. Dann wäre da noch der Mitarbeiter Michael beim städtischen Betriebshof, der hier alles sauber machen muss. Die Bürgermeisterin Brigitte, der Stadt wünscht sich auch eine Lösung, da sie am Ende die Kosten für Reinigung verantworten muss. Wer aber sicher am meisten Interesse an einer Lösung hat, ist der Fahrer Frank, der die Container leert sowie der Disponent Dirk, der die Fahrzeuge zur Leerung der Container einplant und dabei Wege und Zeit kostenoptimiert aufeinander abstimmen muss. Geschäftsführer Gustav des Containerdienstes muss die Kosten für die Leerung in diesem Jahr senken. Das hat der Aufsichtsrat beschlossen.

Da dies ein Buch über IoT-Use Cases in der Industrie ist, schlage ich vor, dass wir uns die drei Personen mit dem größten Interesse an einer Lösung genauer anschauen. Dies sind der Geschäftsführer Gustav, der Disponent Dirk und der Fahrer Frank. Um den Personen ein Gesicht zu geben und Sie als Persönlichkeit zum Leben zu erwecken, erstellen wir im ersten Schritt die Steckbriefe der Personas.

Bei der Erstellung der Steckbriefe gehe ich mit den Design Thinking-Teams in meinen Projekten normalerweise so vor:

1. Wir suchen einen markanten Namen für die Person aus. Mit diesem Namen wird die Persona in Zukunft auch immer benannt, was das Ganze sehr persönlich und menschlich macht. Sie können sich vorstellen, dass allein die Findung des Namens in der Gruppe zu gemeinsamem Lachen und zu Freude führt.
2. Wir suchen uns ein passendes Avatar-Bild aus oder malen selbst ein Porträt in den Steckbrief.
3. Wir befüllen den Steckbrief unter der Rubrik Ziele. Wichtig ist, dass die Ziele langfristig zu sehen sind. Es geht hier um die Punkte, anhand derer zum Beispiel der Geschäftsführer gemessen wird. Vielen wird in dieser Phase zum ersten Mal bewusst, welche eigentlichen Ziele eine bestimmte Rolle im Unternehmen eigentlich hat. Was sehr viel Aufschluss über die Rollen innerhalb eines Unternehmens gibt, wenn Sie sich die offiziellen Beschreibungen, wie sie beispielsweise von der REFA[1] herausgegeben werden, mal neben die Kategorien Ihres fertigen Steckbriefes legen. Das gibt Ihnen einen guten Eindruck davon, wie das Unternehmen und die anwesenden Kollegen eigentlich bestimmte Rollen im Vergleich zum „Standard“ definieren. Vielleicht ergeben sich hier grundsätzliche Folgediskussionen, die aber in dieser Runde nicht zielführend sind.
4. Wir befüllen den Steckbrief nun unter der Rubrik Aufgaben. In jedem Workshop werde ich gefragt, was denn bitteschön der Unterschied zwischen Zielen und Aufgaben ist. Die Frage ist daher berechtigt, da wir dies in unserem Alltag schnell zusammenwerfen. Ich erkläre dann stets: Ziele sind langfristig. Die Aufgaben sind die konkreten Tätigkeiten, die die Person unternimmt, um die Ziele zu erreichen. Ein Beispiel: Das Ziel eines Geschäftsführers ist etwa die Sicherung der Auftragslage. Eine konkrete Aufgabe, die dieses Ziel ermöglicht, ist die Akquisition von Neukunden und die Sicherstellung der Befriedigung der Bedürfnisse bestehender Kunden.

Bei der Betrachtung der Steckbriefe fällt zunächst einmal auf, dass diese unabhängig von dem später dargestellten Use Case erstellt werden (siehe Bild 7.3). Es ist wichtig zu verstehen, woher die Personen und Rolleninhaber normalerweise kommen, wie sie ticken und was sie sonst noch bewegt. Das hat zwei Vorteile: Wir lernen die Stakeholder und beteiligten Personen besser kennen, und wir haben die Chance, Themen zu identifizieren, die wir „nebenbei“ noch für die Person tun können, die durch die IoT-Innovation keinen erwähnenswerten Mehraufwand bedeuten würden.

---

[1] *https://refa.de/berufe*

Bild 7.3 Steckbrief des Geschäftsführers mit seinen Zielen, Aufgaben, Wünschen und Herausforderungen (Quelle: digit-ANTS GmbH)

Im zweiten Schritt lassen wir die Personen sprechen und ihre Wünsche formulieren. Dies machen wir, wie in Kapitel 6 beschrieben, mit den sogenannten User Stories.

Beispiele für User Stories

Geschäftsführer Gustav:

„Als Geschäftsführer benötige ich eine Lösung, die die Kosteneffizienz bei der Leerung der Container erhöht und mir dabei zeigt, wo ich Optimierungspotenzial habe."

„Ich benötige eine Technologie, die sich in die bestehende Softwarearchitektur einfügt, diese um zeitgemäße Technologien erweitert und neue innovative Funktionen bereitstellt. Diese Technologie sollte bereits heute eine Erweiterbarkeit für weitere Use Cases bereitstellen, ohne aufwendig nachgerüstet zu werden."

Disponent Dirk:

„Als Disponent brauche ich stets aktuelle Informationen über den Füllstand der Container an den Standorten, damit ich die Fahrzeuge bedarfsgerecht zur Leerung einteilen kann."

Fahrer Frank:

„Als Fahrer brauche ich Informationen dazu, welche Situation mich am nächsten Containerstandort erwartet, damit ich einschätzen kann, ob die Fahrzeugkapazität noch ausreicht, um den zusätzlichen Glasmüll aufzunehmen."

7.2.3 Lösung

Die Lösung ist so einfach wie genial. Das Entsorgungsunternehmen USB Bochum GmbH im Herzen des Ruhrgebiets hat die vorangehend beschriebenen Anforderungen gemeinsam mit dem Bochumer Start-up-Unternehmen Zolitron Technology GmbH in einem Projekt umgesetzt. Die Sammelbehälter sind für die Füllstandsmessung mit Vibrationssensoren ausgestattet worden. Wie kann man mit Vibrationssensoren den Füllstand messen, mag der technisch interessierte Leser sich nun fragen, wenn man doch auch mit einer optischen Überwachung arbeiten kann?

Gute Frage. Die Antwort: Die Vibrationen an der Außenhülle der Metallcontainer, an der die Sensoren angebracht sind, sind je nach Füllstand unterschiedlich. Am Schallbild und dessen Veränderung über die Zeit je nach Füllstand lässt sich demnach berechnen und interpretieren, wie voll der Container ist (siehe Bild 7.4). Die Informationen werden dann über das Mobilfunknetz an eine Cloud-Plattform übertragen. Die Software in der Cloud-Plattform erkennt, ob ein Container so voll ist, dass er geleert werden muss. Durch die Technik können Überfüllungen an Containerstandplätzen vermieden werden und die Leerung frühzeitig eingeplant werden.

In der Cloud-Plattform werden die Informationen konsolidiert und Folgeaktivitäten angestoßen. Fahrer und Disponent erhalten Echtzeitinformationen zu der Situation ab Containerplatz. Der Fahrer ist in seinem Fahrzeug mit einem Tablet-PC ausgestattet. Die Planungssoftware des Disponenten schickt über die Cloud die Informationen an das Tablet des Fahrers. Fahrer und Disponent erkennen auf ihren Benutzerapplikationen, welche Container bereits vor dem turnusmäßigen Zeitpunkt geleert werden müssen.

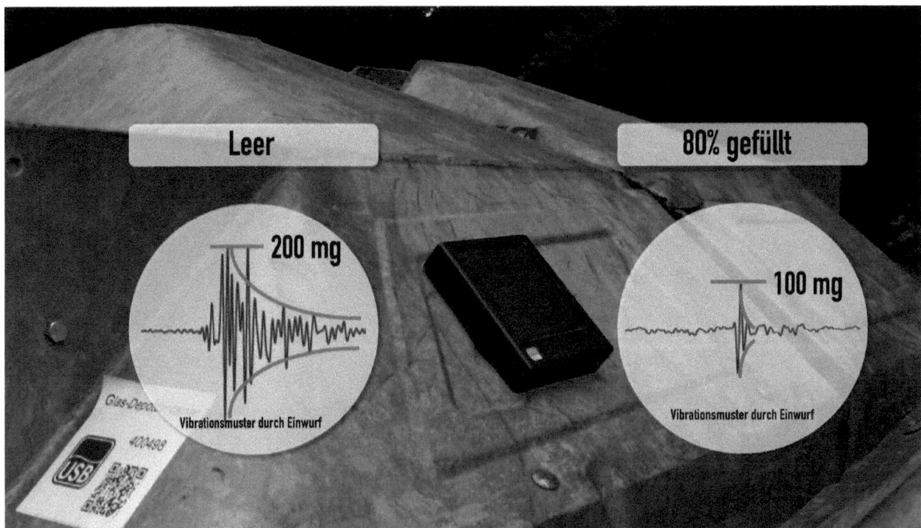

Bild 7.4 Die Sensoreinheit ist außen auf dem Container angebracht und erfasst die Vibrationen beim Glaseinwurf. Die Mustererkennung, die den Füllstand berechnet, erfolgt in der Cloud-Plattform (© Zolitron Technology GmbH).

Die Sensoreinheit ist außen auf dem Container verbaut. Dies ermöglicht eine Energieversorgung über eine Fotozelle. Dies hat den Vorteil, dass keine Wartung durch das Tauschen von Batterien notwendig ist. Dies wäre bei einem ultraschall- oder optisch basierten Füllstandsmessverfahren gar nicht möglich, da die dafür notwendige Messeinheit innerhalb des Containers verbaut werden müsste. Laut Zolitron benötigen die Sensoreinheiten sehr wenig Energie. Die Lebensdauer der Sensoreinheiten ist mit ca. zehn Jahren angegeben. Was bei einem Glascontainer noch recht einfach ist, wird bei einem Altkleidercontainer schon schwieriger, da beim Glaseinwurf sehr deutliche Vibrationen zu messen sind. Bei Textilien ist das etwas schwieriger.

Weitere Use Cases für Containerfüllstände lassen sich auch in der Bauindustrie und eigentlich allen anderen Branchen umsetzen, wo Containerfüllstände zu erfassen sind. Grundsätzlich können auch Flüssigkeiten oder Pulver und Schüttgüter in Containern gemessen werden. Hier wird weniger die Vibration beim Einwurf oder Einschütten relevant, sondern die Schallmuster des Containers bei unterschiedlichen Füllständen. Wir kennen das von dem Phänomen eines Wasserglases, das bei unterschiedlichen Füllständen einen anderen Klang beim Anstoßen hat.

Doch auch an den Glascontainern könnten weitere Use Cases realisiert werden. Die Sensoreinheiten sind zusätzlich mit Temperaturfühlern und GPS-Modulen ausgestattet. Diese Informationen sind von großem Wert für die städtischen Betriebshöfe und deren Winterdienst. Wenn eine bestimmte Temperatur an einem bestimmten Bereich unterschritten wird, dann könnten hier die Streufahrzeuge bedarfsgerecht eingeplant werden. Des Weiteren könnten die Schallsensoren in den Sensoreinheiten genutzt werden, um das Verkehrsaufkommen durch den emittierten Lärm zu messen und entsprechend Ampelsteuerungen zur Verkehrsführung anzupassen.

Die Vorteile der Lösung im Überblick

- Reduzierung der Kilometer pro Tonnage
- Einsparungen durch saubere Stellplätze
- Die Ausschreibungen werden einfacher und die Daten sind detaillierter (Depotcontainer werden normalerweise alle drei Jahre ausgeschrieben).
- Baustellenlogistik: Die Baustelle steht still, wenn kein Material mehr da ist.
- Es gibt weniger Entsorgungskosten und Bestandstransparenz auf der Baubranche, da halbvolle Silos innerhalb eines Bauunternehmens auf die nächste Baustelle geschickt werden können und nicht entsorgt werden müssen.

7.2.4 Architektur und Komponenten

Tabelle 7.2 gibt eine Übersicht der Entitäten und benötigten Komponenten für IoT-Containerlösungen.

Tabelle 7.2 Benötigte Komponenten und Entitäten für Containerlösung mit IoT

Entität	Typ	Beschreibung
Fahrer	Menschliche Entität	Der Fahrer steuert das Entsorgungsfahrzeug.
Disponent	Menschliche Entität	Der Disponent teilt die Fahrzeuge und Fahrer ein.
Vibrationssensor	Sensor	Der Vibrationssensor sendet das Vibrationsmuster an die Steuerungseinheit.
GPS-Modul	Sensor	Das GPS-Modul übermittelt die Standortinformationen des Containers, was zusammen mit dem Füllstand gegebenenfalls zu einer Abholung und Leerung des Altglases führt.
Benutzeroberfläche Disponent	Softwaresystem	Visualisierung, Planungsunterstützung und Möglichkeit zum Eingriff durch Personal

Tabelle 7.2 Benötigte Komponenten und Entitäten für Containerlösung mit IoT *(Fortsetzung)*

Entität	Typ	Beschreibung
Mobile Fahrer-App	Mobile Software-applikation	Echtzeitinformation zu den Containerfüllständen und Rückmeldung zum Auftragsabschluss
Enterprise-Netzwerk	Netzwerk	Enterprise-Netzwerk, das den Zugriff auf Edge-Komponenten und die Cloud-Applikation ermöglicht
Cloud-Dienst	Service	Optimierung
Transport Management System	Software-applikation	Planung und Steuerung der Transporte
Telematik-system	Cloud-Software	Echtzeitübermittlung der Fahrzeugposition, Fahrzeugstatus, Fahrauftragsübermittlung

7.3 Corona-Warn-App

Während der Corona-Pandemie konnten Sie einen Anwendungsfall für das Internet der Dinge in Deutschland live miterleben und sogar selbst von ihm Gebrauch machen: die offizielle Corona-Warn-App des Robert Koch-Instituts. Auch wenn die App im Vorfeld viele Diskussionen hervorrief, will ich im Folgenden versuchen, sie auf möglichst sachliche Weise als IoT-Use Case zu betrachten.

Die Atemwegserkrankung COVID-19 wurde am 11. März 2020 von der Weltgesundheitsorganisation WHO zur weltweiten Pandemie erklärt, nachdem sie schon Ende Januar als Public Health Emergency of International Concern eingestuft worden war. Mitte Juni 2020, also recht genau drei Monate später, stand die offizielle deutsche Corona-Warn-App, mit dem Robert Koch-Institut als Anbieter im Auftrag der Bundesregierung, zum Download in den App-Stores bereit. Wie Sie sich wahrscheinlich erinnern, gab es Kritik an der vermeintlich zu langen Entwicklungszeit, die unter anderem mit Hinweisen auf die verlässliche Funktionalität und die deutschen sowie europäischen Datenschutzstandards begründet wurde.

Das erklärte Ziel der App ist die Kontaktnachverfolgung. Sie soll Nutzer nachträglich darüber informieren, ob sie in Kontakt mit einer infizierten Person gekommen sind. Das Ziel der App-Nutzung auf der Anbieterseite ist es, Infektionsketten nachverfolgen und unterbrechen zu können. Bei den einzelnen Nutzern kommt zu dieser gesamtgesellschaftlichen Motivation auch noch der individuelle Informations- und Zeitgewinn: Eine Warnung durch die App kann uns helfen, frühzeitig auf eine noch nicht erkannte Infektion zu reagieren. Während einer Pandemie lassen sich diese beiden Ebenen allerdings kaum trennen, denn wenn ich mich selbst schütze, schütze ich meine Mitmenschen dadurch auch.

Um auf das Internet der Dinge in diesem Nutzungsszenario zu kommen: Hinter dem Infektionsschutz via App steht die Hoffnung, dass Technik und automatisierte Prozesse Aufgaben übernehmen können, die uns Menschen in dieser Form nicht möglich sind. Fahren Sie in einem vollen Bus oder geraten Sie am Bahnhof in eine Menge, können und wollen Sie nicht alle, mit denen sie die Luft oder gesundheitsrelevante Bereiche teilen, nach deren Corona-Status fragen. Komplett unmöglich wird das Ganze, wenn wir uns vor Augen führen, dass man als erkrankte Person ja erst nach solchen Begegnungen erfährt, dass man sich infiziert hat (Ich will hier niemandem unterstellen, dass er oder sie bewusst riskiert, mit nachweisbarer Corona-Erkrankung andere Menschen anzustecken). Wie soll man dann rückwirkend alle Menschen, die man vielleicht versehentlich hätte anstecken können, ausfindig machen und kontaktieren?

Da aber 90 % der Menschen sowieso permanent ein Smartphone mit sich herumtragen, auf dem nun jeweils die kostenlos zur Verfügung gestellte Corona-Warn-App aktiv ist, könnte via IoT automatisch ein Bewegungsmuster und auf diese Weise eine Datenbank angelegt werden. So ließe sich feststellen, welcher Person ich in den vergangenen Tagen – im relevanten Zeitraum, bevor ich offiziell positiv getestet wurde – so nah gekommen bin, dass ein Infektionsrisiko bestanden hat. Also sendet die App an all diese Personen vorsichtshalber eine automatische Warnung auf deren Handys, damit diese sich testen lassen bzw. sinnvolle Maßnahmen ergreifen können. Wie wichtig der Zeitfaktor bei der Eindämmung ist, muss ich hier nicht mehr ausführen. Die Bundesregierung drückt es im FAQ für die Warn-App so aus:

> *„Der bislang manuelle Prozess der Nachverfolgung von Infektionen wird durch diese digitale Hilfe stark beschleunigt."*

Mit den bisherigen Erfahrungswerten wissen wir natürlich, dass der vorangehend beschriebene Idealfall in der Praxis kaum reibungslos funktioniert. Theorie und Praxis sind ja selten deckungsgleich.

Schauen wir uns zunächst noch einmal die Schritte aus User-Sicht an, bevor wir uns mit Schwächen und Problemen der Funktionalität befassen.

Als Erstes laden wir uns die App aus einem App-Store herunter (siehe Bild 7.5). Das ist entweder die Apple-Plattform oder Google Play für die Android-Geräte, denn die RKI-App nutzt die Schnittstellen der Betriebssysteme iOS und Android, also die bereitgestellten Schnittstellen von Apple und Google mit ihren jeweiligen Protokollen (DP-3T und TCN). Im nächsten Schritt kann ich als User einige Grundeinstellungen vornehmen: Die App war von Anfang an mehrsprachig konzipiert. Nach der Einführung gab es zunächst die Wahl zwischen Deutsch und Englisch. Seit Anfang Juli 2020 waren beim Download über 20 Sprachen wählbar, darunter auch Türkisch, Rumänisch, Arabisch, Vietnamesisch und Chinesisch. Das hängt auch damit zusammen, dass die App nicht nur in der Bundesrepublik Deutschland zur Verfügung stehen sollte, weil strikt nationales Denken bei einer Pandemie in einer globalisierten, mobilen Welt zwangsläufig zu kurz greift und Deutschland hier entsprechend als EU-Mitglied agiert.

Bild 7.5 Die Corona-Warn-App des Robert Koch-Instituts (Quelle: Robert Koch-Institut)

Während die Sprachauswahl relativ groß ist und auch leichte Sprache sowie Gebärdensprache berücksichtigt wird, ist die Barrierefreiheit, was die Gerätevielfalt angeht, etwas geringer. Zum einen sind die User Interfaces der App klar auf Smartphones ausgelegt. Für Tablets oder smarte Wearables sind sie nicht angepasst. Zum anderen gab es Einschränkungen bei den internetfähigen Telefonen. Da sie mit den Schnittstellen von Google und Apple problemlos interagieren müssen, spielte hier sowohl das Alter der Telefone als auch die Zusammenarbeit von Herstellern wie etwa Huawei mit den amerikanischen IT-Giganten eine Rolle. Mitte Oktober war der Stand so, dass die Anwendung ab dem iPhone 6s unter IOS 13.5 und bei Smartphones auf Android-Basis ab dem Betriebssystem Android 6 laufen sollte.

Eine besondere Herausforderung bei einer App, die derart sensible Gesundheitsdaten teilt, ist und bleibt der Datenschutz. Das fängt schon vor dem Download an: Für deutsche Staatsbürger ist die Nutzung der offiziellen App freiwillig, während andere Staaten ihre Bürger zwangsverpflichten. Zweitens muss ich nach dem Download als Nutzer aktiv werden und der App bewusst erlauben, mein Handy als Peilsender ohne Standortbestimmung im Sinne des Infektionsschutzes verwenden zu dürfen. Die Voreinstellung ist nämlich eine vorsichtige Einstellung, weil die Entwickler das Prinzip *Privacy by Default* ernst genommen haben.

Zu einem Datenschutz, der den Namen verdient, gehört, dass App-Nutzer die Kontrolle darüber haben, was mit den App-Daten passiert (*Privacy by Default*).

Die dritte und wahrscheinlich wichtigste Beschränkung betrifft die Anonymität. Als App-Nutzer erfahre ich nicht, welche Menschen die App auch nutzen, wer davon ein positives Testergebnis in der App hinterlegt hat, und wem davon ich wiederum so nah gekommen bin, dass die Smartphones diese Begegnung als infektionsrelevant bewertet haben. Wir bekommen diese Warnung immer nur in verschlüsselter Form, so wie wir die App ja selbst nutzen, ohne persönliche Daten eingeben zu müssen. Die Zuordnung erfolgt über die Dinge im Internet der Dinge und Softwarekommunikation, nicht über die menschlichen Nutzer. Beim Tracing der Smartphones werden alle 10 Minuten wechselnde Bluetooth-Keys verwendet. Sie werden in so kurzen Abständen gewechselt, um eine Wiedererkennbarkeit einzelner Pseudonyme zusätzlich zu erschweren.

Bei der App-Entwicklung waren neben den beauftragten Unternehmen (SAP, Telekom) und Subunternehmen von Anfang an die Datenschutzexperten aus dem Regierungskosmos eingebunden, etwa aus dem Bundesamt für Sicherheit in der Informationstechnik (BSI) und dem Team des Bundesbeauftragten für Datenschutz. Außerdem wurde der Quellcode im Sinne von Open Source öffentlich gemacht, damit sich auch die Zivilgesellschaft und Wissenschaftler einbringen konnten. Was technisch möglich ist, ist nicht immer politisch gewollt. Für diese App war im Grunde zwischen den Menschenrechten und der Schnelligkeit bei der Entwicklung sowie der Nachverfolgung abzuwägen: Möglicherweise verliere ich als Einzelner wertvolle Zeit für Schutzmaßnahmen, weil die App-Warnung nicht in Echtzeit erfolgen darf. Doch so wird eben auch verhindert, dass Menschen mit einer Art digitalem Corona-Zeichen gebrandmarkt und dadurch in ihrer Würde und Integrität verletzt werden. Dieser Schutz der Identität betrifft einerseits das Verhalten der Mitmenschen, so die ethische und juristische Abwägung, andererseits soll man als EU-Bürger im 21. Jahrhundert selbst in Pandemiezeiten vor unangemessener staatlicher Überwachung geschützt sein. In diesen Punkten geht die deutsche App zum Beispiel über die ansonsten vergleichbare App in Singapur hinaus.

Wenn wir uns diese Anforderungen noch einmal bewusst machen, wirken die drei Monate Entwicklungszeit vielleicht nicht mehr so lang, auch wenn Staaten wie China das Ganze mal wieder schneller durchgezogen haben. Linus Neumann vom Chaos Computer Club bezeichnete die Corona-Warn-App jedenfalls gegenüber Medien wie tagesschau.de als „Mammutprojekt, wie es die Menschheit noch nicht gesehen hat". Im Rückblick können wir außerdem feststellen, dass die App-Entwicklung in anderen Ländern teilweise unterbrochen oder sogar abgebrochen werden musste, weil Fehler gemacht wurden.

Rein technisch funktioniert die Kommunikation der Smartphone-Apps über das Internet der Dinge via Funktechnik, damit man die Datenschutzprobleme umgehen kann, die eine Standortverfolgung von Handynutzern mit sich bringen würde. Wir reden hier von einem Signalabtausch zwischen sich bewegenden Geräten, der günstig und effizient zu sein hat und die Smartphone-Akkus nicht derart belasten soll, dass die Nutzer deshalb vor der App zurückschrecken – also vor noch mehr Anforderungen. Für die Corona-Warn-App fiel die Wahl auf den Standard Bluetooth Low-Energy (BLE), was zu Beifall, aber auch Überschriften wie dieser im Handelsblatt führte: „Schwierige Abstandsmessung per Bluetooth: Warum die Corona-Warn-App ein Experiment ist“.

Kommt es zu einem Zusammentreffen, werden zwischen den betreffenden Nutzern kurzlebige Zufallscodes ausgetauscht, die 14 Tage lang auf den Geräten gespeichert werden. Die Bluetooth-Technik beinhaltet die beiden Parameter Begegnungsdauer und Abstandsmessung, für die Berechnungen ablaufen. Sowohl die Distanz zwischen den Geräten als auch die zeitliche Dauer von kritischen Distanzen werden berechnet. Als Risiko-Begegnungen gelten für die in die App integrierte Software Begegnungen mit einer Corona-positiv getesteten Person, die einen Schwellenwert verschiedener Messwerte überschreitet (siehe Bild 7.6).

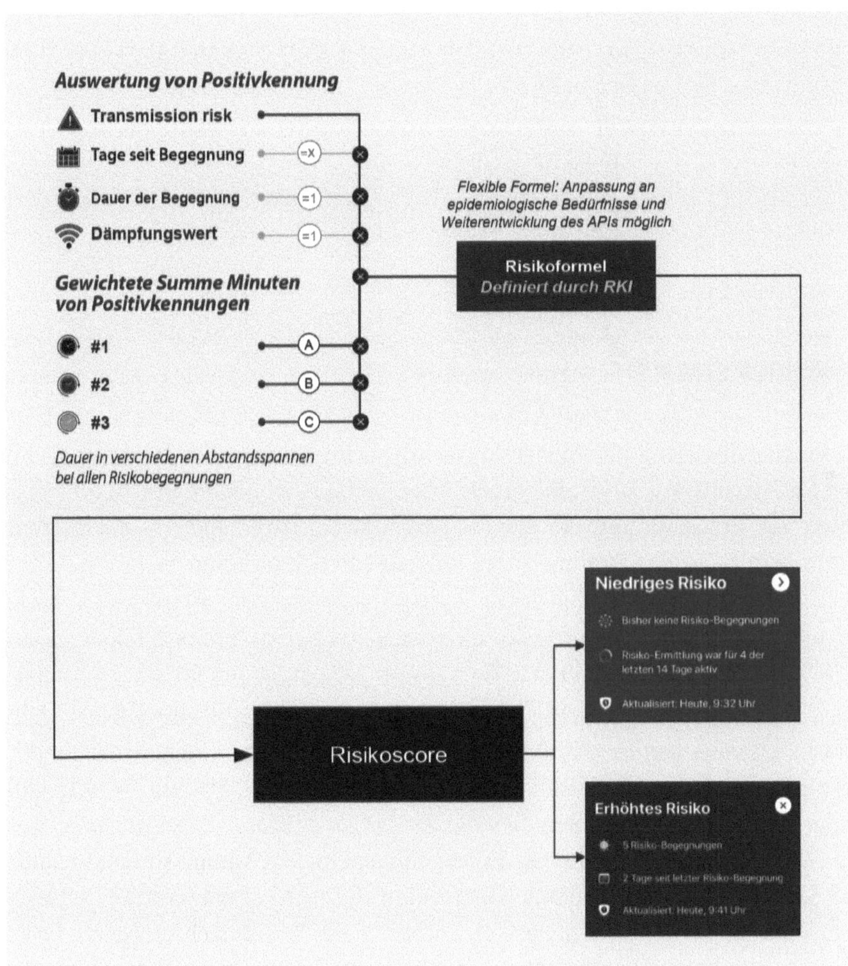

Bild 7.6 App-Berechnungen nach einem Schema des Anbieters RKI
(Quelle: *https://www.rki.de/DE/Content/InfAZ/N/Neuartiges_Coronavirus/WarnApp/Funktion_Detail.pdf?__blob=publicationFile*)

Eine typische beruhigende Nachricht, sofern die „Risiko-Ermittlung" aktiviert war, liest sich so, wie in Bild 7.7 dargestellt.

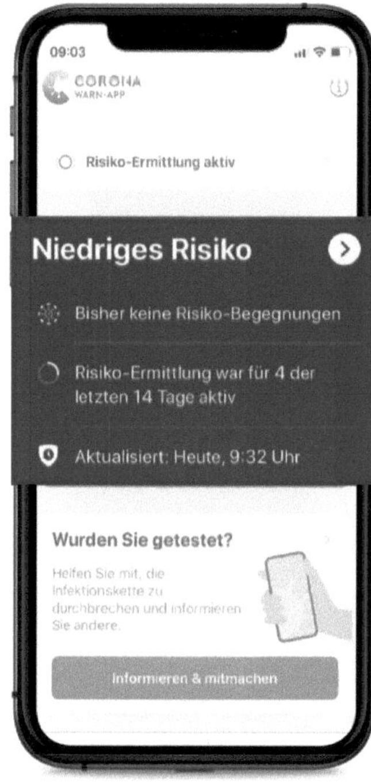

Bild 7.7
Beispielhafte Statusmeldung der Risiko-Ermittlung (Quelle: *https://www.rki.de/DE/Content/InfAZ/N/Neuartiges_Coronavirus/WarnApp/Funktion_Detail.pdf?__blob=publicationFile*)

Wir haben hier also eine kostenlose Massen-App im Auftrag der Regierung, die höchsten Datenschutzvorschriften gerecht wird, einfach zu bedienen ist und trotzdem etwas zur Eindämmung der Covid-Pandemie beitragen kann - ein extrem spannender Use Case, der viele wichtige IoT-Aspekte beinhaltet.

Man kann allerdings noch kein abschließendes Urteil abgeben, weil die Pandemie mit Drucklegung dieses Buches leider noch nicht vorbei ist. Die App wird weiter angepasst und überarbeitet. Auch das Nutzerverhalten ändert sich. Ich will es aber zumindest mit einem Zwischenfazit versuchen. Die Bundesregierung selbst zog im September 2020 eine gemischte 100-Tage-Bilanz: Gesundheitsminister Jens Spahn sprach von der „mit Abstand erfolgreichsten Corona-App in Europa." Die Regierung ging von rund 18 Millionen Downloads bis zu diesem Zeitpunkt aus. Annähernd 5000 Bürger hätten ihre Kontakte nach einem positiven Testergebnis mithilfe der App informiert. (Mitte Oktober waren es laut RKI rund 10 000.) Dadurch seien Tausende gewarnt worden, dass sie infiziert sein könnten. Andererseits war es offenbar so, dass jeder zweite App-Nutzer, der positiv auf Corona getestet wurde, dieses Testergebnis nicht so in der App hinterlegte, dass die Kontakte entsprechend benachrichtigt werden konnten. Von außen gab es vielfach Kritik an der App. Die folgenden Punkte sind wahrscheinlich die wichtigsten:

- **Synchronisierung:** Auf verschiedenen Apple-Geräten funktionierte die App nicht einwandfrei. Während des Sommers fand offenbar über mehrere Tage, bis hin zu zwei Wochen, keine Kontaktüberprüfung statt. Auch in Verbindung mit dem Update auf die Betriebssystemversion iOS 14 kam es zu Störungen, wie Nutzer berichteten.
- **Datenfluss:** Ute Teichert, die Vorsitzende des Bundesverbandes der Ärztinnen und Ärzte des Öffentlichen Gesundheitsdienstes, kritisierte die App öffentlich als in der Praxis kaum hilfreich. Da die Daten der App nicht automatisch an die Gesundheitsämter weitergeleitet würden, sei die App für die tägliche Arbeit der Gesundheitsämter ziemlich nutzlos, denn es komme äußerst selten vor, dass sich ein App-Nutzer wegen eines Warnhinweises bei den Ämtern melde.
- **Reichweite in Deutschland:** Nur ein Teil der Bevölkerung nutzt die App, die anderen dürfen nicht (zu jung), können nicht (Gerät zu alt) oder wollen nicht (Freiwilligkeit). Vor allem nutzen nicht alle Infizierten die App überhaupt bzw. so wie vorgesehen.
- **Internationale Vernetzung:** Eine Corona-Warn-App für ganz Europa ist wegen technischer und politischer Hürden kaum zu realisieren. Die deutsche App und technisch vergleichbare Apps anderer Staaten zeichnen zwar bei Auslandsreisen auch die Bluetooth-Codes anderer Corona-Apps auf. Doch für einen Austausch der Warnungen über Ländergrenzen hinweg fehlt bisher eine Schnittstelle zwischen den nationalen Serversystemen. Während in Deutschland anonymisierte Daten auf den Endgeräten gespeichert und erst im Infektionsfall dezentral an Kontakte versandt werden, liegen die Daten für Frankreichs App namens Stop Covid auf zentralen Servern. Für das Zusammenspiel mit der Schweizer App wiederum fehlen auf politischer Ebene Gesundheitsabkommen.

Wenn wir noch weiter über den Tellerrand hinausschauen und uns ähnliche Apps weltweit anschauen, finden wir noch mehr Unterschiede in der technischen Umsetzung und der politischen Einstellung bezüglich Pandemie-Apps. Neben der Kontaktverfolgung, Datenerfassung und Bürgerinformation, wie sie auch in Deutschland realisiert ist, ist vor allem die Quarantäne-Überwachung ein wichtiges Feature. Ich möchte einige Beispiele vorstellen, für die ich die in Sachen Corona-Apps besonders informative Website *netzpolitik.org* zu Hilfe genommen habe: Die staatlich entwickelte polnische App Home Quarantine arbeitet mit Selfies, die Bürger während einer Quarantänezeit hochladen sollen. Taiwan setzt auf eine Funkzellenabfrage, wofür der Staat mit dem Mobilfunkanbieter Chunghwa kooperiert. In Hongkong sind Tracking-Armbänder und die App StayHomeSafe für eine Übergangszeit verpflichtend, wenn man aus Europa und den USA einreist. Die App wird dann mit der Handynummer verknüpft und sammelt Bluetooth-, WiFi- und GPS-Daten, die automatisch an die Polizei übertragen werden.

In China hatte die Digitalisierung schon vor dem Pandemieausbruch eine ganz eigene Größenordnung und Dynamik. Das Land hat weltweit die größte Dichte an mobilen Geräten, wenn die Zahlen stimmen. Mit den Diensten WeChat und Alipay hat es Super-Apps mit Milliarden-Nutzern, die auch flächendeckend in die digitale Pandemiebekämpfung einbezogen werden. So kann man eine staatlich verifizierte Telefonnummer mit QR-Codes und Wärmebildkameras zu einer Kontrollinfrastruktur verknüpfen, wie sie in Deutschland selbst dann nicht möglich wäre, wenn die Mehrheit es denn wollte. Damit sind wir wieder bei meiner Überzeugung angelangt, dass die Welt durch IoT eine bessere wird.

Lassen Sie mich, bevor wir zum nächsten Use Case kommen, noch etwas loswerden: Natürlich kann so eine Lokalisierung und Nachverfolgung von Menschen durch eine zentrale Instanz mithilfe von Smartphone-Technologie auch zu staatlicher Überwachung und Repression führen, wenn Sie in die falschen Hände bzw. einer entsprechenden politischen Agenda zum Opfer fällt. Mit älteren Werkzeugen wie Messern und Hämmern kann man allerdings genauso Gutes oder Schlechtes tun: essen, bauen, Kunst herstellen - oder töten. Die Schattenseite der Corona-Apps und der Missbrauch von IoT-Funktionen sollten uns nachdenklich, aber nicht technikfeindlich werden lassen. Obwohl sich in Deutschland und anderswo 2020 noch viele Schwierigkeiten gezeigt haben, bin ich optimistisch, dass das Internet der Dinge zur Pandemie- und Epidemiebekämpfung der Zukunft noch viel beitragen kann.

■ 7.4 Track & Trace in der Logistik und Produktion

Wie in den vorangegangenen Abschnitten schon deutlich geworden sein dürfte, ist das Internet der Dinge für die Logistik von ganz besonderer Bedeutung. Die Vernetzung betrifft so ziemlich jede Ware, die wir lagern und ausliefern, bestellen und verschicken können. In den modernen Lagern von heute ist IoT ein fester Bestandteil, weil es Prozesse vereinfacht, die Effizienz erhöht und die Produktivität steigert. Die Echtzeitkontrolle von Logistikprozessen auf der Basis von IoT-Daten ist auch außerhalb der technisierten und durchorganisierten Lagerhallen interessant: Unsere Lieferketten sind in Zeiten komplexer Just-in-sequence- sowie Just-in time-Bandanlieferungen, eBay, Amazon und Alibaba und mit Blick auf den weltweiten Warenverkehr selten kurz und überschaubar. Oft sind sie global, mit vielen Zwischenstationen und Übergabepunkten. Am Ende der Kette, an der Zieladresse, haben wir von Tag zu Tag häufiger jemanden, der schon einmal etwas von Sendungsverfolgung gehört hat und jederzeit auf seinem mobilen Endgerät darüber informiert sein möchte, ob die Lieferung pünktlich kommt oder nicht. Für viele ist es schließlich ein Stück Mikromanagement den Arbeitstag, die Familienplanung, die alltäglichen Wege und das Entgegennehmen des Päckchens unter einen Hut zu kriegen - dieser Service trifft so gesehen auch den Nerv unserer mobilen Zeit.

Wir können grob drei Bereiche der Logistik unterscheiden, die für Realtime-Tracking relevant sind:

- **Inbound Logistics**, das heißt die Anlieferung von Material und die Prozesse der Zulieferung
- **Intra-Logistik**, das heißt die Warenbewegungen vom Wareneingang über das Lager und die Produktion bis hin zum Warenausgang
- **Outbound Logistics**, das heißt das Ausliefern fertiger Waren an die Kunden oder Geschäftspartner

Im Folgenden schauen wir uns das Einsatzgebiet Track & Trace für die Bereiche Intra-Logistik und Outbound Logistics näher an. Lassen Sie mich, bevor es an die Use Cases geht, noch einmal auf meine Vision zurückkommen, die besagt, dass wir unsere Welt mit dem richtigen Einsatz von IoT besser und lebenswerter machen können. Wovon sprechen wir, wenn wir von einer effizienteren, smarteren Logistik reden? Sie werden Leute finden, die argumentieren, dass wir schon viel zu viel Konsum betreiben. Wenn wir die Logistik noch weiter optimieren, führt das zu noch mehr Verkehr, noch mehr Abgasen, noch mehr Müll und noch mehr Energieverbrauch für die smarten Geräte, obwohl das, was wir eigentlich brauchen, weniger von allem ist. Dieses Denken sollte man ernst nehmen. Ich habe Kinder im Alter von sechs und acht Jahren, denen ich - selbst, wenn ich es wollte - nicht glaubhaft erklären könnte, dass die Bewegung „Fridays for Future“ Unsinn ist. Ich würde allerdings sagen, dass das zwei verschiedene Baustellen sind. Das Bewusstsein für nachhaltigen Konsum, für eine umweltfreundlichere Wirtschaft und für erneuerbare Energien brauchen wir alle, weltweit, und daran arbeiten zum Glück die Jüngeren (und engagierte Senioren wie David Attenborough) auf vielen Kanälen.

Doch dieser Wandel ändert nichts daran, dass wir in einer globalisierten, warenintensiven Welt leben und die Menschen in Summe ihre Konsumgewohnheiten nicht ändern wollen und können. Ich weiß das sehr genau, da ich seit nunmehr zweieinhalb Jahren vegan lebe und es in jeder Hinsicht (Tierschutz, Gesundheit, Ressourcenverbrauch und CO_2-Ausstoß) unzählige vernünftige Gründe für den Verzicht oder mindestens für die Reduzierung des Konsums von Fleisch und anderer tierischer Produkte gibt. Jeder muss bei sich selbst anfangen und als Vorbild agieren. Dennoch sind Logistik, Verkehr und Transport notwendig und gehören zu unserer heutigen Realität. Beim Einsatz von IoT und anderer Zukunftstechnologien wie Künstlicher Intelligenz und VR kommt es dementsprechend auf unsere Motivation an. Eine smarte, agile Logistik hat auch deswegen Zukunft, weil sie besser mit der Perspektive für die kommenden Generationen zu vereinbaren ist. Ein Faktor, mit dem man heute noch immer sehr schnell überzeugen kann, sind Kosten. Die Kosten pro Sendung oder Lieferposition in einer intelligenten Logistikkette sind deutlich geringer als in traditionell und ohne Technologie organisierten Supply Chains.

Das „Weiter so“ verliert gesamtgesellschaftlich an vielen Fronten seine Fans. Themen wie Umweltverschmutzung und Ernährung hängen wiederum stark an logistischen Prozessen. Vielleicht müssen wir wirklich wieder lernen, mit weniger auszukommen. Bis es so weit ist, sollten wir auf jeden Fall versuchen, auch in der Logistik keine Ressourcen zu verschwenden. Das geht von überflüssigen Fahrten beim An- und Ausliefern über die Verpackungen bis hin zu den Lagerflächen. Ich bin sicher, dass wir Menschen mehr Spielraum zum Umdenken und Gestalten haben, wenn wir uns um transparente Lieferketten und einen größtmöglichen Einblick in die zugrunde liegenden Prozesse kümmern.

7.4.1 IoT in der Intralogistik

Lagerhallen waren schon immer Orte, an denen Menschen sich die Arbeit mit Werkzeugen und neuer Technik erleichtert haben. Denken Sie nur einmal an den klassischen Gabelstapler oder elektronische Signaturen und Sortiersysteme. Insofern sollte es Sie nicht überraschen, dass wir in der Intralogistik ein großes Einsatzfeld für IoT und viele spannende Use Cases finden.

In meinem Buch *IoT mit SAP* habe ich bereits auf die Notwendigkeit hingewiesen, einen ganzheitlichen Ansatz beim Einsatz von IoT zu wählen. IoT muss in ein ERP-System wie SAP integriert sein, sonst ist der Use Case oft nur ein Show Case, um zu zeigen, dass die grundsätzliche technische Machbarkeit gegeben ist, und bietet einen relativ oberflächlichen Nutzen, ohne auf die Kernprozesse des Unternehmens einzuwirken. Denn durch eine Innovationstechnologie wie IoT entsteht keine wirkliche Innovation. Innovation mit IoT in der Intralogistik kann nur entstehen, wenn Innovationstechnologie und integrierte Informationssysteme wie LVS, ERP, TMS oder MES optimal miteinander interagieren. Ansonsten schaffen Sie mit IoT nur weitere Insellösungen, die kaum einen Wertbeitrag im Ganzen leisten. Gerade die Intralogistik bietet uns quasi ohne die Installation zusätzlicher Hardware diverse Chancen für die Integration und die Transformation Richtung IoT. Schon heute ist die Lagerwelt von integrierten Informationssystemen geprägt, wie zum Beispiel Lagerverwaltungssystemen, ERP-Integrationen, Datenbanklösungen, Materialflusssteuerungen, speicherprogrammierbaren Steuerungen (SPS), automatischen Hochregal- und Kleinteilelager-Anlagen sowie Robotern und automatischen Verpackungsanlagen. Zudem war die Intralogistik der erste Bereich, der mobile Datenerfassung, kontaktlose Identifizierung über RFID, Sprachführung und Spracherkennung wie Pick-by-Voice und Pick-by-Light einführte und produktiv verwendete.

Im Lagerverwaltungssystem und im ERP-System werden fortlaufend und unentwegt Unmengen an Daten generiert und verarbeitet. Dies sind einige Beispiele:

- Wareneingang (Avisierung, Vereinnahmung, Dekonsolidierung, Qualitätsprüfung, Einlagerung, Bestandsrückmeldung)
- Warenausgang (Auftragsverwaltung, Auslagerung, Kommissionierung, Konsolidierung, Verpackung, Versand, Bereitstellung, Rückmeldung der Lieferung)
- Retouren
- Verschrottung
- interne Prozesse (Umlagerung, Nachschub, Umbuchung, Inventur, Slotting, Rearrangement)
- Ressourcenplanung und Mitarbeitereinsatzplanung

Durch den Einsatz von IoT sind wir in der Lage, die Warenströme innerhalb der Lager nach außen deutlich transparenter zu machen und viel schneller auf Änderungen zu reagieren.

Zu den Anwendungsbeispielen von IoT in der Intralogistik gehören Drohnen und selbstfahrende Ladeeinheiten, die ich Ihnen bereits in Abschnitt 4.3 im Zusammenhang mit der Lagerverwaltungssoftware vorgestellt habe. Etwas allgemeiner gefasst, sind die sogenannten fahrerlosen Transportsysteme (FTS) ein wichtiger Baustein für ein automatisiertes, sich selbst organisierendes Lager in den 2020er Jahren. Diese mobilen Roboter, die wir als Otto-Normal-Verbraucher in ähnlicher Form als selbstfahrende Staubsauger oder Rasenmäher kennen, haben das Ziel, schnelle und flexible Lagerbewegungen zu gewährleisten, Transportschäden zu reduzieren. Sie sollen auch, machen wir uns da nichts vor, Personalkosten einsparen. Wenn ein Unternehmen in der Intralogistik einen möglichst reibungslosen und schnellen Materialfluss gewährleisten will, hat das viel mit einem kontinuierlichen Datenfluss zu tun: Die routenoptimierte Steuerung von FTS und Robotern durch ein smartes Transportleitsystem kann Fahrzeiten verkürzen und unproduktive Maschinenpausen minimieren. Die IoT-Dinge in so einem System können und dürfen theoretisch rund um die Uhr „arbeiten" – wir Menschen natürlich nicht, das gibt kein Schichtsystem der Welt auf Dauer her. Derartige Transportroboter gibt es mittlerweile für nahezu jede intralogistische Aufgabe. Sie können Boxen und Behälter bewegen, Paletten transportieren, darunter teilweise sogar tonnenschwere Objekte. Und das Wichtigste: Sie ersetzen das klassische Förderband oder die Förderstrecke zwischen den Maschinen. Ja, Sie haben richtig gehört: Sie ersetzen das Förderband. Warum sollte aber ein FTF, das in der Anschaffung deutlich teurer ist als 10 m Förderstrecke, nun an dessen Stelle treten? Nun ja, wie Sie in den vorangegangen Abschnitten bereits gesehen haben, können Sie mit FTF die Transportwege zwischen den Maschinen sehr flexibel gestalten und nach jedem Arbeitsschritt den Materialfluss und die An- und Bearbeitungsschritte anpassen. In Zeiten von Losgrößen von einem Stück ist das essenziell, da in der Produktion jedes Produkt am Ende einen völlig individuellen Bearbeitungsprozess hat.

Nur weil die Roboter einiges draufhaben, verschwinden die menschlichen Mitarbeiter aber noch lange nicht aus den Lagerhallen, denn ein wirklich intelligenter Mitarbeiter hat natürlich einige Vorzüge gegenüber einer smarten Maschine, zumal die Menschen ja weitere IoT-Geräte zur Unterstützung einsetzen.

Interessant für Uses Cases aus der Intralogistik ist auch die IdentPro GmbH aus Troisdorf im Rhein-Sieg-Kreis. Die selbsterklärte Mission der Firma ist es, digitale Lösungen anzubieten, die die Intralogistik jedes Unternehmens nachhaltig erfolgreich macht. Ich will hier stellvertretend auf den Service identpro Track schauen, den wir unter anderem in der Intralogistik von BMW und von Warsteiner finden, wobei dort jeweils ERP- und Lagerverwaltungssoftware von SAP im Einsatz ist, an die die neuen IoT-Funktionen angebunden wurde. Die Kombination von Bierbrauer und Autobauer ist zwar ein bisschen unglücklich, weil sich Biertrinken und Autofahren bekanntlich nicht vertragen. Doch Spaß beiseite: Die Automobillogistik und die Getränkeindustrie sind natürlich hochspannende Branchen für IoT-Anwendungen.

Echtzeit-Navigation und Verbuchung von Lageraufgaben in der Automobilindustrie

Schauen wir uns zuerst den Use Case bei BMW an. Der Konzern wollte für sein Versorgungszentrum VZ-2 am Standort Landshut einen papierlosen Materialfluss mit automatisch ausgelösten Buchungen im ERP-System. Zu den weiteren Zielen gehörten die bestmögliche Nutzung der eingesetzten Transportkapazitäten und garantiert korrekte Lieferungen an interne wie externe Empfänger. Um das zu erreichen, sollte mit der Innovation von 2017 auf das offenbar zu fehleranfällige oder zu ineffiziente Scannen von Barcodes durch die Staplerfahrer verzichtet werden. Die Lösung aus Troisdorf setzt auf die sogenannte konturbasierte Laserlokalisierung und funktioniert so, dass die Fahrer der über 20 klassischen Stapler für die breiten und die schmalen Gänge die internen Transporte scanfrei durchführen können. Zum Staplerleitsystem dieses Lagers gehörte neben diesen von Menschen gesteuerten Maschinen auch ein fahrerloses System. An all diesen Fahrzeugen sind Laser angebracht. Diese erfassen die Umgebungskontur und ermitteln permanent die aktuelle Position der Fahrzeuge in einer digitalen Lagerkarte. Laut Firma liegt die Genauigkeit bei +/− 10 cm. Beim Absetzen von Ladeeinheiten werde für jede einzelne Ladeeinheit deren individuelle x,y,z-Koordinaten ermittelt und in einer zentralen Datenbank gespeichert. Dabei liefere der Lokalisierungslaser die x,y-Werte, während ein Höhensensor am Mast die z-Koordinate zur aktuellen Höhe beisteuere. Dadurch werden die Barcodes für die Lokalisierung sozusagen überflüssig. Wir reden hier übrigens von einem Lager mit rund 18 000 Stellplätzen und annähernd 50 000 Quadratmetern Fläche.

Softwaretechnisch läuft es dem Anbieter zufolge so ab: Die mithilfe der SAP-Software erstellten Transportaufträge würden automatisch vom System der Troisdorfer Fima übernommen. „Dort durchlaufen sie einen [...] integrierten Optimierer, der die Verteilung der Transportaufträge an die Stapler/FTF nach konfigurierbaren Kriterien wie Priorität, Fahrtstrecke und Doppelspiel vornimmt. Die Staplerfahrer erhalten die Aufträge auf ihr Staplerterminal und werden zu den angeforderten Ladeeinheiten navigiert (Quelle). Die Paletten/Behälter werden bei der Aufnahme. automatisch identifiziert und mit dem Transportauftrag verglichen. Bei korrekter Aufnahme wird der Staplerfahrer direkt zum Ziel (Senke) geleitet, bei falscher Ladeeinheit oder Senke erhält er eine Fehlermeldung.[2]" So würden Fehllieferungen wirkungsvoll vermieden.

Real-Time Locating System in der Getränkelogistik

Auch für die Warsteiner Gruppe war die Software identpro Track als Staplerleitsystem eine sinnvolle Option, vor allem um Leerfahrten zu vermeiden. Hier ging es um über 30 Fahrzeuge an den beiden Standorten in Paderborn und Warstein. Ein Hindernis für die Fahrer im Lager bestand darin, dass Leergutpaletten keine eindeutige Kennzeichnung (Serial Shipping Container Code, SSCC) haben. So war es mitunter schwierig, den Materialfluss, hier also das Hin- und Herfahren von leeren und vollen Getränkekisten auf Paletten, effizient zu koordinieren. Auch an Transparenz über die Bestandssituation im Lager mangelte es zuvor.

Wenn man die Leergutkisten und -paletten nicht schnell und unkompliziert erfassen kann, beeinflusst das natürlich auch die Folgeprozesse, die darauf aufbauen. Deshalb stellte sich die Frage: Wie kriegt man die physischen Dinge so in der digitalen Welt abgebildet, dass die Menschen mit einer Software wirklich Nutzen von automatisiertem Datenverkehr haben? In diesem Fall half ein Schnellfilterverfahren: Am Staplerterminal geben die Mitarbeiter mit einigen Klicks im System ein, welches Leergut und wie viel davon sie aufnehmen. In der entsprechenden Benutzeroberfläche beschleunigen vorgefertigte Menüauswahlen, etwa zu Gebindegröße und Flaschentyp, diese Eingabe. Vor allem sind zum schnellen Abgleich Beispielbilder in die Eingabemaske integriert.

[2] *IdentPro GmbH:* Mit identplus fehlerfrei liefern. IdentPro-Projektbericht zu BMW. *https://www.tag-der-logistik.de/files/events/75d88ba4b9524998822122218.pdf*

Bild 7.8 Die Staplerfahrer werden bei dem Bierproduzenten sogar im Blocklager zu den Paletten geführt, die sie aufnehmen sollen (© IdentPro GmbH).

Auch die sogenannte Produktionsentsorgung kann nun ohne Scanprozesse durchgeführt werden. Bei der Bandabnahme, die bis zu zwölf Paletten gleichzeitig pro Schritt beinhaltet, bezieht das Staplerleitsystem die Ladeeinheiten - oder in SAP-Sprache Handling Units (HUs) - der Paletten automatisch von der Lagerverwaltungssoftware aus dem Hause SAP. Hier war es für die Warsteiner-Logistik wünschenswert, das Abholen des Vollgutes möglichst clever mit der Anlieferung von Leergut in einem Doppelspiel zu verbinden. Da auch das Ein-, Aus- und Umlagern der Vollgutpaletten ohne das Scannen von Barcodes realisiert werden kann und hier automatisiert Rückmeldungen an die Warehouse Management Software erfolgen, lassen sich Leerfahrten verhindern. Für die übergreifende Logistik zwischen den beiden Standorten kann die Software außerdem mithilfe von Ladebildern visualisieren, wie genau die jeweiligen Lkw oder Trailer bestückt und beladen sind. Wer schon einmal gesehen hat, wie so etwas auf althergebrachte Art mit Zurufen plus Zettel und Stift abgewickelt wird, wird den Sinn solcher Innovationen nicht bestreiten.

Als Partner bei diesem Modernisierungsprojekt für die Getränkeindustrie war ein SAP-Beratungshaus mit im Boot, das sich auf die Lagerverwaltungslösung von SAP spezialisiert hat und bereits für den Paulaner-Konzern Projekte realisiert hat. Falls solche oder ähnliche Firmen als Partner auch für Sie interessant sind, kann ich Ihnen die Messe LogiMAT empfehlen (mehr zu strategischen Partnerschaften in Kapitel 8).

Bild 7.9 Stapler bei der Bandabnahme der Produktion: Nach der Aufnahme der sechs Paletten zeigt das IoT-System die Stelle im Blocklager zentimetergenau an, wo das Vollgut gelagert werden soll (© IdentPro GmbH).

Übrigens ist dieses Real-Time Locating System (RTLS) mit dem integrierten Staplerleitsystem keine IoT-Anwendung, die zwingend im Internet über eine Cloud-Plattform kommuniziert. Der Hauptteil der Anwendung wird in Edge betrieben, da ein gehöriger Informationsaustausch in Echtzeit vonnöten ist. Außerdem ist bei dem Design und der Architektur eines RTLS und Staplerleitsystems in der Intralogistik die Frage, welche Informationen außerhalb des Lagers, also in der Cloud, von Nutzen sind. Es ist daher üblich, dass diese Systeme zum Großteil außerhalb des Internets agieren und nur die Essenzen in die Cloud senden. Ich zähle diese Anwendungen dennoch zum Internet der Dinge, weil Sie in globale Supply Chain-Strukturen eingebunden werden können und werden. ■

Für die hier beispielhaft ausgewählten Großunternehmen BMW und Warsteiner – und für viele etwas kleinere Firmen ebenso – beschränken sich die Logistikprozesse nicht auf die Lagerhallen in Deutschland bzw. an anderen Standorten. Die Ware will ja schließlich irgendwann zum Kunden oder wenigstens zur Verkaufsstelle für Endkunden. Um diesen Teil der Supply Chain und die Outbound Logistics geht es in Abschnitt 7.4.2.

7.4.2 Diebstahlüberwachung im Lager mit IoT

Können Sie sich vorstellen, dass IoT Ihnen in der Lagerverwaltung helfen kann, sich gegen Diebstahl abzusichern und auch Ihren Partnern eine Sicherheit über die eingelagerten Waren zu geben? Wir wollen uns hier einen Use Case ansehen, der in der Norm ISO/IEC TR 22417:2017 beschrieben ist, bei dem Güter in einem Lager mit IoT überwacht und nachverfolgt werden.

Der Einsatz dieses IoT-Systems ermöglicht eine stetige Bewertung der Vermögenswerte im Lagerkomplex. Banken können solch ein System für die Vergabe eines Kredits voraussetzen, damit die Vermögenswerte im Lager als Sicherheit für den gewährten Kredit eingesetzt werden können und überwacht werden. Mit dem System kann sichergestellt werden, dass die Waren nur nach entsprechender Genehmigung bewegt werden dürfen.

Wenn ein Unternehmen, das Lagergüter besitzt, einen Kredit von einer Bank haben will, kann es die Bestände im Lager als Sicherheit für das geliehene Geld bei der Bank einsetzen. Dafür muss der Besitzer zunächst die Bestände bewerten und vom Lagerleiter bestätigen lassen. Diese Bewertung und Bestätigung des Kreditnehmers nutzt der Bankangestellte, um zu beurteilen, ob die Bank das Risiko des Kredits eingehen kann oder nicht. In diesem Szenario hat die Bank es sehr schwer zu beurteilen, ob die Informationen korrekt oder gefälscht sind oder die Waren bereits illegal aus dem Lager entfernt wurden. Die Bank hat nach Kreditauszahlung kaum eine Möglichkeit, die Aktivitäten im Lager zu überwachen, und im Fall des Betrugs könnte Sie auf dem Risiko sitzen bleiben.

Die Sicherheit der Bank könnte durch ein IoT-System zur Echtzeitbestandsüberwachung stark erhöht werden. Folgende Informationen werden hiermit erfasst:

- Bewegung der Bestände im Lager
- Zeitpunkt der Einlagerung
- Zeitpunkt der Auslagerung
- Gewicht der Lagereinheiten, Handling Units und Ladeeinheiten
- Bestandsarten
- Menge pro Lagereinheit, Kiste, HU
- genauer Lagerplatz und Ort im Lager
- Identität der Mitarbeiter, die Waren bewegen, einlagern und abholen

Werden Materialien, Kisten, Bestände oder Ladeeinheiten ohne Genehmigung aus dem Lager entfernt, so wird dadurch ein Alarm ausgelöst, der zunächst das Sicherheitspersonal, aber auch den Kreditgeber informiert.

Tabelle 7.3 liefert eine Übersicht der Entitäten eines IoT-Überwachungssystems im Lager gemäß ISO/IEC TR 22417:2017.

Tabelle 7.3 Entitäten eines IoT-Überwachungssystems im Lager gemäß ISO/IEC TR 22417:2017

Entität	Typ	Beschreibung
Lagerbestand	Physische Entität	Kisten, Paletten, Boxen, Ladeinheiten, Lagereinheiten, Handling Units
RFID-Tag	physische Entität	RFID-Tags, die an Kartons und Containern angebracht sind, enthalten die aufgezeichneten Informationen über Waren.
RFID-Lesegerät	Sensor	Mit RFID-Lesegeräten werden alle Informationen über die Ware gesammelt. RFID-Sensoren lesen Identitäten der Tags.
Elektronische Waage	Sensor	Die elektronische Waage erfasst das Gewicht aller Waren einzeln oder in Kisten oder Behältern.
Sensor mit UWB-Modul	Sensor	Mithilfe von Sensoren mit einem UWB-Modul kann der Standort der Ware im Lager berechnet und aufgezeichnet werden.
Laserradar	Sensor	Der Laserradar erfasst Konturen, wenn Bestände eingelagert werden. Das System erkennt Konturänderungen und löst Alarm aus, sobald eine Abweichung zu erkennen ist, die normalerweise eintritt, wenn Lagereinheiten umgelagert werden.
Alarmregler	Digital, System	Der Alarmregler löst einen Ton- und Lichtalarm aus, wenn Lagereinheiten unerlaubt entfernt oder umgelagert werden, und sendet zusätzlich Alarminformationen an die Cloud-Plattform.
IoT-Gateway	IoT-Gateway	Das IoT-Gateway verbindet Sensoren, Sensorknoten, RFID-Tags. Es sendet Informationen, die von RFID-Lesegeräten und anderen externen Netzwerken gelesen werden, an die Cloud und verwaltet das lokale Netzwerk.
Online-Überwachungsservice	Cloud-System	Der Online-Überwachungsservice erfasst und speichert Informationen zu Waren im Lager, Name, Lieferant, Lagerplatz und Gewicht. Er registriert Arbeiter (Name, ID, Mitarbeiternummer), die in das oder aus dem Lager gehen. Er verwaltet die Lagerinformationen und bietet einen Informationsservice für die Bank und das Unternehmen. Er kann bei Bedarf einen Sicherheitsdienst.
Ressourcenzugriffssystem	Cloud-System	Das Ressourcenzugriffssystem verbindet sich mit Systemen von Drittanbietern und sammelt Daten zu Echtzeitpreisinformationen der Ware. Es gleicht Wert der Sicherheiten mit Wert des Darlehens in Echtzeit für die Bank ab.
Informationsressourcendatenbank	Cloud-System	Die Informationsressourcendatenbank kategorisiert alle Sensor- und Gerätedaten und verknüpft sie mit Bestandsdaten. Sie speichert diese Daten und bietet Schnittstellen zum autorisierten Datenaustausch mit anderen Cloud-Services.
Wartungssystem	System	Das Wartungssystem sorgt für einen stabilen und sicheren Betrieb. Es zeichnet alle Betriebszustände, Gerätezustände und Wartungsdienstleistungen auf.
Regelverwaltungssystem	System	Das Regelverwaltungssystem beschreibt und verprobt die Regeln für den Handel mit den versicherten und beliehenen Waren.

7.4.3 Nachverfolgung in globalen Lieferketten

Betrachten wir die globalen Lieferketten, hat der Informationsaustausch über das industrielle Internet der Dinge heute ebenfalls einen immensen Stellenwert. Die involvierten Geschäftspartner wollen verständlicherweise frühzeitig wissen, falls es Verspätungen gibt, Ware unterwegs beschädigt wurde oder man auf unvorhergesehene Ereignisse mit alternativen Ansätzen reagieren muss. Sind alle Beteiligten so miteinander vernetzt, dass die Daten in Echtzeit von einem Ende des Netzes zum anderen fließen können, schafft das die vieldiskutierte Transparenz innerhalb der Logistikketten, die End-to-End Visibility in der Supply Chain. Oder anders gesagt: Das Allesnetz lässt das Logistikerherz weltweit höherschlagen. Natürlich leben wir schon lange nicht mehr im Mittelalter, wo man vielleicht zu spät von einer verlorenen Ernte erfuhr, weil der Bote auf dem langen Weg zu denen, die es wissen mussten, verunglückte. Doch es ist schon so, dass wir durch die zunehmende Gerätevernetzung überall auf der Welt Möglichkeiten für das Organisieren und Durchführen unserer Logistik- und Transportprozesse gewonnen haben, die wir vor nicht einmal einer Generation noch nicht hatten. Wir können die aktuelle Position einer Lieferung aus der Ferne nachvollziehen, weil Sensoren und Tags an den Gütern oder auch an den Transportmitteln uns diese Daten rund um die Uhr liefern. Zusätzlich können wir den Zustand der Waren mithilfe von IoT-Sensoren überwachen. Ob Kühlketten eingehalten werden, ist für Lebensmittel und für Medikamente keine Lappalie. Auch Erschütterungen durch Straßen, durchs Umladen oder durch Wettereinflüsse sind für die Transport- und Logistikfirmen von Interesse. Hier gilt wieder der Big-Data-Grundsatz für die digitale Transformation aus Unternehmenssicht: Echtzeitdaten aus IoT-Sensoren haben erst dann wirklich geschäftlichen Mehrwert, wenn ich sie mit meinem unternehmerischen Handeln, hier mit meinen Geschäftsdaten für die Logistikprozesse, in Verbindung setzen kann. Der Unterschied wird hoffentlich ersichtlich, indem wir uns einen Stau vorstellen. Der zuständige Disponent muss nicht minutengenau wissen, wo Lkw 12b fährt, rollt oder steht. Aber er will Folgendes wissen: Sind wir im Zeitplan bzw. wenigstens noch im Rahmen des eingeplanten Puffers oder wird es an der nächsten Station kritisch? Geht es um eine Lkw-Flotte, die den Containerhafen in Hamburg oder Duisburg ansteuert, sollte die Software also die Position der Autos und den Status der Containerschiffe (Abfahrtzeiten, Ladekapazitäten) verknüpfen können. Als Disponent würde mir eine smarte Lösung helfen, den Überblick zu behalten, ohne viel Aufwand in die Kontaktaufnahme mit den Fahrern, den Reedereien und anderen Beteiligten zu stecken.

Hier zeigt sich mit dem Potenzial auch gleich eine Herausforderung: Für Lieferketten mit Wegstücken über Autobahnen, Häfen und Schiffe gibt es üblicherweise mehrere Player: Da gibt es zum einen den Absender oder Shipper, bei dem der Endkunde in vielen Fällen die eigentliche Bestellung auslöst. Zum anderen gibt es die Logistikdienstleister wie DHL in Deutschland, die den Transportauftrag übernehmen. Oft beauftragen diese wiederum weitere Dienstleister, vor allem für den Transport. Professionelle Transportservices beschränken sich heutzutage nicht auf die Aktivität „Ich belade ein Auto, fahre von A nach B und lade dann aus“. In vielen Fällen sind über die Häfen, Bahnhöfe und sonstigen Umschlagplätze auch Behörden, Versicherungen oder Banken involviert.

Wenn die Welt unkompliziert wäre, hätten all diese Akteure Software und Hardware von SAP, Microsoft, Oracle, Infor oder anderen großen Herstellern und alles würde perfekt ineinandergreifen. Tja, träumen Sie weiter! Meines Wissens sieht die Branche eher so aus, dass die IT-Infrastruktur aus diversen Systemen der einzelnen Akteure besteht und man für Infos gerne mal zum Telefon greifen muss. Die Produzenten nutzen zum Beispiel eine ERP-Lösung, mit der sie die Kundenaufträge und die Warenproduktion managen. Die Logistikdienstleister wie DHL verwenden in der Regel spezialisierte Software für die Planung der Transporte. Es soll vorkommen, dass sie bei den Partnern und Subunternehmen auch auf solche zurückgreifen, die eigene Systeme für die Planung und Ausführung von Aufträgen im Einsatz haben, zum Beispiel, weil die Faktoren Preis und Zuverlässigkeit noch etwas weiter oben auf der Liste der Auswahlkriterien stehen als Fragen der IT-Harmonisierung. Ein Beispiel aus der Intralogistik, bei dem eine SAP-Lösung und eine speziell entwickelte Software harmonieren müssen, hatte wir ja gerade eben schon.

Natürlich hatten alle Beteiligten schon ein Interesse daran, effizient zusammenzuarbeiten, bevor das Internet der Dinge so wichtig wurde. Seitdem wir Daten und Informationen elektronisch austauschen können, tun die Firmen das auch. Die etablierten Lösungen und Routinen beinhalten viele punktuelle Verbindungen, Onlinebuchungen und dergleichen. Doch die flächendeckende Vernetzung und die technischen Voraussetzungen für ein übergreifendes Echtzeitdatenmanagement sind häufig noch nicht da. Damit die beteiligten Unternehmen, die Zulieferer, Verlader, Transporteure, Shipper usw., den Status der Logistikprozesse einsehen und alle relevanten Informationen in Echtzeit abrufen können, bräuchte man eine moderne Systemlandschaft. Gut wären Cloud-basierte Lösungen, auf die auch Nutzer außerhalb der eigenen Organisation zugreifen könnten. Idealerweise ermöglichen diese Lösungen die Kommunikation miteinander, sodass man nicht parallel mailen oder telefonisch nachfassen muss. Für den Datenaustausch sind standardisierte Schnittstellen unerlässlich. Für Prognosen und Predictive Analytics müssen die entsprechenden Tools zur digitalen Datenanalyse integriert sein. All das führt uns wieder zu den „Dingen“ im Internet der Dinge, denn die sind es schließlich, die bestellt, verschickt und nachverfolgt werden: die Produkte, die Pakete, die Kisten, die Gestelle, die Kühlaggregate, die Container, die Schiffe, Lkws, Sattelauflieger und Bahnwaggons.

Machen wir uns nichts vor: Die Kundenerwartungen an Qualität, Pünktlichkeit und Verlässlichkeit des Warenversands sind hoch. Das spiegelt sich nicht zuletzt in der massiven Kritik an den DHL-Auslieferungen in Deutschland wider: Kommen die Pakete nicht an, erreichen die Daten zur Sendungsverfolgung den Endkunden nicht, wird dieser schnell sauer. Im globalen Wettbewerb kann sich das kein Unternehmen auf Dauer leisten. Zusätzlichen Druck bekommen die Logistikfirmen durch die Faktoren Preis und Umweltbewusstsein. Egal, ob B2B oder B2C: Wer durch Giganten wie eBay, Amazon und Alibaba an günstige Konditionen gewöhnt ist, zahlt ungern höhere Preise. IoT erhöht außerdem die Geschwindigkeit: Die Möglichkeit zur Onlinebestellung rund um die Uhr von überall auf der Welt auf der einen und die bereits etablierten Premiumangebote für Expresslieferungen noch am gleichen Tag auf der anderen Seite sorgen nicht gerade für Entschleunigung. Gleichzeitig muss sich die Branche mit dem CO_2-Ausstoß von Logistikprozessen befassen, weil sich der Klimawandel nicht länger ignorieren lässt und die Debatte darüber sicher nicht ausgerechnet vor dieser Branche haltmacht. Nur mal so als Szenario: Der Amazon-Kunde kann für sein Produkt auswählen, ob er die schnellste, die billigste oder die umweltfreundlichste Auslieferung bevorzugt. Um das bei den Logistik- und Transportvorgängen umsetzen zu können, bräuchte man wohl zum einen sehr gut vernetzte Datenbestände und zum anderen eine agile Form des Prozessmanagements, die flexible Steuerung ermöglicht.

Track & Trace für die globale Lieferkette ist aber nicht nur mit Blick auf die Endkunden wichtig, sondern auch wegen Sicherheitsvorschriften und anderer politischer Auflagen. Seit 2019 schreibt zum Beispiel eine EU-Richtlinie den Pharmaunternehmen vor, dafür zu sorgen, dass der Weg ihrer Arzneimittel rückverfolgbar ist. Alle Verpackungselemente – vom Blister über die Faltschachtel bis hin zur Versandbox für den Zwischenhandel und die Palette für den Großhandel – sind mit einer eindeutig identifizierbaren Seriennummer zu versehen. Damit Track & Trace funktioniert, muss entlang der gesamten Lieferkette dokumentiert werden können, wann sich der Status einer Verpackungseinheit ändert. Da ist sie wieder – die Transparenz vom Hersteller bis zum Endkunden. Das führt in der Praxis unter anderem zu den Fragen: Wie sammelt man die entsprechenden Daten? Und wie speichert man sie ab? So wie das Internet der Dinge schlussendlich nicht ohne Menschen zu denken ist, die mit den Dingen interagieren und die Dinge benutzen, geht es bei der Vernetzung, Ortung und Nachverfolgung via Track & Trace um Dinge wie um Menschen gleichermaßen. Ohne eine durchgängige IT-Infrastruktur, auf die alle Beteiligten zugreifen können, ist die angestrebte End-to-End Visibility kaum möglich. Anschlussfähige Cloud-Lösungen, aber auch die Blockchain-Technologie mit ihrer besonders schwer zu manipulierenden, dezentralen IT-Architektur sind aktuell die vielversprechendsten Lösungen für die neuen Probleme.

In der Kurzstudie[3] „Track and Trace Technologien im Überblick", die ein Forschungsteam des Fraunhofer-Instituts für Arbeitswirtschaft und Organisation (kurz IAO) 2019 veröffentlicht hat, unterscheiden die Forscher vier Verfahren:

- Optoelektronik
- Sender-Empfänger-Systeme mit RFID
- Real-Time Locating Systems (RTLS)
- Umgebung mit Blockchain-Technologie

Die Optoelektronik kennen wir zum Beispiel von der Supermarktkasse: Mit Scannern werden die Barcodes von den Produkten abgelesen. Das heißt, digitale Daten werden in Lichtsignale umgewandelt und Lichtsignale auch andersherum in digitale Daten. Scanner oder Kameras beleuchten das Objekt und empfangen das Licht, das per Reflexion zurückkommt. So wird die dahinterliegende Information „sichtbar", und sie kann abgerufen werden. Optoelektronische Verfahren punkten mit einer großen Eignung für Anwendungen in Räumen und Gebäuden, einer hohen Genauigkeit und einem vergleichsweise geringen Kostenaufwand. Die Studienautoren wagen die Prognose, dass die Barcodes auch in Zukunft das meistgenutzte Element optoelektronischer Verfahren bleiben werden. In Bezug auf 3D-Codes sehen sie großes Entwicklungspotenzial, was das Zusammenspiel von IoT mit *Virtual und Augmented Reality* angeht.

Sender-Empfänger-Systeme arbeiten mit digitalen Signalen, die die Kommunikation zwischen einem Sender und einem Empfänger ermöglichen. Die Informationen werden über elektromagnetische Wellen ausgetauscht, meistens mithilfe von Mikrochips oder Antennen. Man spricht auch von RFID-Systemen. Das steht für Radiofrequenz-Identifikatoren. Dieses Verfahren ist ähnlich gut ausgereift wie die Optoelektronik. Es hat allerdings zwei Vorteile: Erstens ist nicht zwingend Sichtkontakt zwischen den Elementen Zeichen und Kamera notwendig und zweitens funktioniert so ein Sender-Empfänger-System normalerweise etwas besser outdoor. Systeme, die mit Real-Time Locating operieren, kommen ganz ohne die räumliche Nähe von Sender und Empfänger aus. Stattdessen sind beide Elemente ununterbrochen miteinander verbunden. Das ist natürlich für die Objektverfolgung in Echtzeit wunderbar. GPS-Navigationssysteme, WiFi-Anwendungen und Bluetooth-Kommunikation funktionieren in der Regel nach diesem Prinzip.

Noch einmal anders funktioniert das Tracking mithilfe einer Blockchain-Architektur. Dabei werden Objekt und Zustand nicht greifbar erfasst, sondern mit einer digitalen Identität in ein Blockchain-Netzwerk eingepflegt. Was bei den digitalen Währungen wie Bitcoin, Ethereum oder DeFi die Transaktionen sind, wären innerhalb des Netzwerks Ereignisse/Aktionen, die den Aufenthaltsort und den Zustand

---

[3] *https://www.iao.fraunhofer.de/de/presse-und-medien/aktuelles/objekterkennung-fuer-innovative-logistiksysteme.html*

eines Objekts betreffen. Die Autoren sind hier verständlicherweise zurückhaltend, weil Blockchain noch eine ziemlich unbekannte Größe ist. Sie geben allerdings auch Folgendes zu bedenken: Argumente wie die universelle Eignung, der Automatisierungsgrad und die Reichweite und allem voran der hohe Informationsgehalt bei der geringen Fehleranfälligkeit sprechen für den Einsatz von Blockchain-Technologien im Umfeld von Tracking und Mobilität.

■ 7.5 Intelligente Datenbrillen im Lager und in der Produktion

Viele Unternehmen setzen mittlerweile auf Datenbrillen und Augmented Reality im Lagerbetrieb. Diese laufen oft unter dem Namen Smart Glasses. Beispiele, wie so eine Brille aussieht, finden Sie unter *https://www.wareable.com/ar/the-best-smartglasses-google-glass-and-the-rest.*

Verwechseln Sie Smart Glasses nicht mit VR-Brillen. Bei einer VR-Brille wird der Benutzer derselben optisch von der Außenwelt abgeschnitten und setzt sich ein Smartphone-großes Display auf die Nase. Bei intelligenten Brillen reden wir über Augmented Reality, was bedeutet, dass Sie die reale Welt mit den Informationen, die Ihnen im oder vor dem Auge eingeblendet werden, erweitern. ■

In den Brillendisplays lassen sich Routen und Wege anzeigen. Man kann dort Bilder von Objekten einspielen, die sich dadurch besser finden lassen. Auch materialrelevante Infos, zum Beispiel zu Mengen oder Größen, kann man hier darstellen. Da die Spracheingabe in den vergangenen Jahren deutlich besser geworden ist, wage ich auch mal die Prognose, dass sich Sprachfunktionen in der Intralogistik noch stärker etablieren werden. Ein Mitarbeiter könnte auf diesem Wege bestätigen, dass er Ware entnommen oder angeliefert hat, ohne dafür lange die Hände freihaben zu müssen. Vielleicht haben Sie auch schon mal etwas von dem Kommissionierverfahren Pick by Vision gehört? Damit ist gemeint, dass die Smart Glasses mit den Objekten im Lager interagieren. Jedes Produkt hat einen Barcode, den die Brille scannen kann. Auch Fächer, Regale oder bestimmte Lagerbereiche könnten ein optisches Signal an solche Brillen senden, wenn das sinnvoll ist. Unternehmen wie DHL experimentieren schon eine Weile mit solchen AR-Brillen. Die Zeit muss allerdings zeigen, ob die Vorteile durch solche Verfahren die Nachteile überwiegen und sich nicht alternative Verfahren flächendeckender durchsetzen werden. Zu den Nachteilen gehört, dass man für solche Interaktionen eine lückenlose Netz-/WLAN-Abdeckung im Lager und ein vernünftiges Akku-Management für die Datenbrillen braucht. Außerdem funktioniert das Einscannen per Brille noch nicht immer gut bzw. sofort. Darüber hinaus ist diese Technik nicht für alle Mitarbeiter problemlos geeignet: Manchen wird schwindelig von den AR-Anwendungen und Brillenträger brauchen oft Extra-Equipment.

Lassen Sie uns hier einen konkreten Use Case aus der Produktion betrachten und an diesem beispielhaft die notwendigen IoT-Komponenten gemäß IoT-Referenzarchitektur zusammenführen. Dieser Use Case, der unter anderem auch in der Norm ISO/IEC TR 22417:2017 in Normabschnitt 7.10 behandelt wird, beschreibt, wie ein Fabrikarbeiter beim Auf- und Einstellen einer Maschine über eine intelligente Brille Informationen in der Werkstatt erhält. Intelligente Brillen werden in Fabriken genutzt, um

- Benutzern Informationen zur Verfügung zu stellen oder
- Barcodes über eine Kamera zu scannen,
- sodass der Benutzer spezifische Informationen basierend auf individuellen Kundenanforderungen sehen und
- eine präzise Positionierung während der Installation oder Wartung ermöglichen kann.

Durch intelligente Brillen werden Produktionsmitarbeitern Informationen und Anweisungen in Ihrem Sichtfeld auf der Brilleninnenseite angezeigt, damit diese ihre Hände für Montage oder Wartungsarbeiten freihaben. Einige Modelle haben eine Kamera. Mit dieser Kamera können die Brillenträger das, was sie sehen, weltweit mit Kollegen teilen und Anweisungen über das Display oder über die Tonübertragung erhalten. Es ist also auch möglich, dass ein Mitarbeiter vor Ort die Brille trägt, ohne wirklich detailliertes Wissen über die Maschine, an der er arbeitet, zu haben. So kann ein weit entfernter Servicetechniker ohne einen Besuch im Betrieb eine Diagnose durchführen und Informationen über die Anlage erhalten.

Dies sind die Vorteile des Einsatzes intelligenter Brillen:

- Erhöhung der Produktivität
- Minimierung der Fehler
- Steigerung der Arbeitssicherheit

Smart Glasses gehören zu den Wearables, was bedeutet, dass es Devices sind, die wir als Menschen am Körper tragen können. Sollten Sie Smart Glasses in der Produktion oder in anderen Bereichen einsetzen wollen, beachten Sie stets, dass in den tragbaren Geräten eine Kamera und oft auch ein Mikrofon installiert ist, die sich im Fall eines Cyberangriffs abhören lassen oder gegebenenfalls vertrauliche Einblicke in Produktdaten oder andere sensible Informationen nach außen tragen können.

Aufgrund der vorangehend aufgeführten Sensoren für Video und Ton, Beschleunigung, Geschwindigkeit und Ortung sind diese Geräte in der Lage, Informationen über dessen menschlichen Nutzer zu sammeln. Achten Sie auch hier darauf, dass Sie die entsprechenden Gesetze zur Verarbeitung von personenbezogenen Daten beachten und keine Daten unnötig sammeln oder ablegen – und wenn doch, beachten Sie, dass die entsprechenden Cloud-Services die im Land der Anwendung geltenden Datenschutzgesetze erfüllen.

Tabelle 7.4 zeigt die benötigten Komponenten und Entitäten für IoT-Use Cases mit Smart Glasses.

Tabelle 7.4 Benötigte Komponenten und Entitäten für IoT-Use Cases mit Smart Glasses

Entität	Typ	Beschreibung
Produktions- oder Lagerarbeiter	Menschliche Entität	Der Mensch, der die intelligente Brille trägt und durch diese wichtige Informationen zum Arbeits- und Logistikprozess erhält
Smart Glasses	tragbares Gerät	Die intelligente Brille, die Informationen über die integrierte Kamera erfasst und dem User Anweisungen und Zusatzinformationen über die Anzeige übermittelt
Kamera	Gerät	Die Kamera erfasst Informationen wie Barcodes oder Gegenstände.
Anzeige	Gerät	Die Anzeige blendet dem User im Sichtfeld Informationen ein.
Benutzeroberfläche	Softwaresystem	Unterstützt Sprach-, Touch- und Gestenbefehle
Enterprise-Netzwerk	Netzwerk	Enterprise-Netzwerk, das den Zugriff auf Produktdaten und Montageanweisungen ermöglicht
Cloud-Dienst	Service	Produktdaten und Arbeitsanweisungen im Repository

■ 7.6 Objekterkennung mit IoT

Ein weiterer spannender Anwendungsbereich für das Vernetzen der digitalen und der echten Welt ist die Objekterkennung mithilfe von IoT. Als Use Case möchte ich hier einen Fall der optischen Objekterkennung darstellen, den meine Co-Autoren Martina Mohr und Michael Stollberg in unserem Buch *IoT mit SAP* ausführlicher beschreiben. Einige Details, die Softwarefunktionen und Programmcode betreffen, können wir an dieser Stelle vernachlässigen. Für uns ist das Einsatzgebiet als solches interessant.

Objekte in Bildern zu erkennen, wird mehr und mehr eine Aufgabe von Künstlicher Intelligenz (siehe Kapitel 5). Ob es sich um unbewegliche Objekte, also Fotos, oder Objekte in Bewegung, also Videos, handelt – bei der Mustererkennung, dem Identifizieren und dem Detektieren leisten Software und Algorithmen heute schon vielfach gute Arbeit, die uns entlastet und uns neue Möglichkeiten eröffnet. Durch die neue Technik werden die echten Objekte zu Datenmaterial in der digitalen Welt – egal ob wir von Menschen sprechen, die im Zusammenhang mit Social Distancing auf öffentlichen Plätzen gefilmt werden, von Objekten, an denen ein selbstfahrendes Auto vorbeifährt, von der Ware im Lager, die per Kameratechnik nachverfolgt wird, oder von einer Kamera, die erfasst, wo sich das Transportfahrzeug gerade befindet. Dass Kameratechnik heutzutage allgegenwärtig ist, muss ich Ihnen nicht groß erklären. Die digitale Fotografie hat das analoge Fotografieren und Filmentwickeln, das ich persönlich noch aus meinen Anfängen bei der Tageszeitung Westdeutsche Allgemeine Zeitung her kenne, längst abgelöst. Wir müssen uns nur anschauen, wie verbreitet Kameraassistenzen in Autos und vor allem Smartphones mit integrierten Kameras sind. Auch davon, dass Bilder im Internet heute allgegenwärtig sind, muss ich Sie nicht erst überzeugen. Das alles spielt natürlich auch für das Internet der Dinge eine Rolle, inklusive Firmenkontext und den Tatorten der Industrie 4.0. Im Zusammenhang mit der Lagerverwaltungssoftware (siehe Kapitel 4) habe ich Ihnen von Drohnen berichtet, die, mit einer Kamera ausgestattet, durchs Lager fliegen. Wenn Sie sich an Ihre ersten Begegnungen mit dem Internet (oder an Kapitel 1) zurückerinnern, dann sind wir schnell wieder bei der Webcam und der ersten Kaffeemaschine im Netz. So gesehen ist es schon fast zwingend, dass die optische Objekterkennung mit moderner Kameratechnik im Internet der Dinge mittlerweile einen festen Platz hat. Die Kameras, die in solchen IoT-Settings für die visuellen Daten zuständig sind, übernehmen Aufgaben, die bisher ein Mensch mit den Augen erledigen musste – ganz so, wie wir auch das Hören teilweise auf Sensoren zur akustischen Erkennung auslagern können. Teilweise sehen die digitalen Augen dabei besser als unsere, auf jeden Fall brauchen sie hochgerechnet weniger Pausen. Außerdem lässt sich die visuelle Zustandskontrolle für Regale, Maschinen oder Produktkomponenten durch die Vernetzung über das Internet der Dinge in einen automatisierten Prozess überführen.

Für den konkreten Use Case, den ich im Folgenden darstellen will, ist die Mustererkennung via Algorithmus relevant, mithilfe sogenannter Convolutional Neural Networks (CNN). Diese Netzwerke bestehen aus unterschiedlichen Schichten (engl. Layers). Besonders wichtig für die optische Erkennung sind die Convolutional Layers. Wie Martina Mohr es in unserem Buch *IoT mit SAP* treffend zusammengefasst hat, besteht ein CNN im Wesentlichen aus einer Abfolge von Filteranwendungen auf ein Eingabebild. Auf das Bild des echten Objekts – den Ur-Input, wenn Sie so wollen – werden im ersten Layer-Schritt mehrere Filter angewendet. Als Output für die nächste Layer-Sequenz kommt eine sogenannte Feature Map heraus. Das wird Schritt für Schritt wiederholt. Die ersten Layer generieren meist Feature Maps, in denen noch viele Details des ursprünglichen Bildes erkennbar sind. Je mehr Sequenzen abgelaufen sind, desto abstrakter werden die Bildstapel. Auf diese Weise kann aus Daten zu Größen, Rändern und Abständen dann ein Merkmal abgeleitet werden. Im Beispiel meiner Kollegin ist es ein Henkel, durch den man eine Tasse von einem Glas unterscheiden könnte. Es könnte aber auch ein Verschlussbügel sein, durch den man eine Flensburger-Flasche von einem Becks Blue mit Kronkorken unterscheiden kann oder von mir aus ein Hemd von einer Bluse. Von solchen CNNs gibt es diverse Varianten. Für unseren Anwendungsfall reicht uns an dieser Stelle allerdings ein Grundverständnis der YOLO-Architektur. Die Abkürzung steht für „You only look once".

Das YOLO-Verfahren für die Bilderkennung ist leistungsstark genug, um auf Videoaufnahmen Objekte mit einer Latenzzeit von 22 bis 51 Millisekunden zu erkennen. Es ist dafür konzipiert, möglichst schnell Objekte in der Bewegung zu erkennen. YOLO unterteilt das eingehende Bild dazu in eine gewisse Anzahl von Zellen und bestimmt für jede Zelle eine oder mehrere sogenannte Bounding Boxes. Das sind einfach Rechtecke, die als Rahmen um Objekte gelegt werden (siehe Bild 7.10). Die Rechtecke haben jeweils eine Bildposition, man kann sie also auch in der Bewegung tracken. Außerdem bestimmt die Software für jede Box, ob darin Objekte enthalten sind. Falls ja, versucht sie sich auch an einer Kategorisierung der Objekte, wofür natürlich vorher Trainingsdaten notwendig waren.

Bild 7.10 Objekterkennung mit der YOLO-Version v3 (Quelle: *https://commons.wikimedia.org/wiki/File:Detected-with-YOLO–Schreibtisch-mit-Objekten.jpg*)

Unser Use Case ist die optische Objekterkennung mithilfe einer Kamera und der YOLO-Technik im IoT. Im konkreten Szenario geht es um das Überwachen einer

Drehscheibe, die auf einer typischen Förderstrecke als Station für das Polieren vorgesehen ist. Kommt es hier zu Unregelmäßigkeiten, soll die Objekterkennung via IoT das im Sinne einer Zustandsüberwachung möglichst in Echtzeit weitermelden. Unregelmäßigkeit heißt hier: Die fürs Polieren vorgesehenen Steine fallen vom Band oder die definierte Menge der Steine auf der Drehscheibe ist deutlich zu hoch bzw. zu niedrig.

Was braucht man für so ein Setting?

Die IT-Architektur beinhaltet hier neben der Kamera eine IoT-Plattform in der Cloud und einen KI-Rechner, der aus den Bildern strukturierte Daten generiert. Die gefilmten Objekte könnten ohne die Kamera nicht direkt Daten ins IoT senden, weil sie nicht mit den dafür notwendigen Sensoren versehen sind. Das erwähne ich hier auch deshalb, damit Sie sich noch einmal bewusst machen, dass der Datenverkehr im Internet der Dinge in vielen Fällen nicht auf dem direkten Weg verläuft, sondern eben über Zwischenstationen wie hier die Kamera. Außerdem brauchen wir für unseren Use Case ein bisschen Kinderspielzeug. Das glauben Sie nicht? Dann haben Sie wohl noch nie was von den Trainingsmodellen aus dem Hause fischertechnik für die Industrie 4.0 gehört. In der Eigenwerbung heißt es:

> *„Mit fischertechnik lässt sich vieles, was in einer Smart Factory wichtig wird, schon heute simulieren und ausprobieren - und vor allem nachvollziehbar demonstrieren. Die IT-Abteilung nutzt die Anbindung an eine Cloud, um in Echtzeit Daten aus der Fabrik verfügbar zu machen. Die Techniker überwachen die Anlagen und Maschinen aus der Ferne über ihre Smartphones und mobilen Geräte. Die Produktion meldet über integrierte Sensoren den Produktionsfortschritt an die angeschlossenen Systeme um daraus automatisiert die nächsten Schritte abzuleiten, z. B. die Bestellung auslösen, um den Warennachschub zu organisieren oder den Abholauftrag an die Logistik zu senden. Industrie 4.0-Anwendungen lassen sich haptisch ideal mit fischertechnik simulieren und begreifen, und vertiefen das Lernen und das Verständnis auf dem Weg der digitalen Transformation.[4]“*

Zu den Simulationsmodellen, die auf dem noch in den 1960ern entwickelten Bausteinsystem der Marke basieren, gehören mittlerweile Hochregallager, Sortierstrecken und Vakuumsauger. Für den Use Case der SAP-Kollegen ist ein Trainingsmodell für eine Förderstrecke mit Drehscheibe und Polierstation im Einsatz. Das Ziel hinter dieser „Versuchsanordnung“ ist Folgendes: Sollte der Materialfluss über die Drehscheibe nicht wie geplant ablaufen, wird eine Servicemeldung im System ausgelöst, damit schnellstmöglich ein Wartungstechniker zu dieser Schwachstelle aufbrechen kann.

---

4 *https://www.fischertechnik.de/de-de/simulieren/industrie-40*

Die Prozessschritte sehen bei diesem Use Case so aus:

- Eine Kamera filmt die Station permanent und sendet alle 5 Sekunden ein Bild der Drehscheibe an das neuronale Netzwerk YOLO.
- Die YOLO-KI bewertet kontinuierlich, ob alles okay ist oder ob es Anomalien gibt.
- Der Status, den der Algorithmus auf diese Weise bewertet und übermittelt, taucht als Sensorwert in der IoT-Plattform auf.
- In diesem Fall ist es das SAP-Software-Bundle Leonardo, das einen digitalen Zwilling erzeugt und ihn mit dem Sensor verknüpft. Viele andere Cloud-Plattformen sind aber auch in der Lage, diesen Use Case abzubilden.
- Kritische Werte lösen automatisch eine Aktion aus, die in einem Serviceticket mündet.

Was das Trainieren der KI angeht: Sie könnten grundsätzlich auch bereits trainierte KI-Services nutzen, hier zur Bilderkennung oder auch für andere Anwendungsfälle. Diverse Unternehmen haben Initiativen gestartet, um ihren Partnern und Kunden möglichst fertige Lösungen anzubieten, die nur noch mit eigenen Bildern (oder den jeweils benötigten Datensätzen) trainiert werden müssen. Dazu gehören Intel, SAP oder die Amazon Web Services. In unserem Beispiel gehört das Training aber zum Use Case dazu.

In der Trainingsphase werden Bilder von der Drehscheibe und der Polierstation im Einsatz gemacht, sodass YOLO darauf trainiert werden kann, den Normalzustand zu erkennen und Abweichungen davon zu identifizieren. Dafür wird die Kamera über der Polierstation des Simulationsmodells angebracht. In diesem Setting sind die Anforderungen an die zu verwendende Kamera relativ gering: Die Aufnahmen werden bei der Verarbeitung durch YOLO auf 608 × 608 Pixel skaliert. Außerdem ist eine USB-Schnittstelle notwendig, um die Bilder an einen Laptop zu senden. Das gehört ebenfalls zum Standardprogramm heutiger Kameras, soweit ich weiß. Wäre Geschwindigkeit ein elementarer Aspekt, könnte man hier die Bildübertragung zwischen Kamera und Computer optimieren, indem man eine Kamera verwendet, in die ein Rechenmodul mit Graphics Processing Unit (GPU) integriert ist. Die weitere Verarbeitung findet auf dem lokalen Rechner und in der Cloud statt, in diesem Fall unter Rückgriff auf Skripte der Programmiersprache Python. Der Code enthält unter anderem einige if-Zeilen, also Wenn-Dann-Formeln für Bedingungen, die von den Steinen auf der Drehscheibe erfüllt oder eben nicht erfüllt werden.

Hier sind wir wieder bei dem Paradox der Künstlichen Intelligenz, die keine Ahnung hat: Das KI-Modell weiß nicht, was es erkennen soll. Der Mensch muss das erst mal definieren. Bei der optischen Objekterkennung würden wir natürlich von unseren Augen und den Beobachtungen ausgehen, die wir selbst optisch machen. Was für uns wie ein Fehler aussieht, wird auch in der angemessenen Sprache für den Algorithmus als fehlerhaft definiert. Was für uns den gewünschten Zustand darstellt, muss ebenfalls verschriftlicht werden. Zum Verschriftlichen gehören hier auch gelabelte, also bereits klassifizierte Bilder für das CNN. Die Objekterkennung, die im Fall unseres Use Cases simuliert wurde, ist noch nicht sonderlich komplex, weil nur wenige einfache Objekte in einer gleichbleibenden Umgebung zu identifizieren waren. Den Beteiligten reichten bereits 100 Bilder, um das Ganze so zum Laufen zu bringen, dass es alle zufriedenstellte. Als Richtwert empfehlen die Kollegen aber eher Folgendes: „In der Regel sollten Sie 1.000 unterschiedliche Bilder pro Klasse (hier: Normalzustand und Fehlerzustand) für das Training heranziehen."

Eng verknüpft mit dem Einsatzgebiet der Objekterkennung sind die Anwendungsfälle in den Bereichen Wartung und Instandhaltung, die auch unter dem Begriff Predictive Maintenance und Predictive Analytics laufen. Diese Anwendungsfälle schauen wir uns in Abschnitt 7.7 näher an.

7.7 Wartung und Instandhaltung in der Produktion

Wenn wir durch die Gerätevernetzung und den Datenaustausch über das Internet der Dinge eine optische oder akustische Objekterkennung realisieren können, eröffnet das auch neue Möglichkeiten für die Einsatzbereiche Wartung und Instandhaltung. Den Techniker, der einen automatisierten Wartungsauftrag erhält, sobald Anomalien auftreten, habe ich ja in Abschnitt 7.6 schon erwähnt. Auf die Begriffe gibt es, wie so oft, keine Patente, aber der Unterschied zwischen einer reaktiven und einer präventiven Wartung/Reparatur sollte relativ klar sein. Eine Glühbirne tauschen die meisten wohl erst aus, wenn sie hinüber ist. Beim Auto setzt man dagegen eher auf die regelmäßige Wartung in einer Werkstatt, damit der Stillstand durch Defekt nicht auf der Autobahn 700 km von daheim eintritt.

Viele Fachleute ergänzen diese klassischen Wartungskonzepte noch um drei weitere Konzepte, die ohne das Internet der Dinge kaum zu realisieren sind:

- **Zustandsbasierte Wartung (engl. Condition-based Maintenance):** Für die Wartungsarbeiten wird der aktuelle Zustand einer Maschine oder Anlage berücksichtigt. Dazu nutzen die Verantwortlichen meistens Daten aus Sensor- und Steuerungssystemen.
- **Vorausschauende Wartung (engl. Predictive Maintenance):** Analysealgorithmen prognostizieren durch einen Abgleich der aktuellen Zustandsdaten mit den „antrainierten" Erfahrungswerten, wann eine Wartung notwendig wird.

- **Intelligente Wartung (engl. Intelligent Maintenance):** Hierbei handelt es sich sozusagen um eine vorausschauende Wartung 2.0. Zusätzlich zu den Vorhersagealgorithmen kommen Data Analytics und Künstliche Intelligenz zum Einsatz. Das Fernziel ist eine selbstständige Wartung der Maschinensysteme, möglichst ohne menschliches Zutun.

Das klingt alles spannend und sinnvoll, beschreibt aber eher, wohin die Reise geht, als wo die deutsche Industrie aktuell flächendeckend steht. Bislang sind für die Prozesse zum Betrieb industrieller Anlagen hohe manuelle Aufwände relativ charakteristisch. Das betrifft auch die Wartungsroutinen und die Abläufe zur Instandhaltung. Nicht selten liegt im Zusammenhang mit industriellen Maschinen und Anlagen eine Art Dreieckshandel vor: Es gibt die Herstellerseite, also die OEM (Original Equipment Manufacturer), die Maschinenbetreiber oder -nutzer, die zum Beispiel in der Produktion die OEM-Erzeugnisse verwenden, sowie die spezialisierten Dienstleister, die häufig Aufgaben wie Auf- und Abbau, Instandhaltung und Wartung übernehmen. Kaufe ich mir als Betreiber eine Anlage, erhalte ich vom Hersteller normalerweise Anleitungen für die Installation und Hinweise für die Nutzung. Schließen Sie mal kurz die Augen, und stellen Sie sich diese Dokumente vor: Wie sehen sie aus? Könnte es vielleicht sein, dass Sie jetzt eher an Papier im Telefonbuchformat denken und nicht unbedingt an moderne maschinenlesbare Dokumente? Außerdem muss man davon ausgehen, dass nur wenige Maschinenbetreiber voll auf Monokultur setzen. Ich habe dazu zwar keine Studie gefunden, würde aber eher vermuten, dass die meisten Firmen sich über die Jahre einen Anlagenmix aus diversen OEM-Quellen zugelegt haben. Im Worst Case muss sich ein Ingenieur oder Wartungsdienstleister also durch ganz schön viel Papier wühlen, um eine komplexere Gesamtanlage instand zu halten, denn wenn Sie jemanden finden, der das hierfür benötigte Erfahrungswissen besitzt, können Sie diesen Maschinenmagier ziemlich sicher nicht bezahlen. Erstrebenswert wäre eine Art digitale Bibliothek, die alle relevanten Informationen zu einer Anlage enthält und auf die im Bedarfsfall sowohl der Betreiber und der Hersteller als auch der Dienstleister zugreifen können, doch der Aufbau einer solchen Bibliothek ist nicht ohne größere Aufwände möglich. Die Bibliothek müsste das Prinzip der *Single Source of Truth* (SSOT) verfolgen, also eines allgemeingültigen Datenbestands, der den Anspruch hat, korrekt zu sein und auf den man sich verlassen kann.

Ein anderer Faktor, der für Schnaufen und Ärger sorgen kann, ist das Zeit- und Ressourcenmanagement: Wartungsarbeiten finden häufig turnusmäßig statt, gekoppelt an gesetzliche Vorgaben, Inventuren oder andere Wegmarken. Sie haben das vorangehend auch schon bei den Altglascontainern gesehen, die in regelmäßigen Abständen geleert wurden, auch wenn sie gar nicht gefüllt sind. Ist der Abstand der Wartungen zu lang, kann das zu zwischenzeitlichen Ausfällen führen, ist er zu kurz, werden möglicherweise unnötige Kosten erzeugt, zum Beispiel, weil das Fachpersonal Anlagen prüft, die noch bestens laufen. Für Unternehmen ist es sinnvoll, Wartungen und Instandhaltungen flexibel vornehmen zu können. Sollte zum Beispiel nur ein Softwareproblem (und kein Hardwareproblem) vorliegen, lässt sich das heutzutage möglicherweise ohne Anfahrt aus der Ferne lösen. Für das Überwachen der Technik und das Treffen solcher Entscheidungen ist das Sammeln und Auswerten von Daten - unter anderem Maschinendaten, Gerätedaten, Anlagendaten oder Produktionsdaten - mithilfe von automatisierten Algorithmen hilfreich. Intelligentes Echtzeit-Datenmanagement per KI kann helfen, bedarfsgerechte Wartungspläne zu erstellen. Um die Zeitplanung für Kontrollen und Reparaturen zu verbessern, kann KI beispielsweise zur Analyse von Audio- oder Bilddaten eingesetzt werden: Bewegt sich der Greifarm komisch? Klingt der Motor so, wie er sollte? Speziell dafür entwickelte Sensoren können Geräte und Produkte zum Beispiel akustisch überwachen. Gibt es ein ungewöhnliches Betriebsgeräusch, ist das eventuell ein Hinweis auf Defekte oder Störungen, die zu einem Ausfall führen können. In der Produktion könnte man so zum Beispiel ein stumpfes Sägeblatt via Maschinentechnik identifizieren lassen. Das Zusammenspiel von Sensoren, Drohnen, Kameras und intelligenter Software liefert uns heute ziemlich gute Datenpools, die sich auch für verlässliche Prognosen heranziehen lassen. Die vorangehend beschriebene Ausgangslage freut Menschen wie mich, weil es etwas zu optimieren gibt. Die Betreiber und Dienstleister können ihre Geschäftsprozesse für die Wartung und Instandhaltung verbessern. Für die Hersteller ergeben sich, wenn man das Ganze etwas weiterdenkt, neue Services im digitalen Umfeld bis hin zu flexibleren Vertriebsmodellen, etwa nach dem Schema Pay-per-Use.

Die folgenden Beispiele geben Ihnen einen Überblick, wie Predictive Analytics und Predictive Maintenance bereits genutzt werden bzw. wie sie eingesetzt werden könnten:

- Für die Getränkelogistik und die dort eingesetzten Bottler könnte die vorausschauende und intelligente Wartung die Produktion und die Logistik flexibler machen: Könnte der Bottler auf die Absatzmengen der letzten zehn Jahre zurückgreifen, für jedes einzelne Produkt, das verkauft wurde, ließe sich daraus eine ordentliche Prognose für die Zukunft erstellen. Selbstverständlich müssen gewisse Faktoren eingerechnet werden. Das Wetter verändert sich zum Beispiel. Es wird immer heißer, und die Leute trinken mehr. Doch ein Muster aus der Vergangenheit abzuleiten, wäre sicher hilfreich für die aktuelle Planung.
- Im Verkehrsmanagement finden wir bereits einige Anwendungsfälle. Der Nutzfahrzeug- und Maschinenbaukonzern MAN setzt auf KI-Funktionen, um die Verfügbarkeit der eigenen Lkws auf den Straßen zu erhöhen. Das Unternehmen stellte einen Datensatz zusammen, um möglichst verlässlich vorhersagen zu können, wann bei einem Fahrzeug insbesondere kritischen Teile wie Injektoren ausfallen, die dann direkt zum Liegenbleiben führen. In diesen Datensatz flossen Reparatureinträge, Fehlerdokumentationen und Telematik-

daten ein. Außerdem wurde ein Algorithmus entwickelt, der in den Steuergerätedaten „ungesunde" Fahrzeugdaten aufspüren soll. Die Schweizerischen Bundesbahnen (SBB) nutzen bereits eine IoT-Lösung von SAP für die vorausschauende Wartung ihrer Fahrzeugflotte. Im regionalen ÖPNV laufen weitere, ähnliche Projekte an.

- Für Gesundheitsdaten und Healthtech-Firmen sind IoT-basierte Prognosen ebenfalls interessant: Ein Team der Icahn School of Medicine der Mount Sinai Emory University konnte zusammen mit Projektpartnern offenbar durch Modelle, die auf Predictive Analytics basieren, nachweisen, dass ein bestimmtes Protein gegen Alzheimer schützt:

  „To better understand how genetic factors impact Alzheimer's disease risk and development, the group built predictive network models of late-onset Alzheimer's disease by mining DNA, RNA, protein, and clinical data. By integrating DNA variation with additional types of molecular and clinical data, more complex, holistic models of disease can be constructed and mined to elucidate regulatory and mechanistic drivers of disease and points of therapeutic intervention, researchers said. [...] These predictive analytics models enabled them to identify key regulators of Alzheimer's disease and spotlight VGF, the only key driver of a suppressed response across all datasets. VGF is a neuronal protein that regulates memory, and levels of it are reduced in the brains and cerebrospinal fluid of patients with Alzheimer's disease.[5]"

Für die Energiewende sind IoT und modernere Wartungsansätze ein Riesenthema, wie die folgenden Beispiele zeigen:

- Die Gruppe Climate Change AI (*https://www.climatechange.ai*) hat ein Paper[6] veröffentlicht, das für 13 Bereiche Vorschläge zum Einsatz von KI im Klimaschutz macht. Oft geht es dabei um Predictive Maintenance. Wenn man aus einer Datenbasis möglichst effiziente Fahrrouten errechnen lässt, spart das am Ende des Tages Emissionen ein. Auch für eine bessere Auslastung der Stromnetze könnte datenbasiertes Vorausschauen mithilfe von IoT eine Lösung sein.
- Die Deutsche Energieagentur dena koordiniert das Projekt „EnerKI - Einsatz künstlicher Intelligenz zur Optimierung des Energiesystems". Sie will auf diesem Weg gezielt Wissen über die Nutzung Künstlicher Intelligenz im Energiesystem aufbauen und für die Wirtschaft, Fachöffentlichkeit und Politik nutzbar machen. In der dena-Analyse „Künstliche Intelligenz für die integrierte Energiewende" von Herbst 2019 steht unter anderem: „Anbieter von Predictive Maintenance für Windturbinen versprechen eine Vorhersage der Ausfälle von Betriebselementen 60 Tage im Voraus und Einsparungen in Höhe von

[5] *Kent, Jessica:* Predictive Analytics Models Detect Alzheimer's-Protecting Protein. Online-Beitrag vom 20.08.2020. *https://healthitanalytics.com/news/predictive-analytics-models-detect-alzheimers-protecting-protein*

[6] Tackling Climate Change with Machine Learning. 5. November 2019. *https://arxiv.org/pdf/1906.05433v2.pdf*

12 500 Euro je Turbine aufgrund vermiedener Wartungsarbeiten. KI-Anwendungen schaffen so nicht nur einen betriebswirtschaftlichen Mehrwert, sondern können auch einen Beitrag zur Integration erneuerbarer Energien leisten.[7]"

- Die Hamburger Firma Kaiserwetter hat sich auf die Auswertung und Korrelation von Kundendaten im Sektor erneuerbare Energien spezialisiert. Sie wertet zum Beispiel die Daten von Windparkkomponenten oder Solarkraftanlagen aus, um Normalwerte und Abweichungen von Turbinen und Ähnlichem per Mausklick verfügbar zu machen. Der Nutzen für die Betreiber liegt auf der Hand: Läuft alles reibungslos, haben sie Kontrolle in Echtzeit, ohne dass ein Techniker vor Ort sein müsste. Auch Benchmark-Analysen mit anonymisierten Wettbewerbern werden dadurch möglich, was sicher auch die eine oder andere Firma interessiert. Für diese Services zieht das Unternehmen die Daten direkt aus den Anlagen der Kunden und bereitet sie mithilfe von Software auf. Bislang dauern automatisierte Jahresberichte auf diesem Wege rund drei Tage. Werden die Visionen der Manager war, sind es eines Tages nur noch 3 Sekunden.
- Forscher des Karlsruher Instituts für Technologie (KIT) entwickeln im Rahmen des Projekts PrognoNetz selbstlernende Wettersensoren, damit die Hochspannungsleitungen besser ausgelastet werden. Die Sensoren sollen die Kühlwirkung des Wetters in Echtzeit modellieren. Wilhelm Stork, Leiter der Mikrosystemtechnik am Institut für Technik der Informationsverarbeitung des KIT, erklärte dazu: „So lässt sich die transportierte Strommenge bei günstigen Bedingungen, das heißt niedriger Außentemperatur oder starkem Wind, um 15 bis 30 Prozent erhöhen.[8]"
- Der dänische Energiekonzern Ørsted widmet sich dem Thema Smart Metering und dem datenbasierten Geschäft mit Strom aus erneuerbaren Energien. Dabei spielte auch die Wartung mithilfe von IoT-Daten eine Rolle. Eine Frage, die viele Implikationen hat, ist zum Beispiel: Wann schickt man für eine Reparatur ein Schiff zu einer Offshore-Windfarm? Dafür muss man das Wetter und Sicherheitsauflagen sowie die Investitionskosten und den Zeitfaktor berücksichtigen. Gelingt es, die analogen Geräte in solchen Anlagen und Werken ans Internet der Dinge anzuschließen, würde der Datenbestand für die Zustandskontrolle und Überwachung ein möglichst genaues und umfassendes Bild

---

[7] *Deutsche Energie-Agentur (dena):* Künstliche Intelligenz für die integrierte Energiewende. Einordnung des technologischen Status quo sowie Strukturierung von Anwendungsfeldern in der Energiewirtschaft. Stand: 09/2019. *https://www.dena.de/newsroom/publikationsdetailansicht/pub/dena-analyse-kuenstliche-intelligenz-fuer-die-integrierte-energiewende*

[8] *Karlsruher Institut für Technologie (KIT):* Künstliche Intelligenz verbessert Stromübertragung. PrognoNetz: selbstlernende Sensornetzwerke zur Prognose der Belastbarkeit von Freileitungen – Anpassen des Betriebs an die Witterung nutzt das Netz optimal aus. Presseinformation 055/2019. *https://www.kit.edu/kit/pi_2019_055_kunstliche-intelligenz-verbessert-stromubertragung.php*

liefern. Dadurch könnte man sich dann fundierter zwischen den Optionen entscheiden.

Simulationen sind ein fester Bestandteil in vielen Ansätzen, die man im BWL-Studium kennenlernt. Rechensimulationen in der wirtschaftlichen Praxis können heutzutage erstaunliche Dinge mit Daten anstellen, erst recht, wenn man sie klug aufzieht und vielleicht bald sogar standardmäßig mit Künstlicher Intelligenz koppelt. Das Internet der Dinge kann für unternehmerische Entscheidungen die entscheidenden Infos liefern, um die Weichen für die Zukunft zu stellen. Ich bin sicher, dass für die Zustandskontrolle und die Wartungsprozesse noch viele Anwendungsfälle hinzukommen werden.

IoT-Architektur

Betrachten wir nun einen Use Case bei dem wir eine IoT-Plattform für die Überwachung von Motoren in einer Produktionslinie aufbauen, um vorbeugend Wartungen an den Motoren vorzunehmen. Die Motoren sind über Sensoren an unser IoT-System angeschlossen. Durch Push-Prozesse können wir die Prozesse automatisieren und so auch Teile im Falle eines Wartungsfalls über die Supply Chain bestellen. Der Use Case wird in der Norm ISO/IEC TR 22417:2017 (Normabschnitt 7.16) detailliert beschrieben. Durch den IoT-gestützten Einsatz von vorausschauender Wartung ergeben sich folgende Vorteile:

- Optimierung der Verfügbarkeit von Ressourcen
- Erhöhung des Durchsatzes
- Minimierung ungeplanter Ausfälle
- Senkung der Wartungskosten

Prozessschritte und Prozesse, die das IoT-System unterstützen muss

1. Der Nutzer erhält Motoreninformationen zur Leistung und kann so vorausschauend Wartungsprozesse anstoßen.
2. Das IoT-Gateway erstellt aus den gewonnenen Informationen Daten im Format Message Queuing Telemetry Transport (MQTT), einem offenen Netzwerkprotokoll für Maschinenkommunikation, und verschickt diese Daten an die API der Anwendung für vorausschauende Wartung und Qualitätssicherung. Die Anwendung wird in einem Cloud-Service ausgeführt.
3. API und IoT-Geräte werden im Cloud-Service autorisiert.
4. Es erfolgt eine Übergabe der Daten an die Anwendung für vorausschauende Wartung und Qualitätssicherung in der Cloud.
5. Es wird eine Echtzeitprüfung auf Ausnahmen, Bedingungen, Anomalien und Handlungsbedarf vorgenommen.
6. Der Workflow und die Asset-Management-Integration werden angestoßen. Der Techniker wird benachrichtigt.
7. Es erfolgt eine vollständige Automation des Prozesses als Cloud-Service. ■

Tabelle 7.5 führt alle für den Use Case notwendigen Entitäten auf, beschreibt deren Typ, die Funktionsweise und gibt Hinweise zur zugrunde liegenden Technologie.

Tabelle 7.5 Technische Komponenten gemäß ISO/IEC TR 22417:2017 (basierend auf der IoT-Referenzarchitektur)

Entität	Typ	Beschreibung	Technologie
Techniker	Menschliche Entität	Wartet die Motoren in der Linie	
Supervisor (Produktionsleiter)	Menschliche Entität	Verantwortet den Produktionsprozess der Linie	Zentraler Produktions-Control Tower
Motor	Physische Entität	Wird bezüglich Leistung und Störungen überwacht	
Sensor am Motor	Sensor	Überwachen die Funktionen und Werte am Motor	
IoT-Gateway	IoT-Gateway	Sammelt Motorsensordaten und leitet sie an Cloud-Dienste und -Anwendungen weiter	Transportprotokoll für Internetverbindung beachten (hier MQTT zum Versand an Cloud-Service)
Geräteregistrierung	Datenbank	Speichert und ermöglicht die Registrierung der Geräte-Identitäten im IoT-System	SQL-Datenbank
Vorausschauende Wartung und Qualitätsanwendung	Softwareanwendung (Cloud-Applikation)	Softwareapplikation, die die eingehenden Sensordaten analysiert, mit historischen Daten abgleicht und Folgeaktionen, wie Wartungen anstößt	
Zentraler Produktions-Control Tower	User Interface für Endanwender	Endanwender-Applikation, die grafisch ansprechend gestaltet sein sollte und dem Supervisor hilft, schnell Handlungsbedarfe in der Produktionslinie zu erkennen	

■ 7.8 IoT-Geschäftsmodelle im Maschinenbau

In unserer aktuellen Gesellschaft, vor allem innerhalb der heranwachsenden Generation von Entscheidern und Unternehmern, erkennen wir einen deutlichen Trend zur Sharing Economy. Dieses neue Mindset der Unternehmer hat auch Auswirkungen auf die Geschäftsmodelle der Unternehmen. Eine hohe Kapitalbindung durch den Kauf einer neuen Produktionsmaschine wird immer unattraktiver, da sich auch die Amortisationszeiten für Investitionen verkürzen. Dies führt dazu, dass klassische Geschäftsmodelle überdacht werden müssen und beispielsweise ein Maschinenbauunternehmen für die Finanzierung seiner Anlagen für die Kunden innovative Geschäftsmodelle bereitstellen muss.

Die Norm ISO/IEC TR 22417:2017 beschreibt in Normabschnitt 7.19 ein IoT-System, das das Maschinen-Finanz-Leasing technisch abbildet. Dieses System überwacht die Leistung und Kennzahlen einer Maschine in Echtzeit und trackt die Position der Maschine, um diese Informationen an Banken zu übermitteln, die ein Maschinen-Leasing anbieten. Der Maschinenbauer ist gleichzeitig in der Lage, die Informationen aus den Maschinenkomponenten zu lesen, zu sammeln und auszuwerten. Unter anderem wäre damit eine vorausschauende Wartung und eine Minimierung der Ausfallzeiten möglich, aber darum geht es hier nicht. Interessant ist jedoch, dass wir diese Daten für Statistiken, Leistungsdaten und die Bestimmung durchschnittlicher Betriebskosten nutzen können. Die Transparenz hilft dem Maschinenbauer bei der Absicherung seiner Anlage und der Bank bei der Risikominimierung.

Durch dieses Modell ist auch ein etwas weiterreichendes finanzielles Geschäftsmodell denkbar: eine nutzungsbasierte Abrechnung des Maschinenbetriebs. Wir kennen das von der Nutzung schwerer Baumaschinen. Wenn man sich einen Bagger leiht, dann sind pro Tag 8 Stunden Maschinenlaufzeit inklusive. Wenn der Bagger mehr als 8 Stunden pro Tag betrieben wird, kostet jede weitere Stunde extra. Stellen Sie sich vor, Sie rechnen nun nach Betriebsstunden oder sogar nach Ausbringungsmenge ab. Nehmen wir eine Blechstanze als Beispiel. Pro Kotflügel, den die Maschine für den OEM in der Automobilproduktion herstellt, wird ein Stückbetrag fällig. Das verlagert das Risiko des OEMs auf den Werkzeugmaschinenhersteller. Wenn das Geschäft brummt, dann werden mehr Teile produziert, und die Maschinenkosten steigen. Muss die Produktion heruntergefahren werden, so fallen auch weniger Maschinenkosten an.

Tabelle 7.6 zeigt die dafür nötigen technischen Komponenten gemäß ISO/IEC TR 22417:2017 (basierend auf der IoT-Referenzarchitektur).

Tabelle 7.6 Technische Komponenten gemäß ISO/IEC TR 22417:2017 (basierend auf der IoT-Referenzarchitektur)

Entität	Typ	Beschreibung	Technologie
Temperatur-, Vibrations-, Bewegungssensoren	Sensor	Erfassen Daten aus Komponenten der Maschine, zum Beispiel Batteriestand und -temperatur	
GPS-Gerät	Sensor	Echtzeitpositionsdaten der Maschinen für die Serviceanwendung	
Alarmregler	Sensor	Für Maschinendiebstahl oder Störungen (meldet einen Alarm oder eine Warnung an die Serviceplattform)	
IoT-Gateway	Gateway	Verbindet Sensor-, Alarmregler- und RFID-Lesegeräte, sammelt Informationen und verwaltet das lokale Netzwerk.	
Internetkonnektivität	Netzwerk		
Ressourcen-zugriffssystem	Cloud-System	Verbindet sich mit Systemen von Drittanbietern, um Daten abzurufen (dazu gehören ERP-, Lager-verwaltungs-, Produktionsplanungs- und MES-Systeme des Maschinen-herstellers)	
Informations-ressourcen-Datenbank	Datenbank	Kategorisiert Sensor- und Geräte-daten und speichert sie ab	
Maschinen-überwachungs- und -Tracking-System mit Benutzeroberfläche	Cloud-System	Liefert Betriebszustandsdaten der Maschinen, Datenanalysen sowie Visualisierungen und bereitet sie in User Interfaces für Endbenutzer Maschinenhersteller, Maschinen-benutzer, Banken auf	
Wartungssystem	Cloud-System	Beobachtet sicheren, stabilen Betrieb, zeichnet Betriebs- und Gerätezu-stände aller Maschinen auf und bietet Wartungsservice an	
Benutzer-berechtigungs-verwaltungssystem	Cloud-System	Stellt Benutzern Zugriff auf Informationen entsprechend ihren Berechtigungen zur Verfügung	

8 Vom Projekt zur IoT-Strategie

In Kapitel 6 und 7 haben wir uns angeschaut, wie IoT-Anwendungen in der Praxis aussehen können und wie man sich auf einen Use Case mit dem eigenen Unternehmen vorbereitet. Die meisten von Ihnen würden mir wahrscheinlich zustimmen, wenn ich sage: IoT-Projekte sind keine Eintagsfliege. Auf das erste Projekt – egal, ob es nun erfolgreich war oder nicht – folgt bald ein anderes. Möglicherweise denken Sie sich jetzt etwas wie: „Na klar, für dich als IoT-Berater ist das wohl so, aber bei uns sieht die Lage doch etwas anders aus." Dazu will ich zwei Sachen sagen: In meinem Arbeitsalltag als Berater und Begleiter ist es mir wichtig, dass Projekte, an denen ich beteiligt bin, ein Erfolg werden. Nicht, dass Sie denken, ich schwirre von Projekt zu Projekt wie eine Wespe im Biergarten (Da sind mir Ameisen deutlich sympathischer. Deshalb heißt meine Firma auch digit-ANTS GmbH). Aus meiner Perspektive als Berater und Begleiter kann ich aber natürlich gut mitverfolgen, was sich bezüglich IoT in der deutschen Wirtschaft so tut. Bei den einen gibt es viel nachzuholen, die anderen gehen proaktiv voraus. Die Firmen sind jedenfalls in Bewegung. Damit bin ich beim zweiten Teil meiner Erwiderung: Wie wollen Sie auf lange Sicht daran vorbeikommen, IoT-fähige Geräte und Anwendungen in Ihr Unternehmen und Ihr Geschäftsmodell zu integrieren? Es gibt Menschen, die sich eine Art Abwehrhaltung zugelegt haben, die mich ein bisschen an alte Freunde erinnert. Die sagten damals im Brustton der Überzeugung: „Ein Handy brauche ich nicht. Was soll ich damit?" Mittlerweile haben sie alle eins, und zwar ein smartes, und müssen selbst über ihre frühere Einstellung schmunzeln.

Wie ich mich als Unternehmen im IoT-Bereich aufstelle, hat sicher viel mit der Branche und der Firmengröße zu tun. Doch meiner Erfahrung nach geht es dabei auch oft um psychologische Fragen, um die Veränderungsbereitschaft und die Einstellung gegenüber Innovationen. Technologieschübe, wie wir sie aktuell erleben, kennen wir durch die Entwicklung bei Computern und Datenträgern ja eigentlich schon. Das Internetzeitalter hat jedoch noch einmal eine eigene Qualität, was die Dichte, die Geschwindigkeit und die globale Dimension angeht. Davon kann man sich mit Recht überfahren fühlen. Mein Appell wäre aber: Versuchen Sie, die Veränderungen mitzugestalten. Ich habe für mich selbst die Erfahrung gemacht, dass Veränderungsbereitschaft sich lohnt. Als ich mich selbstständig gemacht habe, war die Reaktion oft: Warum hast du denn nicht lieber als Angestellter weitergearbeitet? Bei manchen sprach aus dieser Frage auch eine gewisse Angst vor Veränderung. Als ich privat auf vegane Ernährung umgestellt habe, war es noch extremer. Einige haben es mir schlicht nicht geglaubt, andere haben mich zurecht daran erinnert, dass ich früher selbst über Veganer gelästert habe. Tja, man kann es schaffen, sich selbst und andere zu überraschen. Wenn Bosch eine Drehbank aus dem 19. Jahrhundert mit modernen Sensoren an zeitgenössische IoT-Plattformen anschließen kann, warum sollte dann nicht auch jede andere Firma mit der Zeit gehen und ihren Bestand in die Welt von morgen überführen können?

Auf ein konkretes Unternehmen heruntergebrochen, lassen sich Fragen zur IoT-Ausrichtung durchaus beantworten, auch wenn sie zunächst kompliziert wirken. Das Internet der Dinge kann und sollte dabei Teil der Gesamtstrategie werden, zumal in Deutschland die Unternehmen ohnehin ein struktureller Innovationsmotor sind. Das können Sie unter anderem in der Studie „Forschung und Entwicklung in Staat und Wirtschaft. Deutschland im internationalen Vergleich" nachlesen, die zur Reihe „Studien zum deutschen Innovationssystem" am Center für Wirtschaftspolitische Studien (CWS) des Instituts für Wirtschaftspolitik der Leibniz Universität Hannover gehört. Darin heißt es:

> *„In Deutschland erfolgt die Finanzierung von Forschung und Entwicklung (FuE) zu zwei Dritteln durch die inländische Wirtschaft. Sie ist damit weitaus stärker von der Wirtschaft abhängig als in den meisten anderen europäischen Ländern. Nur in Japan, Korea und China ist dieser Anteil noch höher. FuE in Hochschulen und außer-universitären Einrichtungen wird in Deutschland in überdurchschnittlichem Maß durch die Wirtschaft finanziert, was eine im internationalen Vergleich relativ intensive FuE-Kooperationen zwischen Wirtschaft und Staat in Deutschland belegt.[1]"*

In Zahlen sah es den Autoren zufolge so aus: 2016 wurden in Deutschland über 90 Milliarden Euro für Forschung und Entwicklung (FuE) aufgewendet. Mehr als zwei Drittel der FuE-Mittel wurden für die Durchführung von FuE in der Wirtschaft aufgewendet. Nur in Japan seien die Aufwendungen der Wirtschaft für Forschung und Entwicklung noch stärker in Großunternehmen konzentriert als in Deutschland. Die kleinen und mittleren Unternehmen würden wiederum mit ihren FuE-Aktivitäten die Breite bestimmen, mit der FuE in der Wirtschaft verankert ist. Zum Zusammenhang zwischen den FuE-Abteilungen in den Firmen und Innovationsprozessen bzw. zur Abgrenzung der Begriffe Innovation und FuE will ich hier noch eine Passage au der Studie zitieren:

> *„Unternehmerische FuE ist sehr stark abhängig von einem hohen Bildungsstand der Arbeitskräfte und vom Leistungsstand der wissenschaftlichen Forschung. Hoch qua-*

[1] *Schasse, Ulrich/Gehrke, Birgit/Stenke, Gero:* Forschung und Entwicklung in Staat und Wirtschaft - Deutschland im internationalen Vergleich. Studien zum deutschen Innovationssystem Nr. 2-2018. Herausgegeben vom Center für Wirtschaftspolitische Studien (CWS) des Instituts für Wirtschaftspolitik, Leibniz Universität Hannover. S. 10

lifizierte Arbeitskräfte sind nicht nur für FuE-Aktivitäten in der Wirtschaft, sondern auch zur Absorption wissenschaftlicher Erkenntnisse erforderlich. Andererseits müssen neue Technologien auch diffundieren, müssen die Industrieforschungsergebnisse umgesetzt werden – in technologische Erfindungen, in Produkt- und Prozessinnovationen sowie letztlich in Umsatz, Wertschöpfung und Beschäftigung. Hierzu sind zusätzliche Innovationsaktivitäten und -aufwendungen sowie Investitionen in Sachanlagen erforderlich. Insofern ist klar, dass durch FuE nur ein Aspekt des Innovationsprozesses abgebildet wird, nämlich der „Primärinput". Es gibt aber auch viele Unternehmen, die neue Produkte oder Produktionsprozesse entwickeln und einführen ohne FuE durchzuführen. Deshalb ist FuE auch kein Synonym für Innovationen.[2]*"*

Auch wenn die Publikation noch weiter in die Tiefe geht, was die Abgrenzung zwischen FuE und Innovation, etwa mithilfe der sogenannten Frascati-Richtlinien angeht, soll das für unsere Zwecke an dieser Stelle genügen. Um wieder auf unser Thema IoT zurückzukommen, werfen wir noch einen Blick in eine etwas konkretere Trendstudie mit dem Titel „Das Internet der Dinge im deutschen Mittelstand: Bedeutung, Anwendungsfelder und Stand der Umsetzung". Wie bereits in Kapitel 3 erwähnt, beantworteten für diese Untersuchung 161 Experten mit „Entscheidungskompetenz bei IoT-Projekten oder anderen Digitalisierungsinitiativen" im Herbst 2018 Fragen, die teilweise strategische Aspekte berührten. Unter der Überschrift „Große Ziele, keine Hektik" finden wir eine interessante Zusammenfassung zu den Äußerungen, mit denen die befragten Firmen ihre eigene Situation sowie die Markt- und die Branchenlage im Hinblick auf IoT beurteilten.

„Der Mittelstand verfolgt große Ziele. Für 36 % sind vollautomatisierte Prozesse im Betrieb sowie in Transport und Logistik absolut keine Vision mehr, sondern ein realistisches Szenario, an dem gearbeitet wird. Für weitere 36 % trifft diese Aussage noch teilweise zu. Das ist ein beachtliches Ergebnis, das unterstreicht, welche Signifikanz IoT für den Mittelstand hat: Denn ohne IoT ist die Vollautomatisierung in Betrieb, Produktion, Logistik und Transport überhaupt nicht möglich. Allerdings hat man es scheinbar mit der Vernetzung von Fahrzeugen, Geräten und Produkten dann doch nicht ganz so eilig. 45 % der Befragten bestätigen, dass sie nicht mit Hochdruck daran arbeiten, ihre „Dinge" innerhalb der nächsten 12 Monate zu vernetzen. Weitere 41 % möchten dies auch nur teilweise tun.[3]*"*

Bild 8.1 zeigt die sechs Einzelfragen hinter dieser Zusammenfassung.

---

[2] *Schasse, Ulrich/Gehrke, Birgit/Stenke, Gero:* Forschung und Entwicklung in Staat und Wirtschaft – Deutschland im internationalen Vergleich. Studien zum deutschen Innovationssystem Nr. 2-2018. Herausgegeben vom Center für Wirtschaftspolitische Studien (CWS) des Instituts für Wirtschaftspolitik, Leibniz Universität Hannover. Kapitel 1.1.2

[3] Trendstudie „Das Internet der Dinge im deutschen Mittelstand. Bedeutung, Anwendungsfelder und Stand der Umsetzung". PAC Deutschland, April 2019. S. 7

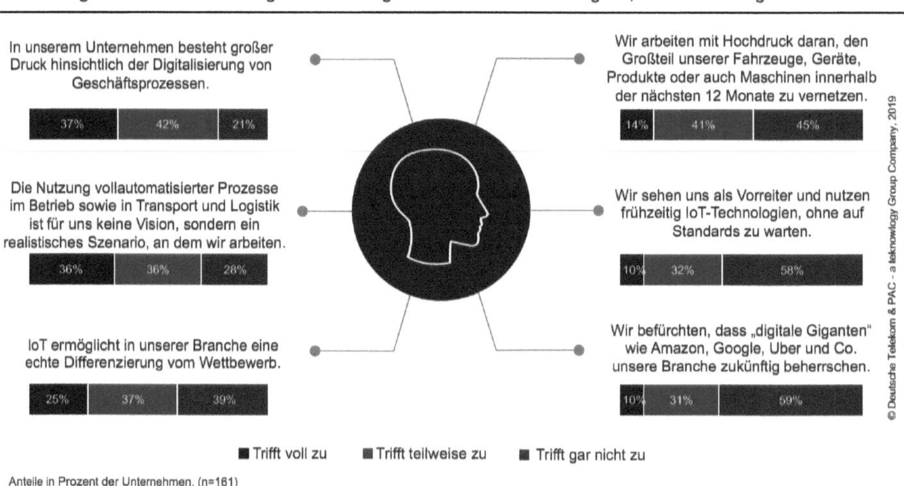

Bild 8.1 Aussagen deutscher Mittelständler über IoT im Herbst 2018 (Quelle: Trendstudie „Das Internet der Dinge im deutschen Mittelstand. Bedeutung, Anwendungsfelder und Stand der Umsetzung". PAC Deutschland, April 2019. S. 8)

So wie es hier - und auch in meinen persönlichen Gesprächen - wirkt, hat der Mittelstand IoT mehrheitlich schon eine Weile auf dem Plan. Er ist aber natürlich von Branche zu Branche und Unternehmen zu Unternehmen unterschiedlich aufgestellt. Für die Nachzügler ist wichtig, nicht zu sehr ins Hintertreffen zu geraten, nicht zu lange zu warten mit dem ersten bedeutenden IoT-Projekt. Für die Vorreiter, die schon einige IoT-Anwendungsfälle umgesetzt haben, werden neue Services auf Level 2 zur Herausforderung, zum Beispiel Apps und digitale Assistenten oder vorausschauende Wartung und Energiemanagement auf Basis von IoT-Sensordaten.

In diesem abschließenden Kapitel geht es mir um das strategische Denken und Handeln in Verbindung mit dem Internet der Dinge, denn wie ich bereits beschrieben habe, ist zum Beispiel die Entscheidung für eine IoT-Plattform oft eine strategische Entscheidung. In den folgenden Abschnitten schauen wir uns einige wichtige Stellschrauben für eine ganzheitliche IoT-Strategie an. In Abschnitt 6.2 habe ich bereits Design Thinking als agile Methode zur Ideenfindung und Projektvorbereitung vorgestellt. In Abschnitt 8.1 vertiefe ich den Blick mit einer Vorstellung weiterer agiler Methoden. Scrum, Kanban, Rapid Prototyping und das Minimum Viable Product sind sinnvolle Instrumente, um IoT-Projekte umzusetzen und unter heutigen Voraussetzungen marktreife Prototypen, Produkte und Services zu entwickeln Ich möchte Ihnen in diesem Kapitel außerdem Impulse geben, wie Sie sich ein nachhaltiges digitales Geschäftsmodell aufbauen, strategische Partnerschaften für IoT-Services schließen und die notwendige Innovationsbereitschaft mit dem bisher Aufgebauten und Erreichten in Einklang bringen können.

8.1 Projekte agil umsetzen

Agile Methoden sind schon seit Jahren ein Thema, auch wenn Sie erst mit einer gewissen Verzögerung ihren Weg aus der englischsprachigen Business-Welt in den deutschen Mittelstand gefunden haben. Als Unternehmensberater und Projektbegleiter habe ich die Erfahrung gemacht, dass sich viele deutsche Unternehmen mit Flexibilität, mit Umstellungen, mit dem berühmten Mut zur Lücke schwertun. Sie haben sich über Jahrzehnte an eine andere Vorgehensweise gewöhnt - und Veränderung ist eine Kunst für sich, für den Einzelnen wie für eine Gruppe von Menschen, besonders für Menschen in Organisationen und Institutionen. Die Klischees von der deutschen Gründlichkeit, von unserer Planungstiefe und Detailversessenheit haben ja alle einen wahren Kern. Deutschland ist schließlich nicht nur das Land der Dichter und Denker, sondern auch das Land mit dem TÜV und den technischen Richtlinien, den DIN-Normen und Formularen, den sorgfältigen Ingenieuren, den Versicherungen und den Juristen. Hohe Qualitätsansprüche und das „Made in Germany" des 20. Jahrhunderts reichen mittlerweile jedoch nicht mehr aus, um wettbewerbsfähig zu bleiben, denn die Wettbewerber können heute in rasender Geschwindigkeit preiswerte Kopien erstellen, die im globalen Rahmen nur schwer anzufechten sind. Was einzelne Marktteilnehmer in jahrelanger Planung entwickelt haben, wird möglicherweise von anderen in viel kürzerer Zeit angepasst, gebrandet und erfolgreich verkauft. Stichwort: Disruption. Für das Management, die Logistik und die Produktion der Zukunft ist agiles Handeln deswegen ein elementarer Baustein.

Zu den agilen Methoden, die Firmen dabei helfen, gehören Scrum, Kanban, Minimum Viable Product (MVP) und Rapid Prototyping, die wir uns im Folgenden näher anschauen werden. Üblicherweise werden solche agilen Methoden dem sogenannten Wasserfallmodell gegenübergestellt. Unter der Wasserfallmethode versteht man, dass Projekte in mehrere Phasen unterteilt werden. Diese Phasen bauen aufeinander auf und werden im Projektverlauf in einer zuvor festgelegten Reihenfolge konsequent abgearbeitet. Ist eine Phase abgeschlossen, wird das Ergebnis nicht mehr hinterfragt oder gar rückgängig gemacht. Typische Phasen in der IT sind Konzeption, Design, technische Umsetzung, Roll-out und Support. Der Name „Wasserfallmethode" hat sich dafür über die Jahre etabliert. Während die Bezeichnung möglicherweise noch positive Gefühle in Ihnen wachruft, weil Sie bei diesem Wort vielleicht an schöne Natur oder an Ihren letzten Urlaub denken, sprechen andere von Einbahnstraßenplanung, um das Starre und Unflexible an der linearen Planung zu verdeutlichen. Alles fließt nur stur in eine Richtung, ohne dass man auf alternative Routen ausweichen oder umkehren und zum Ausgangspunkt zurückrudern könnte. Das birgt Risiken: Man kann schnell zum Sklaven zu dezidierter Planung werden, wenn die Vorbereitung und die Umsetzung aus unflexiblen Etappen und streng aufeinander aufbauenden Phasen bestehen. Von fahrenden

Zügen springt man besser nicht mehr ab. Doch wissen Sie denn tatsächlich, wo Ihr Unternehmen in drei Jahren stehen wird? Warum sollte man jetzt ein mehrjähriges Projekt starten, das hohe Kosten für die Planung verzehrt, wenn sich alles so schnell verändert und Sie den Zeitraum des Projekts für Ihr Unternehmen gegebenenfalls gar nicht überblicken können?

Die Wasserfallmethode wurde und wird vor allem in hierarchisch geprägten Strukturen genutzt. Ich würde nicht sagen, dass sie heutzutage völlig überholt ist. Der Wasserfall bietet die Möglichkeit, umfangreiche Projekte präzise zu planen und zuverlässig durchzuführen. Der Softwarekonzern SAP hat mit der bewährten Methode AcceleratedSAP (ASAP) ein eigenes Wasserfallmodell entwickelt, das er nicht komplett von der Speisekarte gestrichen hat, sondern mit agilen Alternativen weiter serviert und zudem eine neue Methode entwickelt. SAP Activate heißt diese Methode, die für die Einführung komplexer integrierter SAP ERP-Systeme entwickelt wurde. Im Jahr 2019 habe ich mich bei SAP als SAP Activate Project Manager zertifizieren lassen. Ich fand es sehr interessant, wie eine agile Projektmethode dabei helfen kann, so ein komplexes Softwareprodukt wie SAP S/4HANA zu implementieren. Sie werden am Ende dieses Kapitels erkennen, dass es bei einem integrierten Informationssystem, einem ERP-System, nicht so einfach ist, agil vorzugehen, da sich die Module für Finanzen und Materialwirtschaft nicht komplett losgelöst und unabhängig voneinander einführen lassen. Immerhin reden wir von einer integrierten Software, und eine Bewegung in der Materialwirtschaft hat immer auch Einfluss auf Werteflüsse in den Finanzbereichen.

Diese agilen Methoden haben gegenüber der unbeweglicheren Planungs- und Umsetzungsmethode à la Wasserfall ein paar Vorteile:

- Das Nutzerverhalten ist nicht mehr mit dem von vor 20 Jahren zu vergleichen. Die Geschwindigkeit, mit der Kunden und Anbieter kommunizieren, hat drastisch zugenommen.
- Planungswut bis in die Detailebene kann dazu führen, dass Unternehmen am Markt vorbei entwickeln und am Ende nicht mehr schnell genug reagieren können, weil ihnen die Flexibilität fehlt. Viele Branchen und Teilmärkte sind komplexer geworden, sodass es unmöglich wird, jeden Einzelschritt mit allen Abhängigkeiten im Detail zu planen und Folgeaktivitäten zu definieren.
- Beim agilen Projektmanagement sind die Planungszyklen deutlich kleiner. Die Philosophie „Trial and Error“ wird zum Bestandteil der Entwicklung.
- Benutzer werden frühzeitig einbezogen, was den Vorteil hat, direkt erkennen zu können, ob Produkte und Services angenommen werden, und sehr schnell Feedback in die Entwicklung einfließen zu lassen. Damit lässt sich viel Geld einsparen, weil für den Markt und nicht daran vorbei entwickelt wird.

„Agil“ zu agieren, hat außerdem etwas mit moderner Unternehmensführung, Firmenkultur und Führungsstil zu tun. Wer sich auf die agilen Methoden einlässt, zeigt seinen Leuten, dass er sich über Hierarchien und Mitarbeiterbeteiligung, über Motivation und Teamspirit, über Arbeitsklima und Bedürfnisse Gedanken macht, anstatt die Mitarbeiter nach Schema F einzustellen, um sie sogleich in Schubladen für die nächsten Jahre oder Jahrzehnte zu stecken. Schließlich geht es darum, Routinen, Rollen und Arbeitsweisen auch einmal zu ändern, sich neuen Gegebenheiten anzupassen, um als Unternehmen zu den bestmöglichen Ergebnissen zu kommen. Damit sind wir beim Thema Smart Leadership, das ich in diesem Buch leider nur anreißen kann.

Selbst wenn Sie sich für Ihr eigenes Unternehmen nicht vorstellen können, für die Ideenfindung, die Produktentwicklung, das Projektmanagement oder andere Abläufe konsequent mit agilen Methoden zu arbeiten, rate ich Ihnen, sich mit Design Thinking und den anderen in diesem Kapitel vorgestellten Ansätzen vertraut zu machen. Seien (und bleiben) Sie gegenüber agilen Methoden grundsätzlich offen. Sie müssen ja nicht sofort alles adaptieren, wenn es Ihnen zu gewagt erscheint. Allein der Einsatz einer Stoppuhr, die beim Design Thinking für das Timeboxing verwendet wird, kann Wunder wirken, um bestimmten Agendapunkten den nötigen Zeitrahmen zu geben. Picken Sie sich also vielleicht erst einmal die Rosinen heraus. Ein bisschen agil geht auch. Gerade bei der Einführung von komplexen Unternehmenssoftwarelösungen, wie zum Beispiel SAP S/4HANA oder SAP ERP ECC, bietet sich ein „agiler Wasserfall“ an, denn hier ist es nicht immer möglich, mit einem rein agilen Ansatz zum Ziel zu kommen. Agile Methoden setzen in der Regel auf kleine Lösungen, die bei Fertigstellung direkt einen Wert für das Unternehmen oder die Anwender erzeugen. Eine integrierte Unternehmenssoftware lässt sich aber wohl nicht wirklich in Teilschritten einführen. Stellen Sie sich vor, Sie starten mit der Bestandsverwaltung, haben aber noch keine Finanzbuchhaltung implementiert: Das funktioniert nicht, weil jede Warenbewegung immer auch einen Wertefluss nach sich zieht, der dann im Finanzmodul abgebildet wird, und das in Echtzeit. Die Softwarehersteller haben das erkannt und bieten mittlerweile Projektmethoden an, die so viele agile Aspekte wie möglich beinhalten, aber eben auch traditionelle Projektmanagementmethoden.

Ein anderes Argument für die Auseinandersetzung mit agilen Methoden ist Ihr Nachwuchs im Unternehmen. An Fachhochschulen und Unis haben die für die Ausbildung und die Einsteigerjobs interessanten Jahrgänge mehr und mehr mit agilen Methoden zu tun. Falls Sie Ihre Leute international rekrutieren, gilt das umso mehr. Internationale Fachkräfte kennen die ein oder andere Methode ziemlicher sicher aus ihrer heimischen Arbeitswelt und die deutschen Start-ups mit Sicherheit auch. Sollte Ihr Unternehmen also an projektbezogenen Kooperationen oder strategischen Partnerschaften mit Gründern und jungen Unternehmen interessiert sein, wozu wir gleich noch kommen, dann lohnt es sich für eine fruchtbare

Zusammenarbeit ebenfalls, die Firmenkultur und Arbeitsweise der anderen zu verstehen. Außerdem eignet sich die agile Projektmethode auch zur schnellen Evaluation, ob eine Zusammenarbeit mit einem anderen Unternehmen überhaupt Sinn ergibt, da Sie einen kleinen sehr abgegrenzten Projekt-Scope gemeinsam umsetzen und schnell den Erfolg beurteilen können.

Wenn Sie agile Methoden - punktuell oder auch intensiv - einsetzen, bietet es sich an, für die entsprechenden Workshops und Seminare externe Experten zu buchen. Diese müssen weniger Rücksicht auf Befindlichkeiten und bewährte Prozesse nehmen. Ich selbst habe einmal einen Workshop geleitet, an dem mein eigener Manager teilgenommen hat - und das lief nicht rund. Ich musste ihn zwischendurch in einem (erfolgreichen) Vieraugengespräch daran erinnern, dass er selbst mich mit der Moderation beauftragt hatte. Wenn Sie das Gefühl haben, solche Situationen sollten Sie bei sich in der Firma besser von vornherein vermeiden, wäre das ein triftiger Grund, externe Unterstützung hinzuziehen. Ein eingekaufter Coach für Scrum oder Design Thinking dürfte in der Regel auch dabei helfen, schneller ans Ziel zu kommen. Wenn Ihr Unternehmen schon länger im eigenen Saft schmort, mag das auch an eingefahrenen Routinen, dem Rollenverständnis und der Team- und Führungskultur bei Ihnen in der Firma liegen. Frischer Wind von außen kann da als Turbo Boost wirken, wenn die Bremsen erst einmal gelockert sind. Ich selbst verfolge, wenn ich als Scrum Master oder Design Thinking Coach agiere, das Credo, Unternehmen die ersten und wesentlichen Impulse zu geben, die Firmen dann aber auch zeitnah wieder zu verlassen. Ich habe nicht den Anspruch, mich irgendwo einzupflanzen, schließlich verstehe ich mich als selbstständiger Unternehmer.

Je früher Ihre Belegschaft die entsprechende agile Methode verstanden hat und umsetzen kann, desto früher kann sie auf den externen Coach oder Scrum Master verzichten. Nicht immer zwingend notwendig, aber mit Sicherheit von Vorteil ist es, wenn sich die externen Profis in der Branche auskennen. Ich selbst bin durch mein Studium, meine SAP-Laufbahn, Software- und Logistikprojekte, meine Gründungen in der Logistik und der IT zu Hause, wie man so schön sagt. Es ist gut, wenn man aus einem gewissen Erfahrungsschatz schöpfen kann, um der Gruppendynamik in entscheidenden Momenten neuen Schwung zu geben. Wer weiß, wie die Wettbewerber und die Kunden eines Unternehmens ticken, kann einfach konkretere Impulse geben und Ideen besser einschätzen. Eine andere Möglichkeit ist, sich eine Expertise in den eigenen Reihen aufzubauen. Es gibt mittlerweile gute Kurse für Design Thinking Coaches und es ist ebenso machbar und nicht besonders teuer, ein Scrum Master oder ein Kanban-König zu werden.

8.1.1 Scrum

Bei der Umsetzung der Scrum-Methode geht man davon aus, dass Unternehmen nicht die Zeit haben, um Produkte oder Services über mehrere Jahre im stillen Kämmerlein zu entwickeln, um sie erst dann der Kundschaft vorzustellen. Stattdessen sollen Entwicklungen in guter, wenn auch nicht optimaler Qualität zeitnah angeboten werden. Geschwindigkeit ist wichtiger als Perfektion.

Die Scrum-Methode wurde als Form des agilen Projektmanagements in den 1990er Jahren von den Amerikanern Jeff Sutherland und Ken Schwaber entwickelt. Der Ansatz war für den Einsatz in der Softwareentwicklung konzipiert und erlangte durch eine Softwaremodernisierung beim FBI erste Bekanntheit. Die Polizeibehörde der USA hatte sich an der Digitalisierung von Ermittlungsprozessen verhoben und Hunderte Millionen Dollar verplempert. Sutherland und seine Scrum-Methode kamen als Feuerwehr ins Spiel, der aber wohl nicht alle tatsächlich zugetraut hatten, noch viel retten zu können. Umso mehr wunderten sich die Projektverantwortlichen im amerikanischen Senat, dass die versprochenen Ergebnisse zu 100% erreicht wurden - und das mit einem Bruchteil des Budgets. Nach nur zwei Jahren konnte die Software tatsächlich in Betrieb gehen. Auch wenn das die Anfänge sind: Um Scrum ein- und umzusetzen, muss man nicht unbedingt Softwareentwickler sein. Sie können auch Prozessthemen oder Optimierungsprojekte in der Logistik oder Produktion mit Scrum in Angriff nehmen. Begründer Sutherland zum Beispiel baute mit Scrum auch Flugzeugturbinen und sein eigenes Haus. Wenn in der Getränkelogistik die Idee im Raum steht, das Leergut mit einem Lkw als Shuttle-Einrichtung zu befördern, der mit IoT-Geräten bestückt ist, wäre es die Aufgabe des Scrum-Teams, dieses System über einen definierten Zeitraum zu testen. Das Team müsste also im Vorfeld herausfinden, wie hoch der Aufwand wäre, ein solches Leergut-Shuttle-System zu etablieren. Welche Kosten sind unvermeidbar? Welche Abläufe sind sinnvoll? Lassen sich irgendwo die Umsätze oder die Produktivität steigern?

Wie das im Einzelnen abläuft, können Sie zum Beispiel im Scrum Guide nachlesen. Dieser von Sutherland und Schwaber zusammengestellte und zwischenzeitlich aktualisierte Leitfaden liefert auf 19 Seiten eine Anleitung, mit der Projekte nach bestimmten Mustern, Abläufen und Ritualen durchgeführt werden. Sie finden den Scrum Guide in seiner aktuellsten Version mit Sicherheit kostenlos online, aber achten Sie ein bisschen darauf, auf was für einer Website Sie dabei landen (leider mischen sich auch unseriöse Anbieter unter die empfehlenswerten).

Selbst wenn ein Projekt auf den ersten Blick gigantisch erscheint - mit Scrum zerlegt das Projektteam es fein säuberlich in kleine Bestandteile, die innerhalb einer festgelegten Zeit umgesetzt werden: die sogenannten Sprints. Diese Sprints dauern in der Regel 30 Tage, das kann aber auch verkürzt oder verlängert werden. Nach dem Scrum-System werden zunächst die wesentlichen Anforderungen herausgearbeitet: Was soll zuerst umgesetzt oder zuerst geliefert werden? Man erfasst diese Anforderungen in einer Liste und priorisiert sie. Diejenige Position mit dem größten Nutzen, die innerhalb eines Monats bzw. innerhalb des definierten Sprint-Zeitraumes umsetzbar/lieferbar sein kann, setzt das Entwicklerteam als Erstes um.

Höchstwahrscheinlich werden auf diese Weise erst mal nur die wichtigsten Anforderungen umgesetzt. Das mag nur 20 % der Gesamtplanung beinhalten, während der Löwenanteil von 80 % auf das Feintuning warten muss. Möglicherweise wird dieser Löwenanteil auch überhaupt nicht mehr umgesetzt, falls sich im Verlauf zeigen sollte, dass Aufwand und Nutzen in einem schlechten Verhältnis zueinanderstehen, was ja auch eine unbezahlbare Erkenntnis ist. Mit dieser Flexibilität und dem Mut zur Lücke tun sich viele deutsche Unternehmen (noch) schwer.

Die Scrum-Methode sieht eine bestimmte Rollenverteilung vor:

- Der *Product Owner* formuliert die Anforderungen.
- Alle diejenigen, die die Voraussetzungen und Fähigkeiten haben, die Wünsche des Product Owners in die Tat umzusetzen, nennt man *Developer Team.*
- Der *Scrum Master* ist, vielleicht vergleichbar mit einem Trainer oder einem Handwerksmeister, dafür verantwortlich, dass jeder die Scrum-Methode versteht und sich der eigenen Rolle bewusst ist. Er hat dafür Sorge zu tragen, dass bei Meetings vorgegebene Zeiten eingehalten werden.

Jeden Morgen findet eine kurze Besprechung statt. Üblicherweise werden dafür 15 Minuten als Stand-up Meeting, Telefonschalte oder Videokonferenz eingeplant. Das Team hält sich in dieser Besprechung über den Status quo, die Ziele für den Tag und die möglichen Hürden, die sie nehmen müssen, auf dem Laufenden. Die morgendlichen Updates schaffen Verbindlichkeit, böse Überraschungen werden so unwahrscheinlicher. Unterschiedliche Abteilungen innerhalb eines Unternehmens informieren sich auf diese Weise gegenseitig und stimmen sich ab. Ein Ziel der ersten Scrum-Einsätze bei Ihnen sollte sein, dass die abteilungsübergreifenden Updates zur Routine werden.

Das Projektteam muss mit mindestens drei Mitgliedern nicht besonders groß sein, sollte aber eine bestimmte Größe auch nicht überschreiten: Empfohlen werden maximal neun Teammitglieder, sonst wird es schnell unübersichtlich. Ist das Team relativ klein, hat jeder die Chance zu verstehen, woran der andere gerade arbeitet. Schnittstellen können dann nebenbei abgestimmt werden.

Auch wenn bei Scrum die Flexibilität und Dynamik im Vordergrund stehen, erfolgt die Arbeit nicht nur auf Zuruf – und erst recht nicht ohne ein Regelwerk (siehe Bild 8.2). Als Erstes werden die Anforderungen schriftlich festgehalten. Danach werden sie konzentriert umgesetzt. Dazu legt der Product Owner ein Product Backlog an. Nennen Sie es ruhig „Hausaufgabenheft“ oder „großen Waschzettel“, wenn

Ihnen Backlog zu softwaremäßig klingt. In diesem Dokument sind alle Anforderungen dargestellt und beschrieben: von den User Stories, also den Erfahrungen, die ein Benutzer bei der Anwendung des Angebots künftig sammeln wird, über identifizierte Fehler bis hin zu den Verbesserungsvorschlägen. Während der Product Backlog als Plan für das große Ganze verstanden wird, ist der Sprint Backlog nur ein Auszug aus dieser Liste. Die Aufgaben, die im Sprint Backlog festgehalten werden, bilden eine konkrete Agenda, die in dem jeweiligen Sprint von der Projektgruppe umzusetzen ist. Bevor ein Sprint startet, werden die Anforderungen und wesentlichen Details im Planungsgespräch besprochen, das in der ursprünglichen Terminologie Sprint Planning Meeting heißt.

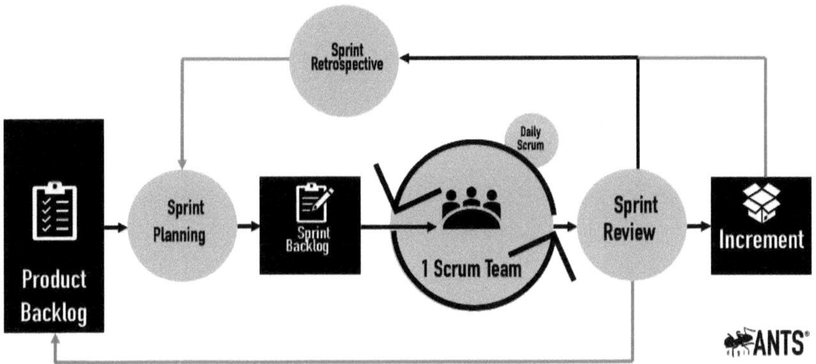

Bild 8.2 Das Scrum-Modell im Überblick (Quelle: digit-ANTS GmbH gemäß Scrum Guide)

Soll die Scrum-Methode auch in Ihrem Unternehmen zum Einsatz kommen, sollten die Verantwortlichen zunächst alle beteiligten Ressorts ins Team holen. Im Bereich der Getränkelogistik würden Sie die Vertriebseinheit, die Logistik, die Produktion und die Geschäftsführung für Ihr Projekt begeistern. Die Teammitglieder müssen einschätzen, was sie innerhalb eines Monats/eines Sprints für realistisch umsetzbar halten. Es ist kein Problem, wenn das Ziel nachjustiert werden muss. Es ist immer hilfreich, ein möglichst eindeutiges Ziel zu setzen. Bei solchen Zielen darf die Messlatte gerne hoch liegen, sodass das Team sich herausgefordert fühlt und sein Potenzial zeigen kann.

Noch ein Wort zur Frage, ob man besser jemanden von außen als Scrum Master einkauft oder ob man versucht, jemanden in den eigenen Reihen fit zu machen: Aus Marketinggründen sollte ich Sie jetzt natürlich motivieren, Leute wie mich zu buchen. Einen Scrum Master im eigenen Unternehmen auszubilden, ist aber genauso gut machbar und nicht besonders teuer. Auf scrum.org finden Sie diverse Coaches, die auch ausbilden. Diese kann man dort einfach anschreiben. Sie sind alle ziemlich gut drauf und helfen gerne weiter. Ich habe meine Zertifizierung als Scrum Master bei scrum.org gemacht und würde die Zertifizierung auf jeden Fall empfehlen, da Sie es dort mit dem Original zu tun haben und diese Zertifizierung auch international anerkannt ist. Fangen Sie am besten mit dem „Professional Scrum Master I“ an. Es gibt diverse Vertiefungsmöglichkeiten, die man kennenlernt, wenn man mit der Ausbildung beginnt.

8.1.2 Kanban

Der Scrum-Ansatz weist gewisse Schnittmengen mit einer anderen agilen Methode für Softwareentwicklung und IT-Projekte auf: Die Rede ist von Kanban. Teilweise werden beide Methoden kombiniert eingesetzt. Es gibt sogar schon den Begriff Scrumban dafür. Ein wesentlicher Unterschied ist, dass Scrum mit klaren Prioritäten und harten Deadlines arbeitet, während Kanban auf kontinuierliche, reibungslose Abläufe ausgerichtet ist. Das macht diese Methode für Unternehmen interessant, die sehr viele, nicht leicht zu priorisierende Anfragen, Jobs und Tasks managen müssen.

Vielleicht ist Ihnen der Begriff Kanban bereits aus einem anderen Bereich bekannt. Ursprünglich wurde Kanban als Methode für die Produktionssteuerung entwickelt. Es ging damals um die optimale Lagerhaltung zwischen Leerstand und Überproduktion in der Fertigung. Mithilfe von Signalkarten – den Kanban-Tafeln, wie sie auf Japanisch heißen – wurde dem Team des jeweils vorgelagerten Produktionsschrittes signalisiert, dass Nachschub für ein Produkt gebraucht wurde, weil eine definierte Anzahl unterschritten war. Dieser Prozess ist inzwischen digitalisiert worden. Die Methode lässt sich natürlich nicht 1 : 1 von Fertigung und Fließband auf den kreativeren Softwarebereich und vergleichbare heutige Arbeitszusammenhänge mit stärker schwankenden Arbeitszeitfrequenzen übertragen. Doch in adaptierter Form funktioniert sie auch dort. Man kann auf diese Weise Engpässe, Wartezeiten und Überlastungen vermeiden und Prozesse glatter und berechenbarer machen. Deshalb ist die Methode aus den Toyota-Werken nicht nur für Firmen interessant, die mit sogenannten C-Teilen zu tun haben, oder für Developer, die nach dem sogenannten Software-Kanban oder IT-Kanban arbeiten. Im Grunde kann man den Kanban-Gedanken in allen Bereichen adaptieren, in denen man ein gut visualisiertes, begrenztes Pull-System für die übergreifende Zusammenarbeit einsetzen möchte. Was das genau bedeutet, dazu komme ich gleich. Sie sehen auch am Erfolg von Business-Diensten für die Planung und die Aufgabenverwaltung wie Trello, die es ohne Kanban so nicht gäbe, wie gefragt derartige Ansätze sind.

Die Grundidee von Kanban erkläre ich nicht selbst. Dafür lasse ich lieber den Kanban-Pionier David J. Anderson zu Wort kommen. Das Interview, aus dem der folgende Auszug stammt, hat zwar schon zehn Jahre auf dem Buckel, aber es ist immer noch lesenswert und aktuell.

„**Frage:** *Können Sie versuchen, Kanban in zwei Sätzen zu erklären?*

Antwort: *Hinter Kanban steht die sehr einfache Idee, dass man die Menge an paralleler Arbeit (work in progress) begrenzt, dass man diese begrenzte Arbeit visualisiert, indem man z.B. ein Whiteboard mit Haftnotizen darauf verwendet, und dass man nur dann mit neuen Aufgaben beginnt, wenn man vorher bestehende Aufgaben erledigt hat. Darüber hinaus gibt es ein Signalsystem, das deutlich macht, wann eine neue Aufgabe gezogen werden darf.*[4]“

Viel von dem, was man in den letzten Jahren in Deutschland über Kanban gesehen, gehört oder gelesen hat, geht letzten Endes auf Bücher und Artikel von Anderson zurück. Der hatte sich zu Beginn der Nullerjahre mit Lean Management und Feature Driven Development beschäftigt, also vereinfacht gesagt mit der Frage: Was können wir bei Ihnen in der Firma revolutionieren, damit alles besser funktioniert? Durch verschiedene Erfahrungen ist er dann über die Jahre beim Kanban-Ansatz gelandet, den er für „evolutionärer“ hält als Scrum und andere agile Methoden. Seiner Einschätzung nach überfährt man die Belegschaft mit Kanban nicht so heftig, weil man weniger Richtung und Regeln vorgibt. Arne Roock, der vor gut zehn Jahren eines der Standardwerke zu Kanban ins Deutsche übersetzt hat und zu den Kanban-Experten in Deutschland zählt, bricht die Kanban-Philosophie auf die folgenden vier Handlungsanweisungen herunter:

1. Visualisieren Sie den Istzustand per Kanban-Board.
2. Begrenzen Sie die Arbeit auf tatsächlich leistbare Kapazitäten.
3. Führen Sie ein Pull-System ein.
4. Denken Sie systemisch: Behalten Sie den Kunden im Blick.

Die Visualisierung per Kanban-Board sehen Sie modellhaft in Bild 8.3. Das Board visualisiert mit Klebezetteln in den Spalten einer Tabelle den Status quo und die Aufgabenverteilung: Was ist aktuell in der Entwicklung? Was befindet sich in der Testphase? Was ist zu tun? Was läuft schon? Was ist abgeschlossen? Wo hängen wir in der Luft? Das Erstellen solcher Zetteltabellen an Whiteboards oder Wänden ist typisch für Kanban, allerdings kein Alleinstellungsmerkmal, denn in ähnlicher Form finden Sie das auch bei Scrum oder Design Thinking. Ich möchte wetten, dass Sie das so oder so ähnlich schon in mindestens einem deutschen Unternehmen gesehen haben. Der Zweck von Kanban-Boards jedenfalls ist, dass man sich mit ihnen schnell orientieren kann und sie jederzeit in Echtzeit zu aktualisieren sind.

Die in Bild 8.3 dargestellte Beispieltabelle beginnt mit einer Spalte für das Backlog und fährt mit Spalten für die Status To-do, Entwicklung und Testing bis hin zur Auslieferung (Done) fort. In welcher Spalte ein Thema/Projekt (ein Backlog-Item)

[4] OBJEKTSpektrum, Ausgabe 02/10

gerade klebt, verrät, in welchem Status es sich aktuell befindet. Wenn die Klebezettel mit den Namen der zuständigen Teamkollegen gekennzeichnet sind, sieht man auf einen Blick, welche Kollegen Leerlauf haben und welche zu viel zu tun. Außerdem wird deutlich, welche Projekte wo stocken. Dass alles im Fluss bleibt, lässt sich fördern, indem man Grenzen festlegt, die man mit auf ein solches Board schreibt. Wenn für die Entwicklungspalte zum Beispiel ein Limit von fünf Aufgaben definiert wurde, sollten in dieser Spalte auch nicht mehr als fünf Zettel kleben.

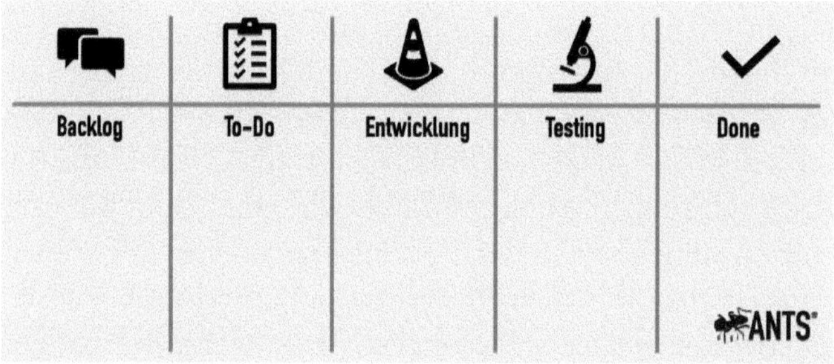

Bild 8.3 Beispiel für eine Kanban-Tabelle (Quelle: digit-ANTS GmbH)

Die Begriffe Pull- bzw. Push-System, die in Punkt 3 der vorangehend genannten Handlungsanweisungen der Kanban-Philosophie auftauchen, beschreiben die Art, wie das Zusammenarbeiten organisiert ist. Pull-System bedeutet, dass sich die Teammitglieder selbstständig neue Aufgaben geben, anstatt sie von oben oder von einer vorgeschalteten Abteilung auf den Tisch zu bekommen. Für das Kanban-Board heißt das in der Praxis: Man klebt keine Zettel in die Spalten, für die Kollegen zuständig sind, sondern markiert für diese nur, dass sie etwas übernehmen können.

Für Roocks vierte Empfehlung, das systemische Denken, ist es wichtig, sich noch einmal klarzumachen, dass Kanban grundsätzlich auf selbstorganisierte Teams setzt, denen die Geschäftsführung ausreichend vertraut. Dennoch will und sollte ein Unternehmen das Gesamtsystem im Auge behalten: Der Idealzustand ist nicht dann erreicht, wenn alle voll ausgelastet sind. Er ist dann erreicht, wenn möglichst viele für die Kunden relevante Schritte mit hoher Qualität in geringer Zeit parallel erledigt werden. Hier zeigt sich auch ein Risiko der Kanban-Methode: Manchmal fehlt Teilen der Belegschaft die Motivation, wenn sie nicht durch klare Produktivitätsziele und strikte Zeitvorgaben gelenkt werden.

8.1.3 Rapid Prototyping und Minimum Viable Product

Im Adjektiv „agil" stecken Bedeutungen wie aktiv, beweglich, flexibel und schnell. Besonders die Schnelligkeit steht bei einigen Ansätzen im Mittelpunkt. Während bei Scrum die Sprints ein wichtiger, aber eben auch mit weiteren Elementen flankierter Aspekt sind, geht es bei den Methoden Rapid Prototyping und Minimum Viable Product (MVP) bzw. Minimum Viable Services (MVS) vor allem um die Schnelligkeit. In Zeiten von dynamischen Märkten und globaler Echtzeitkommunikation, so kann man die grundlegende Annahme vielleicht zusammenfassen, ist es wünschenswert, Projekte so anzugehen, dass sie in kürzester Zeit Ergebnisse produzieren, mit den Kunden getestet werden und direkten Nutzen stiften. Falls sich dann nach kurzer Zeit herausstellen sollte, dass man offenbar auf einen Ladenhüter oder einen wohl doch nicht konkurrenzfähigen Service gesetzt hat, könnte man dieses Kapitel schließen, noch bevor viel Zeit und Energie in das Projekt geflossen sind.

Rapid Prototyping dient als Sammelbegriff für unterschiedliche Ansätze, die ein schnelles, in der Erstellung unkompliziertes Modell zum Ziel haben. Das ist vor allem für die Fertigungstechnik üblich, über die ich bereits einiges in Abschnitt 5.4 zum 3D-Druck geschrieben habe, und betrifft zum Beispiel die Luftfahrtindustrie relativ stark. Beim Rapid Prototyping werden Prototypen durch Maschinen produziert, was automatisiert abläuft, weil die Maschinen die Maße und Beschaffenheit einfach aus der digitalen Datenwelt ziehen und reproduzieren können. Ein Rapid Prototyping-Verfahren könnte zum Beispiel den Zweck haben, 3D-Modelle tatsächlicher Objekte per 3D-Druck-Verfahren zu drucken. Auf diesem Weg spart man Zeit und kann auf schnelle Weise Anschauungsmaterial herstellen. Einige nutzen weiter differenzierende, verwandte Begriffe wie Rapid Tooling (für die Herstellung von Werkzeugen) und Rapid Manufacturing (für die Herstellung von Bauteilen und Fertigprodukten). Gelegentlich, besonders im Bereich der Softwareentwicklung, finden wir außerdem die Unterscheidung zwischen vertikalen und horizontalen Prototypen: Vertikale Prototypen sind Muster für Teilsysteme einer Anwendung. Eine bestimmte Funktionalität wird zu Testzwecken möglichst vollständig ausgearbeitet, den Rest der Software vernachlässigt man dabei sehr stark. Das folgende Beispiel habe ich mir vom Informatiker und Sachbuchautor Veikko Krypczyk ausgeborgt:

> *„Ein Programm zur Verwaltung von Kundenaufträgen und Buchungen enthält als Teilsystem die Verwaltung der Kundendaten. Dem Kunden wird ein vertikaler Prototyp zum Testen übergeben, der alle Aspekte der Verwaltung, also zum Beispiel Daten erfassen, ändern, stornieren, löschen, enthält. Diese Funktionen sind bereits vollständig implementiert und können umfangreich getestet werden. Die anderen Funktionen des Softwaresystems sind dabei noch nicht vorhanden.*[5]*“*

Horizontale Prototypen nutzen nur die oberste Ebene einer Softwarearchitektur. Darunter fallen zum Beispiel App- und Website-Vorstufen, um das Design und die Bedienbarkeit einer Software zu testen. Die Benutzer können die Oberfläche als

[5] *Krypczyk, Veikko:* Rapid Prototyping und Low-Code-Entwicklung. *https://www.dev-insider.de/rapid-prototyping-und-low-code-entwicklung-a-828294*

Gesamtentwurf ausprobieren, weil der Prototyp bereits alle oder zumindest möglichst viele der geplanten Funktionen enthält. In die Tiefe bzw. in die folgenden Ebenen geht man an dieser Stelle jedoch noch nicht.

Die Herangehensweise Minimum Viable Product (MVP) setzt noch etwas niedrigschwelliger an als die Methode Rapid Prototyping. Übersetzungen aus dem Englischen arbeiten normalerweise mit Begriffen wie „Minimalprodukt" oder „Produkt mit minimalen Anforderungen und Eigenschaften". Treten Sie bitte nicht in das Fettnäpfchen, das englische „viable", das für rentabel, aber auch für realisierbar/lebensfähig steht, mit dem englischen „valuable", das meistens für wertvoll oder kostbar steht, zu verwechseln. Es geht bei MVP und MVS darum, Produkte und Leistungen anzubieten, die nur absolut notwendige Funktionen beinhalten. Das Produkt sollte simpel, aber unverzichtbar sein. Billig, aber ohne Kundennutzen sollte es dagegen nicht sein.

Denken Sie an einen rudimentären Onlineauftritt: Bevor man eine umfangreiche Website beauftragt oder sich mit dem konzeptionellen Überbau für Content und Marketing befasst, erstellt man erst einmal eine Landingpage und holt sich Feedback dazu ein, idealerweise direkt von den Kunden. Auch Videos sind mittlerweile ein probates Mittel für MVP und MVS. Es gibt Firmen, die zu vielversprechenden Ideen erst einmal Testvideos generieren. Im Zeitalter von YouTube, Facebook, Instagram und Tiktok mangelt es ja nicht an Kanälen, um diverse Zielgruppen zu erreichen. Nur für den Fall, dass ein solches Video gut ankommt, läuft die Produktentwicklung überhaupt an. Auf diese Form der Entwicklung (und Werbung) muss man sich mental erst einmal einlassen. Wer will schon gerne für unausgereifte Ideen kritisiert werden oder, noch schlimmer, den Anschein erwecken, keine Ahnung vom Markt und den Kundenbedürfnissen zu haben. Doch wir können den Gedanken auch umdrehen, dann scheinen die Vorteile der Methode auf. Denn was ist eigentlich schlimmer: Ein totaler Reinfall mit MVP oder ein Ladenhüter wie der Ford Edsel, der den Namen des einzigen Kindes von Firmengründer Henry Ford trug, der mit riesigem Aufwand beworben wurde und der am Ende für den Autokonzern trotzdem der Flop der Firmengeschichte wurde. Wir dürfen annehmen, dass Ford aus dieser Geschichte gelernt hat. Andere, heute als erfolgreich angesehene Unternehmen wie Dropbox und Airbnb haben ihre Geschäftsmodelle zumindest teilweise mit MVP-Methoden getestet.

Für beide Ansätze, MVP und Rapid Prototyping, kann es sinnvoll sein, sich mit den Finanzierungsmodellen Crowdsourcing und Crowdinvesting auseinanderzusetzen. Per Crowdfunding können Entwickler und Unternehmen eine breite Masse an Investoren ansprechen. Die Unterstützer wiederum können schon mit kleinen Beiträgen einem Prototyp zur Serienreife verhelfen oder eine Produktidee mitfinanzieren. Dabei reicht das Spektrum der Backer und Supporter von Investoren, die Übung mit Vorschüssen haben, bis zu privaten Verbrauchern, denen einfach die Idee gefällt. Die 2012 in Hannover gegründete Energieheld GmbH setzte zum Beispiel erfolgreich auf die Methode Crowdfunding, als sie Geld für ein Projekt im Zusammenhang mit der energetischen Haussanierung brauchte. Dieses Projekt wurde 2016 über die Plattform Companisto mit über 220 000 € finanziert. Nach Angaben des Unternehmens zählt die Website *www.energieheld.de* heute mit über 12 Millionen Besuchern, 200 000 Kunden und mehr als 1000 Handwerkspartnern zu den größten Plattformen Deutschlands im Bereich energetische Sanierung. Als Vorteile solchen Crowdfundings nannten die Gründer den relativ geringen Betreuungsaufwand und dass Crowdfunder rechtlich nicht zu Gesellschaftern werden[6].

Natürlich können Sie die hier vorgestellten agilen Methoden nur punktuell einsetzen und mit etablierten Herangehensweisen zu einer Art agilem Wasserfall kombinieren. Wichtig finde ich auf jeden Fall, dass Sie sich bei allem Experimentieren frühzeitig Gedanken darüber machen, wie das Vorbereiten und Umsetzen von IoT-Projekten mit dem Geschäftsmodell, der Firmenphilosophie und der Innovationsstrategie zusammenhängen.

■ 8.2 Aufbau eines digitalen Geschäftsmodells

Besonders Unternehmen, die seit 30 Jahren und länger am Markt sind, haben das traditionelle Geschäftsmodell schätzen gelernt: Dienstleistungen oder Produkte werden angeboten, der Angebotspreis wird berechnet und dann läuft das Ganze. Auf diese Art erschaffen Baufirmen Häuser für ihre Auftraggeber, Maschinenbetriebe produzieren Maschinen und Reiseveranstalter vertreiben Pauschalreisen. Dadurch erzielten die exemplarisch aufgezählten Unternehmen so wie viele andere Branchenzweige mitunter hohe Margen. Schon kurz nach dem Geschäftsabschluss konnten die jeweiligen Umsätze verbucht werden. Betriebswirtschaftlicher Erfolg frei nach dem Motto: Nach dem Verkauf ist vor dem Verkauf!

Durch die immer flächendeckendere Onlineversorgung und die immer nahtlosere Vernetzung haben sich die Spielregeln jedoch geändert. Die Märkte und Geschäftsmodelle, die Produktionsbedingungen, die Zusammenarbeit zwischen Unternehmen, die Beziehungen zwischen Firmen und Kunden, das Verkaufen und Abrechnen von Waren und Dienstleistungen - all das ist neuen Einflüssen ausgesetzt und neue Möglichkeiten entstehen. Anstatt Haus- und Autotüren zu öffnen, kann man Smartphone-Apps und die entsprechenden Endgeräte diese Aufgaben übernehmen lassen. Statt an der Kasse die Plastikkarte zu zücken, übermittelt das moderne Telefon die Zahlungsinformationen. Viele Gegenstände lösen sich buchstäblich in Luft auf: Schlüssel, Zahlungsmittel, Fernbedienungen. Ganze Produktionswerke verschwinden mittlerweile durch den Einsatz von 3D-Druck.

[6] *https://www.crowdfunding.de/projekte/energieheld*

Einige von Ihnen kennen vielleicht den Satz: Der Kunde möchte keine Bohrmaschine kaufen, sondern verlangt nach einem Loch in der Wand. Die neuen Zeiten machen genau das möglich: Angelehnt an das bereits beschriebene Konzept von Software as a Service (SaaS), bieten innovative Dienstleister - komfortabel und schnell, wie Kunden es wollen - das Endergebnis an. Scheinbar unumkehrbar spezialisieren sich die Technologieunternehmen darauf, vom Verkauf der Werkzeuge Abstand zu nehmen, die Tools stattdessen zu vermieten und damit den Kundennutzen immer stärker in den Vordergrund zu stellen. Egal, ob es um das kurzfristige Ermöglichen eines Loches in der Wand geht, um leihbare Tretroller oder ein früher anders vertriebenes Programm wie Photoshop: Der Kunde steigt ein, wenn er eine Lösung braucht, und aus (oder ab), wenn das Problem nicht mehr besteht. An den Streaming-Angeboten für Filme und Serien lässt sich gut ablesen, welche Dynamik das Buhlen um die Kunden erreichen kann. Dadurch, dass die maßgeschneiderten Angebote Schule machen und das Onlinebestellen und -einkaufen so bequem ist, fällt es den Kunden auf der anderen Seite natürlich auch stärker auf, wenn sie mit möglicherweise überflüssigen Prozessen konfrontiert werden, für die sie ihre kostbare Zeit verschwenden. Die User Experience (UX) kann die Bedienbarkeit und Benutzerfreundlichkeit von Programmen, Apps und Eingabemasken betreffen. Sie beschreibt aber auch das Psychologische auf etwas allgemeinerer Ebene. Zum Beispiel fühlen sich viele Kunden belästigt oder nicht ernst genommen, wenn sie nicht genau das erhalten, was sie bestellt haben, sondern noch etwas zusätzlich obendrauf. Die Kundenerfahrung beschränkt sich dabei nicht auf die Onlinewelt, sie gilt genauso für die physische Welt. In dieser physischen Welt interagieren nicht länger nur Menschen mit Menschen, sondern eben auch all die Dinge im Internet of Things. Früher habe ich mich als Konsument zwischen Adidas oder Puma, Rewe oder Edeka, Cinestar oder Cinemaxx entschieden. Die Entscheidung, wo ich wie online fernsehe oder Waren bestelle, hat für uns als Kunden heute aber mehr Implikationen. Unter anderem hängen, im wahrsten Sinne des Wortes, diverse Geräte daran, die fast alle nonstop Daten produzieren.

Diese Daten sind für einige neue Geschäftsmodelle die unabdingbare Voraussetzung. Denken Sie an den Erfolg von Facebook und Google und an das Adjektiv „datengetrieben" (data-driven). Doch auch die Geschäftsmodelle aus Vor-Internet-Zeiten werden von den vernetzten Geräten und den strömenden Daten beeinflusst. In der Lagerlogistik ist es mittlerweile möglich, dass fahrerlose Gabelstapler, die sich an Standorten auf anderen Kontinenten befinden, automatisch melden, wenn technische Defekte vorliegen. Je nachdem, wie die Folgeprozesse und der Netzzugang organsiert sind, können die Gabelstapler auch auf automatisiertem Wege einen Servicetechniker rufen. Die digitale Transformation führt zu weitreichenden Veränderungen überall auf der Welt. Sie betreffen massiv die Frage, welche Arbeit Menschen und welche Maschinen übernehmen können (und sollten). Auch Prognosen, die das Verhalten dieser merkwürdigen neuen Kundengeneration betreffen, rücken ins Reich des Möglichen, denn deren Verhalten wird durch die Informationen und Daten, die von all diesen Geräten erzeugt werden, wiederum berechenbarer.

Diese Veränderungen unserer digitalisierten Informationsgesellschaft machen es erforderlich, einige Geschäftsmodelle völlig neu zu durchdenken und zu strukturieren. Für einen Maschinenbauer beispielsweise kann dies bedeuten, dass er zukünftig neben seinen Maschinen auch Smart Products und Smart Services verkauft. Der Maschinenbauer könnte die Nutzung seiner Maschinen nach Zeit oder nach Output abrechnen. Wir finden entsprechende Modelle schon in der Gastronomie, unter anderen bei Kaffeemaschinen oder Zapfanlagen. Das große Thema Verkehrswende hat auch viel mit den veränderten Produktions- und Verkaufsbedingungen für Autos, Roller und Räder und dem Siegeszug der mobilen Endgeräte zu tun.

Für die Trendstudie „Das Internet der Dinge im deutschen Mittelstand. Bedeutung, Anwendungsfelder und Stand der Umsetzung“ wurden die befragten 161 Unternehmen danach gefragt, wie es bei Ihnen mit realisierten und geplanten Services und Geschäftsmodellen auf IoT-Basis aussieht. Wenn man die hier benutzte Kategorie „Produzierendes Gewerbe“ mit Industrie gleichsetzt und die Studie für halbwegs repräsentativ und immer noch aktuell hält, würden die in Bild 8.4 dargestellten Ergebnisse bedeuten, dass Digitalisierungsprojekte in Verbindung mit IIoT noch häufiger Ideen als Wirklichkeit sind.

Thema Bereitstellung neuer, digitaler Services und Geschäftsmodelle für externe Kunden, basierend auf Sensordaten: In welchen Bereichen haben Sie IoT-Anwendungen im Einsatz, befinden sich Projekte in der Einführung, werden IoT-Projekte geplant, diskutiert, budgetiert oder ist dies kein Thema?

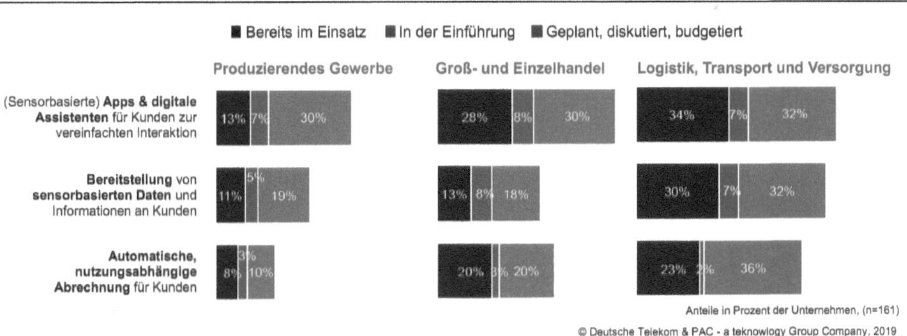

Bild 8.4 Umfrageergebnisse aus einer Trendstudie zu IoT im Mittelstand (Quelle: Trendstudie „Das Internet der Dinge im deutschen Mittelstand. Bedeutung, Anwendungsfelder und Stand der Umsetzung“. PAC Deutschland, April 2019. S. 22) © Deutsche Telekom & PAC – a teknowlogy Group Company, 2019

Das deckt sich durchaus mit meinen persönlichen Erfahrungen. Aus der Sicht traditioneller Anbieter gibt es immer wieder nachvollziehbare Vorbehalte gegen die beschriebenen Veränderungen. Immerhin werden die Kosten- und Einkommensstrukturen zum Teil völlig auf den Kopf gestellt. Oft kann der Umsatz heute erst viel später verbucht werden, weil Vorleistung eine erhebliche Rolle spielt. Außerdem verlangen die neuen Geschäftsmodelle und Services ein hohes Maß an Unverbindlichkeit, was sich mit Unternehmertugenden wie Verlässlichkeit und Verbindlichkeit beißt. Bei vielen, mit denen ich zu tun habe, ist die Bereitschaft zur Innovation aber groß, zumal die deutschen Unternehmen sich schon viel früher mit Digitalisierung befasst haben als viele Schulen oder Behörden, über die man während der Corona-Pandemie ein wenig den Kopf schütteln musste. Es mangelt in diesen Firmen weniger am Mut als am Wissen über die notwendigen Schritte.

Wie Sie aus der in Bild 8.5 dargestellten Wortwolke ersehen können, die der gleichen Trendstudie wie der aus Bild 8.4 entstammt, hadern viele Unternehmen, die IoT-Projekte umsetzen wollen, auch mit strategischen Aspekten. Besonders häufig genannt wurden hier die Themen „Nutzenaspekt und Mehrwert“ und die „Transformation des Bestehenden“. Zwei Aspekte, die für strategisch relevanten Mehrwert und das Aufbauen von nachhaltigen Geschäftsmodellen in der digitalisierten Welt wichtig sind, sind die Innovationsstrategie des eigenen Unternehmens und die strategische Zusammenarbeit mit weiteren Firmen und Akteuren. Damit beschäftigen wir uns in Abschnitt 8.3 und Abschnitt 8.4.

Und was ist für Sie die größte Herausforderung bei der Umsetzung von IoT-Projekten?
(offene Antwort)

Identifikation ausgereifter Technologien
Koordination der Projektbeteiligten
Transformation des Bestehenden
Ökosystem und Koordination von Partnern
finanzielle Ressourcen
Personelle Ressourcen
Harmonisierung der (IT) Systeme
IT-Sicherheit
Konnektivität
Kompetenzen, Fähigkeiten und Kenntnisse
Datenschutz
Datenschutz
Nutzenaspekt und Mehrwert
Kundenmotivation
IoT-Projekt-Budgetkalkulation
Technische Standards und Schnittstellen
Erhalt der Arbeitsplätze
Mitarbeitermotivation
Managementunterstützung
Identifikation von Anwendungsfeldern
Datentransparenz- und qualität
Innovationsgeschwindigkeit
Klare Umsetzungsstrategie
Identifikation und Auswahl eines geeigneten Partners
Unternehmenskultur

Strategische Aspekte
Organisatorische Aspekte
Technische Aspekte

Bild 8.5 Anwendungsfelder für IoT-Projekte (Quelle: Trendstudie „Das Internet der Dinge im deutschen Mittelstand. Bedeutung, Anwendungsfelder und Stand der Umsetzung“. PAC Deutschland, April 2019. S. 14) © Deutsche Telekom & PAC – a teknowlogy Group Company, 2019

Da die Industrie in vielen Bereichen etwas anders funktioniert als das Geschäft mit Smart Services und Smart Products im Business-to-Customer-Bereich (B2C), sollten Sie bei dem Aufbau intelligenter Produkte und Dienstleistungen in der Industrie einige Punkte beachten:

- Im B2C-Bereich ist es normalerweise einfacher, an Informationen darüber zu kommen, woraus der Endverbraucher Nutzen und Mehrwert zieht. Unternehmen als Kunden, insbesondere der Mittelstand, sind verschlossener, was ihre Prozesse angeht. Versuchen Sie also, sich die entsprechenden Wertschöpfungsprozesse gut anzusehen. Schließlich wollen Sie durch die digitale Vernetzung tatsächlichen Nutzen für Ihren Kunden und Partner im B2B-Bereich generieren.
- Wenn Sie mit neuen Produkt- und Serviceangeboten starten wollen, machen Sie das am besten in einem kleinen Bereich. Überprüfen Sie Ihr Angebot frühzeitig mit Methoden wie MVP, um es ausgiebig testen und Feedback einholen zu können. Wäre die Veränderung des Geschäftsmodells bei Erfolg und Weiterverfolgen sehr groß, sollte man auch hier besser schon Rückendeckung der Unternehmensführung haben (Change Impact).
- Achten Sie darauf, dass Sie sofort zu Projektbeginn alle betroffenen Unternehmenseinheiten einbinden. So stellen Sie sicher, dass in einer späteren Phase alle Kollegen für notwendige abteilungsübergreifende Entscheidungen mit an Bord sind und die Umsetzung des Projekts abgesichert ist.

8.3 Strategische Partnerschaften für IoT

Fast alle Firmen stehen im regelmäßigen Kontakt und Austausch mit Zulieferern und Kunden. Machen Sie sich aber bewusst, dass solche Beziehungen noch keine strategische Partnerschaft oder Allianz sind. Das gilt erst, wenn größere Ziele gemeinsam verfolgt werden, auf die man sich einigt und für die man dann auch die Prozesse organisiert und den rechtlichen Rahmen festlegt. Wir haben uns bereits mit Partnerschaften und externer Unterstützung beschäftigt, als es darum ging, ein einzelnes IoT-Projekt vorzubereiten und umzusetzen (siehe Kapitel 6). In Verbindung mit der Gesamtstrategie von Unternehmen können Partnerschaften noch mehr Gewicht bekommen. Sie können strategische Bedeutung erlangen. Egal, ob meine Partner alte Wegbegleiter oder neue Kontakte sind, die ich auf Messen, Konferenzen, Future Talks oder bei LinkedIn knüpfe: Sie werden mit Sicherheit nicht alles genauso angehen und beurteilen wie ich selbst. Gehen zwei Unternehmen ein Stück des Weges zusammen, können Konflikte auftreten, weil ganz unterschiedliche Arbeitskulturen aufeinandertreffen. Wie man mit Hierarchien und Regeln, mit Traditionen und Innovationen, mit Sicherheit und mit Experimenten umgeht, das kann sich schon von AG zu AG oder von Mittelständler zu Mittelständler unterscheiden. Tun sich ein Start-up und ein etabliertes Unternehmen zusammen, könnten regelrechte Generationenkonflikte ausbrechen. Na gut, das ist jetzt übertrieben. Was aber durchaus wahrscheinlich ist: dass bei Punkten wie der Firmenkultur, dem Führungsstil oder dem Tempo unterschiedliche Erfahrungen aufeinandertreffen und die Auffassungen entsprechend auseinandergehen.

Ich habe Ihnen zur Veranschaulichung zwei Zitate herausgesucht, die aus einer spannenden Studie[7] über Kooperationen stammen, auf die ich anschließend noch näher eingehe. Das erste Zitat betrifft die grundsätzliche Bereitschaft, Arbeit und Kontrolle abzugeben:

> *„Im Mittelstand gibt es die Kultur des Selber-machen-Wollens. Man arbeitet nur im gewissen Rahmen mit Beratern zusammen und stellt am Ende die Leute lieber ein und macht es selbst. Das dauert zwar länger, ist aber grundsolide. Die Frage ist, ob das Erfolgsmuster der Vergangenheit noch weiter ausreicht."*
>
> *Stephan Köhler (Gebr. Brasseler)*

Das zweite Zitat dreht sich um das liebe Geld – bei dem ja bekanntlich die Freundschaft aufhört. Wo soll da also eine Partnerschaft anfangen und enden?

> *„Wenn ich mit Corporates spreche, sagen die auch mal, dass sie 10 Millionen investieren. Beim Mittelstand ist das anders. Da kommt die Aussage, dass es kein Spielgeld gibt. Alles muss am besten sofort funktionieren. Deswegen schauen sie genauer hin."*
>
> *Mark Möbius (Berlin School of Digital Business)*

Unterschätzen Sie lieber nicht, dass Partnerschaften an gegensätzlichen Unternehmenskulturen scheitern können. Für die Studie[8] „Strategische Allianzen. Wirkungsvolles Instrument oder überschätzter Hype? Das sagt der Mittelstand." aus dem Jahr 2015 hatte das Team 500 Entscheider gefragt: Was sind aus Ihrer Sicht die Hürden bei der Umsetzung strategischer Allianzen? Ganz oben auf der Liste der Antworten standen die gegensätzlichen Unternehmenskulturen. Kein Wunder, würde ich sagen. Ich selbst arbeite immer wieder mit Leuten zusammen, die andere Tagesabläufe und andere Vorstellungen von den Arbeitszeiten und der Erreichbarkeit haben. Wobei das noch eine kleinere Baustelle wäre. Das ist übrigens nicht die Studie, aus der die Zitate stammen. Sie ist zwar auch sehr lesenswert, aber wenn Sie solche persönlichen Einschätzungen wie die vorangegangenen hilfreich finden, um Ihren eigenen Standpunkt zu Kooperationen zu reflektieren, und mehr Erfahrungsberichte lesen wollen, möchte ich Ihnen die bereits erwähnte Studie „Kooperationen zwischen Startups und Mittelstand. Learn. Match. Partner" ans

---

[7] *Wrobel, M./Schildhauer, T./Preiß, K.:* Kooperationen zwischen Startups und Mittelstand. Learn. Match. Partner. Eine Studie des Alexander von Humboldt Instituts für Internet und Gesellschaft. 2017. *https://www.impactdistillery.com/graphite/hiig-sum*

[8] *https://www.ebnerstolz.de/de/forecast-studie-strategische-allianzen-88796.html*

Herz legen, aus der die vorangegangenen Zitate entnommen sind. Sie wurde 2017 veröffentlicht und fußt auf vielen Gesprächen, Interviews und Workshops mit Menschen aus der Start-up-Szene und dem Mittelstand. Hinter dieser Studie stehen das Alexander von Humboldt Institut für Internet und Gesellschaft und die Spielfeld Digital Hub GmbH, hinter der wiederum der Kreditkartenkonzern Visa und die Unternehmensberatung Roland Berger stehen.

Bevor das jetzt falsch rüberkommt: Strategische Partnerschaften mit Start-ups sind, auch wenn wir vom IoT-Markt sprechen, nicht die einzige Option. Bei manchen scheint das so eine Art Allheilmittel (geworden) zu sein. Wer Hilfe bei der digitalen Transformation braucht, sucht sich ein Start-up. Wer die Software modernisiert, wendet sich an ein Start-up. Wer agiler werden will, kooperiert mit einem Start-up. Dafür gibt es sicherlich ein paar Argumente: Start-ups agieren am Puls der Zeit. Ihre Leute denken schnell und arbeiten schnell. Sie sind dynamischer als Freddie Schulzes Familienunternehmen und anpassungsfähiger als große Tanker aus dem Behördenkosmos. Start-ups haben die Trends von morgen schon erkannt, die von übermorgen entdecken sie ziemlich sicher früher als andere. In der Gründerszene sind sie besser vernetzt als jeder Datenkrake. Darüber hinaus scheinen die Mitarbeiter mit einer grenzenlosen Kreativität und überbordenden Motivation aufwarten zu können, wenn man sich die Fotos und Social Media-Beiträge so anschaut. Sie merken schon: Ich spitze absichtlich ein bisschen zu. Natürlich können Start-ups frischen Wind bringen. Manchmal entstehen aus den ersten Kooperationen auch langfristige, strategische Allianzen. Teilweise gehen Start-ups in Unternehmen auf oder zumindest findet ein Großteil der Mitarbeiter irgendwann einen sicheren Hafen beim großen Partner. Aus Sicht der jungen Unternehmen ist das wiederum nur einer von mehreren Vorteilen, die solche Kooperationen mit sich bringen. Denken wir vor allem an das Startkapital und den Marktzugang. Es hilft natürlich sehr, wenn eine zahlungskräftige Firma in meine Projekte investiert, mir finanziell den Rücken freihält und mich absichert.

Wir sollten aber bei all dem nicht vergessen, dass etablierte Technologieanbieter ebenfalls gute Lösungen für IoT, für Software und für Hardware im Portfolio haben. Es schadet auf keinen Fall, bei Bosch, Siemens, ABB oder zum Beispiel dem Sensorenhersteller SICK zu recherchieren, wenn man Partner für Prototypen oder neue Projekte sucht. Die alten Hasen und großen Häuser haben in der Regel verlässliche, skalierbare Lösungen in petto. Bei einem noch jungen Unternehmen kann es Ihnen passieren, dass es seine Investitionen und seine Entwicklungsschmerzen mit in Rechnung stellt, wenn es um die gemeinsamen Vorhaben und die Bepreisung von Produkten und Services geht. Den Kunden ist die Vorgeschichte hinter den Angeboten aber in der Regel egal. Wenn sie nicht gerade in klug personalisierten Crowdfunding-Kampagnen in die Entwicklung von Prototypen eingebunden waren, wollen sie einfach und unromantisch einen Mehrwert zu einem vernünftigen Preis. Und Sie als Partner wollen auch keinen Geldfresser durchfüttern, der sich vor ihrer nun startenden Beziehung vielleicht nicht ausreichend um die finanzielle Eigenständigkeit gekümmert hat. Ich selbst schaue mir jedenfalls immer gut an, wo meine potenziellen Partner herkommen. Manchmal führe ich auch für meine Klienten Recherchen durch, um zu prüfen, welche Praxiserfahrung die ins Auge gefassten Gründer haben und was die angegebenen Referenzen am Telefon tatsächlich zu sagen haben.

Entscheiden sich zwei Unternehmen dazu, langfristig zu kooperieren, kann das auf dem Papier und in der Praxis immer noch sehr unterschiedlich aussehen: Wie lange dauert die Zusammenarbeit? Was ist das Ziel? Welche Verträge werden geschlossen? Welche Bereiche bleiben autark, welche Teile werden vergemeinschaftet? Was passiert mit den Mitarbeitern? Haben Sie mit neuen Kollegen, Abläufen und Chefs zu tun? Das sind nur einige Fragen, die geklärt werden sollten.

In der Kooperationsstudie, aus der die Zitate stammen, werden sieben Kollaborationsmodelle unterschieden:

- temporäre Aktivitäten
- Programme und Hilfeleistungen
- geteilte Infrastruktur
- Brutkästen
- Internetinnovationen
- Partnerschaften
- Investitionen und Akquisitionen

Der Begriff „temporäre Aktivitäten“ ist für alle Maßnahmen gedacht, die das Kennenlernen fördern und dabei helfen, sich Grundwissen und Fähigkeiten in eher lockerem Rahmen anzueignen. Dazu gehören Workshops, Konferenzen oder Meetups, Start-up-Safaris, Hackathons, Innovation Camps und ähnliche Formate, die man vielleicht mit der Formel „vieles kann, nix muss“ zusammenfassen kann. Kategorie bzw. Level 3 der Zusammenarbeit wäre die geteilte Infrastruktur. Das bezieht sich auf physisch geteilte Räume, zum Beispiel für Co-Working-Modelle oder für Kreativzentren und Labore. Die Partnerschaften auf Level 6 umfassen unter anderem Joint Ventures. Die stärkste, langfristigste Form der Kooperation in diesem 7-Stufen-Modell sind am Ende der Skala langfristige Unternehmerfonds, Fusionen und Akquisitionen.

Sofern die Partnerschaft nicht auf eine einmalige Zusammenarbeit oder ein kurzes Projekt ausgelegt ist, wenn man also langfristig miteinander arbeiten und strategisch zusammenwachsen will, ist es natürlich so, dass die beteiligten Unternehmen - ähnlich wie Menschen in einer Beziehung - eine Entwicklung durchlaufen. Für derartige Phasen gibt es verschiedene Modelle. Sie werden häufig mit etwas akademischen Begriffen wie Bedarfsanalyse und Sondierung beschrieben. Eingängiger ist das 5-Phasen-Modell mit dem Ing-Ing-Ing-Reim, das Ihnen eventuell schon mal untergekommen ist. Die Rede ist von Forming, Storming, Norming, High Performing und Transforming. Am Anfang steht in diesem Modell die Rollenklärung der beiden kooperierenden Unternehmen und am Ende, wenn alles glattgeht, eine dauerhafte Transformation beider Partner (zum Positiven natürlich). Zwischendurch gibt es Konflikte, aus denen man etwas lernen kann. Spielregeln werden getestet und etabliert. Die neuen Partner werden - wie in einer guten Ehe oder Beziehung - zum eingespielten Team. Wenn Sie es noch etwas simpler haben wollen, können sie auch auf das Dreiphasenmodell aus der vorangehend erwähnten Studie zurückgreifen. Das teilt sich, dem Untertitel entsprechend, in die Phasen Learn, Match und Partner auf. In der Lernphase lernen die KMUs gezielt möglichst viele Start-ups kennen. Wie das laufen kann, habe ich schon in Kapitel 6 angedeutet: Neben Gründermessen und Szene-Events könnten Sie auch die gängigen Websites und Onlineportale frequentieren. Mit den Matches, also den Favoriten, gehen die Mittelständler dann eine intensivere Beziehung ein, wobei sich im Weiteren herauskristallisiert, mit wem davon eine wirklich dauerhafte Partnerschaft funktionieren kann.

Auswahlkriterien bei der (ersten und vertiefenden) Partnersuche könnten zum Beispiel sein:

- regionale Nähe
- Reputation und Empfehlungen
- Erfahrung mit ähnlichen Projekten
- Sicherheitskonzepte
- Skalierbarkeit
- Preise

Sie sollten sich schlaumachen, ob Ihr potenzieller Partner die Auflagen für IT-Sicherheit, Informationssicherheit, Datenschutz und Compliance erfüllt, falls Sie für Software oder Hardware auf externe Hilfe zurückgreifen. Für Cloud-Lösungen gibt es Zertifikate wie das STAR-Zertifikat. Für Software sollten automatisierte Updates und zeitgemäße Authentifizierung selbstverständlich sein. Für Hardware gibt es Sicherheitsstandards, wie etwa Secure Boot für Prozessoren (zu den Anforderungen an die IoT-Referenzarchitektur siehe auch Kapitel 2). Für den Punkt Skalierbarkeit wären realistische Mengen und Zeitangaben von Bedeutung: Wenn ich nach der Realisierung des ersten Prototyps innerhalb weniger Wochen 200 000 Sensoren von einem bestimmten Typ brauche, sollte mein Wunschpartner die auch problemlos liefern können. Hat er dafür die Produktionskapazitäten und die nötigen Zulieferer oder könnte das eng werden? Brauche ich neue, IoT-fähige Geräte, überblicke aber die Anforderungen an diese Geräte nicht für mein komplettes internationales Firmennetz, wäre ein erfahrener Partner gut, der die Standards für

IoT-Geräte in unterschiedlichen Branchen auf dem Schirm hat und heikle Details wie die Widerstandsfähigkeit von Geräten in der Hightech-Industrie bzw. der Stahlindustrie kennt.

Mein letzter Aspekt in diesem Exkurs über strategische Partnerschaften ist die internationale Zusammenarbeit. Je nachdem, wie groß Ihr Unternehmen ist und wie viele Standorte Sie haben, wollen Sie vielleicht Märkte und Zielgruppen auf mehreren Kontinenten bedienen. Die sogenannten Cross-Border-Allianzen, bei denen sich zwei Unternehmen zusammentun, die innerhalb und außerhalb der EU ihren Hauptsitz haben, werden in Zukunft wohl noch wichtiger werden. Zwar gibt es aktuell die Tendenz, US-amerikanische Cloud- und IT-Anbieter durch europäische Wettbewerber zu ersetzen, um alle politischen Auflagen (DSGVO, Privacy Shield usw.) einhalten zu können, doch das wird nicht das Ende der transatlantischen Zusammenarbeit zwischen Europa und den USA sein. Da wird sich wohl auch bei den Rahmenbedingungen noch einiges verändern. Denken Sie nur einmal an den Brexit. Darüber hinaus ist das Internet der Dinge natürlich per se eine globale Sache: Die Daten fließen in alle Winkel der Erde, die Geräte gibt es fast überall und das 5G-Netz wird weiter ausgebaut. Vielleicht finden Sie in Südkorea oder Japan Partner für Robotik und Automatisierung oder vielleicht zieht es Sie auf den chinesischen Markt, der bei der Digitalisierung bekanntlich eigene Wege geht und dabei ein ziemliches Tempo an den Tag legt. Ich persönlich habe jedenfalls auch im Arbeitsleben die Erfahrung gemacht, dass man nicht alles allein durchziehen kann und sollte. Mit den richtigen Partnern erreicht man mehr.

■ 8.4 Innovation und Transformation

Oft ist das Disruptive erst im Rückblick zu erkennen. Manche haben das Internet mit der Einführung der Elektrizität verglichen, um die Qualität der Veränderung deutlich zu machen. Jedenfalls würde wohl kaum jemand bestreiten, dass die Welt sich seit den 1980er Jahren, in denen ich geboren wurde, stark gewandelt hat. Wissen Sie noch, wann Sie mit dem E-Mail-Schreiben angefangen haben? Wie hat sich die Website Ihrer Firma in den vergangenen drei Jahren verändert? Zwischen meinem ersten Personal Computer, den ich mir Ende der 1990er Jahre zugelegt habe, und meinem jetzigen Notebook liegen technisch Welten. Als freier Redakteur bei der Westdeutschen Allgemeinen Zeitung im Ruhrgebiet habe ich noch eine Dunkelkammer von innen gesehen, um Fotos zu entwickeln, und als ich 2004 bis 2008 studiert habe, waren Firmen wie Uber oder Airbnb in Deutschland noch völlig unbekannt. Die Ausbildung der Fachkräfte von morgen muss anders aussehen, als es ein, zwei Generationen vorher der Standard war, keine Frage. Auch im Arbeitsalltag und im durchschnittlichen Unternehmen von 2021 kommen wir nicht an diesem Wandel vorbei. Das Internet der Dinge ist da. COVID-19 einmal außen vor gelassen, wird es bis 2022 global jährliche Einnahmen von ca. 500 Milliarden Dollar generieren und dabei 400 Milliarden Dollar in den Prozessen einsparen, so kalkuliert jedenfalls die Wirtschaftsprüfungsgesellschaft PricewaterhouseCoopers (PwC).

Betrachtet man das mooresche Gesetz, das beschreibt, dass sich die Prozessorleistung und damit die Komplexität integrierter Schaltkreise alle anderthalb Jahre verdoppelt, wird absehbar, dass in Zukunft noch einiges auf uns zukommt. Wie reagiert man darauf? Immer wieder stelle ich in Projekten fest, dass Unternehmen zwar auf Teufel komm raus Innovationen wollen, das Ganze aber irgendwie beliebig wirkt. Manchmal scheint es, als wolle man nur schnell einen Punkt auf der Checkliste abhaken: KI? Die haben wir jetzt auch. Check! Auf meiner Liste der nicht so guten Antworten auf das Innovations-Warum stehen zwei Aussagen ganz oben: „Das hat der Vorstand gesagt." Und: „Wir haben da etwas bei einem Marktbegleiter auf einer Messe gesehen. Nun soll das auch in der eigenen Firma angewendet werden."

Innovationen kann man nicht erzwingen. Man braucht dafür in der Regel geeignete Leute im Unternehmen: spezialisierte Fachkräfte, technologieaffine Mitarbeiter und Mitdenker. Man braucht auch ein gutes Zeitmanagement, das es erlaubt, kontrolliert zu agieren, anstatt nur auf die Kunden, die Wettbewerber oder die Branchenentwicklungen zu reagieren. Darüber hinaus ist es wichtig, dass man über den Tellerrand hinausschaut, indem man zusätzliche Perspektiven einnimmt, zum Beispiel diejenige verschiedener Kundengruppen. Außerdem können Neuerungen auch neue Probleme schaffen. Vielleicht führen Sie zu Stress in den externen Beziehungen zu Kunden, Zulieferern und Partnern. Sie können auch Unruhe in der eigenen Belegschaft hervorrufen, zumal die Parole „never change a winning team" auch die Tatsache widerspiegelt, dass sich gut funktionierende Teams erst einmal finden und entwickeln und müssen. Bei der digitalen Transformation ist schließlich auch eine Menge Angst im Spiel: die Angst, dass Technologie Menschen überflüssig macht. Das Bundesarbeitsministerium rechnet damit, dass bis 2025 durch die zunehmende Automatisierung und den verstärkten Einsatz von Technologien wie Künstlicher Intelligenz rund 1,6 Millionen Arbeitsplätze verschwinden könnten.[9] In anderen Marktanalysen sind die Prognosen noch drastischer. Wenn man bedenkt, dass sich wiederholende Aufgaben und Arbeitsabläufe, Routinen und Regeln sehr viele Berufe und Tätigkeiten prägen, wird die hohe Zahl schon greifbarer. So etwas haben wir ja nicht nur bei der einfachen Maloche, das kennen doch auch Anwälte, Ärzte und wissenschaftliches Personal, wenn Sie ehrlich Bilanz ziehen.

---

[9] *https://www.zeit.de/news/2019-09/23/digitalisierung-veraendert-nahezu-jeden-job*

Obwohl Innovationen Probleme verursachen und verschärfen können und obwohl sie eine Menge Arbeit machen, bin ich trotzdem der Auffassung, dass Innovationen unverzichtbar sind. Wenn ein Geschäftsmodell so starr ist, dass es keine Weiterentwicklung und keinerlei Neuausrichtung zulässt, hat dieses Geschäftsmodell ziemlich sicher keine Zukunft. Zu erkennen, wann man sich neuen Märkten zuwendet, und zu verstehen, auf welche Weise man nach links und rechts schauen muss, um relevante Neuordnungen im Branchenumfeld sowie Nischen-Player, die sich zu Großem anschicken, früh genug zu bemerken – das ist eine Herausforderung, die im IoT-Zeitalter noch kniffliger geworden ist. Ein anderes Dilemma: Wer sich immer 100 % an den Kunden orientiert, reagiert möglicherweise zu stark, anstatt auch einmal selbst Pionier zu sein, was am Ende des Tages doppelt so viele Neukunden einbringen könnte. Henry Ford hat einmal gesagt, dass er, wenn er nur auf seine Kunden gehört hätte, womöglich schnellere und belastbarere Pferde hätte entwickeln müssen. Die Kunden kamen selbst nicht auf die Idee, wie ein Automobil ihre Bedürfnisse noch besser befriedigen würde. Eine dritte Herausforderung ist es, wie offen man mit den eigenen Innovationsplänen umgeht. Dazu möchte ich eine Passage aus der bereits erwähnten Studie „Kooperationen zwischen Start-ups und Mittelstand. Learn. Match. Partner.“ zitieren:

> *„Früher war es üblich, die eigenen Innovationen aus der Forschungs- und Entwicklungsabteilung möglichst bis zum Ende unter Verschluss zu halten. Diese Vorgehensweise ist jedoch heute kaum noch zeitgemäß. […] Für die wenigsten Firmen ist es noch sinnvoll, auf geschlossene Innovationsansätze zu setzen. Durch Isolation besteht die Gefahr, dass man spannende Trends und Ideen verpasst und zu langsam ist, denn überall und zu jeder Zeit entstehen neue Dinge. Es ist in der gegenwärtigen Zeit fast unmöglich, über alle notwendigen Kompetenzen allein zu verfügen. Die kürzeren Innovationszyklen zwingen etablierte Unternehmen quasi zum Wechsel von geschlossenen zu offenen Innovationsmodellen.[10]“*

Die Autoren unterscheiden bei den offenen Innovationsmodellen die Richtungen Inside-out und Outside-in, womit sie sich auf ein etabliertes wissenschaftliches Modell beziehen. Das Prinzip Inside-out könnte man auch intern oder inhouse nennen. Unternehmenseigene Ideen sollen auf den Markt gebracht werden. Hier geht es zum Beispiel um Intrapreneurship und Unternehmensinkubatoren. Das Prinzip Outside-in beschreibt die Versuche, externes Wissen in die eigenen Innovationsprozesse einzubinden, indem man beispielsweise nach neuen Technologien und Innovationen bei anderen Ausschau hält. Die Zusammenarbeit mit Start-ups würde eher hierunter fallen.

Es ist sicher keine einfache Aufgabe für ein Unternehmen, sich nachhaltig aufzustellen und dabei dauerhaft innovativ und innovationsfreundlich zu bleiben. Inno-

[10] *Wrobel, M./Schildhauer, T./Preiß, K.:* Kooperationen zwischen Startups und Mittelstand. Learn. Match. Partner. Eine Studie des Alexander von Humboldt Instituts für Internet und Gesellschaft. 2017. S. 14f. *https://www.impactdistillery.com/graphite/hiig-sum*

vationen betreffen die Unternehmensführung und die gesamte Unternehmenskultur. Sie gehören zur Firmen-DNA, weil sie die Frage berühren: Wo stehen wir mit unserem Geschäftsmodell heute, morgen und übermorgen? Deshalb sollten sie nicht als Einzelfälle im Sinne einer Neuanschaffung oder einmaligen Reparatur gedacht werden. Die Innovationsstrategie ist ein Teil der Unternehmensstrategie. Sie hat den Zweck, die Entwicklung von Innovationen an den künftigen Unternehmenszielen auszurichten. Innovationsstrategien spezifizieren, welche neuen Produkte, Dienstleistungen und Abläufe innerhalb der kommenden Jahre entwickelt werden sollen. Mit ihr definieren Unternehmen und Organisationen die Ziele, die dafür notwendigen Maßnahmen und auch die möglichen Herausforderungen: Brauchen wir in Zukunft neue Produkte, neue Geschäftsfelder, neue Prozesse und neues Equipment? Welche Entwicklungsziele hat das Unternehmen? Wie schnell und mit welchen Schritten sind diese Ziele zu erreichen?

Innovationen stellen sich nicht automatisch ein, nur weil man einen Startknopf drückt. Innovationsvorhaben können im Sande verlaufen, sei es, dass man auf vielversprechendere Eisen im Feuer wechselt, sei es, dass man die Aktivitäten ganz einstellt. Zukunftsprojekte können scheitern, weil man sich verkalkuliert hat oder von anderen überrascht wird. Ist so ein Scheitern bei Ihnen eigentlich eingeplant? Wäre es nicht als Worst Case denkbar, dass Sie von Anfang bis Ende alles richtig aufziehen und Ihnen die Welt trotzdem einen Strich durch die Rechnung macht? In strategische Innovationsüberlegungen sollte ausreichend einfließen, dass ein Unternehmen in Wechselwirkung mit der Welt steht:

- Technologieschübe eröffnen neue Geschäftsmodelle.
- Gesellschaftliche Trends prägen Kunden wie Mitarbeiter. Das betrifft Geschmacksfragen und Moden, aber auch tiefer gehende Umwälzungen, zum Beispiel unsere Familien- und Rollenbilder.
- Wirtschaftliche Entwicklungen machen ein Umsteuern erforderlich, etwa wenn wichtige Wechselkurse sich stark verändern.
- Krisen wirbeln die Märkte durcheinander - sei es eine Finanzkrise, die Corona-Pandemie oder der Klimawandel.
- Neue Gesetze schaffen neue Situation für Unternehmen - vom Lockdown bis zur DSGVO.

Wie wir während der Corona-Pandemie live miterleben konnten, sind Krisen gleichzeitig ein Innovationstreiber und ein Innovationskiller. Man kann, man muss vielleicht sogar erst einmal alle Zukunftsprojekte und Innovationsvorhaben einfrieren, wenn man wegen Arbeitsverboten und Lockdown unter finanziellen Druck gerät. Auf der anderen Seite waren Firmen gezwungen, jetzt umzustellen und in Onlineservices sowie technische Infrastruktur zu investieren, damit sie überhaupt noch ausreichend Umsatz generieren und die Mitarbeiter weiter beschäftigen können. Während E-Learning, Videokonferenzen und andere Onlineanwendungen in vielen Firmen und Jobs als Neuerung hinzukamen, hat die Pandemie auch einige Gründer und Neueröffnungen übel erwischt, je nach Geschäftsmodell und Absicherung. Viele Wirtschaftswissenschaftler und Manager verfolgen mit Interesse, wie das Unternehmen Airbnb die Corona-Zeit meistert - ein dynamischer Aufsteiger mit Finanzkraft, der aber an Reisebeschränkungen auch nichts ändern kann. Wenn kaum noch jemand verreisen will oder darf, bricht einem Tourismuskonzern natürlich der Umsatz weg. Das Unternehmen stellte als Erstes sicher, dass es liquide bleibt - mit Entlassungen und mit dem Einsammeln frischen Kapitals. Von den Innovationsprojekten, die bei diesem noch jungen Unternehmen eine feste Größe sind, hat es einige, aber eben nicht alle beendet. Wohin die Reise geht, das kann man noch nicht absehen. Nach der Finanzkrise von 2008 sortierten sich einige Märkte und Unternehmen neu. Der Werkzeughersteller Hilti zum Beispiel war mit der Umstellung vom Produzenten zum Serviceanbieter relativ erfolgreich, während andere (darunter auch einige fragwürdige) Geschäftsmodelle nicht länger funktionierten. Auf lange Sicht können wir immer wieder beobachten, dass sich gesunde Unternehmen mit flexiblen Geschäftsmodellen nicht wegdrücken lassen, während schlecht gemanagte Wettbewerber in die Insolvenz gehen müssen.

Innovation wird oft in zwei Bereiche aufgeteilt: *exploit* und *explore* oder zu Deutsch: Bestehendes optimieren und Neues erschließen. Exploit-Projekte sollen bestehende Geschäftsmodelle, Produkte und Dienstleistungen in die Zukunft tragen. Der Explore-Ansatz nimmt Paradigmenwechsel und Disruption in den Blick. In kritischen Zeiten müssen sich Führungskräfte wohl als Erstes darum kümmern, das Kerngeschäft schlanker, besser und effizienter zu machen. Erst im zweiten Schritt wäre der Explore-Teil an der Reihe. Welche Zukunftsprojekte sollten wir beibehalten, um nach der überstandenen Krise weiter handlungs- und wettbewerbsfähig auf dem Markt zu sein?

Ich persönlich bin auch nicht schlauer als andere, was die Zukunft nach COVID-19 betrifft. Ich kann nur so viel sagen: Meinen Optimismus habe ich mir allen schlechten Nachrichten zum Trotz bewahrt. Zum Abschluss dieses Buches möchte ich mit Ihnen zusammen in die Kristallkugel schauen, und zwar mit einem Lächeln. Es gibt eine interessante Studie[11] mit dem Titel „Arbeit 2050: Drei Szenarien". Die Autoren haben die mögliche Entwicklung in drei verschiedene Pfade aufgeteilt, die in Bild 8.6 bis Bild 8.8 zu sehen sind. Es sind Pfade für die Fragen: Wie werden die Wirtschaft und Gesellschaft im Jahr 2050 aussehen? Wie arbeiten wir dann? Welche Technologien nutzen wir wofür? Wenn Sie so wollen ist die Variante „Wirtschaftliche/Politische Turbulenzen" (Bild 8.7) die pessimistische, der Pfad „Es ist kompliziert" beschreibt die goldene Mitte (Bild 8.6) und das Szenario „Wenn die Menschen frei wären" (Bild 8.8) ist die optimistische Vision.

[11] *Daheim, Cornelia/Wintermann, Ole:* Arbeit 2050: Drei Szenarien. Neue Ergebnisse einer internationalen Delphi-Studie des Millennium Project. 2019. Herausgegeben von Bertelsmann Stiftung, The Millenium Project und Future Impacts

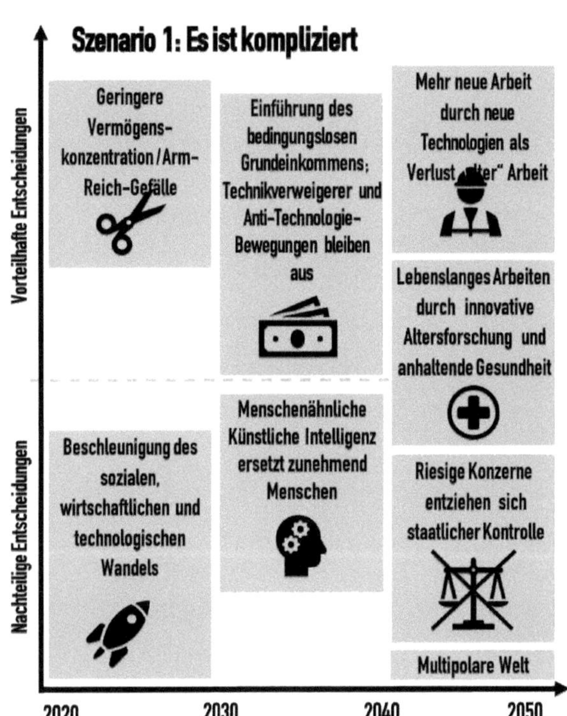

Bild 8.6
Drei mögliche Entwicklungen bis 2050: Szenario 1 – Es ist kompliziert (Quelle: *Daheim, Cornelia/ Wintermann, Ole:* Arbeit 2050: Drei Szenarien. Neue Ergebnisse einer internationalen Delphi-Studie des Millennium Project. 2019. Herausgegeben von Bertelsmann Stiftung, The Millenium Project und Future Impacts. S. 11)

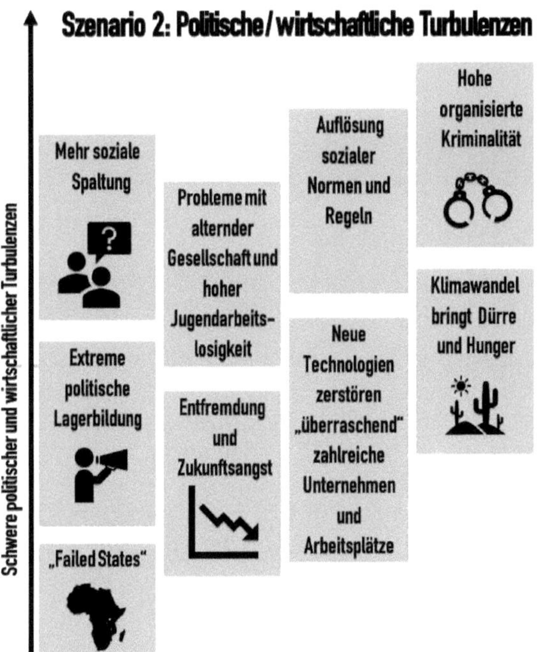

Bild 8.7
Drei mögliche Entwicklungen bis 2050: Szenario 2 – Wirtschaftliche/Politische Turbulenzen (Quelle: *Daheim, Cornelia/Wintermann, Ole:* Arbeit 2050: Drei Szenarien. Neue Ergebnisse einer internationalen Delphi-Studie des Millennium Project. 2019. Herausgegeben von Bertelsmann Stiftung, The Millenium Project und Future Impacts. S. 11)

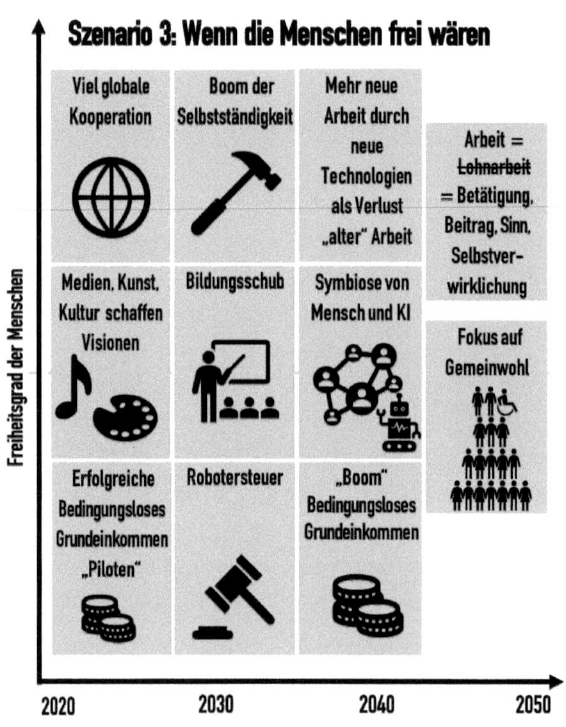

Bild 8.8 Drei mögliche Entwicklungen bis 2050: Szenario 3 – Wenn die Menschen frei wären (Quelle: *Daheim, Cornelia/Wintermann, Ole:* Arbeit 2050: Drei Szenarien. Neue Ergebnisse einer internationalen Delphi-Studie des Millennium Project. 2019. Herausgegeben von Bertelsmann Stiftung, The Millenium Project und Future Impacts. S. 11)

Ich glaube fest an das Potenzial von IoT. Wir können nicht nur die Geräte vernetzen, wir können durch das Internet der Dinge auch die Menschen zusammenbringen und diverse Klüfte überwinden. Deshalb lassen wir das pessimistische und das halbgute Szenario mit dem nötigen Mut zur Lücke komplett unter den Tisch fallen, zumal Sie ja dank Büchern wie diesem derart für IT- und IoT-Sicherheit sensibilisiert sind, dass Terroranschläge über das Internet der Dinge ohnehin auszuschließen wären. Nein, schauen wir uns lieber die optimistische Version an: Darin ist die Welt der Zukunft voller Möglichkeiten, weil die Technologieschübe, die Neuorganisation des Arbeitslebens und die politischen Maßnahmen sich gegenseitig befruchtet und zu mehr Freiheit für alle geführt haben.

„Für die neue Generation der Globals hat der Begriff der Arbeitslosigkeit keine Bedeutung mehr. Im Jahr 2050 gibt es endlich eine Weltwirtschaft, die wir für nachhaltig halten, und die zugleich die Grundbedürfnisse fast aller Menschen deckt bzw. den meisten einen gehobenen Lebensstandard bietet. Für manche waren die Neuen Technologien entscheidend für diesen Erfolg, andere sehen die Entfaltung des menschlichen Potentials in der [...] Wirtschaft als grundlegend, wieder andere die jeweiligen politischen und wirtschaftlichen Strategien, unter anderem die verschiedenen Formen des Bedingungslosen Grundeinkommens. Wichtig waren alle drei der sich gegenseitig verstärkenden Bereiche und die entsprechend genutzten Synergien.[12]" Was die Arbeitsmentalität angeht, sind in dieser Zukunft Eigenverantwortlichkeit und Selbstständigkeit sowie Verantwortungsbewusstsein, Sinn und Gemeinwohlorientierung der neue Norm-Core. Der Entwicklung der Technologien sind die Menschen nicht mit Angst und Skepsis begegnet, sondern mit Offenheit und Neugier. Ergebnis: „Ab den 2030ern war man zudem durch synthetische Biologie und lebensverlängernde Eingriffe in der Lage, Menschen in fortgeschrittenem Alter ‚robuster' zu machen und Ablagerungen aus der Hirnsubstanz zu entfernen; Senioren sind nun weniger ‚finanzielle Belastung' als vielmehr normale Steuerzahler. Zwischen menschlichem Bewusstsein und KI in all ihren Ausprägungen gibt es kaum noch einen Unterschied. Der Mensch befindet sich in einem so intensiven und vielschichtigen Austausch mit KIs, dass es kaum noch eine Rolle spielt, wer was ist.[13]" Und für die handfesteren Träumer unter Ihnen noch wichtiger: „In den letzten Jahrzehnten haben Neue Technologien mehr neue Arten von Arbeit geschaffen als alte vernichtet.[14]" Es handelt sich dabei nicht hundertprozentig um meine Wunschvision, aber um eine Mut machende und erfrischende Variante. Ob ich selbst in dieser 2050-Welt mit meinen dann 65+ Jahren als Senior gelten würde oder nicht, ist eigentlich egal. Fragen wir uns lieber, ob ich wohl in der Smart City of Ilvesheim mit dem Zwinkern meines bionischen Auges ein Flugtaxi rufen könnte, das mich dann zu jemandem fliegt, dem ich bei der digitalen Transformation helfen kann. Das könnte ich bestimmt. Doch wahrscheinlich würde mir die Taxi-KI daraufhin so etwas antworten wie: „Bist du von gestern, oder was? Diese Transformation ist abgeschlossen. Bitte geben Sie ein gültiges Ziel ein!"

[12] *Daheim, Cornelia/Wintermann, Ole:* Arbeit 2050: Drei Szenarien. Neue Ergebnisse einer internationalen Delphi-Studie des Millennium Project. 2019. Herausgegeben von Bertelsmann Stiftung, The Millenium Project und Future Impacts

[13] *Daheim, Cornelia/Wintermann, Ole:* Arbeit 2050: Drei Szenarien. Neue Ergebnisse einer internationalen Delphi-Studie des Millennium Project. 2019. Herausgegeben von Bertelsmann Stiftung, The Millenium Project und Future Impacts

[14] *Daheim, Cornelia/Wintermann, Ole:* Arbeit 2050: Drei Szenarien. Neue Ergebnisse einer internationalen Delphi-Studie des Millennium Project. 2019. Herausgegeben von Bertelsmann Stiftung, The Millenium Project und Future Impacts

Index

Q

R

S

Y

Z